国家科学技术学术著作出版基金资助出版

超分子科学丛书

界面组装化学

刘鸣华 陈鹏磊 张 莉 等著

化学工业出版社

·北京·

内容提要

本书系统总结了相界面上各种物理化学作用，界面组装体的各种研究手段，界面分子组装的原理、结构、性能及应用，以及界面纳米组装化学。所涉组装体系主要包括气/液界面、固/液界面、液/液界面的分子组装以及纳米组装。图书内容基于作者在界面超分子组装的研究成果与经验，除了阐明基本的组装理念、基本理论和基础知识外，还立足于科学发展的前沿，结合国内外界面组装的新成果，方便读者深入了解界面分子组装的最新进展。

本书可供表界面化学、超分子化学等领域的研究生和科技工作者参考。

图书在版编目（CIP）数据

界面组装化学/刘鸣华等著. —北京：化学
工业出版社，2020.6
（超分子科学丛书）
ISBN 978-7-122-36419-7

Ⅰ.①界… Ⅱ.①刘… Ⅲ.①表面化学
Ⅳ.①O647

中国版本图书馆 CIP 数据核字（2020）第 039698 号

责任编辑：李晓红　　　　　　　　　装帧设计：刘丽华
责任校对：边　涛

出版发行：化学工业出版社(北京市东城区青年湖南街 13 号　邮政编码 100011)
印　　装：中煤（北京）印务有限公司
710mm×1000mm　1/16　印张 25¼　字数 476 千字　2020 年 7 月北京第 1 版第 1 次印刷

购书咨询：010-64518888　　　　　　　售后服务：010-64518899
网　　址：http://www.cip.com.cn

凡购买本书，如有缺损质量问题，本社销售中心负责调换。

定　　价：**168.00 元**

前　言

　　界面是指物质相与相之间交界的区域，存在于两相之间，包括气/液界面、气/固界面、液/固界面、液/液界面、固/固界面五种，习惯上将气相与液相、固相的界面称为表面，如固体表面、液体表面，其他的称为界面，但一般两者可以通用。在我们生活的三维空间，界面无处不在，无时不有。界面化学是研究物质在多相界面上发生的物理和化学过程及其规律的科学。

　　随着纳米科技和超分子科学的发展，一方面，界面化学为这些新学科的发展奠定了基础；另一方面，这些新的学科发展又为界面化学带来了新的活力。各类表征技术的发展为界面化学的认识深入到分子、原子水平提供了可能，纳米材料的精准合成以及超分子化学的发展加深了对分子取向、分子间非共价相互作用的认识，为界面化学的发展带来了新的机遇。界面有序结构的形成与分子、分子间相互作用以及分子的聚集是密不可分的，而界面层的厚度约为几个分子层到几十分子层，处于分子到纳米的尺度。因此，界面的分子结构、分子取向、分子间相互作用以及分子的有序排列等对发生于界面的物理化学过程起着非常重要的作用。例如生物体中存在的磷脂双层面的界面，与基本生命过程和重要生命现象密切相关，而在实际应用中，界面的分子结构以及排列等对润湿、吸附、分散和催化等更是起着重要的作用。我们研究界面化学，一方面可以从传统的宏观现象如吸附、润湿、毛细管现象等入手，另一方面也可以从分子取向、分子间相互作用以及分子自组装等角度来理解界面科学中的一些行为与规律。本书正是从分子组装的角度来理解部分界面现象的尝试。

　　本书从分子组装以及界面的特征与界面的分子组装出发，介绍了各类界面的表征技术，然后依次论述了气/液界面的单分子膜与 Langmuir-Blodgett 膜，固/液界面的自组装单分子膜与层层组装（layer-by-layer, LbL）膜，液/液界面的自组装原理、自组装材料结构和功能应用。纳米材料作为一个重要的组装单元，超越了分子体系，同样可以在各类界面进行组装。因此，我们在本书的最后一章着重介绍了纳米结构在界面的组装。各类界面组装的特点以及应用均包含在各个章节中。我们期望通过本书从分子、超分子以及分子间的非共价键相互作用、纳米尺度组装单元来理解界面组装的发展，从而从一个侧面理解界面化学的进展。

在书稿形成过程中，除了我们课题组的陈鹏磊、张莉和王天宇参加编写外，中科院化学所张贞研究员和青岛科技大学郭宗侠教授还参与了第 2 章的撰写，湛江师范大学周小勤博士主笔了第 6 章的撰写。

本书在成稿过程中得到了化学工业出版社的大力支持，获得了国家科学技术学术著作出版基金资助出版，作者借此机会一并表示衷心感谢。

鉴于作者的水平有限，书中可能会有一些不妥和缺欠之处，恳请读者和专家批评指正。

刘鸣华

2020 年 6 月

目　录

第1章

界面组装化学概要

1.1 导言：从分子化学到组装化学

物质世界是分层次的，我们对物质世界的认知也是分层次的。例如，我们对于宇宙结构的认识是从地月系到太阳系、到银河系、到河外星系、再到宇宙层层扩大我们的视野。而对于构成物质的分子而言，我们的认识在两个尺度方向上不断深入。一方面，我们从分子到原子到原子核到核外电子，不断加深微观层次的认识；另一方面，我们从单个分子到高分子、超分子，到纳米尺度的分子组装体等不断向宏观层次发展。如果说连接宏观宇宙的作用力是万有引力，那么连接原子、分子等的则是化学键。化学键是认识分子合成、分子转化以及分子组装的桥梁。化学伴随着对化学键的深入认识，以及支撑这些键相互作用的理论与技术的发展而不断更新我们的认知。

共价键是我们理解化学键和分子的一个重要概念。它被 IUPAC 定义为"共价键是至少由于部分电子共享而产生的电子密度相对较高、会产生吸引力和特征核间距离的区域"[1]（图 1-1）。共价键一词表达了原子间电子共享的概念，特征核间距就是键长的概念。共享电子使两个或多个原子共同使用它们的外层电子，在理想情况下达到电子饱和的状态、组成比较稳定和坚固的化学结构。自从共价键被人们认识以来，有机合成化学取得了突飞猛进的发展，一大批以人名反应为特征的连接原子的化学反应规则被认识，合成化学向精细化发展。各种各样具有重要功能的分子，如染料分子、药物分子等被大批合成[2]。这些分子既有简单的、大量实用的分子体系，也有复杂的天然产物体系。1973 年伍德沃德等提出并通过有机化学方法实现了维生素 B_{12} 的全合成[3]，是有机合成化学的一个里程碑式的工作，展示了化学科学与艺术的结合。合成化学的另一个方向是向分子量大的方向，即有机高分子的设计与合成。1920 年，施陶丁格（Hermann Staudinger）发表了他那篇划时代的文章《论聚合》[4]。在这篇论文里，他明确指出橡胶、淀粉、

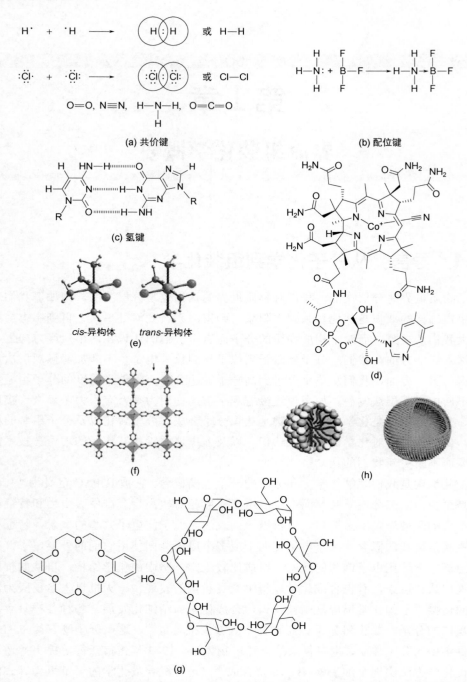

图 1-1　（a）共价键、（b）配位键和（c）氢键的作用模式；从共价键到配位键再到氢键，键能不断降低；（d）由共价键形成的维生素 B$_{12}$ 的化学结构，可以通过多步共价键的连接而合成；（e）典型的 CoCl$_2$·4NH$_3$ 配合物；（f）通过配位键形成的 MOF 结构；（g）典型的大环超分子体系；（h）由小分子通过自组装形成的胶束和囊泡结构

赛璐珞和蛋白质等物质的化学本质都是由化学键（共价键）连接重复单元形成的分子量很大的聚合物，很多有机化学反应都可以将小分子通过共价键连接得到分子量很高的化合物，也就是高分子。自从这一概念提出以后，高分子科学得到了飞速发展并逐步壮大成为庞大的材料工业体系。一大批合成高分子材料，如聚乙烯、聚丙烯、聚苯乙烯、聚甲基丙烯酸甲酯、聚氯乙烯、聚酰胺、聚碳酸酯、聚氨酯、聚四氟乙烯、环氧树脂、酚醛树脂、聚酰亚胺等被合成出来，涵盖橡胶、塑料、纤维、涂料、胶黏剂等，形成多品种、使用量大、覆盖面广的材料，成为我们日常生活不可或缺的材料组成部分。

　　配位键又称配位共价键，是一种特殊的共价键。当共价键中共用的电子对是由其中一原子独自供应，另一原子提供空轨道时，就形成了配位键。配位键的键能一般小于共价键的键能。最早有记载的配合物是 18 世纪初用作颜料的普鲁士蓝，化学式为 $KFe[Fe(CN)_6]$。1798 年发现 $CoCl_3 \cdot 6NH_3$，$CoCl_3$ 和 NH_3 都是稳定的化合物，二者结合成新的化合物后，可以表达出不同的性质与组分。19 世纪又发现了更多的钴氨配合物和其他配合物。1893 年瑞士化学家维尔纳首先提出这类化合物的正确化学式，并提出了配位理论。维尔纳因其出色的工作于 1913 年获得了诺贝尔化学奖。配位化学的发展开创了又一个新的合成时代，导致了无机化学和材料化学的飞速发展。一方面大量单独的无机配位化合物被合成，并被用于各种光电磁材料；另一方面，由于配位的方向性和配位饱和性，配位化学向三维的、连续单元的方向发展。今天以金属有机框架（metal-organic frameworks，MOF）[5] 为代表的一大类无机材料迅猛发展，展示了配位键的强大合成能力。

　　化学键与配位键更多的是关注原子与原子之间、离子与离子之间、有机配体与离子之间的连接，这种连接的强度通常用键能来表示。而分子与分子之间事实上也存在重要的相互作用，这种相互作用也可以用键能来描述。例如，C–H、C–C 键的键能一般为 $350\sim400kJ/mol$，而氢键的键能只有 $5\sim65kJ/mol$[6]。这种分子间相互作用的模式，也就是非共价键有很多形式，例如氢键、静电相互作用、π-π 堆积等。尽管它们之间的作用比较弱，但是它们往往是发挥集团作用，在形成大的组装体时，互相协同。因此，在形成稳定的结构的时候，同样发挥非常重要的作用。例如水分子之间的氢键在水的结冰、蒸发过程中起着非常重要的作用。在生命体中，水更是生命之源，在促使生物体的各种分子、离子的组装，构象变化，离子传输等方面发挥了非常重要的作用，这些作用就是通过非共价相互作用实现的。另外一个典型的例子是生命遗传物质的 DNA，它是通过碱基之间的氢键配对形成双螺旋结构，而 DNA 的复制必须依靠氢键作用的可逆变化来实现。因此，无论是化学家还是生物学家，渐渐认识到分子间的非共价相互作用也同样发挥重要的作用。到了 20 世纪 60 年代，化学研究的重点从如何制造精细分子转向到组装更复杂的结构。虽然合成化学家能够瞄准特定的分子，但如何在材料中将这些分子彼此对齐、排列成为一个挑战。

1967年，美国科学家Pedersen在试图制备二价阳离子的络合剂时，意外地发现了一种合成冠醚的简单方法。他将两个邻苯二酚部分通过每个分子上的一个羟基连接起来，发现了作为副产品的环状二苯并16-冠-4聚醚的形成，并且它可以将反应混合物中的钾离子络合。佩德森意识到，这种高亲和力是由于冠醚氧原子与带正电荷的钾离子之间的非共价相互作用并将其命名为"冠醚"[7]。Cram发展了这一概念以涵盖广泛的分子系统，并提出了一个新的化学领域：主客体化学，其中主体分子可以容纳另一个分子，称为客体分子[8]。Jean-Marie-Lehn通过从平面大环冠醚过渡到有机笼，发现结合的选择性可以提高一个数量级。1978年，Lehn试图统筹这些新的化学，首次提出了"超分子化学"（supramolecular chemistry）一词[9]。这一名词的诞生代表了超分子化学被明确确立的时刻。Pedersen、Cram和Lehn在1987年一起获得了诺贝尔化学奖。这个定义意味着超分子化学涉及分子间相互作用和分子组装。超分子化学的核心概念是非共价键与组装。在生物系统中，分子组装体能够执行特定的功能，因为它们以适当的方式排列。例如，在自然光合作用中，不仅是组分的光谱特征和氧化还原特性允许有效的电荷分离，更重要的是它们的相对取向和晶间分离。正是这种利用和理解组装与相互作用的思想，吸引了众多科学家进入超分子化学领域。超分子化学综合了有机化学的分子体系，结合了无机配位的配位键以及分子之间的非共价键，发展成为一个非常重要的领域。2005年，美国科学（*Science*）杂志在纪念该刊创办125周年之际，把"我们能推动化学自组装走多远？"列为未来最具挑战性的25个科学问题之一[10]，从而使超分子化学与自组装紧密联系起来，成为化学科学发展的前沿之一。

化学这些不断发展的背后，离不开先进技术的发展。分子光谱技术，如红外光谱、拉曼光谱、紫外-可见光谱、核磁共振、质谱、单晶X射线衍射等帮助有机化学和无机化学发展到了一个新高度；而一系列的观察手段，如电子显微镜、原子力显微镜等又使得在更小尺度上观察分子等成为可能，从而又推动了分子科学向超分子科学迈进。

从传统意义上来看，化学给我们的第一印象往往与烧杯有关。将两个烧杯的液体混合在一起，或者发生颜色变化，或者产生沉淀，或者冒烟，展示了化学的原始魅力。然而，当一个烧杯中装入液体分子的时候，即使不发生化学反应，分子也已经在微观上发生了很多的变化。也就是分子与气体、与烧杯之间形成了多种界面。对于界面上这些分子的相互作用、排列的理解，可以为理解各种复杂的生命现象、材料制备、物质传递等提供重要的科学基础，可以为制备新材料提供源泉。而有关这门处理分子在各类界面形成的化学就是界面化学的重要内涵之一。本书将以各种界面上的分子行为为研究对象，以分子间的相互作用以及有序排列为出发点，来论述分子的界面组装规律。

1.2　界面的定义、分类与特征

在物质科学中，界面是指由不同物质占据的两个空间区域之间的边界，或者是不同物理状态下的物质之间的边界。物质具有固态、液态和气态三种状态。从单纯的组合来看，可以产生如下六类界面，即气体/液体、气体/固体、液体/液体、液体/固体、固体/固体和气体/气体等不同物质的边界面或者界面。其中，气体/液体的界面、气体/固体的界面分别用"液体的表面"和"固体的表面"这样的说法比较普遍。此外，鉴于气体良好的可扩散性，气/气界面则比较少。因此，我们通常说的界面往往是指气/液、固/液、液/液和固/固四种界面。

界面现象无处不在。从放在桌面上的一杯水我们可以理解各种界面（图 1-2）。例如，在玻璃杯子里注入水，就形成了空气和水这个液体的气/液界面。而玻璃杯的外表面是与空气接触的，因此，玻璃的表面是由叫做空气的气体和玻璃的固体之间的气/固界面，而玻璃杯的内部，则是由水这个液体和玻璃这个固体形成的一个液/固面。如果在这个杯子里再加一点油会怎么样呢？众所周知，水和油是不能相互混合的，其中油的密度比水小。因此，向有水的杯子里加入油的话，上层会聚集油，下层会聚集水。这时，油和水分离形成清晰的界线，这个界面是油和水的液/液界面。需要说明的是，液体之间的界面并不总是存在的。例如，把乙醇和水放进杯子里搅拌均匀，由于乙醇和水是无限混溶的，因此不会形成界面。再把这个杯子放在木质的桌子上，那么这个杯子和桌子的边界就是玻璃这个固体和木材这个固体的固/固界面。

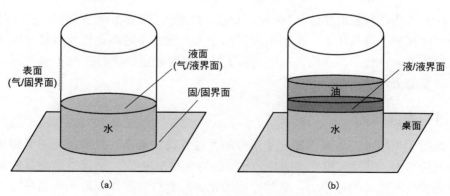

图 1-2　（a）将盛有水的烧杯放到桌面上将产生图示的各种界面；
（b）将盛有水/油的烧杯放到桌面上能产生更多类型的界面

从微观尺度上我们如何来理解界面呢？第一，界面是一个物理区域，而不是一个几何平面，也就是说界面并不是一个真正的二维平面，而是一个准三维的区域：其广度是无限的，但是是有厚度的，通常为几个分子的厚度。实验证明，界面是一个具有一定厚度和粗糙度的无限二维层。在水面情况下，空气/水界面是非常光滑的，其均方根粗糙度约为3Å[11]。而其他的一些界面可能是比较粗糙的。界面粗糙度可以影响分子的碰撞。分子动力学研究表明，光滑的界面决定了碰撞分子的取向分布和初始命运，也影响分子在界面和界面上的扩散[12]。

第二，界面是一个相到另一个相的过渡区域，实际上不存在两个相的截然分界面，因此常把界面当作另一个相来处理，称为界面相。界面相与两个独立的相都不相同。在界面相的不同厚度尺度上，来自两个相的分子的分布都是不一样的，同时他们也不断在进行着运动。

第三，界面可以是平的也可以是弯曲的，我们往往会被平的界面所吸引。但实际上弯曲的界面比比皆是。例如，上面烧杯中提到的水与玻璃杯壁之间的界面就是弯曲的，而水和空气在一杯水里的界面大部分是扁平的。沙拉酱中的油滴是球形的，其界面均是弯曲的。

界面之所以重要，在于它所占的比例与体相相比具有比较大的接触面。用面积除以体积我们可以得到一个商，这个商值越大，表明界面的特性影响越大。因此，界面是非常重要的，在大的界面面积比体积的系统中，如胶体体系，这就更加明显。界面可能导致各种光学现象，例如折射。光学透镜是玻璃与空气界面实际应用的一个例子。一个专题界面系统是气溶胶和其他大气分子之间的气/液界面。

1.3　界面的物理化学

如上所述，界面主要包括气/固、气/液、液/液、固/液和固/固界面。任何界面都受到内部分子的作用力，从而形成界面张力，而分子趋向于往界面移动以降低界面的能量，也就是界面的自由能。为了讨论问题方便，我们选取气/液界面，即液体的表面来讨论问题。

1.3.1　表面张力

如图 1-3 所示，液体内部分子所受的力可以彼此抵消，但表面分子受到体相分子的拉力大，受到气相分子的拉力小（因为气相密度低），所以总结果是表面分子受到被拉入体相的作用力。这种作用力使表面有自动收缩到最小的趋势，并使表面层显示出一些独特性质，如表面张力的产生[13]。

以液态水来举例说明：在水体相内部，每个水分子受到了来自各个方向上的其他水分子的作用力，由于水分子分布的均匀性，这种作用力在各个方向上亦是

---

❶ 1Å=0.1nm，下同。

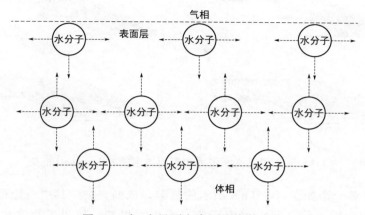

图 1-3　气/水界面上表面张力的产生

均匀和对称的，从而其合力为零。体相中水分子间距较小（几乎可以看成是紧挨着的），由于分子间作用力的平衡，分子间距基本保持着一个平衡，若某些分子间的距离稍近则可能引起其之间的排斥，若距离稍远则又会因为吸引力的作用而被拉回来。因此液体体相中的分子不能像气相中的分子一样可以在三维空间自由扩展，而是基本在其平衡位置附近运动。相对于体相中的水分子来说，分布在表面层的水分子在受到体相中水分子作用力的同时，还受到了气相中分子的作用力，由于气体分子与水分子作用力的强度有所不同，从而造成了这些表层水分子受力的不均衡。其中，运动能量较高的某些水分子可以"飞"出表面层，形成水蒸气。因此，从分子分布的疏密程度来看，液体表面层中的分子数要比其体相中的显得稀疏，亦即：在表面层中，水分子间的距离要略大些。基于此，表面层中水分子间的排斥由于其间距的增大而减小，因而在该表面环境下其分子间的吸引力占优势。若将水面划分为若干部分，则其相邻部分之间存在大小相等、方向相反的作用力。这种作用力的存在使得水面的各个部分相互吸引，导致了水表面具有自动收缩的趋向。这种由于表面与体相中分子分布稀疏程度不同而引起的力就是表面张力。

从分子间作用力的角度来看，所谓表面张力是指在液体表面层中，由于分子间吸引力的不均衡而发生于液体表面上的分子间吸引力所产生的合力。由于表面层中的水分子受到了表面上的气体分子与体相中的其他水分子的不均衡、不对称的作用力，其与体相中的分子不同，所受合力不为零，而是具有一定强度的、垂直于气/水界面指向水体相内部的力量，这个力就是发生于水表面上表面张力的合力。可以看到，正是由于表面张力的存在，才使得液滴有自动缩小自身表面积的趋向。

对于表面张力的测量，可以用 Maxwell 框架来测量和计算，如图 1-4 所示的模型。

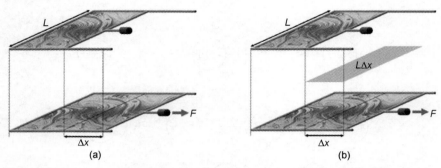

图 1-4　用于测量表面张力和表面自由能的 Maxwell 框架

　　首先准备一个如图 1-4（a）所示的框架，该框架中，其中一边可以自由移动，其他均为固定边，将之浸泡于肥皂水中并提起，可以发现在框架的各边之间形成了肥皂水薄膜。有意思的是，实验者可以观察到可滑边可以自动向里收缩，这就是表面张力现象存在的最直接的现象之一。为了阻止活动边向里的自动移动，需要在反方向上施加一定的力，这个力的大小可以用公式（1-1）来表示：

$$F = 2L\gamma \tag{1-1}$$

式中，F 为所施加的外力；L 为边的长度；γ 为张力系数。另外，由于膜有正反两个面，所以需要对滑动的边长乘于一个系数 2。可以看到，当这个力 F 与表面张力相当时，可以使得边停止滑动而处于一种平衡状态，这时我们就可以测得表面张力的大小。

　　因此，表面张力被定义为"表面单位长度上的滑动力"，是具有"力/长度"量纲的物理量。单位通常使用 mN/m（毫牛顿每米）。例如，纯水在 20℃时的表面张力为 72.8mN/m。

　　需要指出的是，某种液体的表面张力除了取决于其本征属性外，还在很大程度上取决于其所处的外界环境与条件。比如，一般来说，温度的升高常常会导致表面张力的下降，这主要是由于温度升高后引起了分子间距的增加，从而分子间的吸引作用力减小的缘故。此外，表面张力还和液体中的杂质（亦或说是溶质）有一定的关联，有些溶质可以增加液体的表面张力，比如在水中溶解一定的无机盐，由于无机盐离子一般与水分子有一定的复合作用，从而其倾向于将水分子"拉"向水体相内部，从而使得表面水分子的分布变的稀疏了，因而增加了分子间的引力。另一方面，有些物质可使得水的表面张力降低，习惯上将这种物质称为表面活性物质，亦或表面活性剂。一般来说，作为表面活性剂的分子，通常是具有一个亲水的头基和疏水的尾基的两亲性分子，其中前者倾向于将分子"拉拢"到水体相内部，而后者则倾向于将之"推挤"到水的表面。

1.3.2　表面自由能

上述对表面张力的论述从宏观的机械力学与微观的分子力学的角度解释了表面张力的发生和存在。事实上，就上述肥皂水薄膜实验而言，我们还可以从热力学和能量的角度上进一步认识其更为深刻的内涵。体相分子在所有方向上都具有相同大小的分子间相互作用力，可以抵消，因此非常稳定。在表面，由于表面分子能够相互作用于气体侧的对抗分子很少，所以不能降低能量使其稳定化。因此，表面比体相有多余的能量。由于这种过剩的能量，导致表面比体积更不稳定。这种过剩的能量可以作为每单位面积的表面量，被定义为表面自由能。表面自由能同样可以用上面的装置测量。

假设肥皂薄膜在外力 F 的作用下被拉长了 dl 的距离，可滑动边 A 的长度为 L，则对体系所做的功为：$dW = Fdl = 2L\gamma dl = \gamma dA$，其中 $dA = 2Ldl$，它代表肥皂液膜体系表面积在这一过程中的变化。对于由单纯物质组成的可逆体系来说，根据热力学基本公式：$dG = -SdT + Vdp + dW$ 和 $dG_{T,P} = dW = Fdl$，可以推导得到：

$$dG_{T,P} = dW = 2L\gamma dl = \gamma dA \tag{1-2}$$

$$\gamma = dW/dA = (dG/dA)_{T,P} \tag{1-3}$$

从上述公式可以看到，表面张力系数 γ 从热力学的角度上来理解就是在等温体系中，增加单位表面积所需要做的可逆功，亦或者在恒温、恒压下增加单位表面积时体系自由能的增加，它反映了单位表面上所分布的分子较体相中相同数量的分子自由能的过剩，因而在有些情况下，表面张力系数又称为表面自由能（surface free energy）。

可以看到，为了增加表面面积，必须移动体相分子放置在表面。此时，有必要对抗分子的凝集力（即分子间力）使分子移动，因此必须从外部做功。这个功的单位面积的量是 γ。而且，相当于该 γ 的能量会在单位面积的表面储存。如果液膜表面积的增加在一定温度条件下被可逆地增加，那么这个功就可以在增加的部分的表面上作为"能量"被完全存储。这个能量反过来，作为功，可以全部取出。也就是说，从热力学的意义上来说，可以"自由"地取出来。因此，在一定温度条件下，由外部做功在液体膜表面积蓄的能量被称为"自由能"。将其作为每单位面积的量来计算就是"表面自由能"。表面自由能被定义为"表面单位面积的自由能"，具有"能量/面积"的量纲。表面张力与表面自由能是从力学与热力学的角度来认知理解表面现象的重要物理参数，它们具有不同的物理内涵，但却具有相同的单位。其中，表面自由能的常用单位为 J/m^2，而表面张力的单位则为 N/m，二者的换算关系为 $J/m^2 = N \cdot m/m^2 = N/m$。因此，表面张力和表面自由能是物理量相当量纲的量，如果用相同单位系统表示，数值也相等。比如对于水来说，$72.8mN/m = 72.8mJ/m^2$。但是，作为力量的表面张力是矢量，需要考虑作用力的方向；而作为能量的表面自由能是标量，没有方向的概念。表面自由能是物体表面分子间作用力的体现，事实上是分子在表面组装的物理驱动力，对于理解分子的组装热力学具有重要意义。表面张力和表面自由能的概念可以拓展到界面张力和界面自由能，理解是相似的，从而为界面组装奠定了科学基础。

1.4　界面与分子组装

有界面存在就有界面自由能，界面的自由能总是向着低的方向自发发展。分子一直处于不停的运动状态，当分子运动到界面时，分子会发生特殊的变化，它会在界面发生吸附，也就是富集于界面使界面自由能降低。当分子在界面吸附时，分子会进行有序的排列，形成一层成分与流体相内部不同的部分，其中溶质的浓度远大于相内部，这一由于物质富集而形成的界面层，即一般所谓的界面膜。界面膜具有不对称性。例如具有"亲水-亲油"的两亲分子结构的物质特别容易在油/水界面或水表面上吸附，形成界面膜。其他的一些极性有机物，如醇、羧酸、胺、酯等，特别是含有直碳氢链的分子和各种表面活性剂，皆容易在水表面上铺展或吸附，形成界面膜。这些界面膜中的分子由于与界面的相互作用而取向，同时由于分子间的非共价相互作用而稳定。因此，非共价相互作用在界面膜的形成过程中发挥了非常重要的作用。同样，界面也成为了分子进行有序组装的理想平台[14]。

早在 19 世纪中期或更早的时候，科学家就开始注意到界面区具有特殊性，不均匀体系的很多行为都取决于界面性质的变化。1875—1878 年，Gibbs 首先应用数学推理的方法，指出了在界面区上的物质浓度一般不同于在各本体相的浓度，从而一开始就使这个学科建立在稳固的理论基础上。一个多世纪前，很多成熟的表面测试技术开始建立，如测量液体表面张力的技术，测量气体在固体表面的吸附量的技术等。许多科学家对黏附、摩擦、润滑、吸附等表面现象做了大量研究工作。其中美国科学家 Langmuir 在 1913—1942 年间在表面化学领域做出了重要的贡献，如对蒸发、凝聚、吸附、单分子膜等表面现象的研究。他的研究深入到了分子水平，尽管那时我们还没有非常好的测量手段来表征单分子层的结构，但是 Langmuir 以他敏锐的眼光提出了单分子吸附模型以及气/液界面单分子膜的概念等，极大地推动了界面化学的研究。Langmuir 于 1932 年获得诺贝尔化学奖，成为表面化学的先驱者和开拓者。

（1）分子在界面的一个重要行为就是分子取向与分子的有序排列

界面上分子的几何排列或者取向结构对界面的化学和物理性质的微观描述至关重要。界面结构是由溶剂和相邻相分子间的作用力决定的。取向决定力的范围从静电力、氢键到亲水溶剂化和疏水效应。因此，在界面上分子可以选择性地取向。而且这一取向不仅是单一分子的行为，也是一个集团行为，分子和分子之间可以依靠非共价相互作用进一步排列起来。这一特征对于界面具有非常重要的意义。界面促进了分子的取向，而取向的分子又修饰了界面使其具有体相不具有的性质（图 1-5）。这种分子的取向和自发有组织的排列不仅仅限于气/液界面、气/固界面或者表面，对于其他界面也同样适用，例如液/液界面、液/固界面等都有类似现象。这些组装的驱动力宏观上来源于界面能的降低，微观上来源于分子的有序排列。从超分子化学和自组装的角度来讲，组装基元不局限于两亲分子，很多小分子、无机纳米粒子、大分子、生物大分子等都可以组装，从而使得组装化学的范围更加广泛。

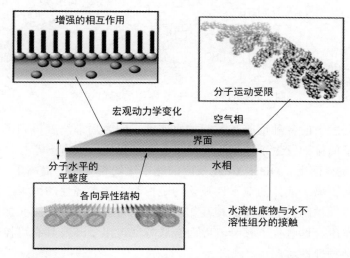

图 1-5　界面上的化学组装（以空气和水的界面为例）

空气和水的界面具有分子水平的平整度，导致不溶于水和溶于水的分子在界面接触，形成界面膜；分子在界面膜中可以增强分子间的相互作用，分子的运动也受到限制，同时表现出各向异性

（2）分子在界面可以操纵，可以增强分子的识别以及化学反应的选择性

界面的横向方向是无限的，可以方便地进行厘米级和米级的宏观调控。相比之下，界面的厚度接近分子和纳米尺度。因此，可以在分子水平上重新操纵分子的排列、识别和化学反应等，使界面的分子识别变得更加容易。例如，表征分子间相互作用的超分子缔合常数和结合能是非常关键的。如何使分子的结构能提升获得稳定的超分子是合成化学家非常关注的问题，他们可以在结构上做很多调整，获得最佳的化学结构。然而，由界面产生的作用往往比通过化学结构的修饰更加有效。例如，磷酸盐-胍对在水溶液中的结合常数明显较小（1.4L/mol），形成胶束时，结合常数测量为 $10^2\sim10^4$L/mol[15]。而有意思的是，在宏观的空气/水界面上（图 1-6），这个值会变得更大（$10^6\sim10^7$L/mol）[16,17]。

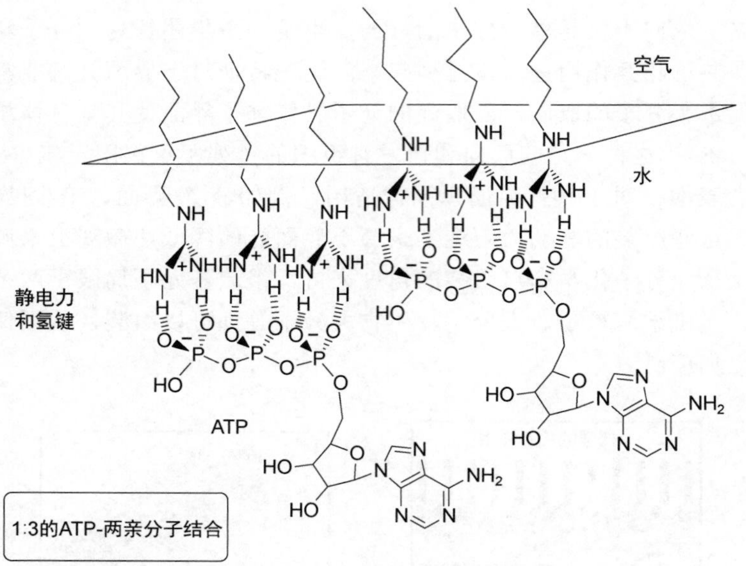

12

界面组装化学

图 1-6　ATP 与空气/水界面的胍单层膜

　　在界面处发生的各种反应有可能加快速度，因为局部浓度得到了提升，也有可能由于分子的排列发生了体相不能发生的化学反应。Kumar 等人[18]报道了在离子液体/正己烷界面上，Diels-Alder 反应的速率比均相介质中提高了 $10^6 \sim 10^8$ 倍，立体选择性高。离子液体的疏水性被认为是控制立体选择性的因素。然而，由氢键力和界面极性控制的分子间的相互作用和取向可能在决定反应（加速）机制方面发挥关键作用。这些优点预示着界面合成方法可用于开发具有可控性的新型材料形态和化学物理性质。

　　（3）界面是一个受限空间

　　界面不仅对分子的排列发挥了关键的作用，而且在利用界面进行材料合成方面也有着独特优势，对于前驱体的预组装或中间产物的成核和生长发挥着重要的控制作用。例如，笔者研究了非手性的长链联二炔在空气/水界面的组装与聚合反应（图 1-7），发现在溶液体系中不能发生的聚合反应可以在界面发生[19]。进一步研究发现，气/液界面聚合形成的聚联二炔具有手性。这是由于界面是一个受限空间，分子首先在这一空间内有序排列，由于空间的限制，分子的排列倾向于形成螺旋堆积，这一超分子的堆积模式，通过光照诱导聚合而形成了具有手性的螺旋高分子。这里界面不仅促使了液相禁阻反应的发生，而且有效地控制了产物结构。

　　在过去的几十年中，模板定向合成已经成为制备各种不同尺寸无机和有机材料的有效方法。它在控制尺寸、形貌和成分以及设计功能方面具有本征优势。利用二维的界面来进行材料合成成为了非常重要的手段之一[20]。这里界面发挥了预组装、成核、受限扩散等功能，给材料的合成增加了丰富多样的可能和调控空间。

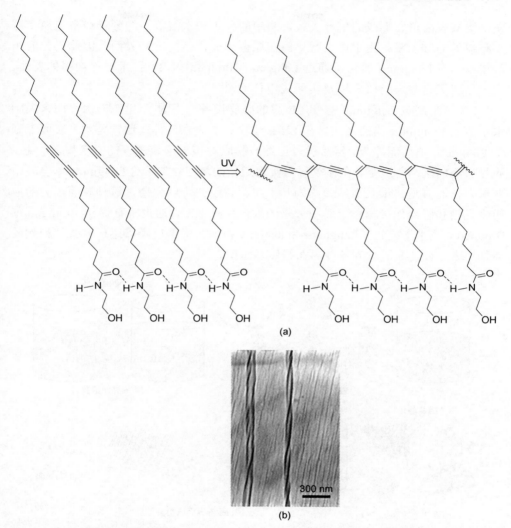

图 1-7 （a）长链联二炔单体在空气/水界面的组装，在紫外光照下发生聚合形成拓扑聚合高分子；（b）由于受限于二维空间，不具手性的联二炔可以形成手性分子膜

1.5　不同界面的组装化学

1.5.1　气/液界面的分子组装

气/液界面可以简单理解为空气与流体的界面。例如空气与水的界面、空气与溶剂的界面等。气/液界面上可以形成两类膜。一类是将疏水性高的两亲化合物溶液在水面上铺展，在蒸发溶剂后形成的单分子膜，是不溶性单分子膜。也被称为Langmuir 膜。另一类是溶解在溶液中的表面活性剂分子的疏水基会从水中逃开而

在水溶液表面自发形成的单分子膜，膜中的分子和水溶液中的分子经常交换。这类膜成为 Gibbs 膜。由于这类膜只能在原位形成，不能离开界面，因此研究的相对较少。而 Langmuir 膜可以通过 Langmuir-Blodgett（LB）技术转移到固体表面，大大拓展了这些膜的研究以及实际应用价值[21]。

LB 槽是制备 Langmuir 膜和 LB 膜的必要设备，主要利用空气/水界面来限制水不溶性 Langmuir 膜的形成。在 LB 技术中，首先在液体（通常是水）表面上制备 Langmuir 单层漂浮膜，然后通过压缩或膨胀对该单层膜进行动态操作，并且在施加适当的压缩程度后，在该单层内实现适当的填充。在浮动 Langmuir 单层膜中普遍存在的典型二维表面压力约为几十兆帕。因此可以预期，这种表面压力的应用将直接和强烈地影响单层膜中分子的取向。接下来，通过垂直提拉（Langmuir-Blodgett）或水平提拉（Langmuir-Schaefer）技术，将单层膜以逐层方式沉积到固体基底上。图 1-8 所示为各种界面组装示意图。

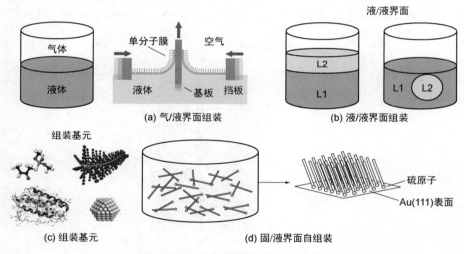

图 1-8　各种界面组装技术示意图

长期以来，LB 技术主要使用两亲分子体系，这些分子主要靠分子间相互作用和侧面压缩排列起来。但是形成的 LB 膜强度比较弱，很容易破缺。因此，研究者又提出了使用高分子为组装基元，高分子的使用从一定程度上改善了膜的强度，但是仍有不足，因此这一技术限制了膜功能本身的发挥。尽管如此，这一技术为人们理解单分子层的形成、分子的取向、分子的截面积计算以及分子识别、传感等提供了优良平台，仍然得到了关注。由于气/液界面是一个动态体系，不仅是单个分子本身，而且多个分子在单分子层以及在亚相也可以进行有效调控，因此，用于构建二维的软材料和化学反应具有十分重要的意义。在气/水界面上，组分分子在介电常数完全不同的两相间的非均匀二维环境中保持着较高的运动自由度。因此，组分分子在横向和纵向都有很高的自由接触机会，避免了体相的无限分散。特别是，在空气/水界面上的单层膜提供了合成分子（单层）和来自水亚相的生物分子之间的合理相遇点。在生物系统中，目标信号分子和受体生物分子之间的分子识别，核酸链的特异性杂交，以及选择由酶作用的底物实际上发生在水界面介质中，如细胞膜表面、大分子界面和蛋白质内部的囊袋等。空气/水界面作为一种合适的介质和水/生物界面的模型，用于分子识别和组装。这是一个非常有效的模型平台。空气/水界面上分子相互作用的这些增强性质，有利于借助水组分在二维介质中通过分子组装在分子水平上精确地构筑二维图案结构。这种方法，即所谓的二维分子图案化。

　　尽管 LB 膜技术在其发展初期主要关注两亲性基元分子的组装，但随着研究者对该体系认知的不断深入却发现，其他诸多构筑单元，例如各种纳米结构、非典型性两亲分子等，均可被组装形成规则纳米阵列结构。作为当前科学领域备受关注的热点之一，纳米科学显然从一定程度上为这一经典手段的可持续创新发展提供了契机。当前二维材料的研究得到了广泛重视与飞速发展。二维的气/液界面既可以将诸如氧化石墨烯等的二维材料铺展在界面，形成厚度可控的界面膜，又可以在界面进行纳米材料合成，除了一般的纳米粒子、纳米层状结构等，还可以原位合成 COF 结构等，详情在第 6 章论述。

1.5.2　固/液界面的分子组装

　　固/液界面的组装一般是将固体放入到溶液体系中，由于分子容易在固体的表面聚集和排列，就形成了典型的自组装膜。这类组装主要有两种技术，一种是自组装膜技术，另一种是层层组装技术。

　　自组装膜技术（self-assembled monolayers，SAMs）是指在不借助其他外力时，在一定的实验条件下分子自发聚集组装在一起，形成具有规则结构的单分子层或多分子层超薄膜的过程。尽管很早就有人研究了金属表面沉积表面活性剂超薄膜的课题，但直到 20 世纪 80 年代，随着各种现代分析技术极大的发展，人们可以从各个层面全方位来研究自组装过程，并认识其构效关系，进而促进了该领域的创新发展。

　　实际上，自组装是一个带有一定活性官能团的化合物在相应固体表面发生反应的化学吸附过程。常见的自组装过程如下：首先将事先经过处理的基片浸泡到含有某种表面活性剂的溶液中，在一定的实验条件下将体系放置一段时间，使得表面活性剂分子在固体载体表面发生充分的化学吸附，之后将基片取出，用适当的溶剂冲洗，以去掉物理吸附的表面活性剂分子，在适当的条件下将基片晾干，根据具体的研究目的，即可做各种测试、表征或其他深入的研究。在自组装膜中，基元分子通过活性官能团与载体之间形成的化学键被固定在了基片上，而分子末端官能团之间、分子骨架之间亦存在着各种非共价键作用。通过这些作用产生的各种能量，比如化学吸附能、疏水作用能、分子骨架弯曲产生的旁式能，以及基片皱褶引起的分子与基片作用产生的能量等，使得自组装膜成为一个热力学稳定体系。

在自组装膜中，成膜分子与固体载体间存在着特殊的化学键，这要求合成一些带有特殊官能团的成膜分子，同时也要求制备能和这些官能团进行表面化学反应的基片。这样成膜分子和对应的基片间就存在着一定的选择性。依据这种成膜分子与固体载体间的"配对"选择性，带有硅氧烷的长链有机化合物以及带有硫醇的长链化合物常常被用来形成自组装膜，它们分别通过 Si—O 键和 Au—S 键被结合在玻璃和金的表面[22,23]。

自组装膜也是一种在分子水平上精确控制分子排列结构和有序性的简单、便捷的方法。其杰出的热力学稳定性、过程的可控性、膜的实用性等使之成为了化学、物理、半导体、生物等各学科的研究重点和热点之一。

层层组装技术（Layer-by-Layer，LbL）：20 世纪 60 年代中期研究者就发现表面带有电荷的固体载体可以通过静电作用吸附带有相反电荷的胶体颗粒，通过多次交替吸附可以得到胶体颗粒的超薄膜，不过当时并没有引起人们的关注和深入研究。直到 20 世纪 90 年代初期，Decher G 在 *Science* 上发表了一篇研究论文[24]，详细介绍了通过分子间静电作用在固体基片上组装带有相反电荷的两种聚电解质超薄膜的过程和作用机制，才广泛引起了研究者的注意。利用层层组装技术来制备超薄膜与上节的自组装技术十分类似，只需通过固体载体的循环浸泡和冲洗便可很容易地将分子有序地组装起来。

一般的层层组装过程包括以下几个步骤：首先，将表面带有一定电荷的固体载体在一定的温度下浸泡到某种带有相反电荷物质的溶液中，保持一定的时间，使之充分发生静电吸附作用，之后将基片取出并用溶剂冲洗其表面（或将之浸泡到纯溶剂中），干燥一段时间；其次，将上述基片浸泡到带有与原始基片相同电荷物质的溶液中，按照同样的操作来沉积第二种物质；重复循环上述过程便可以将二元或多元的成膜物质组装成复合的超薄膜体系。其他驱动力的层层组装技术与此有类似的过程。

该技术的普适性是其最大的优势之一，这主要体现在以下几个方面：首先，它适用于制备各种带有电荷的有机小分子、聚合物、无机粒子、胶体颗粒以及生物大分子（比如 DNA、酶、蛋白质等）等物质的多元复合膜；其次，分子间的其他作用力（配位作用、氢键等）亦可作为成膜的驱动力，且膜的稳定性也较高，这极大丰富了其研究内容并增加了其实用性；再者，用于成膜的固体载体取材广泛，且易于处理；最后，可以很轻易地通过控制成膜过程中各种宏观参数（如溶液的浓度、酸碱度、温度等）来调控膜的微观结构和性能。可以看到，层层组装技术也是一种优良的制备有序超薄膜的手段，其制备过程简单便捷、快速低耗，其研究对象和领域具有一定的普适性。这些特征使之迅速渗透到了超分子化学、胶体与界面化学、生物化学等领域，并构成其中重要的组成部分。在层层组装技术的各种驱动力中，基于静电作用、氢键作用以及配位作用等为主要驱动力的组装已经获得了丰硕的研究进展。本书第 4 章将重点阐述固/液界面的自组装膜的研究。

1.5.3　液/液界面的分子组装

液/液界面就是液体相互接触而形成的界面。一般而言，构成液/液界面的液体可以是完全不互溶的也可以是部分互溶的。从广义上来审视，任何两种性质不同的液体相互接触都可以生成液/液界面。与其他界面相同，液/液界面也是能量、物质交换和信息传递的平台之一。在生物体中，这种液/液界面比比皆是。例如细胞膜是疏水的并且具有一定的流动性，其与水接触就构成了油/水界面。在生命体中，一方面，蛋白质的折叠以及膜的形成等过程都依赖于疏水界面与水之间的相互作用；另一方面，跨越疏水/亲水界面的能量和物质转运过程则构成了生命运动的基本要素。在这一过程中，疏水/亲水界面固有的物理、化学性质又决定了转运过程和相互作用的特点。

与水不相溶的有机溶剂/水界面是液/液界面的典型。液/液界面的一个特点是除了平面以外，还有曲面，例如乳液体系。微乳是由两种或两种以上互不相溶的液体经混合乳化后形成的分散液滴的直径在 5～100nm 之间的体系。微乳液体系存在大量的液/液界面。如果其中存在一些其他分子，那么这分子就可以在界面上进一步组装。如上所述，超分子体系的组装不限于分子，一些大的单元，如高分子、纳米颗粒以及胶体颗粒等都可以进行组装。事实上 Pickering 很早开创了胶体颗粒在弯曲液界面的自组装[26]，由胶体颗粒稳定的乳状液被称为皮克林（Pickering）乳液。液/液界面的超分子或者胶体颗粒组装体的功能特性具有很丰富的内涵，在微观层面上，由于分子间相互作用（如单体-单体、单体-溶剂和单体-催化剂）的强烈不对称性，液体界面区域的化学反应与本体溶液相比具有一些独特的性质。虽然界面液和本体液中单体密度无明显差异，但是两种体系的表面粗糙度、分子取向和相互作用是完全不同的。这些差异可以显著地影响或改变分子的迁移、平衡以及化学反应的速率。例如，在某些情况下，液/液界面上功能化分子所形成的组装体对于非均相化学反应有显著的催化作用，效果远远超过常规的相转移催化剂。此外，功能性单体在界面上的有序排列可以通过其动态自组装进一步触发，形成一个尺寸比分子大得多的二维周期性材料。同时，厚度还可以在一定范围内调控。在工农业生产与日常生活中，液/液界面无处不在，涉及液/液界面的应用更是比比皆是。萃取、乳化、破乳等工艺过程在工业上广泛应用。几乎所有的食物、化妆品等都是典型的油水混合、包含复杂液/液界面的体系。

此外，还有气/固和固/固界面的分子组装，其中气/固界面往往是与表面化学联系在一起的，而固/固界面与材料制备、合金等密切相关，不作为本书的重点，在此不再赘述，建议感兴趣的读者参阅其他相关论著。

1.5.4 各种界面组装技术的比较

从前几节简明介绍可以看到，气/液界面的 LB 技术，固/液界面的自组装膜技术、层层组装以及液/液界面的组装都有可能形成稳定的膜。一方面我们需要了解分子以及其他更大的结构如胶体颗粒、纳米粒子等在这些界面形成的过程与结构，另一方面，我们更希望将这些结构拿出来构成膜材料而加以应用。这些界面组装的手段为超分子化学、光电化学、纳米化学、生物化学，分子电子学以及材料科学等基础学科的发展奠定了基础。它们之间既有共性的问题，又有自身的特色，各具突出的优势和特点。表 1-1 列出了这几种组装体系的各种特征。

表 1-1 各种界面组装技术的比较

项目比较	LB 膜技术	自组装膜技术	层层组装技术	乳液，微乳液
组装界面	气/液界面	液/固界面	液/固界面	液/液界面
主要适用研究对象	各种两亲分子、聚合物，各种纳米结构等	带有某种活性基团如 Si-O、-SH 等的小分子和聚合物，经过修饰的纳米结构等	带电的聚电解质，具有配位，较强非共价作用基团的小分子、高分子、纳米颗粒等	互不相容的液体、胶体颗粒、纳米颗粒的分散液
有序性	具有优良的纵向和横向有序性	具有优良的横向有序性，纵向有序性随膜层数的增加而减弱	横向有序性不佳，各层膜间有一定程度的穿插，纵向有序性随膜层数的增加而减弱	界面取向，往往是在弯曲界面
组装结构的稳定性	分子膜稳定性较差；纳米粒子组装的膜以及高分子共价聚合后较好；二维材料稳定性好	膜的稳定性较好	膜的稳定性较好	比较难以取得稳定的膜，一般连同体系直接使用；根据条件可以提取出界面膜
组装结构的实用性	是建立理论模型和进行基础研究的优良手段，有一定的实用性	具有一定的实用性	具有一定的实用性	具有很好的实用性
制备设备	LB 仪	无需特殊设备	无需特殊设备	无需特殊设备

这些成膜方法的一个共性是需要将研究对象，往往是分子或者纳米颗粒、胶体颗粒等溶解或者分散在某种溶剂中，它们会在合适的界面进行有序排列或者组装，形成可控的界面膜。在实际研究工作中，往往需要各种成膜技术的综合应用，而不是单一地选择其中某一个手段。另外，这些成膜技术在研究对象上都具有一定的选择性，所以设计、合成特定的化合物一直是相关课题的关键之一。

1.6　结论与展望

　　化学的发展一直是在朝着精细化方向进展的，而支配这一精准化实现的内在力量就是各种化学键。共价键的使用使得原子与原子之间的结合变得更加精准，配位键的利用使得离子与离子、离子与有机配体之间的结合更加精准，氢键、π-π 堆积使得分子之间的堆积更加精准，从而使化学不断迈向新的高度。合成创造了新物质，同样分子组装也是创造新物质的手段。

　　另一方面，化学的反应已经在不断超越溶剂体系，界面的分子排列为化学分子的组装提供了一个重要的平台。在界面这个平台上，分子不再将自己隐藏为一个质点，而是不断展示自己的各个部位的个性、电荷、极性、反应位点，在界面这个平台上 "站立"，既保持个性，又团结起来形成聚集体，从而发挥出一些新的特点。这一发展使得组装化学从简单分子组装和静态组装逐渐过渡到多组分、多级次级和动态组装，从不可控组装发展到可控组装，创制具有动态响应、自适应、自修复等特点的新型自组装体系。与此同时，多层次多组分的自组装体在诸如光电功能、催化、界面定向合成等方面发挥越来越重要的作用。此外，界面也是综合的。两相界面是最常见的，而很多时候是一个多相界面，上述的 LB 膜技术虽然仅是针对气/液界面，但是转移到固体板上是一个气/液/固三相界面的过程。因此，多界面的灵活运用是界面组装的灵魂。

　　经过亿万年的进化，生物给我们提供了学习的榜样，生物体系中既有高效的化学反应，又有构象变化，如蛋白质折叠、DNA 的合成与组装兼具的过程。生命的大多数过程发生在界面。细胞膜表面的分子识别，物质的跨膜传输都涉及界面现象，生命蕴含着丰富的界面现象与分子组装和解组装，因此，界面超分子组装化学的一个重要方向是研究受生物启发的自组装及界面组装。

　　超分子自组装也是制备新材料的一种途径。超分子自组装似乎提供了一个最普遍的策略，可以在任何尺寸实现自组装[27]。尽管我们对界面的认识很多时候开始于分子，但是要实现材料的应用，就必须超越分子的尺度。当前纳米科技成为一个及多种学科交叉的平台。纳米材料的合成很多时候要依赖于胶体与界面化学，而纳米材料的分散应用更需要对界面的理解。各种界面为超分子自组装、纳米材料的精准合成与应用提供了一个良好的平台，有望在与物理学、生物学、材料科学、纳米科学等学科交叉上继续拓展基础化学科学的疆域。

参 考 文 献

[1] Muller, P. *Pure Appli. Chem.,* **1994**, *66* (5), 1077-1184.

[2] Nicolaou, K. C.; Montagnon, T. Molecules that changed the world. Weinheim: Wiley-VCH, **2008**.

[3] Woodward, R.B. *Pure Appli. Chem.,* **1973**, *33* (1), 145-178.

[4] Staudinger, H. Concerning polymerisation. *BERICHTE DER DEUTSCHEN CHEMISCHEN GESELLSCHAFT*, **1920**, *53*, 1073-1085.

[5] Yaghi, O. M.; Kalmutzki, M. J.; Diercks, C. S. Introduction to Reticular Chemistry: Metal-Organic Frameworks and Covalent Organic Frameworks. New Jersey: John Wiley & Sons, **2019**.

[6] Chen, X. D. and Fuchs, H. Soft Matter Nanotechnology: From Structure to Function//Qin, L.; Lv, K.; Shen, Z.; Liu, M. Chapter 2: Self-assembly of organic molecules into nanostructures. Weinheim: Wiley-VCH, **2015**.

[7] Pedersen C. J. *Science*, **1988**, *241*(4865), 536-540.

[8] Cram, D. J.; Cram, J. M. *Science*, **1974**, *183*(4127), 803-809.

[9] Lehn, J. M. *Pure Appli. Chem.*, **1978**, *50*(9-10), 871-892.

[10] Service, R. F. *Science*, **2005**, *309*, 95.

[11] Braslau, A.; Deutsch, M.; Pershan, P. S.; Weiss, A. H.; Als-Nielsen, J.; Bohr, J. *Phys. Rev. Lett.,* **1985**, *54*, 114-117.

[12] Benjamin, I.; Wilson, M.; Pohorille, A. *J. Chem. Phys.*, **1994**, *100*, 6500-6507.

[13] Butt, H. J.; Graf, K.; Kappl, M. Physics and chemistry of interfaces. New Jersey: John Wiley & Sons, **2013**.

[14] Ariga, K.; Malgras, V.; Ji, Q.; Zakaria, M. B.; Yamauchi, Y. *Coord. Chem. Rev.*, **2016**, *320*, 139-152.

[15] Onda, M.; Yoshihara, K.; Koyano, H.; Ariga, K.; Kunitake, T. *J. Am. Chem. Soc.*, **1996**, *118*(36), 8524-8530

[16] Sasaki, D. Y.; Kurihara, K.; Kunitake, T. *J. Am. Chem. Soc.*, **1992**, *114*(27), 10994-10995.

[17] Sasaki, D. Y.; Kurihara, K.; Kunitake, T. *J. Am. Chem. Soc.*, **1991**, *113*(25), 9685-9686.

[18] Beniwal, V.; Manna, A.; Kumar, A. *ChemPhysChem*, **2016**, *17*, 1969-1972.

[19] Huang, X.; Liu, M. *Chem. Commun.*, **2003** (1), 66-67

[20] Dong, R.; Zhang, T.; Feng, X. *Chem. Rev.*, **2018**, *118*(13), 6189-6235.

[21] Ulman, A. An Introduction to Ultrathin Organic Films: From Langmuir--Blodgett to Self-Assembly. Pittsburgh: Academic press, **2013**.

[22] Sagiv, J. *J. Am. Chem. Soc.*, **1980**, *102*(1), 92-98.

[23] Bain, C. D.; Troughton, E. B.; Tao, Y. T.; Evall, J.; Whitesides, G. M.; Nuzzo, R. G. *J. Am. Chem. Soc.*, **1989**, *111*(1), 321-335.

[24] Ulman, A. *Chem. Rev.*, **1996**, *96*(4), 1533-1554.

[25] Decher, G. *Science*, **1997**, *277*(5330), 1232-1237.

[26] Pickering, S. U. *J. Chem. Soc., Transactions*, **1907**, *91*, 2001-2021.

[27] Whitesides, G. M.; Grzybowski, B. *Science*, **2002**, *295*(5564), 2418-2421.

第 2 章
界面组装体的表征方法

要了解界面组装体的性能，必须首先了解界面组装体的结构。一般用于固相的各种表征技术经过适当改进后均可以用于界面的表征，但是界面的表征也有一些特殊性。第一，由于界面的分子浓度一般较低，因此要求界面表征需要更加灵敏的设备；第二，由于分子在界面有取向，因此，界面的各向异性表征也成为一个非常重要的部分；第三，界面有新的选择定则，界面的表征与这些定则密切相连，成为非常重要的部分；第四，有些时候界面的表征更加有效。本章将重点基于固/液界面组装体的分析表征，介绍相关的表征技术。最常见的方法和手段有以下几类：

① 各种显微镜技术，包括荧光显微镜（fluorescence microscope，FM）、扫描电子显微镜（scanning electron microscope，SEM）、扫描隧道显微镜（scanning tunneling microscope，STM）、原子力显微镜（atomic force microscope，AFM）和布儒斯特角显微镜（Brewster angle microscope，BAM）等；

② 各种波谱技术，包括红外反射吸收光谱（infrared reflection/absorption spectroscopy，IRRAS）、衰减全反射傅里叶变换红外光谱（attenuated total reflection Fourier transform infrared spectroscopy，ATR-FTIR）、表面等离子共振（surface plasmon resonance，SPR）、表面增强拉曼散射（surface-enhanced Raman scattering，SERS）、X 射线光电子能谱（X-ray photoelectron spectroscopy，XPS）、X 射线衍射（X-ray diffraction，XRD）、表面声波（surface acoustic wave，SAW）、电子衍射（LEED 或 HEED）、二次谐波（second harmonic generation，SHG）、和频光谱（sum frequency generation，SFG）、低态氮原子衍射（LEHeD）等；

③接触角（containing angle）、石英晶体微天平（quartz crystal microbalance，QCM）、椭圆偏振（ellipsometry）等灵敏的表面分析技术。

2.1　扫描隧道显微镜

1982 年，IBM 公司的科学家 Gred Binnig 和 Heinrich Rohrer 成功地实现了尖

锐针尖和 Pt 样品之间电子的真空隧穿，并实现了针尖在样品上的扫描，这就诞生了世界上第一台扫描隧道显微镜（scanning tunneling microscope，简称 STM）[1]。这种新型显微技术的横向分辨率达到 1Å（1Å=0.1nm），而纵向分辨率更达到 0.1Å。

2.1.1 工作原理

扫描隧道显微镜（STM）的原理是基于隧道效应。当在试样表面和扫描探针针尖间施加一个小的电压，且样品表面与探针针尖之间的距离小于 1nm 时，隧道电子即可穿过扫描探针针尖与试样表面之间的势垒，形成微小电流，即隧道电流（I）。I 和试样表面与探针针尖之间的间距（S）成指数关系，如式（2-1）所描述的：

$$I \propto V_b \exp(-A\phi^{1/2}S) \tag{2-1}$$

式中，V_b 是探针与试样表面间的偏置电压；ϕ 为平均功函数，$\phi = 1/2(\phi_1 + \phi_2)$，$\phi_1$、$\phi_2$ 则分别为探针和试样的功函数；S 为试样表面与探针针尖的间距；A 为常数，在真空中约为 1。

由式（2-1）可知，当 S 减少 1Å 时，I 为原来的 10 倍。因此，I 对 S 的变化具有非常灵敏的响应。一般来讲，隧道电流的大小在 $10^{-9} \sim 10^{-6}$A。若控制 I 恒定，对样品表面进行探针扫描，则探针与样品表面的间距变化即可反映出样品表面的形貌结构。

如图 2-1 所示，STM 有两种工作模式——恒流模式和恒高模式。（a）恒流模式，即保持 I 恒定，扫描探针针尖和试样表面之间的距离不变，扫描探针针尖在

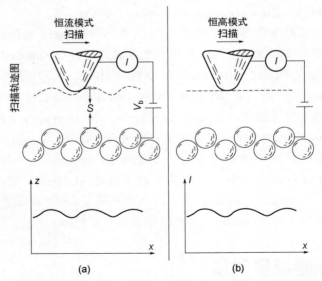

图 2-1 STM 的工作模式：（a）恒流模式；（b）恒高模式

S—针尖与样品表面的间距；I—隧道电流；V_b—偏置电压

样品表面进行连续扫描，则扫描探针在垂直方向上位置的连续变化即反映试样表面的高低起伏。通过计算机将针尖在扫描过程中的轨迹进行信号转换，就得到样品表面态密度或原子、分子的组装结构。恒流模式可研究表面形貌结构高低起伏变化较大的样品，主要用来研究样品表面的拓扑结构。（b）恒高模式，针尖的 x-y 方向仍起着扫描的作用，z 方向针尖则保持绝对高度不变，因为扫描探针和试样表面之间的距离不断变化，I 也会相应地变化，I 的变化亦可反映样品表面态密度分布。

2.1.2　STM 的基本结构

STM 的基本结构原理图如图 2-2 所示，包括三维扫描系统、针尖、反馈回路、控制单元和减震系统。压电陶瓷材料可将 1mV～1000V 的电压信号转换成微米级别内的位移，因此，STM 的三维扫描由压电陶瓷来实现。扫描探针固定在压电陶瓷管上，压电陶瓷由控制 x-y-z 三维运动的压电元件组成，调节施加电压的大小可精准定位扫描探针的位置，当扫描探针的针尖与样品表面的距离为几个埃时，施加偏压 V 在探针与样品之间，即可出现隧道电流 I，与设定电流值 I_0 相比较，电流差值经过放大驱使压电陶瓷在 z 向运动，若 I 大于 I_0，则 z 方向的电压使探针远离样品表面，反之探针接近样品。恒流模式即当针尖在 xy 平面内扫描样品表面时，记录针尖高度的变化，从而得到表面形貌图像 $z(x,y)$。

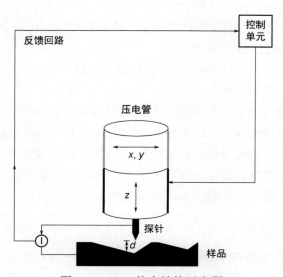

图 2-2　STM 基本结构示意图

扫描探针针尖是 STM 最重要的部件之一，其大小、形状、化学稳定性和均一性都极大地影响着扫描隧道显微镜的分辨率和图像的质量。针尖尖部只存在一个原子的针尖最理想。钨、铂、铂-铱合金等稳定性较好的金属为理想的扫描探针针尖制备材料。针尖的制备方式有电化学腐蚀法和剪切法两种方法。电化学腐蚀法是把制备探针的金属丝插入电解液作为一个电极，然后在金属丝与另一电极间加电压制得针尖，针尖直径在纳米级，可用于扫描一般的形貌结构，但图像分辨率很难达到原子级别。剪切法即用剪刀以一定的角度剪切金属丝，剪切法得到的针尖扫描图像能达到原子级分辨率，但这种针尖仅适用于表面平滑的样品表面，对于粗糙样品，易发生"多针尖效应"。

STM 仪器工作时探针与样品表面间距一般小于 1nm，同时隧道电流与此间距为指数关系，任何微小的震动都会对仪器的稳定性和图像质量产生巨大影响，因此，需要性能良好的减震系统以保证扫描隧道显微镜仪器性能稳定。

2.1.3 STM 的优缺点

STM 技术在生物、化学、材料等研究领域具有广泛应用，此项技术具有以下优点：

① 具有原子级高分辨率。STM 对三维表面结构的扫描，在横向和纵向都达到原子级分辨率。

② 探测环境宽泛。STM 不像通常的电子显微镜必须在高真空中工作。STM 能在高真空、低温、常温常压下等多种环境中工作，甚至可在溶液条件下观察样品的表面微纳米结构，探测过程对样品无损伤。

③ 观测范围广泛。目前 STM 的扫描范围在纳米到 $100\mu m$ 区间，为研究原子、分子到微米级别的有序结构奠定基础。

④ 操作简单。相对于电镜等表面表征技术的样品制备，STM 技术所需样品量少，操作简单，成本低廉。

STM 表征技术也存在一定局限性，首先分辨率与针尖的微观结构密切相关。针尖的大小、形状和化学均一性都会影响图像分辨率。扫描过程中扫描环境以及仪器状态等对扫描图像的质量具有直接影响。STM 技术对化学结构也不敏感。此外，恒流模式不能准确扫描样品表面的特定结构，分辨率较低。制备 STM 样品的基底为导体或半导体，限制了此项技术在界面化学等相关领域的应用。

2.1.4 STM 的应用

STM 最广泛的应用在于对界面或表面原子、分子级别形貌结构的观察，尤其是对有机分子在表面或界面的自组装结构的精确表征。通过研究，深入了解了分子或离子在固体表面吸附的动态过程、组装机制以及纳米结构的形成机理等。如能表征酞菁、卟啉、长链烷烃等有机分子在石墨表面的吸附形貌及组装体的结构。除此之外，STM 技术还能对表面进行修饰和刻蚀，对材料进行纳米尺度上的加工，这是目前 STM 的重要发展方向。因此，随着科技的不断进步，STM 在分子识别、二维手性、化学反应研究及分子机器构筑等方面有着重要的应用[2-4]。

（1）纳米结构成像表征

首先，STM 可以在原子、分子层次对纳米结构进行观察。STM 既可以在大气环境条件下，在固/液界面、固/气界面进行扫描，也可在超高真空条件下对样品表面进行表征。既可以在无机基底，如高定向裂解石墨（HOPG），也可以在金属晶体表面，例如：Au（111）、Ni（111）、Cu（111）等基底进行测试表征。

Steven De Feyter 等人[5]通过扫描隧道显微镜（STM）对四组分分子（bis-DBAC$_{12}$，ISA，COR，TRI）在固/液界面自组装形成二维晶体的行为进行了系统研究。实验在室温条件下进行，将上述四种分子在适当的溶剂中简单混合，并将混合物滴加到高定向裂解石墨（HOPG）基底上进行自组装。实验结果表明，表面可形成二维有序的多组分网格结构，这种网格结构的形成与低密度纳米多孔结构、性质及其负载客体的能力密切相关。

在优化四种组分的浓度和混合比例之后，发现混合组分可在溶液与石墨基底界面处诱导形成四组分二维晶体。通过 STM 表征发现（图 2-3），形成四组分二维晶体网络的方法很简单：间苯二甲酸（ISA）分子通过氢键作用包围 COR 分子形成封闭结构（COR$_1$-ISA$_6$），与 bisDBA-C$_{12}$ 分子形成的 Kagomé 六角网格形相吻合，其中，COR$_1$-ISA$_6$ 结构的直径为 2.5nm，是一个稳定的实体，负载于蜂窝网络中。而三角形客体三亚苯（TRI）因为尺寸和形状的互补性而位于较小的三角形孔中。即每个六角形空隙填充一个 COR$_1$-ISA$_6$ 簇，而三角空隙由 TRI 分子填充（如图 2-3 所示）。研究可知客体分子或聚集体与网格孔隙之间的尺寸匹配对于多组分网络的形成是非常重要的。这种复杂的超分子自组装动态过程为二维晶体领域在固/液界面形成复杂和功能化的表面纳米图案提供了思路。

2013 年，Steven De Feyter 等人[6]通过扫描隧道显微镜（STM）探索了不同手性的低聚对亚苯基亚乙烯基衍生物（OPV3T）和核苷的两组分混合物在固/液界面处的自组装行为。STM 结果显示 OPV3T 对映异构体在石墨基底与溶剂（1-辛醇）的界面处形成了互为镜像的六聚体玫瑰花纳米图案（如图 2-4 所示），DNA 核苷则不能自组装成稳定的聚集体。将两组分混合后，发现胸苷（thymidine）的加入可以大大改变手性 OPV3T 衍生物在界面处的超分子排列，由于胸苷与 OPV3T 的共吸附作用，玫瑰花图案转变为二聚体结构，从而形成了非对映异构的复合物。通过对不同手性的 OPV3T 与胸苷混合，发现在界面处优先形成和吸附非对映异构的复合物。其中，摩尔比和组分浓度在表面的识别过程中起关键作用。同时，研究发现 OPV3T 和胸苷的混合物在溶液中没有相互作用，所以胸苷对映异构体的手性拆分仅发生在二维界面。这些研究揭示了多组分混合物在固/液界面吸附过程的复杂性，并强调了非手性平面在对映选择性吸附与手性分离过程中发挥重要的诱导作用。

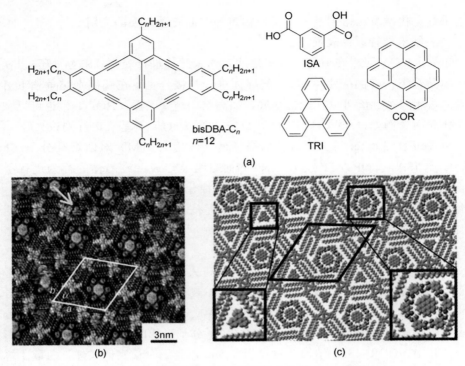

(a)

(b)

(c)

图 2-3　四组分分子结构（a）及其混合物的 STM 图像（b）
与模型图（c）（$I_{set} = 0.053nA$，$V_{set} = -1.10V$）

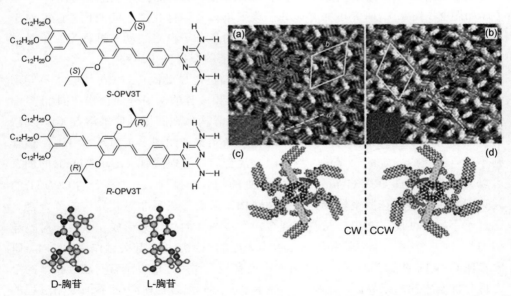

图 2-4　分子结构（左）和手性 OPV3T 在 1-辛醇/HOPG 界面处的 STM 图像（右）

（a）*S*-OPV3T，$I_{set} = 0.448nA$，$V_{set} = -0.43V$；（b）*R*-OPV3T，$I_{set} = 0.68nA$，$V_{set} = -0.28V$；STM 图像的尺寸是 20nm × 20nm；（c）顺时针六聚体玫瑰花手性结构；（d）逆时针六聚体玫瑰花手性结构

STM 可以表征表面的动态变化过程。邓文礼课题组研究了浓度调节超分子聚集体在固/液界面上的手性转变[7]。通过调控溶液浓度的方法，研究非手性芴酮衍生物 HPF 分子在 1-辛酸/HOPG 界面处自组装中手性结构的稳定性和转变。利用 STM 技术，发现 HPF 分子可以在不同浓度下形成手性玫瑰花结状和手性风车状自组装结构。研究结果表明，非手性 1-辛酸溶剂参与纳米结构的形成，在手性结构形成和转变中发挥着重要作用。在低浓度下，1-辛酸与 HPF 分子共吸附形成了具有相反旋转方向排列的手性玫瑰花结状图案 [如图 2-5（a）所示]。随着溶液浓度的增加，HPF 分子组装成同一手性的风车状结构。由于分子间和分子-基底的不同分子间氢键和范德华相互作用，在扫描过程中观察到这两个亚稳态结构最终转变成稳定的"之"字形组装结构 [如图 2-5（b）所示]。在高浓度下，由于分子间氢键、范德华力和偶极-偶极相互作用的变化，只能得到非手性八聚体排列

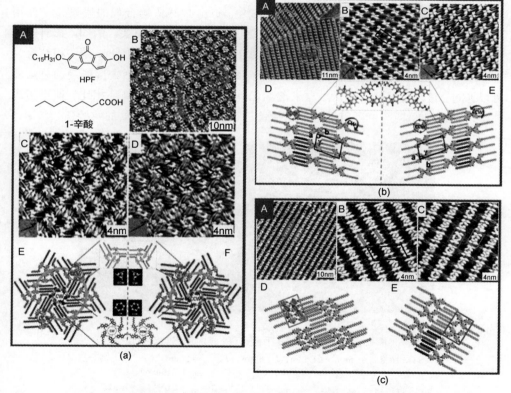

图 2-5　（a）HPF 在低浓度（1.2×10^{-6}mol/L）的 1-辛酸/HOPG 表面上显示出不同手性玫瑰花结状图案；（b）HPF 在较高浓度（3.0×10^{-5}mol/L）的 1-辛酸/HOPG 表面上显示出同手性风车状结构图案；（c）HPF 在高浓度（1.2×10^{-4}mol/L）的 1-辛酸/HOPG 表面上显示出非手性八聚体图案

隧穿参数：（a）$I_t = 494$pA，$V_b = 745$mV；（b）$I_t = 497$pA，$V_b = 785$mV；（c）$I_t = 460$ pA，$V_b = 680$mV

[如图 2-5（c）所示]。这些研究结果为通过调节非手性 HPF 的溶液浓度诱导和控制手性结构转化提供了重要的推动力，为使用非手性溶剂设计和制造手性纳米多孔表面提供了新方法。

Lackinger 等人研究了壬酸/石墨界面处的 4,4-二苯乙烯二甲酸（SDA）单层自组装的热力学（图 2-6）[8]。直接通过量热法测量与固/液界面处有机单层自组装相关的总焓变实际上是不可能的，所以他们提出了一种适应性的 Born-Haber 循环，用壬酸/石墨界面上的对苯二甲酸单层作为模型系统间接评估总焓变。为此，将升华焓、溶解焓、真空中的单层结合焓和去湿焓合并以产生总焓变。在本研究中，Born-Haber 循环应用于 4,4-二苯乙烯二羧酸单层。这两种芳香二羧酸的详细比较用于评估和量化有机主链在壬酸/石墨界面处稳定单层的贡献。研究表明 Born-Haber 循环是用于评估固/液界面处自组装膜热力学的有效方法，理论和实验单层结合能之间的良好一致性再次证明了混合 Born-Haber 循环的可行性。这种方法的致命弱点是去湿焓的半理论评估，在这一点上必然依赖合理的假设。当使用对表面具有高亲和力的溶剂时，来自去湿焓的贡献变得特别重要，例如，在石墨上带有长脂肪族尾部的溶剂。在这方面，将 MFC 与提出的 Born-Haber 循环相结合为进一步开发可靠评估去湿焓的方法提供了一种可能的方法：包括去湿作用的总焓变可以通过 MFC 高精度地测量。与未溶剂化单层的 Born-Haber 循环相比，即不考虑去湿，因此可间接产生可用于与理论估计进行基准比较的去湿焓的实验值。

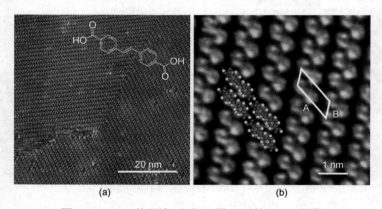

图 2-6　SDA 单层在壬酸/石墨界面的 STM 图像

（a）STM 图像（61.5nm × 61.5nm，$I = 60$pA，$V_{sample} = 300$mV）；（b）高分辨率
图像（6.5nm × 6.5nm，$I = 80$pA，$V_{sample} = 250$mV）

晶胞单元由白线表示，对应于 $A = (16.1 \pm 0.1)$Å，$B = (7.5 \pm 0.1)$Å，$\gamma = 52° \pm 1°$；
SDA 分子结构覆盖在图像上

（2）单原子操纵与加工

除对表面原子及分子进行史无前例地高分辨观察外，STM 使人们能够按照自己的意愿直接操纵单个原子或分子，制造出具有特定性质和功能的新物质。STM

对原子、分子等进行操纵，对材料表面进行原子尺度的功能化或修饰，最终实现对表面的纳米加工。STM 之所以可以操纵原子或分子，是因为针尖原子与表面原子间"电子云"重叠，产生类似化学键的力。通过电场蒸发、电流激励、光子激励等实现移动、提取和放置的过程。原子操纵使得人们可按照自己的意愿对合成或拆解分子等化学过程进行控制，可以合成具有特定结构和功能的纳米材料或器件，在纳米科学与技术、信息存储、生命科学和材料科学中具有重要的意义。

1990 年美国 IBM 公司的 Schweizer 研究组在超高真空和液氦温度（4.2K）条件下使用 STM 成功移动（displace）了吸附在 Ni（110）表面上的惰性气体 Xe 原子，并用 35 个原子排列成"IBM"的字样[9]。超高真空及低温环境降低样品表面吸附其他气体分子的污染率。Xe 原子的排列步骤如下：Xe 原子吸附在金属基底表面，针尖直接放置于 Xe 原子正上方；降低针尖到特定位置；此时，通过增加隧道电流方式（$1 \times 10^{-8} \sim 6 \times 10^{-8}$A）增加原子与针尖之间的引力，保持 Xe 原子固定于针尖下方并可在表面进行横向移动；Xe 原子以 4Å/s 的速度在表面横移至特定位置；最后，通过降低隧道电流，调控针尖与原子之间的作用力至可忽略不计，针尖从 Xe 原子所处的位置抬起，此时，Xe 吸附固定在金属表面。两相邻 Xe 原子之间的平均距离是 12.5Å。Xe 原子的表面操纵开启了原子水平材料加工的新时代。

STM 不但可以操纵非金属原子，也可以操纵金属原子。1993 年，Eigler 等人又在超高真空及低温（4.2K）条件下，在 Cu（111）表面用 48 个 Fe 原子排列出"量子围栏"[10]。"围栏"的平均直径是 142.6Å。Fe 原子与表面态电子之间存在强分散作用，因此，Fe 原子可限制相邻的表面态电子。因垂直表面方向固有能垒的存在，表面态电子受限于垂直表面的方向。隧道效应谱显示"量子围栏"内存在一系列非连续共振态，为尺寸量子化提供了证据。STM 图像表明"围栏"内部的局域态密度主要体现为本征态密度。这说明一个电子被限制在圆形二维盒子内部。

STM 不仅可以对单原子进行操纵，对分子也可以进行有效操纵。2004 年，Crommie 等人[11]报道了一种可控移动任意数原子电荷掺杂到单个孤立分子的方法。作者利用 STM 针尖移动 C_{60} 分子到供电荷的 K 原子上，吸附在 Ag（001）表面的 K 原子能够可逆地附着于 C_{60} 分子。实验在超高真空及 7K 条件下进行。针尖是多晶 PtIr 针尖。如图 2-7（d）所示，移动 C_{60} 到一个 K 原子上，致使 K 原子自发地附着到 C_{60} 分子，生成 KC_{60}。进一步对 KC_{60} 复合物进行操纵不会导致 K 原子的脱落。移动 KC_{60} 到另一个 K 原子上，进一步形成 K_2C_{60} 复合物。这一掺杂过程能够重复进行，C_{60} 最多能够附着 4 个 K 原子形成 K_4C_{60}。K_4C_{60} 的形貌并没有发生很大变化，与 C_{60} 相比，仅在高度上略微变矮（3±3%），宽度略微变宽（9±3%）。此外，STM 可以可逆地操纵复合物的生成。当移动 K_xC_{60} 到一个杂质上面时，一个 K 原子会从 K_xC_{60} 复合物中脱落，吸附到杂质上。作者推断，附着的 K 原子存在于 Ag 基底与 C_{60} 之间。

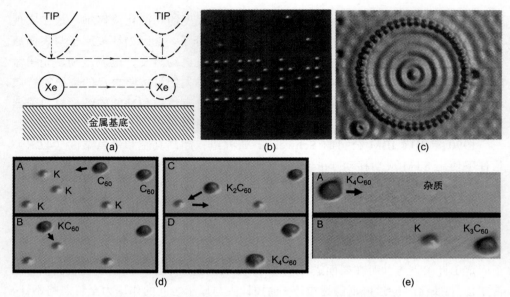

图 2-7 （a）针尖操纵 Xe 原子的过程；（b）Xe 原子排列 IBM 字样；（c）Fe 原子排列出 "量子围栏" 结构；（d）K_xC_{60} 复合物的形成；（e）K_4C_{60} 转变为 K_3C_{60}

中科院物理所的杜世萱与英国伯明翰大学的郭全民报道了对$(C_{60})_m$-Au_n 团簇的结构控制转变过程[12]。在 Au（111）表面，$(C_{60})_m$-Au_n 团簇通过自组装的方式形成。其中含有 m 个 C_{60} 和 n 个 Au 原子。作者获得了三种最小的稳定状态的团簇结构：$(C_{60})_7$-Au_{19}、$(C_{60})_{10}$-Au_{35} 和 $(C_{60})_{12}$-Au_{49}。团簇结构的转变通过操纵针尖到团簇结构中，并撤回针尖触发。针尖的触发会暂时导致团簇结构的破碎，但随后会进行重组。如图 2-8 所示，对 $(C_{60})_{14}$-Au_{63} 团簇，提取 Au 岛上的 C_{60} 分子，C_{60} 分子会重新组织位置，形成 $(C_{60})_{13}$-Au_{63} 团簇。$(C_{60})_{12}$-Au_{49} 团簇在针尖扫描至位置，下移 1.2nm 并扫描扰动后，团簇形状和组成均发生变化，最终形成稳定的$(C_{60})_{10}$-Au_{35}。再次触发后，$(C_{60})_{10}$-Au_{35} 变成 $(C_{60})_7$-Au_{19} 团簇结构。团簇结构还能被针尖操纵做结构旋转，如图 2-8 所示。

（3）表面化学反应

STM 可以对表面化学反应进行表征。例如对表面反应的中间产物、最终产物进行结构分析，并对表面反应的机理进行解释。对新物质和新材料的制备、结构分析、性能探索提供新策略。

2018 年，迟力峰等人报道了利用 STM 表征芳香胺在 Cu（111）表面的分层脱氢反应的方法（图 2-9，图 2-10）[13]。迟力峰等人发现，4,4′-二氨基-对三联苯（DATP）分子每次脱氢后，都可以与 Cu（111）配位形成不同的金属有机超分子结构，因此可以通过检测形成的金属-有机超分子产物来确定脱氢反应的每一步结构。室温下在 Cu（111）表面上沉积 0.05mL DATP，并在此基础上进行后续脱氢。

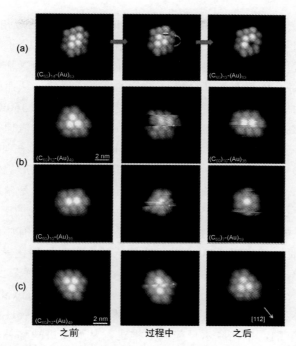

图 2-8　针尖触发 $(C_{60})_m$-Au_n 团簇结构的控制转变过程：（a）针尖提取 C_{60}；
（b）针尖划过团簇；（c）团簇结构旋转

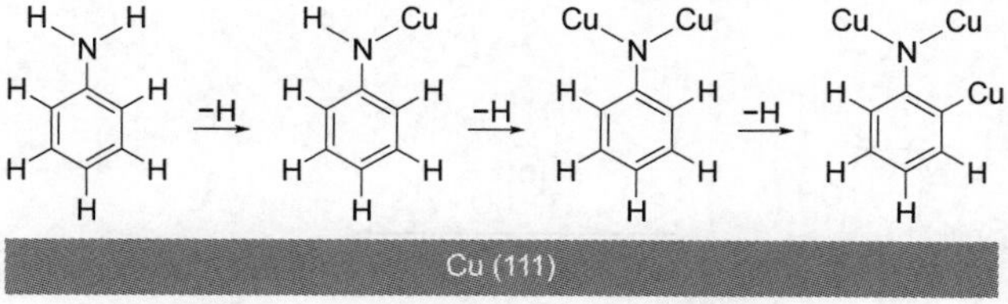

图 2-9　分层脱氢后与 Cu 配位示意图

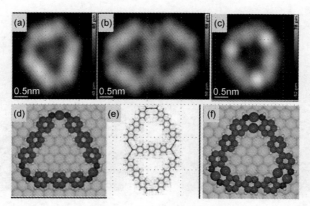

图 2-10　（a），（d）第一次脱氢；（b），（e）第二次脱氢；（c），（f）第三次脱氢
参数：$V_{bias} = 100mV$，$I_t = 10pA$

第一步的脱氢方法将样品在 340K 下退火 10min，得到显著的三角形结构（a），利用对应的分子模型（d）看到这个三角形结构由三个 DATP 分子组成，三角形顶点处为较暗的凸起，且只能观察到孤立的三角形。这是因为氨基中只有一个氢原子被去除，使得每个所得亚氨基只能与一个 Cu 原子配位，从而阻止三角形的相互连接。当需要脱除第二个氢时，作者通过提高退火温度（360K），延长退火时间（30min），提高 DATP 的覆盖率（0.3 单层），使亚氨基的氢原子进一步脱除，得到 N 原子与两个 Cu 原子配位的配合物，分子模型（b）。在 400K 下将 DATP 吸附的 Cu（111）表面退火 10min，可以看到配位聚合物的形貌发生了明显改变[（c）、（f）]，（a）、（b）中较暗的三角形顶点凸起处变亮，只是苯胺衍生物的邻位 C—H 活化形成 C—Cu—C 键，导致形成了与图（a）、（b）不同的配合物。

2012 年，万立骏等人报道了利用 STM 观测和表征高度有序的二维共价网络的方法[14]。硼酸脱水反应形成 B—O 六元环是一种众所周知的化学反应，该反应已被用于构建共价有机骨架（COF）材料（图 2-11），但 4,4'-联苯二硼酸（BPDA）在高温下的直接脱水总是导致无序网络，相反，当引入少量的 $CuSO_4 \cdot 5H_2O$ 作为水的"储库"进入封闭的反应体系，在加热过程中从 $CuSO_4 \cdot 5H_2O$ 中释放的水分子可作为平衡调节剂，推动脱水反应向后推进，从而促进缺陷补救过程形成高度

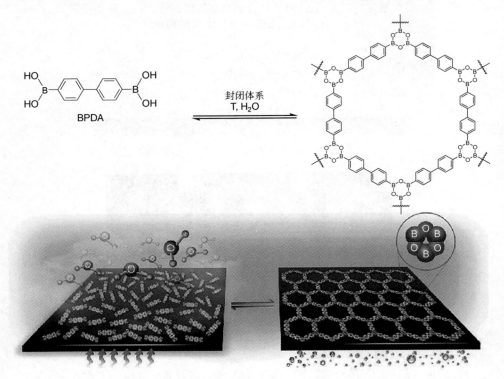

图 2-11　二维共价网络 SCOFs-1 的合成

有序的网络。图 2-12（a）和（b）显示了在 $CuSO_4 \cdot 5H_2O$ 存在下于 150℃加热 1h 后，通过在 HOPG 上 BPDA 脱水获得的完全开发的聚合物网络的 STM 图像，统计分析表明超过 98% 的表面被 BPDA 分子共价网络的六元环覆盖［图 2-12（c）和（d）］，相比之下，没有反应平衡调节剂 $CuSO_4 \cdot 5H_2O$［图 2-12（e）和（f）］的对照实验表明六元环的覆盖率为 0～7%。

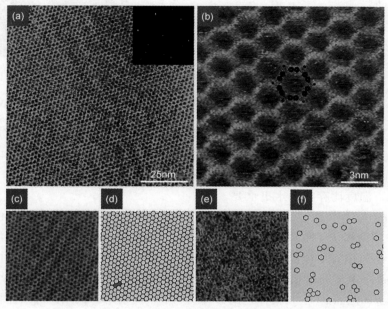

图 2-12 （a）～（d）$CuSO_4 \cdot 5H_2O$ 存在下获得的 SCOFs 图像；
（e），（f）没有 $CuSO_4 \cdot 5H_2O$ 存在下获得的 SCOFs 图像
参数：（a）$V_{bias} = 677mV$，$I_t = 363pA$；（b）$V_{bias} = 677mV$，$I_t = 363pA$；
（c）$V_{bias} = 594mV$，$I_t = 322pA$；（e）$V_{bias} = 577mV$，$I_t = 492pA$

雷圣宾等人在高定向热解石墨表面上，选择均苯三甲醛与不同芳香族二胺单体进行了共缩合反应，实验条件为室温下的固/液界面上和中等加热的低真空下的气/液界面上[15]。采用这种简单适中的方法，他们获得了几乎没有缺陷并且几乎覆盖了整个表面的二维共价有机骨架（COF）。如图 2-13 所示，它们可以形成具有六边形的扩展蜂窝网络孔隙，其中六边形顶点由醛的苯基占据，六边形的一侧由芳香胺单体的有机骨架组成。通过改变芳香族二胺的骨架长度，二维表面 COF 的孔径可以从约 1.7nm 调整到 3.5nm。

雷圣宾等人采用简单的方法来制备在辛酸/HOPG 或气体/HOPG 界面处缺陷少且均匀性高的表面 COF[15]。液体/HOPG 界面处的表面偶联是最简单的制备方法，其仅包含将单体 1 和单体 2 溶解在辛酸中，然后在室温下滴到 HOPG 表面上，就会自发地获得扩展的表面 COF。低真空有助于在热处理过程中除去未反应的单

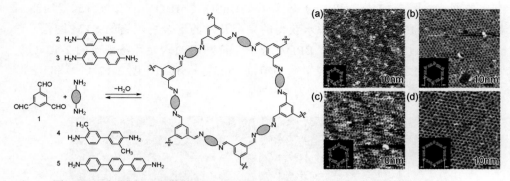

图 2-13　左图为反应单体以及合成 COF 的结构；右图为大规模 STM 图像
右图中：（a）表面 COF_{1+2}，（b）表面 COF_{1+3}，（c）表面 COF_{1+4} 和（d）表面 COF_{1+5}。插图
显示六边形的化学结构每个 2D 表面 COF 的孔隙。测试条件是 $I = 0.05nA$，$V = 0.50V$

体、溶剂和水分子，这可通过与在环境压力下获得的表面 COF 进行比较来证实。在环境压力下制备的样品上显示出更多的残留单体和低聚物，尽管也可以获得长程有序的表面 COF。在环境压力和低真空条件下均可获得长程有序表面 COF 的事实表明，温度比存在的水更重要。

Müllen 等人[16]通过 STM 技术证实了杂原子掺杂的并四苯并苯分子的成功合成。STM 图像揭示了单体之间采用面对面的形式形成二聚体，然后二聚体中的每个单体分别与相邻单体以背对背的形式堆积，通过 O•••H 氢键形成周期性的一维组装链。每个单体和最相邻单体之间的分子间垂直投射距离为 $I = 1.1nm$（在二聚体内）和 $II = 1.2nm$（在二聚体之间），图 2-14（b）所示。偶尔，可以在扭曲构象（T）中发现化合物 **2**（265 个分子的 7%），没有影响沿链的组装［一个扭曲构象（T）分子由图 2-14（a）和（b）中的箭头表示］。

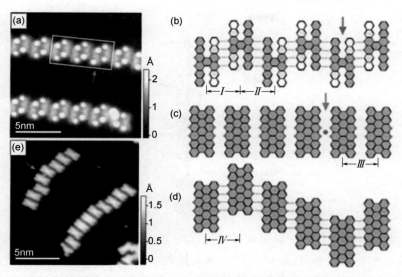

图 2-14　环己烯类似物的合成路线及（a）沉积在 Au（111）上的前体 **2** 的 STM 图像（隧穿参数：−1.76V，100pA）。（b）前体 **2** 组件的示意图，在（a）中的白色矩形内的 3 个二聚体。虚线表示 O···H 氢键；较暗的部分对应于较低的部分分子靠近表面；箭头表示 T 构象中的单体。（c）基于 O···H 氢键的自组装的结构模型（用虚线表示）。（d）并列分子组装体的示意图（灰点代表偶然的 Au 原子）。（e）产物 **1** 在退火至 380℃后的 STM 图像（隧穿参数：1.2V，20pA）

2.2　原子力显微镜

2.2.1　工作原理

1986 年，Binnig 与斯坦福大学的 C. F. Quate 和 IBM 苏黎世实验室的 Christopher Gerber 合作推出了原子力显微镜（atomic force microscope，简称 AFM）[17]，其目的是为了扫描非导体的样品。与利用电子隧道效应的扫描隧道显微镜（STM）不同的是，原子力显微镜（AFM）是基于分子间的相互作用来"描绘"样品的表面特性，利用微小探针"摸索"样品表面来获得样品的形貌、高低、黏度等信息。如图 2-15 所示，当针尖接近样品表面时，悬臂因为针尖受力而发生偏转或改变振幅。悬臂的这种变化经检测系统检测后转变为电信号传递给反馈系统和成像系统，因此记录扫描过程中探针的变化就可以获得样品表面信息图像。

AFM 系统主要包括力检测、位置检测和反馈系统三个部分。

① 力检测系统　在原子力系统中是基于原子与原子之间的范德华力，可用微小悬臂（cantilever）来检测原子之间力的变化。微悬臂通常由硅片或氮化硅片制成，长约 100～500μm，厚度大约在 500nm～5μm，微悬臂的顶端有一个尖锐的针尖（tip）用来检测样品-针尖之间的作用力。随着原子力显微镜技术的发展，一系

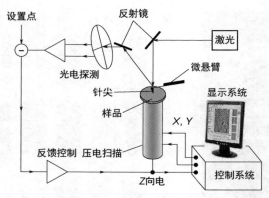

图 2-15　AFM 原理示意图

列功能化的探针得以应用，以适应不同功能的要求。主要有以下几类：a. 应用于表面形貌观察的非接触/轻敲模式针尖以及接触模式探针，由硅或氮化硅材料制得；b. 适用于样品电性质测量的导电探针，一般是通过对普通探针镀 10～50nm 厚的金属涂层（如 Pt，Cr，Ti，Pt 和 Ir 等）得到；c. 应用于磁性性质测量的磁性探针，通过在常规轻敲模式和接触模式的探针上镀 Co、Fe 等铁磁性层制备；d. 为了提高针尖的使用寿命的类金刚石碳探针或全金刚石探针，通过在硅探针的针尖部分上加一层类金刚石碳膜或直接用全金刚石材料制备（价格很高）；e. 此外，还有专为测量深沟槽以及近似铅垂的侧面而设计的大长径比探针等。

　　② 位置检测系统　当样品与针尖有相互作用之后，会使得微悬臂发生摆动，所以当激光照射在微悬臂末端时，其反射光也会因悬臂摆动而有所移动，造成偏移量的产生。在整个系统中，利用激光光斑检测器将偏移量记录下来并转换成电信号。

　　③ 反馈系统　在整个系统中，激光检测器收到信号后，在反馈系统中，会将此信号当作反馈信号，以做内部调整，并驱使扫描器做适当移动，以保证针尖和表面保持一定的作用力，最后样品表面的特性以影像的方式呈现出来。

2.2.2　原子力显微镜基本成像模式

　　原子力显微镜有四种基本成像模式，分别是接触式、非接触式、敲击式，以及近年来发展起来的峰值力轻敲模式。

（1）接触式成像模式

　　接触式成像模式（contact mode）是原子力显微镜分辨率最高的一种模式，适用于垂直方向有明显变化的硬质样品，是基于保持悬臂的"形变量"来实现表面形貌探测的一种模式。具体来说，通过探测弹性悬臂的形变量来检测探针和样品之间的作用力。如图 2-16 所示，弹性悬臂的一端固定针尖，在其背面是光滑的反射面。一定波长和强度的激光光束打在反射面上，反射光被光电检测器接收检测。通过这个过程，由针尖和样品作用导致悬臂形变，然后又利用反射光束将这种形变放大并被光电探测器接收转换为电信号。针尖与样品间作用力的大小可以通过 Hooker（胡克）定律计算得到：

$$F = -kx \qquad (2\text{-}2)$$

其中，F 是作用力，在大气环境下常介于 nN 到 μN；k 是弹性系数，常介于 $0.01\sim$ 1N/m；x 是悬臂形变量。

在样品扫描时，针尖始终和样品"接触"，当在 $X\text{-}Y$ 平面扫描时，由于样品表面的起伏而使针尖-样品间距离发生变化，引起它们之间作用力的变化，从而使悬臂的形变发生改变，光电检测器检测到这个变化，再通过反馈回路使针尖在 Z 方向上移动，使悬臂恢复至设定的形变量，控制器记录下每一个 (x,y) 点的 z 的变化，即可实现表面的描绘。但这种方式不适合一些软质样品，如聚合物、两亲分子和生物样品等，因为容易因针尖刮擦样品而造成样品损坏。

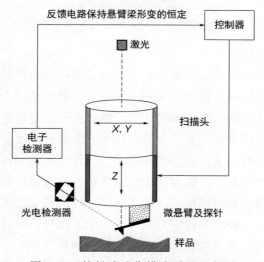

图 2-16　接触式成像模式原理示意图

（2）非接触式成像模式

在非接触式成像模式（non-contact mode）中，探针和样品表面完全不接触而始终保持样品表面距离一定高度，即没有力直接作用于样品表面，探针以与其自身共振频率相近的频率（一般为 $100\sim400$kHz）及几纳米到几十纳米的振幅在样品表面附近振动。当探针接近样品表面时，由于探针和表面力的作用使探针的振幅或共振频率发生变化，检测器检测这种变化并将信号传递给反馈系统，然后反馈控制回路通过移动扫描器来保持探针振幅或共振频率恒定，进而使探针与样品表面平均距离恒定，通过记录扫描器的移动获得样品表面形貌。非接触式成像原理示意图见图 2-17。与接触式成像模式相比，该模式不破坏样品表面，但也造成了分辨率的降低。

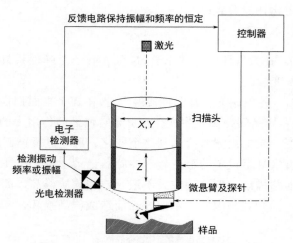

图 2-17　非接触式成像模式原理示意图

（3）敲击式成像模式

在对生物膜、聚合物薄膜、两亲分子自组装薄膜等的检测中，通常使用的是敲击式成像模式，简称敲击模式（tapping mode）。敲击模式介于接触式成像模式和非接触式成像模式之间。在敲击模式中，探针悬臂始终保持恒定频率振动，使得针尖和样品间断性的接触。当针尖没有接触到表面时，微悬臂振动振幅较大；当针尖刚接触到样品时，受针尖和样品表面力的作用，悬臂振幅会迅速降低到某一数值；当针尖远离样品时，振幅又恢复到原值。在扫描样品的过程中，反馈回路始终维持悬臂振幅的数值恒定。当针尖扫描到样品较高的区域时，悬臂共振的阻碍变大，振幅随之变小；当针尖通过样品凹陷区域时，悬臂振幅因共振的阻力减小而增加。悬臂振幅的这种变化被检测器捕捉并输入控制器后，通过反馈回路调节针尖和样品的距离，使悬臂振幅保持恒定。反馈调节是靠改变 Z 方向上的压电陶瓷管电压完成的，当针尖扫描样品时，通过记录压电陶瓷的移动就得到样品表面形貌图像。原理示意图见图 2-18。

与其他模式相比，敲击模式具有明显的优势，由于针尖与样品部分接触，其分辨率要高于非接触模式，且在一定程度上减小样品对针尖的黏滞现象（因为针尖与样品表面接触时，利用其振幅来克服针尖-样品间的黏附力）。此外，由于敲击模式作用力是垂直的，表面材料受横向摩擦力和剪切力的影响都比较小，有效防止了样品对针尖的黏滞现象和针尖对样品的损坏。因此，敲击模式适用于分析柔软的、脆性和黏性的样品，并适合在液态环境中成像。

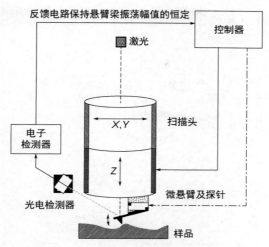

图 2-18　敲击式成像模式原理示意图

（4）峰值力轻敲模式

Bruker 公司最近推出一种新的基本成像模式——峰值力轻敲模式（PeakForce tapping mode），采用 2kHz 的频率在整个表面做力曲线，利用峰值力做反馈，通过扫描管的移动来保持样品和探针之间的峰值力恒定，从而给出表面形貌的相关信息（图 2-19）。其优点是直接用峰值力做反馈可以使探针和样品间保持非常小的相互作用，这样就能够对很黏很软的样品成像，如双面胶、液晶分子，亦可克服空气阻尼的作用对很深或很窄的沟槽进行成像。

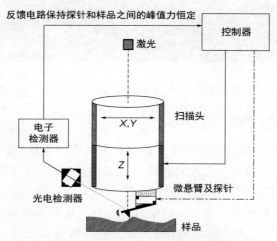

图 2-19　峰值力轻敲模式成像的原理

除以上四种基本成像模式外，还有相位成像技术（phase imaging），通过微悬臂振动的相角与压电驱动信号之间的相位差来区分材料的黏附力和黏弹性等表面性质的不同（图 2-20），用来区分材料的组分，还可把样品的边界显示得更清晰，如图 2-21 所示。

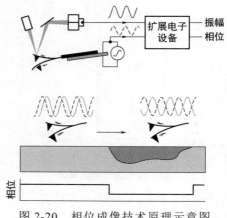

图 2-20　相位成像技术原理示意图

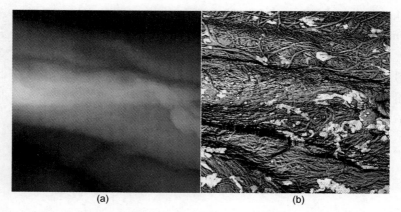

图 2-21　木浆纤维的 AFM 扫描图：（a）高度图；（b）相位图

2.2.3　力曲线的测量

AFM 还有一个重要的功能是可直接进行力曲线的测量，能够精确地探测探针与样品之间的相互作用力并据此判断样品表面相关信息（如软硬度、弹性、黏滞性等）。在进行力曲线的测量时，使探针悬停在 (x,y) 点上，关闭反馈回路，调节探针相对于样品表面的距离 Z，测量力的大小，获得力曲线。如图 2-22 所示，当针尖向样品靠近，但尚未接触时，针尖受到样品的吸引力而向下弯曲（左图 1），这时测得的 F 值为负，表示样品与针尖之间存在吸引力。当微悬臂弹性力不能承受针尖与样品之间的吸引力，在 Z 值不变的情况下，针尖会发生突跳，被吸引到样品表面，与样品发生直接接触，在力曲线上称之为跳触（jump to contact，略作 jtc）（左图 2），这时针尖与样品之间的距离 $D=0$。此后，样品台进一步向微悬臂靠近，位移值（Z）进一步减小，微悬臂弯曲的偏移量也减小，从而相应的吸引力也在减小，到状态 3 时微悬臂无弯曲，作用力 $F=0$；若样品台继续沿 Z 轴向微悬臂运动，导致微悬臂向上弯曲，F 值变正，此时针尖将会嵌入样品的内部。对应图 2-22 中左图的状态 1，2，3，曲线 1→2→3 称为前进线。随后，样品台将沿 Z 轴下降，F 值将减小，到状态 2 时，由于样品和针尖的黏附力比此时微悬臂的弹力大，针尖并不能离开样品表面，而是继续随样品向下行，到状态 4 时，微悬臂的弹力大于样品和针尖的黏附力，此时针尖挣脱样品表面弹开，即发生所谓的跳离（jump off contact，略作 joc）。在力曲线上 3→4→5 定义为后退线。

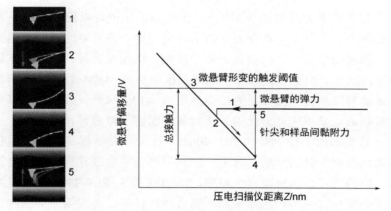

图 2-22　AFM 力曲线示意图

　　根据力-距离曲线，可分为非接触区和接触区，根据力的正负，分别给出样品不同的信息。非接触区指的是前进线的 1-2 和后退线的 4-5。在实际测量中，若非接触区 F 为正值，表明针尖与样品之间是排斥作用；反之，若 F 为负值，表明针尖与样品是相互吸引的。实验中针尖的性质是已知的，因此通过这些信息可推断样品的表面亲疏水、带电荷等特性。在非接触区中，4-5 的跳触是一个关键点，据此可计算出针尖与样品之间的黏附力。前进线的 2-3 和后退线的 3-2 称之为接触区，可通过此获取样品的黏弹性方面的信息。例如对于理想弹性体的样品来说，当针尖向理想弹性体的样品不断靠近时，在图 2-23（a）中为 2-3 段，针尖将进入样品，深度为 δ，使样品发生形变，当从 3-2 移动时，为后退线，负荷将减小。由于样品为弹性体，样品将逐步回复其原形，并向针尖施加等同的力，因此前进线2-3 与后退线 3-2 是重合的。另一种情况是样品为理想塑性体，如果将针尖向理想塑性体的样品施加负荷后，样品也将发生形变，但当针尖撤去负荷时，塑性样品将保持其受压变形后的形状，即在同一 δ 位置，负荷 F 降为零，如图 2-23（b）所示。我们平常所遇到的大部分情况是上述两种情况的综合表现，前进线与后退线是不重合的，故通过前进线和后退线的重合程度可判断样品的黏弹性。

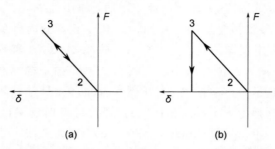

图 2-23 （a）理想弹性体的力-距离曲线；（b）理想塑性体的力-距离曲线

　　因此，利用原子力显微镜（AFM），在实际工作中可以测定范德华力、双电层力、表面张力、溶剂力、水合力、疏水作用力等。并且可通过对作用力的分析来研究样品的表面性质、结构信息、化学性质、机械性质等，并在此基础上开展进一步的应用研究。但是在此过程中，需要精确控制 AFM 针尖的形状和化学性质及准确地计算微悬臂的弹性系数。而商用的 AFM 探针一般用硅、氮化硅或氧化硅等材料制成，采用物理刻蚀的方法制备，固定于微悬臂顶端的针尖呈不规则的圆锥状，其头部的半径一般为 20~40nm，针尖与表面样品的接触面积有限，并无法精确地控制探针的形状，对下一步利用理论模型推算针尖和样品之间的作用力带来一定的困难。为解决这个问题，Ducker 等人[18]在 1991 年首先将微玻璃球粘在原子力显微镜三角形探针头部，制成胶体探针，并应用于力曲线的测量，称之为胶体探针原子力显微镜（colloid probe AFM），克服了原 AFM 探针针尖几何形状不规则的缺点，确定了测量时的形状。胶体探针技术应用于表面作用力曲线测量上易于建立模型，计算方便，实验方法简单。探针顶部可以附着玻璃微球，也可以附着塑料或金属等其他材料的胶体颗粒，实现了对多种材料的表面力的测量。

　　例如在表面胶团的初期研究中，曾利用负电硅球修饰的探针测定与金表面上的正电自组装膜间的作用力 [19]，以判断表面电荷密度。自组装单层膜（self-assembled monolayer，SAM）是由 2-氨基乙基硫醇自组装于金表面上，溶液中添加有表面活性剂十二烷基硫酸钠（SDS），探针为半径 8μm 的荷电硅球。图 2-24 是在不同 SDS 浓度时得到的力曲线。其中 pH 5.0，SDS 和 NaCl 总浓度为 10^{-3}mol/L。图 2-24 中各曲线相应的 SDS 浓度自下至上依次为 0、1×10^{-7}mol/L、1×10^{-6}mol/L、5×10^{-6}mol/L、1×10^{-5}mol/L、1×10^{-4}mol/L 和 1×10^{-3}mol/L。力曲线的测量结果表明，随着 SDS 浓度增加，作用力 F 由负值变为正值，表明探针与自组装薄膜之间的作用力由吸引力变为排斥力，可能是由于 SDS 吸附于金自组装薄膜上改变了基底的电荷密度所致。根据力曲线数据，可求得基底表面电荷密度 σ，表面电荷密度 σ 与 SDS 浓度的关系见图 2-25。

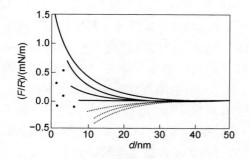

图 2-24　在不同 SDS 浓度时负电硅球探针与样品之间的力曲线

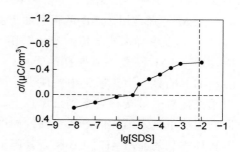

图 2-25　表面电荷密度 σ 与 SDS 浓度关系图

显然，SDS 吸附于表面造成表面电荷密度的变化，从而影响了样品表面与荷负电微球之间的作用力。因为实验中所用的样品是 2-氨基乙基硫醇自组装薄膜，呈现正电性，所以在 SDS 浓度较低时，表面上没有吸附足够的 SDS 而仍然呈现正电性，带负电的胶体探针与样品表面存在吸引力，随着 SDS 吸附量的增加，将正电荷的表面逐渐转变为负电性，因此与带负电的胶体探针之间存在排斥力。并且根据表面电荷密度和 SDS 浓度的关系图，可以推测出 SDS 在不同浓度时的吸附图像。在 SDS 浓度极低时（$10^{-8} \sim 10^{-6}$ mol/L），吸附量随浓度增加线性增加，表明 SDS 以单体形式吸附到正电荷的表面上；当 SDS 浓度为 $10^{-6} \sim 10^{-5}$ mol/L 时，吸附量出现增长不大的区域，此时可能是表面正电荷大部分被 SDS 中和，固/液界面上形成半胶团或单层；当 SDS 浓度大于 5×10^{-6} mol/L 时，SDS 疏水链之间的相互作用促使 SDS 形成表面胶团，表现为吸附量大增，甚至使表面带电符号反转；当 SDS 浓度大于 10^{-3} mol/L（即接近或超过 SDS 的临界胶束浓度）时，吸附量趋于恒定值，形成双层或球形的吸附胶团，这些聚集体亲水基朝向水相并使整个表面带有负电荷。

2.2.4　AFM 的应用

由于 AFM 测量对样品没有导电性的要求，因此相较于 STM，它的适用范围更为广泛，目前 AFM 主要应用于如下几个方面的研究。

（1）研究样品的表面形貌及结构

相比于 STM，AFM 尽管同样可以实现原子级分辨率的扫描，得到高分辨率的分子原子像，例如高取向石墨表面和 Si（111）晶面，但更多的是应用于分子级，乃至纳米级的表面结构的表征，特别是应用于聚合物、两亲功能分子、生物分子等一些绝缘体系表面的表征。而且 AFM 成像环境宽松，可在真空、空气和液体环境中成像，根据需要，可在水、各种缓冲液、乙醇等液体环境中检测；成像基质选择宽泛，如云母片、玻璃片、二氧化硅、生物膜等。因此 AFM 是研究界面组装，表征界面结构的最重要的研究手段之一。

AFM 特别适用于 LB 薄膜表面形貌的表征。由于 LB 膜通常厚度较小，低于 10nm，且很多样品不导电，导致在用 SEM 喷金处理时容易掩盖 LB 膜的真实形貌，而 AFM 测量不需要样品导电，可以规避这一问题。如在双锌卟啉化合物 [Zn$_2$-H] 的界面组装研究中发现[20]，[Zn$_2$-H] 形成的铺展膜在不同的表面压下，以垂直提拉法被转移到新剥云母片上，得到 LB 膜，即可通过 AFM 手段来分析不同表面压下纳米结构的形成过程，如图 2-26 所示。在接近起始压力约 0.5mN/m 下转移得到的 [Zn$_2$-H] LB 膜，其膜形貌为许多平坦的盘状结构，直径或尺寸大小不均一，且高度也不同。随着表面压增加从 2mN/m 到 5mN/m 再到 10mN/m，[Zn$_2$-H] 的超分子组装体逐渐从盘形结构，转变为光滑的球形纳米结构。随着表面进一步增加，在 30mN/m 表面压下，转移所得 LB 膜表现出球形纳米结构进一步地长大并且融合，获得尺寸更加均一规整的、紧密排列的纳米球，高度约为 5.5nm。随着表面压的继续增加，在超过表面压-面积曲线的相变点之后的 40mN/m，LB 膜可形成独特的纳米花瓣结构，最大高度可达 35nm。因此可利用 AFM 技术表征 LB 膜随着表面压力改变导致结构的演化。

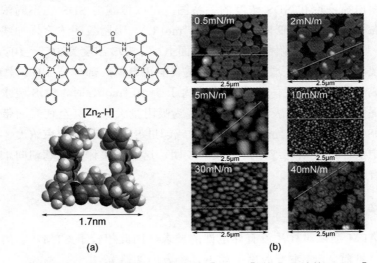

图 2-26　（a）基于间苯二酰胺基锌卟啉衍生物 [Zn$_2$-H] 的分子结构；（b）[Zn$_2$-H] 在界面上在不同表面压力下形成的 LB 膜的 AFM 表面形貌

此外，Mezzenga 等人[21]用 AFM 技术详细地研究了甘草酸在水中形成的自组装结构。甘草酸（glycyrrhizic acid，GA）是天然的皂角苷、甘草的主要成分，其结构中含有疏水性五环三萜部分（18β-甘草酸）与两个亲水的葡萄糖环相连，同时具有疏水和亲水基团，在水中表现出复杂的自组装行为。图 2-27（b）显示了 0.1%（质量分数）的 GA 在水中形成的三维纤维结构的 AFM 图像，放大后可以明显地看出该纤维结构呈现右手螺旋，沿着图 2-27（c）中两条标识线的位置进行纤维高度的测量，可发现螺旋的高度为 2.5nm，螺距约为 9nm。随着 GA 浓度的逐渐增加，在大于 0.3%（质量分数）时形成透明的水凝胶，AFM 图像表明 GA 的水凝胶在 GA 的质量分数大于 2% 时，具有随机空间取向的定向排列的纤维束［见图 2-27（f）中的箭头］，经傅里叶变换分析，显示该纤维结构具有约 9nm 周期性的内部结构。

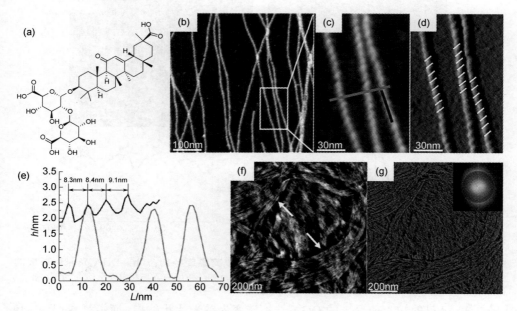

图 2-27　（a）甘草酸（GA）的分子结构；（b）质量分数为 0.1% 的 GA 在水中形成的自组装结构 AFM 图像；（c），（d）为图（b）中局部放大的 AFM 图像；（e）为图（c）的高度分析图；（f）GA 水凝胶（GA 的质量分数为 2%）的 AFM 图像；（g）为图（f）经傅里叶变换后的图像

刘鸣华等人在研究双头基联乙炔两亲分子 DGA 时 [22]，发现其在水中自组装形成了纳米螺旋结构［图 2-28（a）］，螺旋结构的高度约为 5.7nm［图 2-28（c）］，约为两层分子结构；其螺距约为 34～36nm［图 2-28（d）］，长度可达数十微米。

而 DGA 在形成螺旋自组装结构后，满足联乙炔分子的拓扑光化学聚合要求，可在紫外光辐照的条件下发生 1,4-加成反应形成聚联乙炔，表现出颜色的变化，由无色变为蓝色，相应的螺旋纤维形貌得以保留［图 2-28（b）］。继续用 AFM 图像可监测 DGA 组装体与氨基酸等的相互作用，如图 2-29 所示，蓝色凝胶的自组装结构在加入不同氨基酸后显示出不同的结构变化。天冬氨酸［图 2-29（b）］和谷氨酸［图 2-29（c）］的加入使螺旋纳米结构消失，转变为纳米纤维；酪氨酸

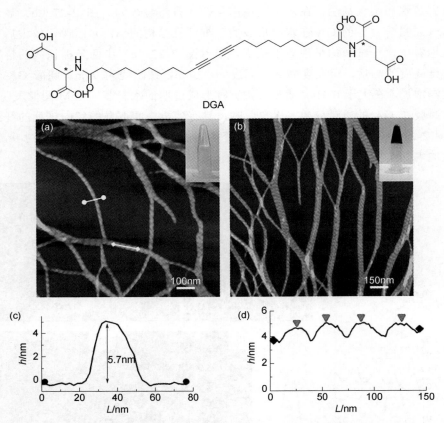

图 2-28　DGA 的分子结构及（a）DGA 在水中形成的螺旋结构；（b）DGA 光照后形成的
PDGA 的组装结构形貌；（c）和（d）为图（a）中的高度（h）和螺距（L）示意图

[图 2-29（d）]的加入使聚合的 DGA 结构转变为纳米片状结构；而组氨酸［图 2-29（e）］和精氨酸［图 2-29（f）］的加入使原有的规整结构破坏，只有平面的无定形片状结构存在。

　　近年来，Yagai 等人[23]设计了一系列具有巴比妥酸头基和脂肪长链的楔形分子（图 2-30），发现该分子可以通过氢键及疏水作用自组装形成均匀的纳米环状结构，AFM 图像清晰地给出了形成的纳米环状结构及高度分析，为理解这类分子的自组装提供了良好的手段。作者提出不同于两亲性嵌段共聚物，在该体系中，氢键、π-π 相互作用和刚性堆积是形成环形纳米结构的主要驱动力。

　　AFM 技术也是表征 DNA 折纸组装形成的重要手段，在研究 DNA 折纸技术中起着不可或缺的作用。如丁宝全等人[24]对三角形 DNA 折纸进行修改，通过在三角形结构 I 和三角形结构 II 之间连接控制链，获得菱形 DNA 折纸，用 AFM 图像可以清晰地表征出来，如图 2-31 所示。

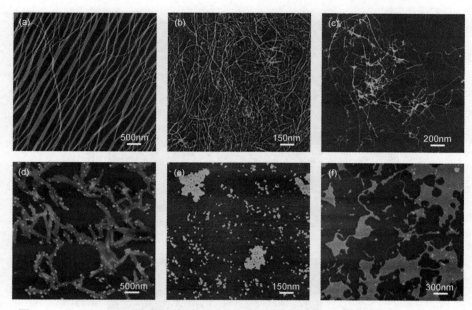

图 2-29　（a）PDGA 凝胶及其加入（b）天冬氨酸、（c）谷氨酸、（d）酪氨酸、
（e）组氨酸和（f）精氨酸后的 AFM 图像

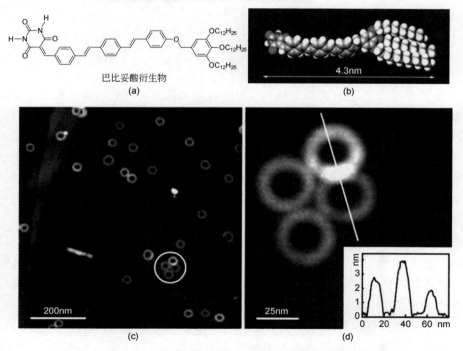

图 2-30　巴比妥酸衍生物形成的纳米环状结构

（a）巴比妥酸衍生物的结构式；（b）分子模型图；（c）巴比妥酸衍生物组装体的 AFM 图像；
（d）为图（c）的放大（插图是纳米环状结构的高度分布图）

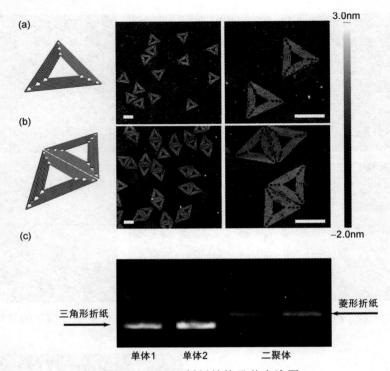

图 2-31　DNA 折纸结构及其电泳图

（a）三角形 DNA 折纸结构；（b）组装后的菱形 DNA 折纸结构，边长为 120nm；（c）琼脂糖
凝胶电泳图，两种结构电泳后，菱形 DNA 折纸条带由于分子量增加而明显滞后

气/液界面、固/液界面组装结构的组装体经常需要转移到固体基板上（如云母
基板、硅片、石墨等）进行 AFM 的表征，在转移的过程可能会发生组装结构的再
组装。而在研究固/液界面组装结构时，使用 AFM 液体池，在液体环境中原位观察
界面组装体，可有效地规避这一问题。如 Manne 等人[25]首先用 AFM 在溶液中直接
观察到两亲性分子十四烷基三甲基溴化铵（$C_{14}TAB$）在固体表面的聚集形态，原
位提供了 $C_{14}TAB$ 分子在不同基质表面的吸附状态。结果表明，聚集体的结构与基
质性质密切相关。在 2 倍于临界胶束浓度时，这种阳离子表面活性剂在云母片上呈
现弯曲条带聚集结构，而在相同条件下，在无定形二氧化硅表面则呈现无规则岛状
结构。液体池大致可以分为开放式和封闭式两种，开放式液体池只能在实验开始前
一次性添加液体，在实验过程中无法更换液体。封闭式液体池则可以在实验进行过
程中更换液体，可以方便地研究不同液体环境对组装体的形成及结构的影响。

（2）纳米刻蚀及操纵

1999 年，美国西北大学的 Mirkin 小组首先提出"纳米笔"刻蚀技术（dip-pen
nanolithography，DPN）[26]。在该技术中，以固体基底为"纸"，以原子力显微镜
（AFM）针尖为"笔"，使用与固体基底具有一定化学亲和力的分子为"墨水"。

通过原子力针尖和基底之间的毛细作用可以将"墨水"-针尖上的分子转移到基底表面上。通过精细地控制针尖运动可以在基底上获得不同的纳米结构。这项技术简单、快速，可以用于多种材料纳米结构的构建，已证实是一种在固体基底表面构建纳米结构的有利工具。

2.3 布儒斯特角显微镜

布儒斯特角显微镜（Brewster angle microscope，BAM）是观察气/液界面上的有机单分子膜的有力手段。它具有出色的图像质量和分辨率，最重要的是可用于在线控制和原位观察气/液界面单分子膜的各种性质，如均一性、稳定性、畴结构等，是一种重要的原位检测技术。

2.3.1 工作原理

根据布儒斯特定律，在界面上，当一束 p 偏振光以 α 角入射时，如果入射角满足 $\tan\alpha = \dfrac{n_2}{n_1}$，则反射光强度为零，此时的入射角称为布儒斯特角。对于气/水界面，$n_1 = 1$，$n_2 = 1.333$，布儒斯特角为 53.1°。如果界面上有一层有机单分子薄膜，则会形成一个新的界面，其折射率为 n_{film}。此时新界面的布儒斯特角将不再是 53.1°，将重新出现反射光，利用显微镜聚集反射光线，可以观察膜的形态等其他参数（图 2-32）。

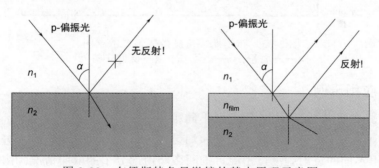

图 2-32　布儒斯特角显微镜的基本原理示意图

在研究气/液界面组装体的形貌和结构时，BAM 主要是和 Langmuir 槽（Langmuir trough）联用，用来原位研究 Langmuir 膜的有序组装现象以及单分子层向多分子层的结构转变、表面吸附动力学、LB 膜均匀性、相分离等。因其可以直接显示单分子膜的图像，而成为气/液界面组装研究的重要手段。

图 2-33 是用于研究气/液界面单分子膜布儒斯特角显微镜装置示意图，按光路流程分为三个部分：

第一部分：激光臂。在激光臂内，由一个激光器所提供的一束线偏振光，首先经过第一个 1/4 波数器，使其转换为一束圆偏振光。然后经起偏器和第二个 1/4 波数器，从而产生测量中所需的 532nm 的 p 偏振光。

第二部分：Langmuir 槽。由激光臂产生的 p 偏振光以 53.1° 入射到 Langmuir 槽内的气/液界面上。Langmuir 槽配有膜天平，用来监测单分子膜的表面压力，并记录单分子膜的热力学等温线。

第三部分：检测器。Langmuir 膜的反射光先通过检测器的物镜，再经过检偏器。反射光最后进入 CCD 摄像机转化为视频信号，成像。

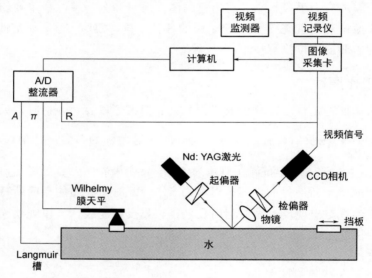

图 2-33　布儒斯特角显微镜装置示意图
A—表面积；π—表面压；R—反射光信号

2.3.2　应用示例

当气/液界面的 Langmuir 膜处在不同相态时，由于其折射率不同，反射光强度不同，通过 BAM 可得到膜的相变和均匀性等信息。同一相态时，分子取向不同也会给出不同的反射强度，由此可推断微畴内部分子的取向情况。例如 Chaieb 等人[27]用布儒斯特角显微镜技术系统研究了磷脂在气/液界面形成的 Langmuir 薄膜的相行为及形成的表面结构，如图 2-34 所示。他们指出，随着磷脂单层被压缩，光学各向异性的二维凝聚相以长而薄的形式成核，形成爪状结构，这些爪子紧密地包裹在一起形成条纹，这些条纹排列成螺旋状。

李峻柏等人[28]用 BAM 结合 Langmuir 技术研究了磷脂酶催化磷脂单分子膜水解的详细进程。对于磷脂单分子膜在较低的表面压下，显示出液态扩张相和液态凝聚相共存，从 BAM 图像上看，暗的区域代表无序的液态扩张相，而明亮微畴描

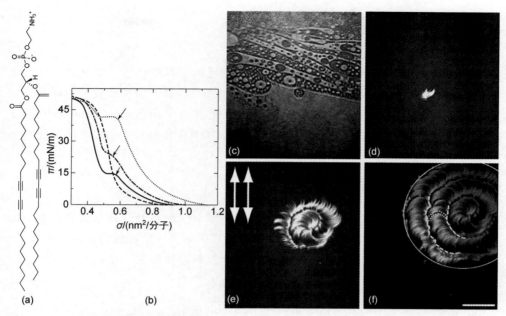

图 2-34　（a）带有不饱和键的磷脂的分子结构。（b）不同温度下的表面压-分子占有面积等温线（-----：28℃，——：32℃，·······：34℃；------：37℃）。（c）～（f）磷脂两亲分子 Langmuir 薄膜的 BAM 图像：（c）在低表面压力下的气液共存；（d）出现的第一个可视的凝聚相，显示出第一个弯曲的"针状"结构；（e）完成螺旋的第一个转角和下一个开始；（f）表示层次结构的螺旋结构形成，不同的层级：虚线表示一个"爪"；点状线跟踪一条条纹；实线指出整个圆形区域

绘的是在界面上有序排列的液态凝聚相聚集态。在磷脂酶注入约 2min 后，BAM 图像显示明亮微畴开始变得疏松，随着反应的进行，这一现象越来越明显，表明磷脂酶首先在液态凝胶相促进磷脂单层膜水解，并且发现在明亮微畴的部分出现中空微畴，证明水解反应优先发生在微畴的内部。

　　除了 BAM，荧光显微镜也是研究界面不溶膜的重要工具，利用它可以直接观察到不溶膜表面的结构和形貌。但与 BAM 不同的是，应用荧光显微镜则要求组装单元本身具有荧光，这限制了研究范围，抑或额外添加荧光探针分子，但同时要避免荧光探针对组装结构和形貌的微扰。

　　其他显微镜技术，包括透射电镜、扫描电镜、激光共聚焦荧光显微镜、扫描近场光学显微镜（SNOM）等，都是研究界面组装的有效手段，特别是扫描近场光学显微镜，既具有光学显微镜可在自然状态下观察样品、不需要对样品进行前处理、可原位获得组装结构信息、对样品无任何损伤的优点，又由于采用了近场光学探测原理及技术，使得分辨率不受衍射极限的限制，从而实现光学显微镜的超高分辨率。据报道，目前近场光学显微镜的分辨率已达 10nm。因此，近场光学显微镜在研究纳米尺度的微观物质结构中将具有巨大的潜力。

2.4 衰减全反射红外光谱法

红外光谱是化学分析中最常用的工具，广泛用于有机化学、电化学、材料化学、催化、生物化学等各化学分支学科。随着傅里叶变换红外光谱仪的应用及化学计量学的发展，衰减全反射傅里叶变换红外光谱法（attenuated total reflection Fourier transform infrared spectroscopy，ATR-FTIR）成为分析物质表层成分及结构信息的一种技术。

2.4.1 ATR 技术原理

当光束 I 由一种光学介质进入到另一种光学介质时，光线在两种介质的界面将发生反射和折射现象（如图 2-35）。当入射光以入射角 i 照射到两介质界面上时，反射光 I_r 和折射光 I_t 的方向分别由反射定律和折射定律确定，根据折射定律：

$$n_1 \sin\theta_1 = n_2 \sin\theta_2 \qquad\qquad (2\text{-}3)$$

式中，n_1 代表介质 1 的折射率；n_2 代表介质 2 的折射率。

不仅反射光束和折射光束的方向与入射角有关，反射光和折射光的强度也受到入射角的影响，当 $n_1 > n_2$ 时，随着入射角 i 由零开始逐渐增大，反射率 I_r/I_0 起初缓慢变化，数值也较小，此时折射光占主导地位，入射角 i 到一定角度时，折射光将不再出现，$I_r = I_0$，即入射光全部被反射，此种现象称为全反射，此时折射角 $\theta_2 = 0$。发生全反射时的入射角称为临界角（critical angle），用 θ_c 表示。临界角 θ_c 可由下式得到：

$$\theta_c = \arcsin\left(\frac{n_2}{n_1}\right) \qquad\qquad (2\text{-}4)$$

发生全反射现象须具备下述两个条件：

① 介质 1 的折射率要大于介质 2 的折射率，即光只有从光密介质进入光疏介质时才可能产生全反射。

② 入射角要大于临界角。

当入射角大于临界角时，还有部分光透过反射表面进入样品，穿透一定深度后，再反射回棱镜。进入样品的光，在样品有吸收的频率范围内光线会被样品吸收而强度衰减，在样品无吸收的频率范围内光线被全部反射。经过一次衰减全反射，光透入样品深度有限，样品对光吸收较少，因此光的能量变化很小，所得光谱强度较弱，信噪比差。为了增强吸收峰强度，提高测试过程中的信噪比，现代 ATR 附件采用增加全反射次数使吸收谱带增强，这就是所谓的多重衰减全反射（图 2-35）。

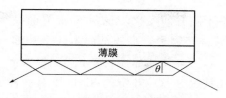

图 2-35 多重衰减全反射示意图

2.4.2 ATR 的应用特点

ATR 技术具有以下应用特点：

① 由于有效穿透深度在任何情况下都是比较小的，ATR 光谱法实际上是一种表面分析技术，一般来说是表征样品表面层的光谱信息，这对研究界面组装至关重要。特别是可以研究自组装膜、层层组装聚合物薄膜成膜过程中的结构变化，为是否成功组装形成有序结构提供判据。另外还可以用于研究小分子在聚合物薄膜中的扩散行为及研究多层膜在其他条件下的性质变化等。因此 ATR-FTIR 技术是一种良好的表征界面组装过程及组装体结构的手段。

② 非破坏性分析方法，ATR-FTIR 能够保持样品原貌进行测定。可避免常用的透射光谱中使用 KBr 压片法对样品研磨或挤压可能造成的微观状态的改变。

③ ATR 是通过样品表面的反射信号获得样品表层有机成分的结构信息，不需要采集透过样品的信号，因此对有些高度吸收和散射红外光的样品（不适于用常规的红外透射分析），可用 ATR-FTIR 给出相对满意的结果。

如胡道道等人[29]利用在线衰减全反射红外光谱（in-situ ATR-nIR）技术系统地研究了甲基丙烯酰氧丙基三甲氧基硅烷（MAPTMS）在酸性介质中的水解和缩合过程。测定时将样品均匀涂覆于液体池中的 ZnSe 晶面上，反射角为 45°。借助于 LB 膜技术，他们分别比较了 MAPTMS 在本体样品和气/液界面的水解、缩合反应过程。与前驱体 MAPTMS 相比，有机硅氧烷中的 Si-O-C 的不对称伸缩振动峰 $1078cm^{-1}$ 及对称伸缩振动的峰 $814cm^{-1}$，强度均减弱，表明水解反应的发生。另外，CH_3 和 CH_2 的对称与不对称伸缩振动峰出现在 $2950\sim2844cm^{-1}$ 范围内，及出现在 $2840cm^{-1}$ 处 OCH_3 的对称伸缩振动峰，均随水解时间增加而减小，也进一步证实了 MAPTMS 的水解。与 MAPTMS 在气/液界面的行为相比，本体样品在 $1078cm^{-1}$ 处特征峰降低更为明显，表明 MAPTMS 在本体中更易于水解。此外，在 $3000\sim3800cm^{-1}$ 处均有一宽峰，来源于 Si-OH 的 O-H 伸缩振动。气/液界面采集的样品相应的峰强度几乎不随时间变化，而本体样品的这一宽峰随着反应时间延长逐渐向高波数移动，表明本体样品中缩合反应的程度高于气/液界面的样品。$900cm^{-1}$ 和 $938cm^{-1}$ 的吸收峰归属于 Si-OH 的 Si-O 伸缩振动，对于本体样品和气/液界面样品同样有明显的区别。如该处的吸收峰在本体样品中随反应进行强度减弱，说明本体样品中水解的 Si-OH 很快发生缩合；而气/液界面样品相应的振动峰强度几乎不随时间变化，说明气/液界面缩合反应较慢。这一结果与气/液界面样品水解缩合产物聚合度较低而本体水解缩合产物具有较高聚合度的结果相一致。同时，对于本体样品而言，位于 $1012cm^{-1}$ 和 $1080cm^{-1}$ 处的峰，分别归属于线性长链硅氧烷 Si-O-Si 键的 Si-O 不对称伸缩振动吸收峰，其峰宽逐渐增大且强度增强，而 Si-O-Si 键的对称伸缩振动峰（位于 $680cm^{-1}$ 处）也随时间增强，而对于气/液界面样品，$1040cm^{-1}$ 附近处出现的是一低强度的泛宽峰，$680cm^{-1}$ 处峰强度也较弱，这些结果均进一步证明本体样易于缩合。综合上述结果可以说明：相对气/液界面而言，MAPTMS 在本体中更容易发生水解和缩合反应。

Ali Miserez 等人[30]利用 ATR-IR 光谱研究了富含多巴胺的蛋白 Pvfp-5β 在界面上的吸附行为。在 ATR-IR 实验中，将 Pvfp-5β 溶解于醋酸和 0.25mol/L 的 KNO_3 溶液中，将其配制成 0.1mg/mL 溶液，然后吸附于 100nm 厚的 TiO_2 纳米粒子薄膜上。记录 ATR-IR 光谱随吸附时间的变化，如图 2-36 所示。经过最初的 2min，即可观察到 Pvfp-5β 的特征吸收峰，如在 $1640cm^{-1}$、$1544cm^{-1}$ 和 $1242cm^{-1}$ 附近的酰胺 I、II 和 III 带特征光谱，表明 Pvfp-5β 在界面上的强烈吸附。此外，$1460cm^{-1}$ 和 $1400cm^{-1}$ 区域内的振动峰归属于 CH_2 的振动，$1520cm^{-1}$ 处来自于芳环的骨架振动，可归属于 Pvfp-5β 蛋白中的酪氨酸和多巴胺的芳环。同时，$1489cm^{-1}$ 处的肩峰表明多巴胺（DOPA）与 Ti（IV）的配位作用。酰胺 I 带对蛋白质构象特别敏感，可用来测定它们的二级结构。在最初的吸收过程中，Pvfp-5β 的 ATR-IR 光谱显示，酰胺 I 带在 $1652cm^{-1}$ 和 $1626cm^{-1}$ 处表现出两个峰，分别对应于蛋白的无规线团和 β-折叠结构，随着吸附时间的延长，酰胺 I 带转变为 $1643cm^{-1}$ 的单峰，

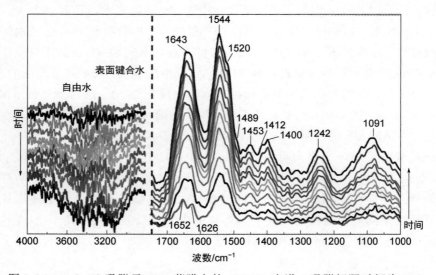

图 2-36　Pvfp-5β 吸附于 TiO_2 薄膜上的 ATR-IR 光谱，吸附间隔时间为 2min

表现出吸附于界面上的蛋白的结构重排。此外，在 3800～2800cm^{-1} 区域内的振动峰主要来源于水分子的 O–H 伸缩振动，可分为高波数区的"自由水"及低波数区的"表面键合水"，在蛋白 Pvfp-5β的吸附过程中，可观察到这一区域负峰的出现，并逐渐增强，表明了 Pvfp-5β具备从 TiO$_2$ 潮湿表面置换界面水分子的能力，并随后与 TiO$_2$ 形成螯合物而稳定地固定在 TiO$_2$ 表面。

2.5　掠入射 X 射线技术

X 射线是一种具有较短波长的高能电磁波，由原子内层轨道中的电子跃迁或高能电子减速所产生。X 射线的波长范围为 0.01～100Å，比可见光的波长要短得多。X 射线的穿透深度为微米量级，因此一般情况下，各种 X 射线实验方法表征的是材料的本体信息，对材料的表面和表面层不敏感，来自表面和表面层的微弱信息都淹没在本体结构的巨大信号中。为了使 X 射线技术适合表面的探测，发展了掠入射 X 射线衍射技术。具体来说，当单色 X 射线以大于材料全反射临界角的很小角度（基本与样品平行）的掠入射角入射到材料的表面时，X 射线在材料表面产生全反射，此时材料内部的 X 射线电场只分布在表面下很浅的表层，与表层附近的原子相互作用，即可获得材料表层原子分布信息，这种 X 射线散射技术即为掠入射 X 射线技术，包括掠入射 X 射线衍射（grazing incidence X-ray diffraction，GIXD）和 X 射线反射（X-ray reflectivity，XRR）。由于 X 射线以很小角度入射到样品表面，几乎与样品平行，增加了 X 射线和材料表面的作用区域，可以避免来自体相的强烈信号，提高了 X 射线对表层信息的检测灵敏性，适合对于较薄的膜材料的结构分析，包括薄膜的密度、厚度、粗糙度及取向、结晶度、晶型、微晶的层序分布等结构信息。

波长为 λ 的 X 射线在材料中的折射率为

$$n(r) = 1 - \delta(r) - \beta(r) \tag{2-5}$$

$\delta(r)$ 与色散有关，$\beta(r)$ 与吸收有关，理论计算表明，吸收项数值一般要比色散项数值小 2～3 个数量级；故在计算折射率 $n(r)$ 时，常把 $\beta(r)$ 值略去，即：

$$n(r) = 1 - \delta(r) \tag{2-6}$$

由于 δ 值的大小为 10^{-4}～10^{-6} 量级，因此 X 射线在一般介质材料中的折射率略小于 1。X 射线由光密介质（n_1）入射到光疏介质（n_2）时，如上文提到的，在一定入射角时会发生全反射，这个角度为临界角（θ_c）。在临界角状态，折射角为 90°，空气的折射率为 1，此时

$$\theta_c == \arcsin n_2 = \text{acrsin}(1 - \delta) \qquad (2\text{-}7)$$

临界角与 X 射线的波长和介质的电子密度有关，对于 Si 晶体材料，波长为 1.54Å 的 X 射线的全反射角为 89.76°。

当以大于临界角 θ_c 的入射角掠入射时，可借用平面波的情形来说明介质中的 X 射线波矢分布，在垂直介质表面的 Z 方向上，透过波随入射深度指数衰减。在 Z 方向上的指数衰减长度（即 X 射线的穿透深度）为

$$L = \frac{\lambda}{2\pi\sqrt{2\delta - \sin^2\theta}} \qquad (2\text{-}8)$$

这个穿透深度是随着掠射角的不同而变化的，对于单晶 Si 材料和 1.54Å 的 X 射线，L 的最小值为 63Å 左右。因为在大于全反射临界角的区域内，介质中的 X 射线电场集中分布在由式（2-8）决定的穿透深度内，因此很好地抑制了来自材料体相内部的信息，提高了表面信号的信噪比。

掠入射的 X 射线强度随入射角和出射角的变化，可由下式给出

$$I(Q_z) \propto |t_i|^2 \cdot \left| \sum_{n=0}^{\infty} e^{-inQ_z a_0} \right|^2 \cdot |t_f|^2 \qquad (2\text{-}9)$$

式中，t_i 和 t_f 是透射系数；a_0 是指物体各层的面间距。

掠入射时的入射角和出射角的选择非常关键，它关系着掠入射的信号强度的大小和 X 射线在样品中的穿透深度。在研究表面上薄层结构时，当入射角和出射角都接近临界角时，测得的掠入射信号强度最大。当在测量物体在不同深度处的结构时，可以通过改变入射角和出射角的方向，改变 X 射线的穿透深度，测量在不同深度时的结构参数，然后通过分析得出结构随深度变化的关系。可用于分析物质的分子取向、结晶度、晶型、微晶尺寸等。

在对比 Ge/Si 量子点材料在 Si（400）上的常规衍射和在 Si（221）表面的掠入射 X 射线衍射图谱时发现，来自表面微结构产生的衍射强度非常微弱，至少比衬底衍射强度低 5 个数量级。而在掠入射情况下，表面峰和衬底峰的差别不到一个数量级，从而可以准确地测量表面微结构的衍射。GIXRD 除了研究固体表面的微结构，还对气/液界面做了初步研究，比如对气液界面的 Langmuir 膜，GIXRD 是一个有利的表征手段，可以得到表面的二维结构中分子取向及晶格信息等。

2.6　表面等离子共振

表面等离子共振（surface plasmon resonance，SPR）是一种物理光学现象，是指当入射光以临界角入射到两种不同透明介质界面（通常是镀在硅表面的金属

银或金的薄膜）时，引起金属自由电子的共振，电子吸收光能量，从而使反射光
在一定角度内大大减弱，在入射光为某一角度时，反射光完全消失，这一角度就
被定义为共振角（SPR 角）。图 2-37 示意了表面等离子共振的基本原理：在金属
上形成各种分子组装体后，会对界面的折射率产生很大的影响，从而产生表面等
离子共振角度的变化。根据相关的理论模拟和计算后，便可得到分子吸附过程中
的相关信息（比如膜的厚度、折射率等）。固定入射角度，也可以检测到分子吸附
过程的动力学信息。

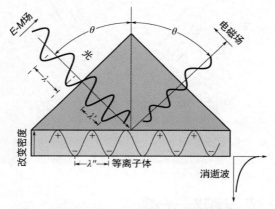

图 2-37 表面等离子共振的基本原理

如当介质折射率为 1 时，$Ag-TiO_2$ 复合薄膜 SPR 波长随 TiO_2 薄膜厚度的增大
而向长波方向移动，即复合薄膜的共振波长呈现明显红移现象。12nm 厚的 TiO_2
膜使共振波长红移约 200nm。利用这一方法，即可得出金属表面的吸附膜的厚度
等信息。

SPR 的工作原理决定了它适合于金、银等特定金属表面的界面组装的研究，
可通过修饰金、银等金属表面形成界面组装体后研究生物分子之间的相互作用。
例如，可将能发生相互作用的其中一种固定在金属表面，做成传感薄膜，若溶液
中存在可与其特异结合的另一物种，SPR 光谱即发生变化。除了可以鉴别待测物
的种类、浓度和吸附量外，更重要的是，SPR 可以实时监测分子间的相互作用。
如可利用 SPR 信号的改变测量溶液中葡萄糖的浓度[31]。Con A 是一种植物凝集素
蛋白，在中性 pH 条件下以四聚体的形式存在，分子量为 104000。Con A 中每一
个亚单位含有一个糖残基的结合位点，Con A 的四聚体结构为糖的结合提供了 4 个
结合位点，蛋白质的两侧各有 2 个位点。将 Con A 固定于金表面上，其形成的薄
膜 SPR 共振波长为 632.4nm，然后在溶液中加入葡聚糖，实时记录 SPR 光谱的共
振波长，待共振波长基本稳定之后，所得 Con A/葡聚糖膜的共振波长为 632.8nm；
再通入 Con A，反应 30min 后，除去非特异性吸附的 Con A，所得 Con A/葡聚糖

/Con A 膜的共振波长为 638.4nm。将 Con A/葡聚糖/Con A 自组装多层膜浸泡到葡萄糖溶液中时，样品中的葡萄糖渗透入多层膜中，与葡聚糖竞争 Con A 上的结合位点，破坏了多层膜的结构，使金膜表面结合的物质减少，SPR 光谱的共振波长发生变化，从而可间接测量样品中葡萄糖的浓度（图 2-38）。

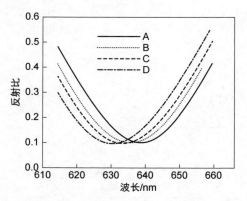

图 2-38　Con A/葡聚糖/Con A 膜与不同浓度葡萄糖反应后的 SPR 光谱

A～D 对应葡萄糖的浓度分别为 0、5mmol/L、20mmol/L、50mmol/L

2.7　二次谐波与和频光谱

2.7.1　基本原理

当传统的热辐射光源、放电光源入射到介质体系中时，由于介质是由大量的多种荷电粒子，如电子、原子核及离子等构成，它们在光与物质相互作用时，就会在介质中产生诱导的电极化强度，该极化强度 P 是光与物质相互作用的区域内所有分子的诱导偶极矩之和。对于光电场中的一个分子，光诱导的偶极矩和入射光电场的强度成正比：

$$\mu = \mu^0 + \alpha E \tag{2-10}$$

式中，μ 是诱导偶极矩；μ^0 是静电偶极矩；α 是极化率。

对于光电场中单位体积下的分子，其诱导的极化强度 P 正比于入射的光电场强度：

$$P(t) = \chi^{(1)} E(t) \tag{2-11}$$

此处，$\chi^{(1)}$ 是介质的线性极化率；极化强度 P 是作用区所有分子的单位体积诱导偶极矩之和。

当入射光强度高到一定程度时，其诱导的极化强度不仅有线性项，非线性极化部分也变得明显起来。因此在非线性光学中，非线性的光学响应可被写成：

$$P = P^{(0)} + P^{(1)} + P^{(2)} + P^{(3)} + \cdots = P^{(0)} + \chi^{(1)}E + \chi^{(2)} \vdots EE + \chi^{(3)} \vdots EEE + \cdots \quad (2\text{-}12)$$

其中，$\chi^{(2)}$，$\chi^{(3)}$ 分别被称为二阶和三阶非线性极化率；$P^{(2)}$，$P^{(3)}$ 分别为二阶和三阶非线性极化强度。

由式 2-12 可知，二阶非线性光学现象的本质是：当多个光子，如两个不同频率的两束光同时作用于介质，当光电场强度和分子内电场强度相当时，非线性介质的电子对电场的响应不呈线性关系，电子在光场的作用下产生振动，这种振动使分子产生偶极矩振荡，振荡过程中会产生不同于入射光的频率，即入射光的频率加和与频率差。如果两束光的频率相同，即产生了二次谐波（second harmonic generation，SHG），则为二次谐波过程。若用两种不同频率的激光入射，则可得到和频（$\omega_1+\omega_2$）（sum frequency generation，SFG）的光。

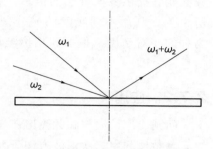

图 2-39　界面二次谐波与和频光谱的示意图

我们可以用图 2-39 来表示和频产生。

诱导二阶极化强度 $P^{(2)}$ 可用二阶非线性极化率 $\chi^{(2)}$ 表示为：

$$P^{(2)} = \chi^{(2)} \vdots EE \quad (2\text{-}13)$$

其中，E 为入射光场；$\chi^{(2)}$ 为二阶非线性极化率，在上面的方程中，非线性极化强度 P 与光场 E 都是极化矢量，即意味着在中心对称介质中，$\chi^{(2)} = 0$。但是，对于界面来说，界面为两个体相的相交界处，如果两个体相均为具有反演对称性的介质（例如对于气/液界面，一个体相为气体，另一个体相为液体），那么两个体相的二阶非线性极化率均为零（$\chi^{(2)} = 0$）；此时由于界面不具有反演对称性，界面的二阶非线性极化率 $\chi^{(2)}$ 不为零，因此二次谐波（SHG）、和频光谱（SFG）具有天然的界面选择性。界面产生的二次谐波或和频光仅仅来源于界面薄层的分子与光的相互作用。因此，二次谐波与和频光谱的灵敏度不取决于光学的穿透深度，比如光学波长，这与线性光学完全不同。这一特点使得二次谐波和和频光谱可以应用于所有界面。

在实验中，通过检测到的二次谐波或和频信号强度，根据公式

$$I \propto |\chi^{(2)}|^2 |E(\omega_1)|^2 |E(\omega_2)|^2 \quad (2\text{-}14)$$

可得到二阶非线性极化率 $\chi^{(2)}$，

$$\chi^{(2)} = N \times d \times (<\cos\theta> - c \times <\cos^3\theta>) \quad (2\text{-}15)$$

式中，N 是界面分子密度；c 是与分子的退偏比有关的值；d 是与分子的超极化率、菲涅尔因子及三束光的入射角、出射角、偏振方向有关的系数；θ 为取向角；以上介绍的公式中，<>表示对所有分子的取向平均。

根据以上公式，二次谐波与和频光谱的信号强度、偏振、相位以及频率依赖性能够提供界面分子的信息，界面分子的表面密度与非线性光学信号强度密切相关。利用不同频率的光分别与表面不同分子相共振，可以分别得到界面物种的相对密度。偏振和相位测量能够提供界面分子的相对取向和绝对取向的信息。

2.7.2 应用

回顾二次谐波与和频光谱在界面上的应用，首先是在固体表面的研究，随着沈元壤教授利用二次谐波方法研究表面分子的取向以来，利用非线性光学二次谐波方法来研究气/液界面的工作引起了科学工作者的注意。沈元壤等人[32]首次利用 SHG 技术测量十二烷基萘磺酸钠（SDNS）Langmuir 单分子层分子的取向，发现随着表面压的增加，SDNS 的取向连续变化向法线方向倾斜。他们还研究了十五酸 Langmuir 单分子膜[33]随表面压变化的相变过程，在液态扩张相到液态凝聚相之间的相变伴随着分子的重新取向，且两相间存在一共存相。此外，对罗丹明 C_{18} 两亲分子，有研究者绘制了二次谐波信号与分子面积曲线，发现与表面压-面积曲线极为相似，且能得到 4 个相区：液态扩张区，液态扩张-凝聚相过渡区，凝聚区和崩溃区。王鸿飞等人[34]利用 SHG 技术对功能性两亲分子 $PARC_{18}$ 单分子膜在形成过程中分子取向和分子间相互作用进行了研究。$PARC_{18}$ 在形成单分子层的过程中不但发生了分子有序化的过程，而且，由于发生偶极-偶极相互作用使得单分子层感受局域场作用，导致分子层的光学介电性质的变化。

和频振动光谱也能用来研究十五酸 Langmuir 单层的取向和构型[35]。在高表面压时，观测到了 CH_3 伸缩振动模式以及碳氢链的所有反式构型。根据不同偏振的 CH_3 谱和频信号的比值，他们认为，烷基链垂直于表面取向。随着表面压的降低，CH_2 的伸缩模式变得越来越强，表明由于降低了分子间相互作用出现了顺式和反式缺陷。人们利用和频光谱手段对其他气/液界面也进行了研究，已经开展了吉布斯吸附单层膜表面的结构与成键的研究，特别是对水和冰的界面氢键和自由羟基的指认，是以往其他方法所无法给出的。二次谐波与和频光谱相结合，能得到更多界面信息。当然，二次谐波与和频光谱是一个年轻的光谱手段，它的光谱分析理论还有待于进一步发展和成熟，随着人们对光谱定量分析能力的提高，人们利用 SHG 和 SFG 手段对界面的研究将会更为深入。有关 SHG 和 SFG 技术研究请参照相关综述[36]。

近年来，二次谐波（SHG）与和频光谱（SFG）已被证明不仅具有界面选择性，而且该技术也是一种强大的对手性界面敏感的技术。自 20 世纪 90 年代早期，Hicks 等人和 Persoons 等人最先用 SHG 研究手性界面以来[37,38]，SHG 与 SFG 技术用于手性表面表征和成像方面已有很多进展。下面将重点描述 SHG 在研究手性方面的进展。

如：Hicks 等人[37]首次报道了二次谐波-圆二色谱（second harmonic generation circular dichroism，SHG-CD）方法用于检测界面分子手性。首先，将具有手性的二羟联萘（BN）分子的构型 R-BN 和 S-BN 吸附于纯水表面，通过波长可调的圆偏振光入射到界面上，当谐波信号的波长与 BN 分子的电子能级跃迁共振时，R-BN 和 S-BN 分子产生的谐波信号强度有明显差异。若吸附的分子为 R-BN，左旋圆偏光产生的谐波信号较大；若吸附的分子为 S-BN，则结果相反；若为外消旋混合物，则信号强度相同。基于此，Hicks 等人提出了 $I_{\text{SHG-CD}}$ 的概念，用于定量描述这种手性导致的信号差异。其定义如下：

$$I_{\text{SHG-CD}} = \frac{|(I_{\text{左}-45°}^{\text{SHG}} - I_{\text{右}+45°}^{\text{SHG}})|}{\frac{1}{2}(I_{\text{左}-45°}^{\text{SHG}} + I_{\text{右}+45°}^{\text{SHG}})} \tag{2-16}$$

当谐波波长与分子电子能级跃迁共振时，左右圆偏光产生的差别最大可达平均 SHG 信号的 100%。而利用线性光学技术通过测量左右圆偏光对样品吸收度的差别来表征光学活性，这个差别通常是样品平均吸收度的千分之一或万分之一。

除了 SHG-CD 以外，类似地，线性光学方法旋光色散（ORD）的非线性光学类比为 SHG-ORD 方法。1994 年，Hicks 等人[39]利用 SHG-ORD 方法研究了 BN 分子在空气/水界面的手性。实验中采用线偏振光入射，在检测方向上分别检测与入射偏振平行和垂直的谐波信号分量，计算二次谐波信号相对于入射光偏振旋转的角度。研究结果表明，随着入射波长改变，旋转的角度从 20° 到 50° 不等。而线性 ORD 实验中，旋转角度仅为毫度量级，测量误差较大，在检测单层膜手性时，灵敏度不够。因此 SHG-ORD 的灵敏度也远远高于线性 ORD 手段。同时，Hicks 的研究发现，利用 SHG-ORD 在谐波信号波长不共振时，也能检测到手性信号，因此，SHG-CD 和 SHG-ORD 这两种非线性光学手段可以作为互补。

与此同时，1995 年，Persoons 等人[40]发明了另外一种基于二次谐波方法的界面手性检测手段——二次谐波-线二色谱方法（second harmonic generation-linear dichroism，SHG-LD）。SHG-LD 采用线偏振光入射，通过二分之一波片调控入射光的线偏振，以比较入射偏振为±45° 时谐波信号的大小。若界面有手性，则信号大小不同。SHG-CD 与 SHG-LD 方法互为补充，前者的手性信号来源于界面非线性极化率虚部的差，后者源于极化率实部的差。因此，SHG-LD 方法同样在非共振条件下也能检测出手性信号，因此该研究方法具有更加广泛的应用范围。由于实验中常用激光器的波长可调谐范围有限，入射光的频率和二倍频不一定在样品的吸收光谱范围内。这种情况下，即使样品有手性，也不能通过 SHG-CD 方法检测出来。但利用 SHG-LD 方法则能检测出其手性，并且能避免因共振导致样品产生热效应或者发生反应被破坏。

在二次谐波测量中，为定量描述界面手性强度，引入表面手性过量（DCE）的概念[43]。DCE 定义同上：

$$DCE = \frac{\Delta I}{I} = \frac{2(I_{-45°} - I_{45°})}{(I_{-45°} + I_{45°})} \tag{2-17}$$

对于 SHG-CD，其中 $I_{+45°}$ 和 $I_{-45°}$ 分别是+45° 和−45° 入射圆偏振 SHG 谐波信号强度；对于 SHG-LD，$I_{+45°}$ 和 $I_{-45°}$ 分别是+45° 和−45° 入射线偏振 SHG 谐波信号强度。对于非手性的 Langmuir 膜或 Gibbs 吸附膜，$I_{+45°} = I_{-45°}$ 且 $\Delta I/I = 0$；然而，对手性的 Langmuir 膜或 Gibbs 吸附膜，$I_{+45°} \neq I_{-45°}$ 且 $\Delta I/I \neq 0$。很明显，当 $I_{-45°} > I_{+45°}$ 时，$\Delta I/I > 0$；当 $I_{-45°} < I_{+45°}$ 时，$\Delta I/I < 0$。这样，尽管不能从 SHG 的测量得知界面的绝对手性，但通过 $\Delta I/I$ 的符号可以区分界面手性的两种不同状态，而且 $\Delta I/I$ 值对判断界面手性的相对符号和大小是一个定量而直接的标准。因此，DCE 的绝对值反映出界面手性的强度，相反的符号代表两种对映的手性状态。DCE 值的变化能够用于表征气/液界面非手性分子构成的 Langmuir 膜手性的形成和变化。

为了避免界面各向异性对手性检测中的干扰，2009 年，王鸿飞等人通过检测界面上相邻若干位置 SHG 信号的偏振依赖曲线，分别拟合得到界面不同位置分子非线性极化率的手性项和非手性项，比较这二者的变化幅度，如非手性项的变化幅度远小于手性项，即可排除面内各向异性的干扰[41]。同年，Huttunen 等人提出了另一种排除界面各向异性的解决方法[42]。他们采用垂直入射的构型，将左旋和右旋光圆偏振光仅聚焦入射到样品表面，在透射方向分别检测二次谐波信号强度。若界面具有手性，则不同圆偏光产生的 SHG 信号大小不同；这种条件下，即使界面具有各向异性，产生的谐波信号也相同，从而排除界面各向异性对手性检测的干扰。上述方法中，谐波信号中同时包含了界面非线性极化率手性项和非手性项的贡献。为了将这两者分开，必须通过多次拟合实验数据得到准确的手性值。

近些年来，中科院化学所郭源等人利用 SHG-LD 方法，原位研究了纯水表面手性磷脂分子 L-DPPC 聚集体的结构手性随时间的变化[44]。结果表明 L-DPPC 在纯水表面首先形成手性状态一致的宏观聚集体，随着时间的变化，界面聚集体逐渐出现互为对映体的两种手性状态。这表明，随着时间的变化，L-DPPC 分子在界面逐步发生水解，其水解产物聚集形成了与 L-DPPC 螺旋结构相反的宏观结构。此外，还通过 EPP 理论分析了 L-DPPC 以及各水解产物的聚集行为，发现 L-DPPC

分子中的 4 个水解位点，只有在 A1 位点的水解产物，其聚集行为与 L-DPPC 相反，即具有相反手性状态的宏观结构的形成源于 L-DPPC 在 A1 位点的水解。这说明，尽管 L-DPPC 分子在纯水表面形成了相对稳定的单分子膜，但在更大的时间尺度上，其宏观结构也会发生变化，而这种变化源于膜本身与环境之间的相互作用。这为研究界面手性演化提供了新的思路。

2.8　光电子能谱

光电子能谱（photoelectron spectroscopy，PES）是近年来发展起来的表面分析技术，包括紫外光电子能谱（ultraviolet photoelectron spectroscopy，UPS）和 X 射线光电子能谱（X-ray photoelectron spectroscopy，XPS）。

其基本原理基于光电效应，指物质暴露在波长足够短（高光子能量）的电磁波下，经相互作用后，能使物质中原子或分子中的电子克服其结合能而产生光电子，观察到电子的发射。出射的光电子具有一定的动能，若样品用一束能量为 $h\nu$ 的单色光激发时，这个过程的能量可用 Einstein 方程来表征

$$E_b = h\nu - E_k \tag{2-18}$$

E_b 是该原子或分子 i 轨道电子的结合能，而 E_k 是被入射光子（能量为 $h\nu$）所击出的电子的动能。若用检测器检测光电子的动能，并同时记录具有动能 E_k 的光电子数 nE_k，以光电子动能为横坐标，nE_k 为纵坐标作图，就得到光电子能谱。再根据以上的爱因斯坦方程，即能得到分子内电子的原子结合能。原子的电子层可分为外壳层的价电子层和内壳层两个区域。若用紫外线激发原子价壳层电子，称为紫外光电子能谱（UPS）。而在激发内壳层电子时，需要用高能的 X 射线作为激发源，称为 XPS，也称为 ESCA（化学分析用电子能谱，electron spectroscopy for chemical analysis）。

X 射线光电子能谱可以得到周期表中除 H 和 He（因为它们没有内层电子能级）之外的全部元素的内层能级谱。所确定的这些内层能级的结合能具有足够的唯一性，可以明确地标识各种元素，并且能进行元素的定性、定量和化学状态分析。此外，内层能级的精确结合能值随着该元素的化学环境而变化，因此会使电子能谱的特征峰移动，被称为化学位移。一般来说，原子外层电子密度减小时（如氧化数增大或与电负性较大的原子相连），内层电子受到的有效电荷将略有增大，使结合能增大；反之，结合能将减小。利用化学位移，则可以分析原子的成键情况和价态的变化。

由于只有样品表面下很短的一个距离内（约 20Å）的光电子才能发射到真空并被检测器接收，因此 XPS 是一种表面灵敏的分析技术，XPS 通常可获得样品表

面 2～5nm 的信息，是良好的表征界面组装体的技术。电子能谱的另一个特点是它的普遍适用性，基本能涉及全部的元素（H 和 He 除外）。它既可以研究分子的价电子体系，又可以研究束缚得比较紧密的原子内层能级，前者给出有关分子键的某些信息，后者由于所谓 ESCA 化学位移，给出分子中特定原子或基团的信息。

如硫醇自组装薄膜转化为氮杂卡宾自组装薄膜，整个过程可以用 XPS 光谱清晰地表征（图 2-40）[45]。对于经过氮杂卡宾处理过的硫醇自组装膜，可以检测到 N（1s），C（1s），但是却不能观察到 S（2p），证明金表面的硫醇基本全部被氮杂卡宾取代。反之，用硫醇处理氮杂卡宾自组装薄膜，观测到的 XPS 光谱和上述基本一致，表明氮杂卡宾-Au 自组装薄膜要比硫醇-金薄膜稳定，不能发生相应的取代反应。

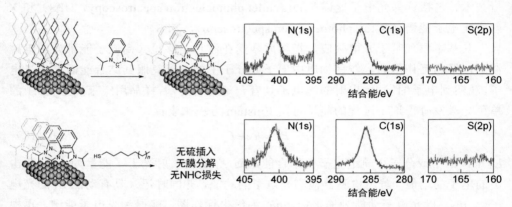

图 2-40　XPS 光谱表征硫醇自组装薄膜转化为氮杂卡宾自组装薄膜的过程

2.9　椭圆偏振技术

椭圆偏振技术（ellipsometry）是非破坏测量技术，快速简捷，适应广泛，在各种环境下，如高真空、大气、液相环境中均可应用，可对多层膜的厚度、光学常数、透明薄膜的折射率及微结构等物理结构特性进行分析。此外，该技术还可以用于晶体生长、薄膜沉积等的原位监测。测量对象广泛，方式灵活，并且测量精度很高。椭圆偏振仪的工作原理虽然建立在经典电磁波理论上，但实际上它有原子层级的灵敏度，对薄膜的测量准确度可以达到 1nm，相当于单原子层的厚度。因此使得这一技术广泛应用于薄膜技术、微电子技术、材料科学、冶金学、电化学、生物学等领域。

2.9.1　工作原理

椭圆偏振仪的基本结构如图 2-41 所示。来自激光器发出的自然光是准直性能优良的单色光或准单色光，先通过起偏器变为线偏振光，再通过 1/4 波片后变为椭圆偏振光，这束光与待测样品相互作用，从而使光束偏振态发生变化，利用其后的检偏器、光电检测器来检测系统输出端的偏振态变化，可确定待测样品的厚度、折射率等信息。待测样品可以通过反射、折射、透射或散射等过程使入射光的偏振态发生变化。因此，椭圆偏振测量技术分为：反射或表面椭圆偏振测量技术；透射椭圆偏振测量技术；散射椭圆偏振测量技术。其中，反射椭圆偏振测量技术更是研究表面和薄膜的重要手段。下面我们重点介绍反射椭圆偏振技术的原理及应用。

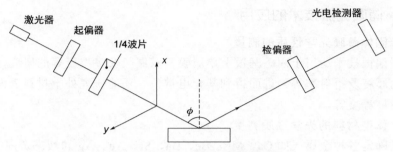

图 2-41　椭圆偏振仪的基本结构

当一束椭圆偏振的光束照射到待测样品表面时，由于样品对入射光束中的水平分量（简称 p 光）和垂直分量（简称 s 光）的反射率和透射率不同，导致反射波中 p 分量和 s 分量的振幅衰减和相位差都不相同（图 2-42），使得经过的出射光的偏振状态相对入射光发生了变化。这种变化通常用反射面内 p 光反射率 R_p 和 s 光反射率 R_s 之比来表示。

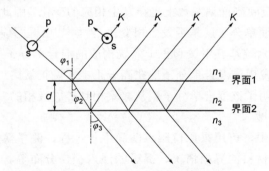

图 2-42　光在薄膜中的反射和折射

$$\rho = \frac{R_p}{R_s} = tg\psi e^{i\Delta} \tag{2-19}$$

式中 $\Delta = (\beta_{rP} - \beta_{iP}) - (\beta_{rS} - \beta_{iS})$，表示 p 光和 s 光反射前后的相位变化量之差。

$$tg\psi = \left| \frac{R_p}{R_s} \right| = \left| \frac{E_{rp}/E_{rs}}{E_{ip}/E_{is}} \right| \tag{2-20}$$

ψ 和 Δ 称为椭圆偏振参数,在测量薄膜样品时,与待测系统的折射率、介质 1 和介质 2 的折射率、入射光的波长和角度及薄膜厚度有关。由于介质 1、2 的折射率,入射光的角度和波长都已知,因此只要能测量得到椭圆偏振参数 ψ 和 Δ,就能计算得到薄膜的折射率和厚度。因此,椭圆偏振仪的设计的关键是如何精确测量椭圆偏振参数 Δ 和 ψ,有关椭圆偏振参数 Δ 和 ψ 的具体测量方法和推导,请详见相关文献[46]。

2.9.2 椭圆偏振技术的应用

(1)固体薄膜光学性质的测量

椭圆偏振技术适用于固态基板上单层膜、双层膜及多层膜等的研究,测量得到薄膜的厚度及折射率等,进而得到其介电常数。还能研究处于材料表面的氧化程度和粗糙程度等。

(2)体型材料的光学性质测量

可以确定各种金属(如 Ca、Mg、Be、Ba、Sr、Au、Ag 和液态金属 Hg 等)、半导体(如 Si、Ge、Ga 等)和各向异性晶体[如硒化镓(GaSe)单轴晶体,五氧化二钒(V_2O_5)双轴晶体等]的光学性质(折射率 n 和吸收系数 k)。

(3)物理吸附和化学吸附

可原位无损伤地探测表面与气态、液态环境接触时,吸附分子或分子聚集形态的问题。例如对气/液界面的单分子膜来讲,椭偏参数的变化可反映出水面上吸附的单分子层的厚度和密度。当界面单分子层发生相态变化时,其厚度和密度均发生不连续变化,反映到椭偏参数上也会发生相应的变化。因此根据界面椭偏参数的突变即可判断界面单分子层是否发生相变化。例如[47]用椭圆偏振光谱仪在测定不同温度时由溴化十六烷基三甲铵和正十六烷构成的混合单分子层在空气/水界面上的椭圆率系数时,发现该混合单分子层在高于正十六烷正常熔点 6℃的温度时有椭偏参数的变化,表明了该混合单分子层从凝聚相到扩展液相的二维相变化。

(4)微电子领域

在微电子领域中,可用来原位跟踪薄膜生长过程,测量薄膜厚度,半导体的表面状况以及不同材料的界面情况,离子的注入损伤分布等。

2.10 石英晶体微天平

石英晶体微天平(quartz crystal microbalance,QCM)技术,发展于 20 世纪 60 年代,利用了压电石英晶体对其表面负载高灵敏的响应特性,进行对表面负载的精确传感检测。该技术对表面质量负载的检测限度可低达 ng/cm^2,相当于表面单原子或亚单原子层,故也称为纳克微天平。通过检测晶体表面负载量的变化来捕获界面上分子的质量和结构变化，成为理解界面，特别是固/液界面上的组装行为的有力手段，并可以用于获得生物或化学信息，进行反应机理、化学反应动力学等方面的研究。

2.10.1　工作原理

压电效应：晶体在受到外力作用时，在表面产生极化电荷，并且极化的强弱与应变的大小成正比，这一现象称为压电效应。在机械力作用下产生形变而引起表面荷电的现象，是机械能转化为电能的过程，称之为正压电效应；反之，极化电场也可以使晶体受到纵向或切变应力产生机械变形，在此过程中电能转化为机械能，其应变与电场强度成正比，这一现象称为逆压电效应。正压电效应和逆压电效应统称为压电效应。逆压电效应中，如果施加的是交变电场，晶体将随着交变电场的频率作伸缩振动。

石英晶体具有逆压电效应，即当在石英晶体上施加一交流电压，如电压的频率与石英的固有谐振频率接近，石英晶体就会按其固有频率不断振荡。1959 年，德国科学家 Sauerbreys[48] 发现，如在石英晶体表面添加一层薄膜，则石英晶体频率降低，且降低的幅度与薄膜的质量成正比。并且在此基础上建立了石英晶体表面沉积的薄膜质量与石英晶体频率变化之间的定量关系式：

$$\Delta f = \frac{-2f_0^2 \Delta m}{A\rho v_{tr}} \qquad (2\text{-}21)$$

方程（2-21）即为著名的 Sauerbrey 方程，即石英晶体的频率变化 Δf 与晶体表面的质量变化 Δm 成正比。式中，f_0 为石英谐振器的基频，即质量变化前石英晶体本身的固有频率；v_{tr} 是声波在石英晶体中的传播速率（$3.4 \times 10^4 \text{m/s}$）；$\rho$ 是石英的密度；A 是石英晶体具有压电活性的表面积（cm^2），即为被吸附物所覆盖的面积或是参与压电谐振的晶体面积。

Sauerbrey 方程适用的前提条件是晶体表面吸附层很薄、均匀且为刚性。所谓刚性是指振荡时吸附层与晶体不发生相对位移，即表面吸附层与晶体一起运动，没有相对摩擦等能量内耗。所以 QCM 最初在很长一段时间内仅用于空气或真空中薄膜厚度的检测。而在液相体系中，人们认为在液相中耗散太大，很难找到一个合适的振荡电路使压电振子维持稳定的振动并得到正确的信号，而使 QCM 的使用受到了局限。直到 20 世纪 80 年代，Kanazawa 等人提出了著名的 Kanazawa-Gordon 方程［式（2-22）］，即在牛顿流体中晶体的谐振频率变化（Δf）满足：

$$\Delta f = -f^{1.5}\sqrt{\frac{n\eta_1\rho_1}{\pi\mu_q\rho_q}} \qquad (2\text{-}22)$$

式中，μ_q 和 ρ_q 为石英晶体的剪切模量和密度；π 为表面压；η_1 和 ρ_1 为流体的黏度和密度；n 为谐波次数；f 为基频频率。这给液相中 QCM 的测量提供了理论依据，使得 QCM 作为一种测量和分析仪器，广泛地应用于电化学、生物医学、有机化学、分析化学和物理学等研究领域。

2.10.2　QCM 仪器的基本结构

图 2-43 给出了 QCM 仪器的基本结构示意图。

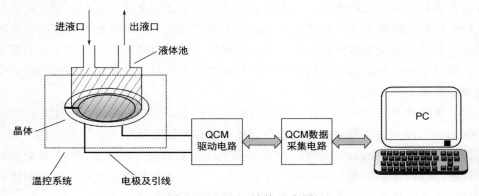

图 2-43　QCM 结构示意图

石英晶体有两个晶面，分别连有两根电极引线，与 QCM 驱动电路相连接，QCM 数据采集电路负责将驱动电路产生的模拟信号数字化，再将数据送往 PC 机进行显示和处理等。石英晶体置放于液体池的下方，样品池内装有样品溶液，与晶体的一个表面接触。样品由进液口加入，从出液口排出。晶体和液体池周围是温度控制系统，确保温度稳定。在实验过程中，通常将可选择性吸收待测物质的某种材料均匀地涂在压电石英晶体表面，得到一个基础频率 f_1，然后将其放到有待测物质的气体或液体中，压电石英晶体与被测物质作用而形成复合物，再对吸附了被测物质后的压电石英晶体进行频率测定，从而得到新的频率 f_2，振动频率的变化 $\Delta f = f_2 - f_1$，再根据 Sauerbrey 方程就可以得到被测物质的质量 Δm，一般的 QCM 的灵敏度可达到纳克级（10^{-9}g）。

2.10.3　QCM 在界面化学研究中的应用

QCM 最早应用于真空膜厚度检测，由于频率变化与质量负载之间有简单的线性关系，经校正后可直接显示镀膜的厚度，QCM 现在是真空镀膜厚度的标准检测装置。QCM 不仅能检测膜厚度，还能研究固体表面的吸附行为，包括吸附热力学和吸附动力学、配合耗散因子的测量，研究吸附膜的黏度和弹性剪切模量，测量流体的黏度以及研究晶体表面的毛细现象等等。这些都对研究各种界面行为有着很强的指导意义。

如张广照[49]利用 QCM 研究了高分子在金表面的吸附行为，高分子的构象变化，高分子的降解及静电层层组装等。在研究固/液界面聚二甲氨基乙基甲基丙烯酸酯（PDEM）和对聚苯乙烯磺酸钠（PSS）的层层组装时，发现温度、pH 等均对多层膜的厚度有影响。固定 pH 时，从频率的变化中可以看出，当层数一定时，多层膜的厚度随温度的升高而增加。但耗散因子的变化是随着层数呈振荡式增大，反映了层与层之间存在链的渗透。显然，振幅越大，层与层之间链的渗透程度越高。随着温度升高，耗散因子振荡的振幅增大，说明层与层之间链的渗透随温度升高而逐渐增加，并最终导致多层膜的厚度增大。另外，从频率的变化中可以看出，随着盐浓度的增大，多层膜的指数组装特征越来越明显，且耗散因子变化增大，其振幅随着层数的增加而增大，这都表明层与层间链的渗透随层数的增加而增加。换句话说，在该浓度范围内，正是由于链的渗透随着层数增加而增大，才导致了多层膜的增长呈指数形式。而当盐浓度较低时，耗散因子变化值对盐浓度没有明显的依赖性，说明层与层之间链很难渗透。表明在该盐浓度范围内，PSS/PDDA 的组装不是由层与层间的链渗透控制的。此外，QCM 还广泛用于金基底表面自组装薄膜的吸附动力学、吸附热力学等的研究。

如刘鸣华等人[50]利用 QCM 方法验证不同手性的超分子纳米纤维对蛋白吸附的不同影响。在实验过程中，他们将清洗干净的 QCM 谐振器浸入到不同构型的谷氨酸两亲分子 D(L)PLG 形成的凝胶中 2h，以保证在谐振器的金基板上形成很薄的一层纳米结构。然后取出，用去离子水进行充分清洗，在红外灯下干燥，再放入人血清蛋白（HSA）的水溶液（0.5mg/mL）中。将 QCM 谐振器每 10min 取出一次并用去离子水清洗没有吸附到凝胶剂形成的纳米结构上的 HSA 分子，干燥，收集数据。重复这样的过程 6 次并记录数据。作为对比实验，他们将 QCM 谐振器浸入到 D(L)PLG 的乙醇溶液中（1.5mg 溶解在 2.0mL 乙醇中，呈溶液状态，不能形成凝胶），用上述同样的方法收集数据，以比较纳米结构和分子对蛋白的吸附能力是否有所不同。QCM 实验中频率变化的时间依赖曲线如图 2-44 所示。由图 2-44（a）可以看出，当 D(L)PLG 凝胶因子形成纳米结构后，不同手性的纳米结构对蛋白吸附的能力有明显的差别。对 LPLG 纳米结构而言，当吸附蛋白时间 20min 以后，吸附曲线几乎出现一个平台，而 DPLG 的吸附曲线却保持上升的趋势。所以 DPLG 纳米纤维结构对 HSA 有着较强的吸附能力，超分子手性的不同会大大影响蛋白吸附的动力学行为。相比于超分子结构（凝胶状态），作者在溶液状态（分子状态）下也做了相同的实验。由图 2-44（b）可以看出，对于不同手性的溶液体系，在吸附蛋白能力方面并没有太大的不同。这也充分证明了只有当手性凝胶因子形成超分子结构后，才能够体现出其本身固有的生物学效应的不同。

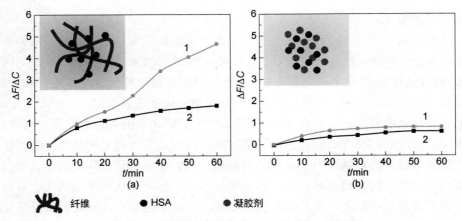

图 2-44 QCM 实验中频率变化的时间依赖曲线

（a）HSA 分子在不同手性的纳米结构上的吸附曲线；（b）HSA 分子与凝胶因子作用的吸附曲线

1—DPLG；2—LPLG

插图分别表示 HAS 与超分子纳米结构（a）和凝胶因子分子（b）的吸附模型

除了在界面化学方面的应用外，QCM 还应用于气体成分测定，首先是将吸附剂修饰到 QCM 表面上，然后根据吸附剂将待测组分捕获到表面上，通过检测质量变化，确定气体成分。根据在 QCM 表面修饰不同吸附剂的原理，QCM 还应用于生物医学方面和生物检测器等方面。例如利用抗体对抗原的特异性识别和结合功能而制成的免疫传感器，基本原理就是将抗体或抗原固定在石英晶体表面，利用抗原和抗体的特异性亲和反应，当抗体和抗原相互作用而产生特异吸附时，会导致晶体表面吸附质量的增加，从而可以通过 QCM 检测出来。将一条 DNA 单链固定在晶体电极表面，当待测样品中含有另一条与之相匹配的单链时，两者就会结合到一起，从而引起晶体表面质量负载的变化而被检测出来，就是近年来发展起来的基因传感器。

QCM 具有原理简单、操作方便、灵敏度高等特点，这些特点使其成为界面研究中一种强有力的研究手段，在定量表征吸附动力学、化学反应动力学方面，具有其他表征手段不可替代的优点。但是，QCM 也存在不足，需要同其他分析技术相互结合、取长补短。

2.11 接触角

在一个水平放置的光滑固体表面上，滴一滴液体。若液体不能铺展，将形成一个平衡液滴，平衡形状取决于固体表面能、液体表面能以及固/液界面能间的平衡关系。固/液界面水平线与气/液界面切线形成的相对夹角，称为接触角 θ（图 2-45）。

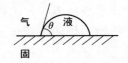

θ 与三个界面张力之间的关系称为 Young 方程（杨

图 2-45　接触角示意图

氏方法）：

$$\gamma_{sg} - \gamma_{sl} = \gamma_{lg}\cos\theta \qquad (2-23)$$

其中，γ_{sg}，γ_{sl}，γ_{lg} 分别表示固/气、固/液和气/液界面张力。

　　接触角是表征界面润湿性的重要数据，实际使用中，常将 $\theta = 90°$ 定为润湿是否的标准，$\theta > 90°$ 为表面不能被液体所润湿，$\theta < 90°$ 为表面能被液体所润湿，平衡接触角等于 0° 或不存在则为铺展。接触角是客观存在的，可采用多种方法进行测量，大致可分为三类：量角法、测高法和测重法。下面分别予以介绍。

　　（1）角度测量法

　　最直观的方法就是根据定义测量接触角 θ，直接观测固体表面上的平衡液滴或附着于固体表面上的气泡的外形；观测者从三相交界点处，人为地作气/液界面切线，精确度较差。

　　（2）液滴最大高度法

　　液滴最大高度法是将液体滴在固体表面上形成液滴，不断增加液滴量，当液体高度达一最大值时，继续增加液量，由于重力与张力的平衡，液高不再增加，而只会扩大固/液界面面积，在均匀的固体表面上，将形成固定高度的圆形"液饼"（图 2-46）。该法具有较高的测量精度，接触角 θ 通过下式计算：

$$\cos\theta = 1 - \frac{\rho g h_m^2}{2\gamma_{gl}} \qquad (2-24)$$

式中，h_m 为液滴最大高度；g 为重力加速度；ρ 为液体密度；γ_{gl} 为液体的表面张力。

　　（3）Wilhemly（板）法或吊片法

　　用吊片法测表面张力的装置，在接触角不为零时，作用于吊片上的力 f 为

$$f = \gamma_{gl}\cos\theta P \qquad (2-25)$$

其中，P 为吊片的周长。已知液体的表面张力和吊片周长，就能求出接触角。随着电子天平的出现使精度大大提高，已从早期的 ±1° 提高到 ±0.1°。

　　（4）垂片法

　　将待测薄板竖直插入到液体中，由于毛细作用，液体会沿着薄板上升，如图 2-47 所示。液体沿薄片上升的高度 h 与接触角 θ 之间的关系如下：

$$\sin\theta = 1 - \frac{\rho g h^2}{2\gamma_{gl}} \qquad (2-26)$$

　　（5）粉体接触角的测量

　　前面介绍的方法一般都只适合平的固体表面，而实际中也会遇到许多有关粉末的润湿问题，常需要测定液体对固体粉末的接触角。透过测量法可以满足这样的要求，它的基本原理是：将粉体压成多孔粉末柱体，颗粒间隙视为平均等效半

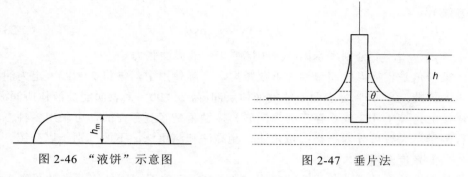

图 2-46 "液饼"示意图　　　　　图 2-47 垂片法

径为 r 的一束毛细管柱，然后将其底端与液体刚刚接触，如图 2-48 所示，由于毛细作用取决于液体的表面张力和对固体的润湿角，在时间 t 内渗入的高度 h 可用如下方程描述：

$$h = \frac{-2\gamma\cos\theta}{\rho g r} \tag{2-27}$$

式中，γ、ρ 分别为液体的表面张力和密度；g 为重力加速度；θ 为接触角；r 为粉末柱的等效毛细管半径。由于 r 值无法直接测定，通常采用标准校正的办法来解决，即用一已知表面张力和密度，且对所研究粉末接触角 $\theta = 0°$ 的液体，先测定其透过高度 h_0，应用公式（2-27）计算出粉末柱的等效毛细管半径 r；再测定某液体通过相同粉末柱的透过高度，以所得到的 r 值来计算该液体在粉体上的接触角 θ。

（6）动态接触角

接触角是衡量表面润湿性的标准之一。但是判断一个表面的润湿效果时，还应该考虑它的动态过程，一般用前进接触角和后退接触角来衡量。

前进接触角（简称前进角）指液体在"干"的固体表面前进时测量的接触角，以 θ_a 表示，后退接触角（简称后退角）指在"湿"的表面后退时测量的接触角，以 θ_r 表示。如图 2-49 所示，通常总是前进角大于后退角，如用斜板法测量接触角时，

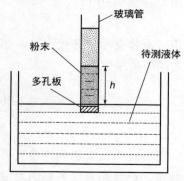

图 2-48 透过法测量粉体
接触角的示意图

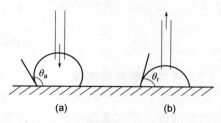

图 2-49 前进接触角（a）和后退
接触角（b）示意图

将板插入液体时的角度（前进角），将大于将板抽出时的角度（后退角）。例如金属-水-空气的前进角是 95°，而后退角只有 37°。前进角与后退角不等的现象被称为接触角滞后。也有科学家将前进角和后退角之差定义为滚动角。引起接触角滞后的原因有很多，如固体表面均匀度、粗糙度、含水量、吸附杂质等都可能导致接触角滞后。

其中固体表面的不均匀性是引起接触角滞后的主要原因，这是因为前进角反映了液体与固体表面上亲和力较弱的那部分的润湿性质，后退角则反映了液体与亲和性较强的那部分表面的润湿性质。在实际工作中，研究工作者也用此参数来表征固体表面的粗糙性和均匀性。

综上所述，接触角与固、液、气三相物质的性质密切相关，是材料表面分析中最灵敏的参数之一，其有效探测深度约为 3～20nm，通过接触角的测量，可以获得材料表面固/液、固/气界面相互作用的许多信息。

如王京霞和江雷等人[51]介绍了各种光子晶体多层次结构的表面润湿性，用接触角可以很清晰地表征出表面的亲疏水性，如图 2-50 所示。

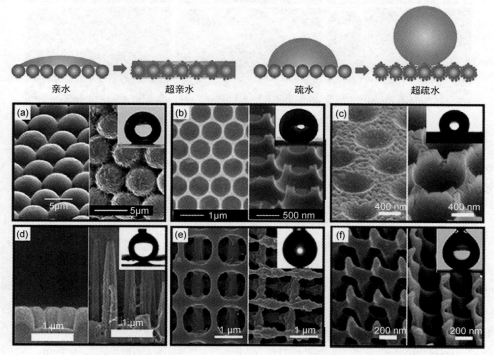

图 2-50　分级结构放大光子晶体（photo crystals，PCs）的 SEM 图像和润湿性

（a）PCs 微球阵列（左，水接触角为 129°）和碳纳米管修饰的光子晶体微球阵列（右，水接触角为 168°）；（b）二氧化硅反蛋白石阵列（左边，水接触角为 154°）和三角棱柱形柱阵列（右，水接触角为 165°）；（c）ZnO 微米碗阵列（提高微米碗状结构的深度可增加水的接触角）；（d）PET 纳米锥阵列（长径比从 1 增加到 6 导致接触角从 140° 增加到 171.8°）；（e）周期性多孔微结构［增加孔结构的纳米粗糙度使水的接触角从 123.8°（左）上升到 161.4°（右）］；（f）周期木桩结构（调节棒尺寸从 100nm 到 30nm 导致水接触角从 145° 到 170°）

在通过具有形状记忆功能的聚合物纳米粒子创建的微/纳米结构阵列表现出具有形状记忆能力的表面性质改变,这一过程可以用接触角的变化检测,如图 2-51 所示[52]。图 2-51(a)清楚地显示了原始的微米柱状阵列,每个柱状粒子表面粗糙,呈现平均宽度约 520nm 的纳米颗粒,在这种分层的微米/纳米结构表面上,水接触角(CA)为 151°,表明表面具有超疏水性,在一定的外部加热和加压后,柱状结构会倒塌变形,导致表面润湿性改变,水接触角减少到大约 110°[图 2-51(e)中的插图]。在 120℃进一步加热约 45s 后,表面微/纳米结构[图 2-51(c),(f)]和表面超疏水性恢复。

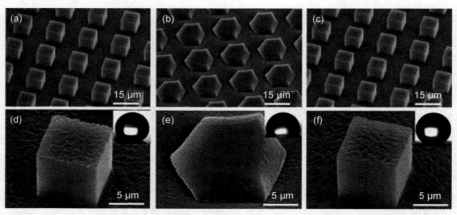

图 2-51 (a)柱状阵列的表面结构;(b)坍塌的柱状阵列;(c)柱状结构阵列恢复;(d)~(f)SEM 放大图和相应的水接触角测量结果

2.12 表面力仪

表面力是指两个表面间存在某种媒质时相互间的作用力,包括范德华吸引力、静电双层斥力、黏附力、水合力以及由空间位阻、毛细现象等诱发的作用力等,与物体间的黏附性、润湿状况,液体在表面的铺展、表面覆盖、摩擦、润滑,复合材料中各相的分布,粉体的流动性等现象有关。表面力仪(surface force apparatus,SFA)是一种直接测定两个微小表面间分子间相互作用力和它们之间距离的关系的精密仪器。表面力仪最先是由 Tabor 和 Winterton 设计,后经 Israelachvili[53]完善的。表面力仪精度很高,空间距离分辨率为 0.1nm,力的检测灵敏度高达 10^{-8}N。经过多年的不断发展和完善,表面力仪已经成为继扫描隧道显微镜(STM)和原子力显微镜(AFM)之后,表界面化学领域重要的研究工具之一,适用于胶体及界面科学、微观力学、纳米摩擦学等研究的领域。

2.12.1　基本原理

图 2-52 是 SFA 结构简图。将解离的两片云母片（厚度约 2μm）背面镀有反射率为 98%～99% 的银膜，分别粘贴在 2 个透光性能较好的玻璃柱面上。样品准备好后，将其固定在表面力仪内，其中下面的云母基片与精密的测力弹簧片相连，可分别通过调整杆和压电晶体调控两样品表面间的距离，直至 0.1nm。样品室内既可以是真空、空气，也可以是各种液体介质。当两个表面靠近时，会有作用力出现，引起与下表面相连的测力弹簧片的形变，形变的程度反映了作用力的大小。在实验过程中，一束白光垂直穿过样品表面，在两层银膜间发生多次反射并发生光的干涉，从接触区透射出来的光线波长不再连续，透射光经显微镜物镜聚焦成平行光线后，由全反射三棱镜反射进入狭缝，再通过单色仪的分光器件得到离散的条状光谱，称为等色序条纹（fringes of equal chromatic order，简称 FECO）。等色序条纹经 CCD 系统采集后输入计算机，经过采集软件测量出干涉光的波长、光强等一系列参数，得两个表面间距离的信息。压电晶体所引起的样品位置变化与实际变化间的差别可用弹簧形变度量，再结合弹簧的弹性系数就可得到两表面间分子作用力的大小。如果将薄膜，如单分子膜转移到云母基片上，就可以精确测量单分子膜间的作用力。

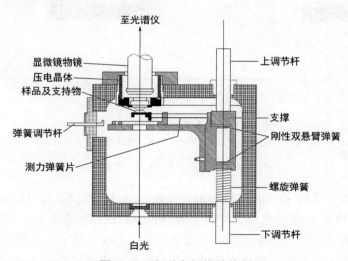

图 2-52　表面力仪的结构图

2.12.2　表面力仪应用举例

表面力仪（SFA）可用于直接测量表面（无机物，金属，氧化物，聚合物，玻璃，生物分子界面等）之间的静态力和动态力，能准确测量薄膜的厚度（分辨率小于 0.1nm）、形貌及其力学特性。例如，SFA 可用于研究水分子在云母表面的吸附规律以及形成水膜后的性质，包括水膜的厚度、形貌和力学性能等[54]。

在实验中，首先在表面力仪腔体里注入干燥的氮气，使体系的湿度降至 RH < 5%，然后通过机械控制使两个表面相互靠近，在逐步减小距离的过程中，两个云母表面之间的范德华引力逐渐增加，当两个表面间距减小至 15nm 左右时，范德华作用力将突破"势垒"导致两个突然发生黏附接触（这个点在一般的 SFA 实验中被称之为"jump in"），此时的接触位置记录标记为"零点"。如图 2-53（b）所示。此时分开两个表面，调节 SFA 腔体内的湿度，放置一定时间以使水分子缓慢吸附在云母表面形成水膜。最后，使两云母表面再次发生接触，此时的接触位置将发生变化，该位置与"零点"差值，即为水吸附层的厚度。在不同湿度条件下，云母表面吸附的水膜的厚度不同，例如当相对湿度（RH）在 40%时，用 SFA测量得到的水膜厚度约为 9Å。随着相对湿度的增加，水膜的厚度基本呈线性增加。当相对湿度为 80%时，水膜厚度达到了 18Å。

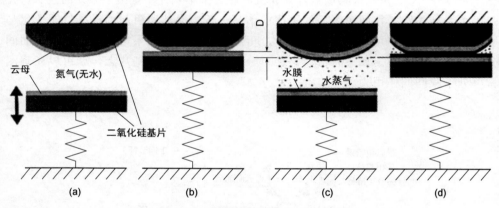

图 2-53　水膜厚度测量原理示意图

（a）将云母置于干燥的氮气环境下；（b）在干燥情况下，使两个表面发生接触，并记录接触位置；
（c）将两个表面分开并通入一定湿度的水蒸气，放置一段时间，使水分子在云母表面发生吸附；
（d）再次控制两个表面使之发生接触，并记录接触位置

日本东北大学的 Kurihara 教授利用低温 SFA 仪器测量了(-11.5±0.5)℃时二氧化硅表面和冰表面的作用力[55]。观察到指数衰减的排斥力，其排斥长度为(11.2±1.0)nm，并据此推断出冰的表面电势为-35mV。他们还继续利用这个装置研究非离子表面活性剂的极性头基的水合及与其他表面的黏附和摩擦等。

以上列举了很多种界面表征方法，包括谱学方法、显微镜技术及其他特有的表面分析技术，这些方法各有其使用范围和优缺点，而且还在不断地发展完善。在实际操作中应该根据具体情况，选择合适的测量方法，并与其他的表面分析技术相结合，综合分析才能更深刻地理解物质的表面性能。

参 考 文 献

[1] (a) Binnig, G.; Rohrer, H.; Gerber, Ch.; et al. *Appl. Phys. Lett.*, **1982**, *40*, 178; (b) Binnig , G. ; Rohrer, H. *Helv. Phys. Acta*, **1982**, *55*, 726.

[2] Zhang, H.; Gong, Z.; Sun, K.; et al. *J. Am. Chem. Soc.*, **2016**, *138*, 11743.

[3] Zhou, H.; Liu, J.; Du, S.; et al. *J. Am. Chem. Soc.*, **2014**, *136*, 5567.

[4] Weigelt, S.; Busse, C.; Bombis, C.; et al. *Angew. Chem., Int. Ed. Engl.*, **2008**, *47*, 4406.

[5] Adisoejoso, J.; Tahara, K.; Okuhata, S.; et al. *Angew. Chem., Int. Ed. Engl.*, **2009**, *48*, 7353.

[6] Guo, Z.; De Cat, I.; Van Averbeke, B.; et al. *J. Am. Chem. Soc.*, **2013**, *135*, 9811.

[7] Xu, L.; Miao, X.; Cui, L.; et al. *J. Phys. Chem. C*, **2015**, *119*, 17920.

[8] Song, W.; Martsinovich, N.; Heckl, W. M.; et al. *Phys. Chem. Chem. Phys.*, **2014**, *16*, 13239.

[9] Eigler, D. M.; Schweizer, E. K. *Nature*, **1990**, *344*, 524.

[10] Crommie, M. F.; Lutz, C. P.; Eigler, D. M. *Science*, **1993**, *262*, 218.

[11] Yamachika, R.; Grobis, M.; Wachowiak, A.; et al. *Science*, **2004**, *304*, 281.

[12] Kaya, D.; Bao, D.; Palmer, R. E.; et al. *Nano Lett.*, **2017**, *17*, 6171.

[13] Li, Q.; Yang, B.; Bjork, J.; et al. *J. Am. Chem. Soc.*, **2018**, *140*, 6076.

[14] Guan, C. Z.; Wang, D.; Wan, L. J. *Chem. Commun.*, **2012**, *48*, 2943.

[15] Xu, L.; Zhou, X.; Yu, Y.; et al. *ACS Nano*, **2013**, *7*, 8066.

[16] Wang, X. Y.; Dienel, T.; Di Giovannantonio, M.; et al. *J. Am. Chem. Soc.*, **2017**, *139*, 4671.

[17] Binnig, G.; Quate, C. F.; Gerber, Ch. *Phys. Rev. Lett.*, **1986**, *56*, 930.

[18] Ducker, W. A.; Senden, T. J.; Pashley, R. M. *Nature*, **1991**, *353*, 239.

[19] 阮科, 赵振国, 马季铭. 化学通报, **2001**, *11*, 701.

[20] Xie, F.; Zhuo, C. C.; Hu C. J. *Langmuir*, **2017**, *33*, 3694.

[21] (a) Saha, A.; Adamcik, J.; Bolisetty, S.; et al. *Angew. Chem., Int. Ed.*, **2015**, *54*, 5408; (b) Piner, R. D.; Zhu, J.; Xu, F.; et al. *Science*, **1999**, *283*, 661.

[22] Meng, Y.; Jiang, J.; Liu, M.H. *Nanoscale*, **2017**, *9*, 7199.

[23] Yagai, S.; Kubota, S.; Saito, H.; et al. *J. Am. Chem. Soc.*, **2009**, *131*, 5408.

[24] Jiang, Q.; Liu, Q.; Shi, Y.; et al. *Nano Lett.*, **2017**, *17*, 7125.

[25] Manne, S.; Gaub, H. E. *Science*, **1995**, *270*, 1480.

[26] Piner, R. D.; Zhu, J.; Xu, F.; et al. *Science*, **1999**, *283*, 661.

[27] Basnet, P. B.; Mandal, P.; Malcolm, D. W.; et al. *Soft Matter*, **2013**, 9, 1437.

[28] He, Q.; Zhai, X. H.; Li, J.B. *J. Phys. Chem. B*, **2004**, *108*, 473.

[29] 左冬梅, 沈淑坤, 胡道道. 影像科学与光化学, **2008**, *26*, 365.

[30] Petrone, L.; Kumar, A.; Sutanto, C. N.; et al. *Nat. Commun.*, **2015**, *6*, 8737.

[31] 黎振华. 基于自组装膜和金纳米颗粒增强的表面等离子体共振传感器(硕士论文). 长沙: 湖南大学, **2007**.

[32] Rasing, Th.; Shen, Y. R.; Kim, M. W.; et al. *Phys. Rev. A*, **1985**, *31*, 537.

[33] Rasing, Th.; Shen, Y. R.; Kim, M. W.; et al. *Phys. Rev. Lett.*, **1985**, *55*, 2903.

[34] Rao, Y.; Tao, Y. S.; Wang, H.F. *J. Chem. Phys.*, **2003**, *119*, 5226.

[35] Guyot-Sionnest, P.; Hunt, J. H.; Shen, Y. R. *Phys. Rev. Lett.*, **1987**, *59*, 1597.

[36] Bell, G. R.; Bain, C. D.; Ward, R. N. *J. Chem. Soc., Faraday. Trans.*, **1996**, *92*, 515.

[37] Byers, J. D.; Yee, H. I.; Petrallimallow, T.; et al. *Phys. Rev. B*, **1994**. *49*, 14643.

[38] Kauranen, M.; Verbiest, T.; Meijer, E. W.; et al. *Adv. Mater.*, **1995**, *7*, 641.

[39] Byers, J. D.; Yee, H. I.; Hicks. J. M. *J. Chem. Phys.*, **1994**, *101*, 6233.

[40] Maki, J. J.; Kauranen, M.; Persoons, A. *Phys. Rev. B*, **1995**, 51, 1425.

[41] Xu, Y. Y.; Rao, Y.; Zheng, D. S.; et al. *J. Chem. Phys. C*, **2009**, *113*, 4088.

[42] Huttunen, M. J.; Virkki, M.; Erkintalo, M.; et al. *J. Phys. Chem. Lett.*, **2010**, *1*, 1826.

[43] Petrallimallow, T.; Wong, T. M.; Byers, J. D.; et al. *J. Phys. Chem.*, **1993**, *97*, 1383.

[44] Lin, L.; Liu, A.A.; Guo, Y. *J. Phys. Chem. C*, **2012**, *116*, 14863.

[45] Crudden, C. M.; Horton, J. H.; Ebralidze, I. I.; et al. *Nat. Chem.*, **2014**, *6*, 409.

[46] 何振江, 杨冠玲, 黄佐华, 等. 机电工程技术, **2002**, *31*, 49.

[47] 雷群芳. 高等学校化学学报, **2001**, 204.

[48] Sauerbreys, G. Z. Phys., **1959**, *155*, 206.

[49] 刘光明, 张广照. 高分子通报, **2008**，*8*, 174.

[50] Lv, K.; Zhang, L.; Lu, W.S.; et al. *ACS Appl. Mater. Interf.*, **2014**, *6*, 18878.

[51] Kuang, M.X.; Wang, J. X.; Jiang, L. *Chem. Soc. Rev.*, **2016**, *45*, 6833.

[52] Lv, T.; Cheng, Z. J.; Zhang, D. J.; et al. *ACS Nano*, **2016**, *10*, 9379.

[53] Israelachvili, J. N. *Intermolecular and Surface Forces. Revised 3rd Edition.* Cambridge: Academic Press, **2011**.

[54] 赵古田. 固液界面双电层结构的理论与实验研究(博士学位论文). 南京: 东南大学, **2014**.

[55] Lecadre, F.; Kasuya, M.; Harano, A.; Kanno, Y.; Kurihara, K. *Langmuir*, **2018**, 34, 11311.

第 3 章

气/液界面的分子组装——基于 Langmuir-Blodgett 技术的界面超分子组装

3.1 Langmuir–Blodgett 界面组装技术的简明概述

3.1.1 Langmuir–Blodgett 技术的本征特点

Langmuir-Blodgett（LB）界面组装技术，是美国通用电气公司的欧文·朗缪尔（Irving Langmuir）教授与其同事凯瑟琳·伯尔·布洛杰特（Katharine Burr Blodgett）博士在 20 世纪 20 年代发展的气/液界面超分子组装技术。尽管该技术的出现要早于超分子化学、纳米科学等相关概念与理论，但它与其他组装手段，比如表面活性剂辅助的组装、基于主客体化学以及分子识别过程的组装、模板组装、层层组装、基于各种结晶过程的体相组装、基于凝胶技术的组装、基于溶剂挥发过程的组装、基于各种气相沉积技术的组装等等，相互渗透与融合、相辅相成，共同构成了分子聚集体化学的重要组装部分，并为当代超分子化学、软物质材料科学、分子电子学以及纳米科学的发展做出了重要贡献。

从 LB 界面组装技术的产生到现在，经过近一个世纪的科学与技术积累，其科学与技术内涵已经得到了极大的丰富和拓展，作为一种重要的超分子组装手段，它依然活跃在分子聚集体化学、纳米科学、分子电子学、胶体与界面化学等重要前沿领域。这主要是由于该技术具有以下本征属性。

① 该技术具有广泛的普适性。尽管早期的研究者认为，LB 界面组装技术仅适用于具有明显两亲性的非水溶性组装基元，但随着它与其他科学领域的交叉与融合，其科学与技术内涵逐步得到了深刻挖掘，并且其所涉及研究领域亦逐步得到拓展。最近，研究者发现，非典型性两亲分子、聚合物高分子、水溶性组装基元、各种无机或有机纳米结构等，均可以通过适当的界面组装过程得到有效组织。这种广泛的普适性一方面拓宽了 LB 界面组装手段的科学与实践领域，另一方面

也夯实和丰富了其科学与技术内涵，奠定了其在许多前沿领域中的应用基础。与20世纪八九十年代相比，尽管目前专门从事 LB 界面组装的研究单元的数量有所减少，但该技术作为一种重要的组装手段仍在被广泛使用。目前，在从事胶体与界面化学、超分子化学、纳米科学等相关课题的研究组中，该技术依然是一个重要的研究平台。这说明该技术具有广泛的兴趣基础，同时亦表明一旦研究者在该技术上有突破性的进展或创新，它随即便有可能融入到其他相关学科领域中，并将重新唤起 LB 界面组装相关研究的新高潮。

② 其本征物理参数的易调节性。这里，所谓本征物理参数，是指表面压力、亚相的温度、亚相的 pH 值、亚相的种类（比如纯水、某种溶液、水银等）、拉膜速度或方式、基片的种类和特性等 LB 技术本身所具备的必要调控参数。一般来说，通过适当的处理、计算机的控制、循环水的施加等简单措施，可以非常便捷地实现对这些参数精确、便捷的调控。一方面，这为实现界面组装体结构的调控提供了丰富的可调控实践空间。另一方面，也为研究者深刻理解物理外因对分子聚集体结构与性能的调控规律、分子间各种非共价键作用的协同性规律、界面超分子组装体结构的调控规律等重要科学命题，提供了诸多研究空间和思路。从一定程度上来说，对 LB 界面组装技术持续不断的发展和研究，是该技术自身发展规律的必然，同时也是研究者深刻洞察和诠释超分子组装过程中的各种重要科学命题的要求，二者相互渗透与融合，共同构成了 LB 界面组装领域的重要组成部分。

③ 二维界面上的组装过程具有本质上的简便性。与发生于三维体相中的各种组装过程相比较而言，发生于气/液二维受限界面上的组装具有简单性、明确性、受限性、易模拟性等重要本征属性。研究者可以通过简化组装过程中的各种参数与因素，很容易建立起比较接近于实际组装过程的合理模型，继而从理论层面来诠释组装过程中的规律与机制。这不但为人们深刻理解二维组装过程的技术与科学内涵提供了契机，同时，亦为从理论层面诠释超分子组装的基本规律（分子间各种非共价键作用的协同性规律、聚集体结构与性能的调控规律、组装体系中的物质输运、能量传递和化学转换等）提供了良好的理论平台。从一定意义上来看，LB 界面组装技术是人们认识复杂组装过程的最理想的优秀平台之一，对其深入探索和研究是一个具有重要理论意义的前沿命题。

④ LB 界面组装膜具有易表征性。各种先进分析手段的发展、原位表征手段的建立，从很大程度上促进了该技术的深入研究和发展。与其他学科一样，该技术发展的本身要求各种先进表征手段的建立，以便从深度上进一步挖掘其更多、更深刻的技术与科学内涵。另一方面，各种新技术、新手段的发展与进步亦从很大程度上促进了该技术本身的发展。目前，研究者可以利用各种形貌学表征手段，比如各种电子显微镜、原子力显微镜、荧光显微镜、布儒斯特角显微镜等，来对

LB 膜的形貌进行离位或原位表征,同时亦可以利用各种谱学手段,比如红外光谱、X 射线衍射、紫外光谱、非线光学技术、X 射线光电子能谱等对其分子聚集体中构筑基元排列的特征进行离位或原位表征。鉴于 LB 界面组装膜良好的易表征性,研究者可从各种角度和层面对其结构特征以及物理化学性质进行研究,这有助于对其结构进行全方位的了解和认识,为深刻诠释其组装体结构与物理化学性能的内在关联提供了丰富空间,亦为目标性、靶向性获得功能界面组装体提供了科学指导。

⑤ LB 界面组装体在纳米结构上具有一定的特殊性。从技术特点上来看,该技术主要通过选择合适的构筑基元,利用气/液二维界面上的超分子组装过程,在侧面压的作用下,通过层层堆积的办法,来实现分子的组装和组装体结构的调控。一般来说,所选择组装基元多在分子级,从而所获得界面组装膜的纵向尺寸可以在分子层次得到很好的精确调控,而其横向尺寸则可以通过基片尺寸的选择在宏观尺度上得到很好的控制。事实上,从一定程度上来看,尽管 LB 技术的出现要早于纳米科学的相关概念,但该技术之所以仍然对各领域科学工作者具有很大吸引力的重要原因之一,也正是得益于纳米科学的迅猛发展和积累。目前,研究者在利用 LB 界面组装技术这一优良的平台来研究纳米相关课题这一方面已经取得和积累了丰富的研究成果,并成为纳米科学重要的组成部分之一。最近,得益于纳米学科中新材料、新概念、新要求、新方向的出现,LB 界面组装技术已经为各种纳米器件的发展做出了重要贡献。

⑥ LB 界面组装技术亦具有良好的可重复性、便捷的可操作性、组装周期的简短性等重要特征。与其他体相组装手段相比,优良的可重复性是该技术重要的本征特性之一,研究者可以通过选择合适的构筑基元分子、调控界面组装过程中的各种参数,得到在结构以及性能上具有良好重复性的 LB 膜,这为实现基于界面组装体的各种实践应用奠定了良好的材料基础。此外,该技术在实践上还具有便捷的可操作性、组装周期的简短性等重要优点。研究者可以根据需要将界面组装体沉积于各种性质、各种形状、各种尺寸的固体载片上,并对其进行结构表征和性能研究。也正是由于其良好的可操作性,该技术无需苛刻的实验条件和复杂的实验设备,可在普通的实验室中得以实施,因而具有广泛的实践基础。

尽管上述要点总结了 LB 界面组装技术的各种本征特点,但可以看到,与其他技术手段一样,该技术的发展和创新并不是孤立的,而是与其他手段或学科的发展密不可分的。从文献上来看,该技术的发展一方面促进了相关学科的发展,丰富了相关学科的科学或技术内涵,构成了其重要组装部分。另一方面,其他学科或技术的发展与创新,也为该技术的创新发展提供了契机,进一步从广度和深度上夯实和发展了其科学与技术内涵。从一定程度上看,这些相辅相成,共同构成了气/液界面超分子组装的重要生长点、创新点和突破点。

3.1.2　本章拟讨论内容的简明要点

基于上述简明概述，本章将主要致力于以下内容：

① LB界面组装技术的理论基础。从文献资料上来看，目前相关文献中涉及LB技术理论方面的报道比较少见，其主要原因在于该技术所涉及二维界面组装过程的模型相对简单，在该技术发展初期，研究者已经对其发展了比较成熟和深入的认识。此外，笔者唐突地认为，另外一个可能的原因或许在于纯粹理论方面的研究，或许并不像其他较为直观的研究一样能获得更多的引用或者发表更高级别的论文，这也从一定程度上限制了研究者的积极性。然而应当看到，科学发展的规律要求人们不断从深度上挖掘和发展更符合实际的新理论，同时也需要在新理论的指导下进行实践活动。本节除了重点关注其基本理论基础外，还将综述为数不多的最近的一些新概念。事实上，随着超分子化学、软物质功能材料科学、纳米科学等前沿学科的发展，势必要求新的理论来支持和指导LB界面组装这一经典的组装方法。从一定程度上来看，对经典LB理论进行重新审视和深入研究，在经典中挖掘和实现理论上的创新，在理论创新的基础上成就经典，将是该领域的一个重要生长点。

② LB界面组装手段的技术与操作要点。由于计算机控制技术的发展和应用，作为一种简单的界面组装手段，LB技术已经被多数研究者认识和了解，但应当看到，组装过程中的各种参数与因素，比如固体基片的性质和种类、拉膜压力或方式的选择、拉膜速度等各个技术环节均可能对其界面组装过程的动力学过程产生重要影响，继而影响组装体的结构与性能。同时，也应当注意到正是由于这种影响为该技术的创新和突破提供了契机——揭示和诠释这种影响的规律与机制、并将之利用于组装体结构和性能的有效调控上，将使得研究者可以从深度和广度上进一步把握LB界面组装的基本科学规律和特征。鉴于此，笔者将对相关技术要点与环节进行详细描述和讨论，力图通过该节的讨论，使得研究者（尤其是刚刚涉猎该领域的初学者）不但能从实践层面把握住该手段的技术要领，更为重要的是能从中体会到科学与技术的创新发展是其可持续发展的源动力之一，同时这种创新的重点往往是全方位并且渗透到每一个环节和细节里面的。从一定意义上来看，组装体系的创新固然始终是该领域中重要的学科生长点之一，但技术细节上的创新和发展往往具有更大的影响和意义，因为它将在实践上促进研究者对以往经典的组装体系进行反思和修正，同时也将有助于发展更广泛、更多、更具代表性的新的组装体系。

③ 经典LB界面组装的研究内容。自LB技术产生以来，在较长一段时间内研究者认为只有典型的两亲性分子才能形成均一的有序分子膜，因而如何选择、设计与合成合适的组装基元分子往往构成了该领域的重要组成部分。在该阶段，

人们对 LB 膜的关注重点也往往多在面积-压力等温曲线、面积-表面能等温曲线、膜的层间有序性以及物理化学性质等方面的内容。尽管从目前来看，这些研究内容比较偏重于基础，但其所积累的研究成果与信息，为当代 LB 界面组装的研究奠定了坚实的实践基础，是 LB 膜相关领域不可或缺的重要组成部分之一。鉴于此，本节将重点对这些经典内容进行总结和提炼，读者可从我们所列举的研究范例中了解到 LB 相关课题中较为常规的研究思路、方法、手段等，这将有助于初学者把握住相关研究课题中的必要环节和要点。

④ 当代 LB 界面组装的研究积累与创新发展。从一定程度上来审视，LB 界面组装技术的可持续创新发展在很大程度上得益于超分子化学、纳米科学以及材料科学的创新发展，并构成了这些前沿领域的重要组成部分。事实上，尽管在这些概念提出之前，研究者对 LB 膜的纳米结构、超分子组装过程的机制也偶有关注，但这些新概念的发展，从很大程度上使得研究者有意识地将其融入到超分子、纳米科学、材料科学、生物科学等重要领域，并由此而产生了诸多重要的研究成果。从 LB 技术本身的角度上来看，其中部分创新性研究成果构成了该技术发展的重要里程碑。目前，基于 LB 技术的各种超分子纳米结构的构筑、功能纳米体系的研究是该领域较为前沿的内容之一。本节将对此方面的内容进行详细总结与综述，笔者力图通过系统化的分析与总结，帮助读者了解科学家是如何将这种经典的手段及其科学思想融入到当代前沿领域，并为之做出重要贡献的。从一定意义上来看，本节所描述内容不但将有助于读者全方位认识 LB 膜技术本身的发展趋势，也将有利于从界面组装这一重要侧面，了解超分子化学与纳米化学这些重要前沿领域的发展新动向。笔者认为，LB 技术与这些新兴学科的交叉与融合，是目前 LB 相关领域的重要生长点之一。

⑤ LB 技术的发展动向和新的生长点。随着信息技术与计算机技术的迅猛发展，各个学科的交叉、融合是当代基础科学的基本特征和发展方向之一。从前面的内容可以看到，尽管 LB 界面组装手段依然具有自身鲜明的本征特色，但其已经融合与渗透到了其他相关学科领域。这一方面丰富了该领域的科学内涵，拓展了其研究领域与内容，同时也构成了该领域发展的新动向，形成了其创新发展的新动力。笔者拟通过总结前几节的内容，凝炼当前 LB 相关领域的发展动向与新的生长点。

总之，笔者拟通过上述几部分内容的展开与讨论，以 LB 技术本身发展与积累为主要线索，以其在超分子结构与性能的调控规律、分子间各种非共价键相互作用的协同性规律等重要科学命题为导向，以其在当代超分子化学、纳米科学、材料科学中的贡献为主要内容，对这一经典组装手段自身体系的发生、发展、壮大、可持续发展进行讨论和综述。事实上，笔者的主要目的不仅仅在于使读者可以从各个角度对该技术有全方位的认识和了解，更重要的是我们力图通过这些分析与总结，使读者能够从 LB 技术发展的本身体会到科学可持续发展和创新的规律，并能从中产生自己的创新性思路和想法。

需要指出的，我们将以上述概要为主线展开讨论，并在相关章节引用与所涉及内容密切相关的文献。尽管是作为专著的一部分发表，但鉴于篇幅限制，不大可能引用所有相关文献，对未引用文献，还恳请读者理解为盼。

3.2 LB 界面组装技术的理论基础

3.2.1 LB 界面组装的基础理论

LB 界面组装技术，主要是利用一些具有表面活性的分子可以在水表面张力的作用下，在水面上铺展开来形成具有良好均一性的单分子膜的特性，通过侧向的压缩以及适当的拉膜过程，对所研究组装基元分子进行组装，并通过一些因素的调控来实现可控组装和组装体理化功能的调控。一些水分散性的表面活性剂，尽管也可以在表面吸附形成单分子层薄膜[1,2]，但是我们通常所知的往往都是不溶于水的单分子膜。本章将重点讨论这些不溶于水的单分子膜以及转移到固体载片上的 LB 技术，有关表面张力和表面自由能是重要的理论基础，这已经在本书第 1 章有所描述。

表面压、表面压-单分子面积等温曲线（π-A 曲线）是 LB 技术和研究中最常用的基本概念之一，测量成膜物质的 π-A 曲线是研究 LB 膜过程中最基本的重要环节。一般来说，获得一个成膜物质后，首先需要研究和获得的就是该数据，它能给研究者提供所研究分子界面组装过程中相变的基本信息。从前面的论述可以看到，液体与空气的表面存在表面张力（γ）这一重要物理参数。在实践中人们发现，将油滴加到水表面后油可以自发铺展到水表面形成一层油分子膜，这是水表面张力与油滴本身表面张力协同作用的结果。

下面通过一个简单的实验来初步了解 LB 组装过程中常提到的表面压：将一个漂浮物轻轻地放置到水面上（比如一个小羽毛或干草等，如图 3-1 所示），在没有其他外力干扰的情况下，该漂浮物可稳定地漂浮于水面保持静止，表明其两侧受到了大小相同、方向相反的平衡力的作用。在其旁边滴加一滴油滴，随着

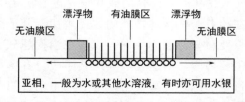

图 3-1　LB 界面组装过程中表面压力的产生

油膜的扩展，该漂浮物即可被油膜推向另外一边，这表明该漂浮物两侧受到了不对称推力的作用，其中油膜一侧的力要高于无油膜区的力。这里，单位长度上无油区与有油区的表面张力之差就是所谓的表面压（通常以 π 来表示）。作为一种物理矢量，其方向从有油膜区指向无油膜区。因而可以看到，表面压实际上是在亚相表面铺展上某种物质后，它对亚相表面张力的改变，是一个相对量，而非绝对量。

$$\pi = \gamma_0 - \gamma \qquad (3\text{-}1)$$

式中，π 为表面压；γ_0 为没有油膜时纯液体的表面张力；γ 为有油膜区的表面张力。

目前随着各种微天平技术以及计算机技术的发展，研究者可以非常便捷地测量和获得表面压这一重要参数。在商业化购买的 LB 膜仪中，通常的做法是使用 Wihelmy 吊片来测量表面压力。其基本原理是利用精密的膜天平，通过浸入亚相中的吊片来感应和测量亚相表面张力的 γ 变化，因而利用该方法得到的数据是 γ 变化值。在具体的实践工作中，为了得到重复性好、准确的表面压，需要严格控制吊片浸入水中的深度，吊片的宽度、重量、放置的方向，吊片的清洁等环节。一般来说，吊片通常垂直于压膜方向（与挡板移动的方向平行），浸入水中约 1/3 的深度。使用前应认真清洗并用火烤（当使用的是铂金吊片时）以便除去上面的有机物。若使用普通滤纸作为吊片，则应注意每次的尺寸应尽量保持一致，最好能一次性使用，并且在使用过程中经过认真校正，以确保其重复性和准确性。由于人们对硬脂酸的界面相行为有较为深刻的认识和了解，多数情况下通过其单分子膜的相行为来对仪器进行矫正。

此外，单分子面积亦是 LB 膜界面组装过程中的重要参数和环节，在没有原位表征手段时，研究者往往可以通过极限单分子面积，结合被组装分子的尺寸，来推测分子在亚相上所采取的堆积状态。为了得到该数据，我们需要知道铺展液的浓度（质量浓度或摩尔浓度，其中后者更为常用）、铺展量、LB 槽的总面积等基础参数，之后可通过以下简单公式来推演单分子面积：

$$A_{\mathrm{m}} = A_x / (c \times V \times N_{\mathrm{A}}) \qquad (3\text{-}2)$$

式中，A_{m} 为组装基元分子的单分子面积；A_x 为挡板被压缩到位置 x 时槽子有膜部分的面积；c 为铺展溶液的摩尔浓度；V 为所使用铺展液的体积；N_{A} 为阿伏伽德罗常数（6.02×10^{23}）。实践中，单分子面积的单位会因所使用浓度、体积以及面积等的量纲的不同而有所区别，一般使用的有 $Å^2$/分子或 nm^2/分子，其中 $100Å^2$/分子 $= 1\mathrm{nm}^2$/分子。目前大多使用后者。

从上述公式可以看到，为了获得准确的单分子面积，需要获得槽子面积的准确信息，目前商业化的 LB 仪可对此有精确的控制，在仪器状态维护良好的情况下无需操作计算仪器即可自动给出该数据。另一方面，需要操作者认真配制铺展溶液，以便获得其准确浓度 c，同时亦应严格控制和记录所铺展的体积 V，否则上述两数据的误差将直接导致所获得单分子面积的不准确性，为整个研究带来较大的体统误差甚至是错误。

一般来说，初学者往往误解认为单分子面积反映了一个分子的真实面积。比如，在压膜初期，所得到的单分子面积往往要远远大于其理论面积，而当膜崩溃时则又远远小于其理论面积。事实上，通过上述方法所"计算"出的单分子面积，仅仅是铺展分子在界面组装过程中被挤压到某个阶段时所占据的平均表观面积，并不是其真正的单分子面积。以压膜初期的气相区举例来说，在该区分子稀疏分布于亚相表面，其分子间距离较大，这时得到的单分子面积中包括了不被分子占据的空白区的面积。这有些类似于三维气体中的情况，一个气体分子真实的体积很小，但其在气体中所占据的平均体积则可能会很大。尽管如此，我们还是可以通过单分子面积在组装过程中的变化规律这一重要宏观数据来洞察分子在界面上的微观排列情况（详见下节的论述）。

在获得了表面压、单分子面积等数据后，研究者就可以得到表面压与单分子面积的函数了，这就是我们通常提到的表面压-单分子面积等温曲线（π-A 曲线），它是 LB 界面组装手段中最基本和最重要的本征数据之一，如图 3-2 所示。

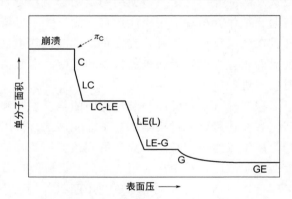

图 3-2　LB 界面组装过程中典型的 π-A 曲线

在理解和认识通过气/液二维界面上的组装过程所获得的 π-A 曲线之前，我们先简单回顾一下发生于三维空间的相变过程。在三维空间中，物质通常有气、液、固三种形态。其中人们对气体形态的研究较为深入和详细。对理想气体来说，其体积 V 与压力 p 可以通过式（3-3）所示气体方程函数（亦称克拉佩龙方程）得以描述：

$$pV = nRT \;\rightarrow\; pV_n = RT \tag{3-3}$$

式中，n 为气体的摩尔数；R 为气体常量；T 为热力学温度；V_n 为 1mol 分子所占的体积。事实上，根据上述对三维气体的描述可以被广义化到二维体系中气相的

状态方程 [式（3-4）]：

$$\pi A = kT \tag{3-4}$$

式中，π 为二维气相的表面压力；A 为单个分子或组装单元所占据的面积；k 为玻尔兹曼常量；T 为热力学温度。可以看到，在二维的气相状态下，当温度恒定时，表面压与单个分子所占据的平均面积成反比。

图 3-2 示意了 LB 二维界面组装过程中典型的 π-A 曲线，从该曲线中研究者可以洞察组装体系在二维空间上精细的相变过程和规律。可以看到，在侧向压缩过程中，随着挡板的移动和压缩，体系的表面压力表现出来了微乎其微的变化，似乎有可被无限压缩的迹象。对于本身不具有良好聚集性的组装基元分子来说，这时分子间的距离处于较大状态，分子间的作用力基本可以忽略，因而即便是其所占据的面积有一定程度的减小，也不会引起表面压力的明显变化，研究者将该阶段称为气态扩展膜（GE）。尽管在实践研究中该阶段的状态和内涵被研究的不是很多，但它作为单分子膜形成的重要标志，往往是制备 LB 界面组装体中的一个十分重要的环节。换言之，在多数情况下为了确保界面膜的初始状态为单分子膜，常常需要在 π-A 曲线中能观察到这一阶段的存在。另一方面，对于一些非典型性的两亲分子来说，由于其良好的自聚集倾向，其基元分子往往可以"不经历该阶段"而直接形成具有一定规则结构特征的聚集体，这时即便可以从 π-A 曲线中观察到该阶段的存在，事实上也不能完全确认我们得到了真正的单分子膜。因此，在具体的实践研究中，若能配合其他形貌学表征手段，比如原子力显微镜等，可以对此进行确认和分析。有时候甚至可以获得意想不到的创新性研究结果。

随着压缩挡板的继续压缩，体系的表面压力表现出来了微小的上升趋势，其曲线形状类似于三维理想气体体系中压力与体积的关系曲线，研究者将该阶段称为二维的气相状态（G）。这时，组装基元分子的间距较气相扩展相有所拉近，分子之间产生了显著的作用力，但仍然处于较为无序的杂乱分布状态。由于在该阶段组装基元分子仍然没有产生明显的聚集，大多数研究者对此阶段的关注相对较少。尽管如此，需要强调的是，该状态是分子膜过渡到良好聚集状态的必经阶段，因此在具体的实践工作中也常常被作为判断所研究分子是否具有良好的成膜性能的重要标志。从另外一个层面上来看，除了聚集过程外，组装体的解聚集过程亦是一个重要的研究课题，对该过程动力学特征的研究除了可以帮助研究者深刻理解分子组装过程的基本规律与机制外，还可能在解聚集的过程中发现一些新的现象和新的信息，因而笔者认为对该气相阶段的研究或许是 LB 界面组装领域的一个值得研究的新的增长点和契机。笔者的初步设想是：在一定的条件下对处于气相状态的分子膜进行表征，之后继续将其压缩到其他更高级的状态，并进一步通过挡板的扩张将分子膜"还原"至该阶段（注：对于一些体系来说这种还原可以看成是一个可逆过程，但对于多数体系来说该过程往往并不可逆，这或许是相关研究较少的缘故），并对通过此过程而形成的气态膜进行表征。通过对比原始气态膜与该气态膜的结构特征，来洞察分子聚集体在解组装过程中的规律与机制。上述仅为笔者个人的粗浅理解，感兴趣的读者可选择合适组装体系进行研究。

随着挡板的继续压缩，π-A 曲线进入了第二个平台期——二维气相（G）与液态扩展相（LE）的共存相（LE-G）。在该阶段，原先气相中间距较大的分子被进一步压缩，这减小了其间距。有些分子由于间距的减小和分子的运动发生了有效的碰撞而形成小聚集体，在这些聚集体中组装基元分子由于分子间各种非共价键作用的协同作用而局部形成稍微规则的结构，而有些分子则仍然处于单个分散的状态。从形象上来比喻，该相态可以被描述为一些分子形成的在分子排列上具有一定不规则性的聚集体所形成的"岛屿"，分布于单个分子所形成的"海洋"中。作为相转变过程中的一种过渡状态，其在 π-A 曲线中表现出了可被无限压缩的状态：表面压并不随着压缩的进行而呈现出明显的增加。事实上，在具体的实践研究工作中，多数分子即便是在气相扩展相时亦容易发生明显的聚集行为，因此我们在 π-A 曲线中观察到的首个平台期一般为气相与液相扩展相共存相，而非真正的气相扩展相。为了证实这一点，研究者可以通过在亚相上铺展浓度极稀、体积小于 100μL 的铺展液来进行确认（对于不同体系来说，浓度与体积需要根据具体情况而定）。这里，需要提醒的是，由于处于聚集状态的分子与单个分子往往在物理化学性质上表现出明显的区别，该阶段的分子膜有时可以表现出对某些分子或纳米结构的不同响应，这为研究者获得具有识别性能的功能分子膜提供了可能和研究空间。

如图 3-2 所示，随着挡板的进一步压缩，原先处于气相-液相扩展相共存区的平衡相态被打破，分子膜体系便进入了液态扩展相（LE），其表面压随着单分子面积的减少表现出了线性的减小趋势。由于分子间距的进一步减小，分子间的相互作用力足以使得原先处于气相单分散的分子初步聚集形成规则性不是很优的聚集体。在该阶段，上述单个分子所构成的"海洋"消失，继而出现的是更多的分子聚集体"岛屿"，各个分子岛之间仍然存在一定的空间，且以聚集体为单元可以自由流动和碰撞，并且可能在相互碰撞过程中形成更大聚集体或分子岛，因而非常容易形成成片的分子膜。在该膜中分子的排列依然不是很规则，分子单元具有一定的流动性，与三维空间的液体有些类似，因而将之称为液态相或液体膜（L）。可以看到，由于液态扩展相非常容易转变为液态相，因而有时候研究者将这两种状态直接称为液态相，或液态扩展相。尽管其中分子的排列仍然处于无序状态，但作为界面组装动力学过程中的重要环节，依然对诠释和认知二维界面上的超分子组装过程具有重要的意义。

随着压缩的深入进行，漂浮的分子膜进入了另外一个平衡状态——液态凝聚相液态扩展相（亦或液相）的共存相态（LC-LE）。在该相区，π-A 曲线呈现出了第三个平台区，同时亦表现出了可被无限压缩的趋向。随着压缩的进行，原先液态扩展相（亦或液态相）中的分子逐步开始进行有序化排列，并在有些畴区的局部范围形成了比固态分子聚集有序性略差的固态扩展相。这时，整个膜的流动性较差。由于分子之间的距离已经被压缩的很小，因而一般来说整个分子膜将随着压缩的进一步进行，很快进入纯粹的液态凝聚相（LC），同时液态相或液态扩展相亦很快消失。从 π-A 曲线上来看，其表现出了明显增大了的斜率，这表明分子的聚集状态在该阶段发生了迅速的变化。

在体系进入固态扩展相后，进一步压缩分子膜体系，挡板的微小移动将会引起表面压力的急剧上升，这表明分子膜的可压缩性显著降低，π-A 曲线上的斜率表现出了更为显著的增加。这些现象说明，分子膜进入了一个重要的阶段——固态膜（C）。在固态膜中，分子的排列紧密且有序，具有二维固体的特征。因为处于该阶段的有序分子膜往往能表现出来良好或者特殊的物理化学性质，从实践应用的角度上来看，该阶段的分子膜常常是研究的主要内容和目标。相对于处于其他相态的分子膜，人们研究的最多的也正是固态膜。

沿着固态凝聚区等温曲线斜率最大的部分画切线，其与 X 轴交点对应的单分子面积数就是通常所谓的单分子面积。这个面积反映了组装基元分子在固态凝聚有序分子膜中所占据的实际表观面积，将之与分子的理论面积进行对比，则可推测分子在界面上所采取的构象。比如研究发现，直链脂肪类表面活性剂在水/空气界面上的极限单分子面积大约为 $0.20nm^2$，这一数据与这类分子的横截面积十分接近，表明在该相区其脂肪链垂直于亚相表面指相空气。对于其他结构较为复杂的分子，亦有类似的推导方法。但需要注意的是，通过这种方法所推测的分子在亚相上的构象往往只能作为辅助性信息，具体的准确信息往往需要其他现代分析数据的进一步确认。

一般来说，从获得单分子有序薄膜的层面上考虑，将分子膜从完全无序的气态扩展相通过挡板的移动压缩到固态凝聚相，构成了整个二维界面组装的完整过程。通过探索各种因素对组装过程的贡献和影响，将为研究者提供关于界面超分子组装动力学过程的丰富信息，有助于我们巧妙地利用宏观组装的手段获得和控制分子在微观层次上组装规律和机制的信息。然而应当看到，若将固态凝聚膜进一步压缩，依然可以引起分子膜行为和状态的变化。通常来说，在分子膜进入固态相之后，表面压力急剧上升，当达到一定的程度后，表面压往往会出现忽然降低亦或维持不变的现象，反映在 π-A 曲线上就是出现一个突然的下行或平台（这时的表面压力被称为崩溃压，它除了与组装基元分子的本征属性有关外，还与组装的条件，比如体系的温度、亚相的特性等，有很大的关联）。其中，前者往往表明，固态分子膜发生了机械性崩溃，形成了无序堆积的片状组装体（若分子具有很好的自组装性能，在这些片状组装体内分子的排列依然具有很好的有序性）。后者的情况则要复杂得多，一般来说这个平台的出现亦表明分子膜发生了机械性崩溃，尽管不同的研究者对这种崩溃的机制有不同的认识和理解，但有研究者发现可以利用该崩溃过程获得一些规则的纳米阵列结构，或具有三维纳米结构特征的超分子组装体。

尽管从表观上来看，二维界面上的组装过程似乎应当比发生于三维空间的体相组装过程简单，但事实上由于其组装过程可以通过压缩的进行程度来得到很好的调控，因而使之更能够表现出多样性和灵活性。这一方面增加了其组装过程的可调控性，为研究组装过程的动力学机制提供了良好的实践平台和方法；另一方面，也增加了组装过程的复杂性，使得很小的因素往往可对组装体的结构和性能产生影响。同时应当指出，在具体的研究实践中，对于一定的体系，我们往往并不能从 *π-A* 曲线中观察到上述相变过程的每个细节，这主要是由于分子间作用力的复杂性、组装过程的复杂性所致。尽管如此，研究者依然可根据该等温曲线中所获得的信息，窥探组装基元分子在气/液体二维界面上组装过程中的丰富信息。

3.2.2 LB 界面组装的实践

在完成了 *π-A* 曲线的研究后，研究者往往可以根据课题的研究目标对其进行界面上的原位研究和分析，甚至是功能化，这是 LB 界面组装中的重要研究方向之一。关于该方面的研究，一般情况下需要各种原位分析手段，比如原位红外反射吸收光谱技术（IRRAS）、布儒斯特角显微镜（BAM）等。它构成了 LB 界面组装领域的重要研究内容，可以直接给出界面组装过程中的各种信息。但鉴于原位界面组装的特殊性，各种原位表征技术的不普遍性，因而该方向上的研究相对较少，我们将会在后面的章节里加以简单论述。本节将重点关注利用各种离位技术对 LB 界面组装体进行研究。

尽管沉积到一定固体载片上的界面组装体不能完全反映其在界面上的结构与状态，但研究发现，将漂浮于界面上的组装体通过一定的转移技术沉积到固体载片上后，多数情况下其结构能维持原先的状态，所获得的有序组装体亦能表现出许多有意思的光、电、传感等方面的理化性能。同时，由于各种离位表征技术的发展，使得研究者可以非常便捷地对其结构进行表征，进而探索组装体结构与性能的关联。因而，这方面的研究构成了 LB 界面组装领域的重要组装部分，在目前的文献中大约 90%以上的研究都集中于此。为了使初学者能够把握住其制备方法，本节将详细描述其过程中各个环节的具体细节，主要包括：①组装基元分子的合成与选择；②铺展溶剂的选择；③铺展液的配制与铺展量；④LB 槽和 Wihelmy 吊片的清洗；⑤注射器的使用；⑥亚相温度的控制；⑦亚相的高度；⑧铺展溶剂的挥发和压膜速度；⑨拉膜压力的选择；⑩各种固体载片的选择；⑪固体载片的处理；⑫拉膜速度的确定；⑬亚相的选择和温度的确定；⑭界面组装体的转移。

（1）组装基元分子的合成与选择

在 LB 组装领域的研究初期，研究者往往希望获得具有单分子厚度的在分子水平上均一的超分子薄膜，这个时期人们对纳米结构的概念还认知的不甚详尽，因而膜的均匀性、在分子水平上厚度的可控性成为了研究的主要目标之一。从上面章节的讨论可以看到，组装基元分子的两亲性是其能否形成良好单分子膜的基本前提之一，这主要是由于其亲水头基与疏水尾基的竞争，以及亲水头基间的静电排斥作用、疏水尾基间的疏水作用等的协同性，使之可以在亚相水表面形成良好的单分子分散的漂浮膜的缘故。因此，设计、合成或选择适当的组装基元分子，常常构成了相关研究的重要组成部分。一般来说，为了得到合适的组装分子，常常需要在其分子骨架上引入具有明显亲水性和疏水性的基团，这当然可以帮助我们获得具有良好界面组装行为的目标分子。然而需要注意的是，这些为了迎合界面组装而引入的基团往往可以对其分子的理化性能产生不利的影响，因而从一定程度上限制了 LB 界面组装技术的应用范围和广度。

一方面，在具体的实践过程中，为了避免因引入其他基团而对组装基元分子的性能产生影响，研究者提出了制备混合膜的思路。该思路的主要思想是将不具有良好成膜性的目标分子与其他具有良好成膜性的组分混合成膜，在该组分的辅助下目标分子可以"分散"到该组分的单分子膜中，形成具有良好均一性的单分子膜。若选择的其他组分亦具有良好的功能性，则这种混合膜的理化性能可以通过调控两种组分的比例得到很好的调制，因而不失为一个具有创新性的想法。同时应当看到，由于在选择另外组分上的复杂性和工作的冗长性（多数情况下，研究者不能从理论上预测将要发生的情况，因而往往需要很多尝试才能获得一些信息），多数情况下按照该思路所获得的界面组装体除了具有良好的单分子厚度和均匀性外，在性能上未必有很大的提高。

另一方面，各种分析技术的发展，比如原子力显微镜、电子显微镜等，使得研究者可以在微观层面直接观察到所制备 LB 膜的基本形貌特征。结果发现，即便是对具有良好两亲性的分子，多数情况下其 LB 膜的形貌也并非在大面积范围内具有良好的均匀性，而是表现出了具有一定起伏和不均匀性的纳米结构。这从一定程度上迎合了纳米学科的发展，因而研究者将关注的重点从均匀的 LB 膜转向了具有一定纳米结构的膜。这种转变亦很大程度表现在了组装基元分子的选择与合成上。目前，研究已经证实，一些不具有明显亲水头基和疏水尾基的非典型性两亲分子，可以通过 LB 界面组装技术形成具有特殊结构特征的超分子纳米结构组装体。此外，人们还将所研究目标单元从分子直接扩展到了纳米结构上，研究显示可以利用该界面组装技术的操作，实现一些无机纳米结构的规则化排列。从一定程度上来看，这极大地扩展了 LB 界面组装技术的研究领域和视野，同时也丰富了其科学与技术内涵，是目前该领域的重要研究方向之一。在后面的章节将会对此加以专门讨论。

（2）铺展溶剂的选择

为了使目标分子或单元能在亚相表面均匀地分散开来形成单分子膜，需要选择适当的溶剂将之溶解，同时也要求所选择溶剂具有一定的挥发性，且与所研究目标分子间不具有过强的分子间作用力。从这种意义上来看，对多数有机化合物具有良好溶解性的三氯甲烷、二氯甲烷是最常见的选择对象。其他常见的溶剂还有甲苯、己烷、环己烷等易挥发性有机溶剂。当所研究的目标分子在上述溶剂中并不具有良好的溶解性时，需要采用混合溶剂。比如，某些有机化合物在氯仿中的溶解性较差，但在 DMF、DMSO、THF 等常见有机溶剂中具有良好的溶解性，这时可考虑采用上述溶剂与某种易挥发溶剂的混合溶剂来溶解目标分子。为了得到重复性良好的结果，往往需要确定这两种溶剂的比例，其原则是在保证分子可单分散溶解的前提下，尽量减小难挥发性溶剂的使用量。另外，需要注意的是上述多数溶剂具有一定的毒性，因而需要操作者注意尽量避免吸入呼吸道或与皮肤接触。

（3）铺展液的配制与铺展量

与配制其他化学实验中的溶液一样，铺展溶液的配制一般是通过称量和溶解。但使用于 LB 界面组装中的铺展液也有其特殊性。首先，要求其浓度要保证目标分子呈良好的单分散性，有些时候即便是从表观上看得到了具有良好透明性和均一性的铺展溶液，但由于某些分子（比如一些具有较大共轭 π 体系的分子等）极易发生自聚集现象，因而需要使用谱学手段对溶液中分子的单分散状态进行确认。其次，在保证了分子的单分散性的前提下，还要求溶液的浓度不能过高或过低。过低浓度的铺展液将要求在铺膜时使用过多量的溶剂，这一方面不利于实际操作，另一方面亦会由于挥发性溶剂的毒性为实验操作带来不便。当然，过浓的铺展液则要求在很少的铺展量即可，但过少的铺展量将可能直接导致分子在亚相上分布的不均匀性，所得到分子膜的质量欠佳。笔者的实践积累显示，一般来说，在实际操作和实验中最佳的铺展量是 $300\sim600\mu L$。这个量级的铺展量既不会在铺展环节耽搁过多的时间，亦不会因为用量的过少而得到质地不均一的分子膜。从上面的分析可以看出，铺展液的配制与铺展量的确认也并非一个简单的过程。

在做 π-A 曲线时，初学者往往会遇到"该滴加多少铺展溶液"的问题。一般来说，一个从气相扩展相经过各个相态被压缩至固态凝聚相的等温曲线能反映被组装基元分子的完整界面组装行为。因此，铺展液的量可据此做出初步判断。通常的做法是：先根据分子的理论模型（常见的计算化学软件，比如 CPK、Chem3D 等均可非常便捷地完成该任务）估算分子在各个侧面的理论单分子面积，以计算得到最大理论侧面面积的两倍为标准，参考所配制铺展溶液的浓度、所使用 LB

槽的面积等，推导出所需要使用的铺展量。有时候计算出的铺展量过大（比如大于 1000μL），这时为了操作上的方便，可根据所计算的铺展量反推一个合适的铺展液浓度。当然，这样做的前提是确保在该浓度下所研究分子可在溶液中呈单分散状态，否则最好还是使用较大的铺展量。此外，有些情况下计算的理论铺展量过小（比如小于 100μL），为了保证铺展环节均匀分散单分子膜的形成，这时需要降低铺展溶液的浓度，该情况一般容易处理。

尽管如此，笔者在实践中发现，为了在较短的时间内获得一个有意义的 π-A 曲线，在计算获得一个铺展量之后，可按此尝试性铺展并做其等温曲线。往往会有三种情况发生：①计算的理论铺展量正好合适；②按计算铺展量铺展后得到的等温曲线中气相抑或气相扩展相阶段过短（占整个曲线的长度不足 1/3 或更短，或在压缩不久压力便开始上升等），这表明铺展的溶液或许过多了，这时可根据槽子的面积酌情减少铺展量；③按计算铺展量所获得的等温曲线中气相亦或气相扩展相阶段过长，或将挡板压缩至终点也不能观察到表面压力的上升，这表明铺展的溶液过少了。这种情况下，可以根据所获得的等温曲线中压力开始上升位置的单分子面积的两倍来反推真正需要的铺展量。

事实上，除了上述估算与实验相结合的方法来逐步修正和确定铺展液的量外，操作者亦可根据铺展过程中体系的即时表面力来断定铺展量。一般来说，体系的起始压力最好能小于 0.3mN/m。这要求操作者在滴加过程严密关注体系的即时表面压，发现其大于或接近 0.3mN/m 应停止滴加，并记录已经滴加的体积。但需要注意的是，该方法也有其弊端。比如，由于在气相区体系的压力与分子在界面上分布的稀疏程度没有必然关系，当压力第一次达到 0.3mN/m 时未必一定表明铺展量就足以保证可以获得一个完整的等温曲线了。同时，若继续滴加压力可能不会继续明显上升，但这未必就表明体系中分子的分布处于一个合适的范围。为了获得一个完整的等温曲线，常常需要多次调整和尝试。

总之，铺展溶液的配制和铺展量的确定是 LB 界面组装过程中必要的环节之一，其既简单又复杂，需要操作者有足够的耐心。其基本原则包括：目标分子在铺展溶液中的单分散性；铺展体系分子在初始阶段的单分散性；铺展量的合适性等。

（4）LB 槽和 Wihelmy 吊片的清洗

通过 LB 界面组装技术所获得单分子面积可以初步窥探组装基元分子在界面上的堆积方式和构型。对于一般的分子来说，其理论单分子面积大多处于数个 Å^2 或 nm^2 量级，相对于宏观的 LB 槽的面积，这是一个十分微观的量级。在具体的实践过程中微量杂质的引入将可能导致所获得数据的不准确性，因此操作过程中的所有环节均要尽量克服和避免杂质的引入。一般情况下 LB 槽应置放于无尘清洁的环境中，使用前先用去离子水认真冲洗，之后使用氯仿来擦洗。通常的做法是将少许氯仿滴加到干净的纸巾上，用之对槽子的各个部分尤其是边缘进行擦洗（包括挡板），等残留的氯仿挥发完全后用吹风机将上面的纸屑吹掉，之后将之固定到 LB 仪的支架上以备后用。为了能保持其清洁干净，在不使用的状态下通常需要使用去离子水将槽子灌满封存以确保其表面不会被灰尘或其他杂质污染。上面的擦洗过程之所以选择氯仿，主要是由于其对多数有机污染物具有良好的可溶解性，同时它还具有良好的可挥发性，但其毒性也为操作上带了不便。因此，有些操作者也常常使用其他毒性较小的挥发性溶剂来擦洗 LB 槽，常见的有丙酮、乙醇、己烷等。但这些溶剂往往具有一定的可燃性，在操作时亦需小心。

另外，用来测量表面压的 Wihelmy 吊片上残留的成膜物质亦可能对实验结果产生一定的影响，因此亦需对之进行认真清洗。当使用滤纸作为 Wihelmy 吊片时，由于往往是一次性使用，因而无需对其进行清洗，只要注意滤纸的洁净就可以了。对于目前常用的金属铂吊片来说则需要对之进行认真的清洗。一般先用乙醇、丙酮等将之浸泡，取出后在酒精灯上进行烘烤直至整个吊片被烧红为止。在不使用时，通常将之封存到乙醇或丙酮溶剂中，以保证其清洁干净。

（5）注射器的使用

为了获得准确的 π-A 曲线，对铺展溶液的体积要求也非常严格，因此需要使用高精度的注射器。在一般的实验室中，注射器往往是多次使用的，为了避免不同组装体系间带来的影响，使用前后需要对其进行认真的清洗。清洗之前最好能了解到上次组装过程中所使用良溶剂的种类，通过反复抽吸用该溶剂对之进行多次清洗，有时甚至需要将其压缩杆拔出用溶剂进行淋洗。之后，用将要研究组装体系的良溶剂进行同样的操作，以尽量去除溶剂不同而带来的影响。清洗干净后，将压缩杆拔出使得溶剂尽量挥发完全，以避免因残留微量溶剂而对铺展溶液浓度带来不利影响。需要注意的是在清洗过程中要尽量避免因压缩杆与注射器壁的摩擦而带来的损伤。有损伤的注射器一般不能再继续使用，主要是由于其度量体积的准确性下降。同时，需要指出的是，鉴于通常使用氯仿作为铺展溶剂，为了避免因氯仿可以溶解塑料注射器中某些小分子聚合物而带来的污染，建议尽量使用玻璃注射器来进行溶液的铺展。

（6）亚相温度的控制

从上面的讨论可以看到，温度对亚相水的表面张力有很大程度的影响，而 LB 二维界面组装技术正是利用亚相表面张力与铺展溶剂表面张力之间的差异将被研究分子均匀铺展于亚相表面，因此亚相的温度亦是组装过程中需要认真对待的重要参数。在目前商业化的 LB 仪槽子底部，通常有一个空心夹层，在其中通入循环水可控制亚相的温度。在一般的实验中，除了专门研究温度对组装行为的影响，通常将亚相的温度控制为 20℃。需要提醒初学者的是，循环水的流动速度不可过快，否则其流动将可能导致槽子本身的振动，从而会影响组装膜的质量。同时，要注意进/出水口的密封性，否则循环水的溢出可能会对亚相造成污染。

（7）亚相的高度

目前商业化的 LB 膜槽底部和边缘通常为疏水性的聚四氟乙烯，其底部与四周边缘成为一个整体，可以很好地防止亚相中液体的渗漏。为了保证挡板可以推动漂浮在亚相上的分子膜，常常要求亚相的高度略高于槽子的边缘，一般为 1～2mm 为宜（由于槽子边缘良好的疏水性，亚相中的水一般不会溢出）。亚相高度过低时，可能会因为挡板不能完全压缩住分子膜而导致单分子面积变小。亚相高度过高时，可能因为压缩过程中的微弱振动而导致亚相外溢，同样会使获得的单分子面积变小，并且 π-A 曲线的形状亦可能发生形变。

（8）铺展溶剂的挥发和压膜速度

一般来说，将一定体积的具有适当浓度的铺展液滴加到亚相上之后，等待 20min，待溶剂挥发完全后，则可以对漂浮分子膜进行压缩了。对于多数挥发性有机溶剂来说，300～600μL 的体积可以在很短时间内挥发完全，而有些难挥发性溶剂的挥发则比较慢（比如甲苯），这时可通过起始表面压力的稳定程度来判断其是否挥发完全，挥发时间可能会比 20min 要长一些。需要注意的是，由于在溶剂挥发过程中空气中的尘埃可能会被吸附到亚相表面，所以槽子保护箱的门最好封闭，以尽量减少由于灰尘的吸附而带来的实验误差。

从文献上来看，压缩速度对分子膜质地影响的研究不是很多。不过一般认为，压缩的速度不易过大，主要原因是速度过大可能导致压缩过程中亚相的外溢，另外也可能引起相变过程相对滞后而导致膜的均匀性不佳。此外，过慢的压缩速度也将使得压缩时间过长，不利于实际操作。对于一般的研究来说，采用的压缩速度在 2～30mm/min 范围，通常使用 5mm/min。

（9）拉膜压力的选择

从 π-A 曲线一节的讨论可以看到，LB 界面组装的本征特征之一就是可以通过表面压力的控制，对发生于二维界面上的相变行为进行系统化研究，这可为诠释物理外因对超分子组装过程的贡献和影响提供丰富的信息，这也正是 LB 界面组装技术的优势之一。因而，组装过程中表面压力的选择是一个十分关键的环节。从文献上来看，为了得到具有规则结构特征的有序分子界面组装体，多数研究者重点关注在较高表面压下沉积的固态凝聚相的结构特征与功能，但同时研究者也注意到对于有些容易发生自聚集行为的组装基元来说（比如含氟化合物），其在低表面压下亦可形成独特的超分子纳米结构，因而越来越多的文献开始关注低压下的单分子膜行为。从探索组装机理的层面上来考虑，笔者建议研究者（尤其是初学者）最好能根据所得到的 π-A 曲线的基本特征，系统化研究其相变过程中的各个细节，某些情况下可能会获得意想不到的创新性结果。

（10）各种固体载片的选择

目前，由于原位表征技术的发展尚不是十分完善和全面，所以需要将漂浮在亚相表面上的分子膜通过一定的手段转移到固体载片（也叫基片）上，这样有利于对其结构进行表征。同时，这也是实现界面组装体功能化的必然要求。鉴于各种表征手段以及实现各种功能时对样品的要求不同，因而需要操作者根据自己的研究目标选择使用不同的固体载片。常见的载片有：新剥离的云母片、玻璃片、石英玻璃片、ITO 导电玻璃片、氟化钙片、单晶硅片、镀金单晶硅片、各种透射显微镜用铜网，以及其他经过特殊处理的固体载片等。

一般来说，研究的目的不同，所选择的载片亦会有所不同。比如，新剥离的云母片、单晶硅片以及镀金单晶硅片等的平整度较好，利用原子力显微镜来研究界面组装体的形貌时通常要选用这些载片。普通的玻璃载片价格比较便宜，研究一些在可见光区有较强吸收的染料的吸收光谱、圆二色谱时，常常选用。研究其他在紫外区有较强吸收的物质的吸收光谱时，则一般选用石英来作为载片，这主要是由于石英在紫外区干扰较小的缘故。此外，氟化钙片亦可作为载片来研究样品的紫外-可见吸收光谱，但不太常用。有些研究的目的是为了探索界面组装体的电学相关性能，这时通常需要选 ITO 导电玻璃。为了研究组装单元分子在固体膜中的排列方式，需要研究其红外光谱，这时可选择的固体载片有氟化钙片、单晶硅片或镀金单晶硅片等。其中氟化钙片在 $1000cm^{-1}$ 以下的波数有较多较杂乱的振动吸收，另外对其使用前后的处理也比较麻烦，所以很少使用，但若研究者只关注 $1000cm^{-1}$ 波数以上的振动光谱，则亦可根据实际情况选用该类固体载片。在研究 LB 膜的红外光谱时使用最多的是单晶硅片，这种载片可以商业化购买，尽管其价格比较昂贵，处理起来也比较麻烦和烦琐，但由于其在 $400\sim4000cm^{-1}$ 的波数内基本上不表现出明显的振动吸收，因而深受研究者的青睐。有时候，研究过程中需要测量固体膜的掠角红外光谱，这时可选择使用镀金的单晶硅片。

固体膜的层状结构以及层间距的研究往往通过 X 射线衍射来研究，原则上来讲可以使用任何非晶体的固体载片，也可以选择具有固定晶体结构特征的固体载片。其中，前者的使用过程中无需以空白载片作为参比，因而比较常用。使用最多的包括：普通的玻璃片、石英片等。对于具有特定晶体结构的固体载片来说，由于其本身具有一定的衍射峰，因此做样品的衍射之前往往需要先以空白的载片作为参比，以标定和区别其本身衍射的位置。比较常用的主要是单晶硅片。尽管如此，需要提醒的是，在有些情况下样品膜本身衍射峰可能与基片的衍射峰有所重叠和冲突，所以在具体研究时要特别注意。从这种意义上来看，最好选用非晶体的固体作为载片。

对 LB 界面组体精细形貌的表征常常需要各种电镜技术，比如扫描电镜、透射电镜等，针对此类研究需要根据电镜技术本身的要求来准备固体载片。比如，从原则上来看，任何固体载片均可被用来做扫描电镜的研究。但在扫描电镜的测试过程中，往往要求载片具有一定的导电性，因而为了得到具有良好分辨率的图片常常选择导电性能较好的铜箔、铝箔或单晶硅片等作为载片。对于透射电镜来说，其设备本身使用的载体一般是各种铜网，因而在界面组装环节需要选择其作为固体载片（这种情况下，拉膜环节的操作具有一定的特殊性，详见下文）。

此外，在研究 LB 膜的各种理化性能时，可能对载片本身有更多的其他要求，操作者可根据具体情况酌情选择和使用其他特定的固体作为载片，这里不再赘述。

（11）固体载片的处理

LB 技术往往是通过漂浮膜与固体载片之间的非共价键作用，在挡板的推动下将漂浮膜转移到固体载片上。有些情况下需要对基片进行一定的预处理才能使用。下面，将针对不同载片具体描述其处理过程。

1）石英玻璃片、普通玻璃片的处理

对于亲水性的玻璃相关载片来说，一般有以下处理过程：首先将之浸泡于普通的洗涤剂水溶液中，在超声下处理 30min，之后用大量去离子水冲洗。配制好铬酸洗液若干毫升（注意：该步骤比较危险，要小心操作！），将上述经过初步处理的玻璃片浸入其中，在常温下保持七天左右。取出后用大量二次去离子水冲洗，并在去离子水中超声处理 30min，连续超声两次，将之用去离子水封，以备后用。使用时取出，用空气或氮气吹干，即可使用。上述处理方法比较烦琐且耗时，因此有的研究者也用 3/7 的双氧水和浓硫酸的混合溶液在 80℃下煮 2h，随后用大量去离子水冲洗和超声处理即可使用。这种方法的优点是耗时较少，缺点是载片上的污染物处理的不太干净，有时候可能影响所制备膜的质量。

疏水玻璃类载片的处理过程与上述亲水载片的处理的唯一差别在于得到了亲水载片之后，有一个疏水化的过程。已经知道，由于碳链的存在，脂肪族有机化合物具有较好疏水性，疏水玻璃类基片的处理正是借助与脂肪类化合物的这一特性来实现玻璃类固体载片的疏水化。通常有湿法和干法两种处理手段。

① 利用化学键将脂肪类化合物嫁接到玻璃类固体载片之上,实现其疏水化处理。如图 3-3 所示，将原先处理好的干净的亲水玻璃类载片用空气或氮气吹干，之后将之浸泡于硅烷类有机化合物的氯仿、乙醇、丙酮、甲醇或 DMF 等溶液中，根据浓度的不同浸泡保持的时间大约从 30s 到 60min 不等。图 3-3 中，R^1 一般情况是 CH_3，但有的研究者为了实现载片与分子膜的化学键结合亦使用了 NH_2 等基团，其选择可视具体的研究需要来确定；R^2 一般为烷氧基、Cl 等。需要特别指出的是，当使用三氯硅烷时，一般将其溶解于除水的氯仿、丙酮、甲醇等有机溶剂中，浓度不能过大，且浸泡时间不宜过长，这主要是在上述条件下该化合物容易发烟，且所制备疏水化载片均一性不佳的缘故。上述硅烷类有机化合物大

多可以通过商业化途径获得，研究者可根据自己课题的需要来选择合适的疏水化试剂。

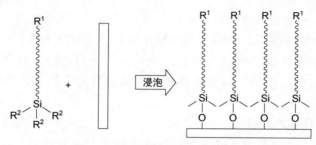

图 3-3 疏水化玻璃类固体载片的一种常用方法

② 上述疏水化方法比较烦琐且还需要配制有机硅烷类化合物的各种溶液，这些溶液最好用塑料烧杯盛放，因为它将可能使得玻璃烧杯的器壁被疏水化而影响使用，这为操作上带来不便。在实践中，有些研究者还采用了干法来获得疏水化的玻璃类固体载片。通常的做法是：用空气或氮气将所获得的亲水化的玻璃类基片充分吹干，随后将之放置于硬脂酸铁的固体粉末中保持 30s 到 180s 不等，取出固体载片，将上面吸附的大量硬脂酸铁粉末除去，并用镜头纸将之擦净，随即用空气或氮气将残留的少量粉末吹干净，这样的载片就可作为疏水化的载片来使用。在通过这种方法所获得疏水化载片中，硬脂酸铁与固体基片之间多为物理吸附而不是共价键结合，所以一般现制现用，保持过夜的此类载片（尤其是在湿度较大环境中保持时）其疏水化效果会有所下降。上述方法十分简单，笔者的研究实践显示，它可以满足多数研究的需要。

一般来说，对亲水的玻璃类载片来说，可成批处理，之后将之放到去离子水中封存，使用时取出，用空气或氮气吹干即可使用。而对于疏水性玻璃类载片来说，一般是现用现制备，不建议提前处理好存放，否则可能会因存放过程中的不小心影响其疏水性效果。在通常的实验过程中，由于石英玻璃的价格相对比较贵，所以大都多次使用，这就要求操作者能将经过上述处理并且沉积了 LB 膜的载片再处理成亲水或疏水的载片。一般的处理过程是首先使用一定的有机溶剂将沉积在其上面的分子膜洗去，需要注意的是，尽管通过 LB 界面组装过程的分子膜多以非共价键形式与载片结合，但在使用有机溶剂进行清洗时最好能经过超声处理，这样的效果会比较理想。清洗之后，再按照上述处理亲水或疏水载片的手段来处理，即可实现这些载片的重复使用。

2）单晶硅片的处理

为了研究 LB 界面组装体中基元分子的排列结构特征，研究中常常使用到红外光谱。为此，需要研究者将漂浮分子膜沉积到单晶硅上。关于亲水硅片的处理过程多采用以下环节：首先使用玻璃刀，将新购买的单晶硅切割成一定的尺寸，由于单晶硅片十分脆且质地坚硬，所以切割时需要非常小心，否则容易将其整个打碎。之后，用空气或氮气将其表面残留的硅屑吹走，并将之放置于普通的洗涤液中，在中度的超声下处理 30min，以便去除其表面可能吸附的有机物。取出后用大量二次去离子水冲洗，并用去离子水超声处理 30min。随后将之放置于丙酮溶剂中，在超声下进一步处理 30min。用大量二次去离子水冲洗后将之放到体积比为 7/3 的浓硫酸和双氧水的混合溶液中，在 80℃下保持 1～2h。随后，将单晶硅片小心取出并用大量二次去离子水冲洗，再将其放置到体积比为 5/1/1 的水、双氧水和浓氨水的混合溶剂中，并在 80℃下处理 30min。取出后用大量二次去离子水冲洗，即可得到亲水的单晶硅片。这种硅片可成批量制备，封存于水或乙醇中，以备后用。

上述处理好的亲水性单晶硅片进一步浸泡到 5%的氢氟酸溶液中保持 2～10min 左右（注意：由于氢氟酸对玻璃器皿有一定的腐蚀作用，有刺激性气味，且对皮肤有一定的腐蚀作用，所以使用时一定要小心谨慎。若不慎滴到皮肤表面，可用大量清水冲洗，之后用葡萄糖酸钙溶液浸敷受伤部位 12h 以上，若情况严重则需要专科医院就诊！），用塑料镊子小心取出后用大量二次去离子水冲洗，之后用空气或氮气吹干，即可得到具有良好疏水性的单晶硅片。在具体的实践工作中，用氢氟酸溶液浸泡的最佳时间为 2～10min，不是时间越长越好，有些情况下长时间浸泡载片的疏水性反而不如短时间浸泡的要好。由于单晶硅片的疏水性往往容易受到空气中水分的影响，因而这类基片的处理是现制现用，很少有提前一天处理好的。在具体的研究工作中，有些情况下需要研究 LB 膜的掠角红外光谱，则需要在处理好的疏水单晶硅片上用真空镀膜的办法喷镀一层厚度大约为 400nm 的金，为了保证金与单晶硅片的有效结合，有时在镀金之前也会先镀一层大约 200nm 厚的金属铬。

与玻璃类固体载片一样，研究者亦可以用硅烷类有机化合物来处理单晶硅片。不过，需要提醒读者的是，若是为了做扫描电镜使用，这未尝不可；但若是为了做红外光谱的研究，则需要注意硅片上通过化学键吸附的脂肪链对数据的影响。

3）云母片的处理

一般来说除了做原子力显微镜外，在多数情况下很少使用云母片来作为 LB 界面组装体的固体载片。对其处理方法比较简单：将普通的云母片切割成一定的尺寸，一般为宽度为 1～2cm，以 1.2cm 为最佳。将之平放于双面胶上压紧，之后将双面胶对折并压到云母片的另外一面上，用手将对折的双面胶缓慢分开，可以看到云母片两侧的层状结构被劈裂，取用中间干净的部分即可使用。由于云母片表面带有负电荷，它很容易通过静电作用吸附空气中的尘埃，因此需要操作者现制现用，不需要提前处理好。需要提醒的是，在具体的实验中，上述劈裂操作常常需要多次反复操作才可得到质量较好的平整云母片，其厚度不宜太厚，否则会在做原子力显微镜环节由于固体载片的整体性不平整而为实验带来麻烦。当然，其厚度过薄的话，也将由于其过于柔软而影响膜的沉积。最佳的厚度以 0.2～0.5mm 为宜。在实验中，新劈裂的云母片作为亲水基片往往可以直接使用，通常很少将之疏水化，这主要是为了避免在疏水化过程中破坏其良好的平整性。若是膜的沉积环节需要使用疏水化的固体载片，则一般选择疏水化的单晶硅片来代替。

4）其他常用固体载片的处理

除了上述常用的固体载片外，在某些研究中，根据研究工作的需要，也选择氟化钙片、ITO 导电玻璃片、各种透射显微镜用铜网等来作为固体载片。通常来说，新购买的洁净的氟化钙片表面具有一定的疏水性，可以作为疏水载片直接使用，无需特殊的处理。亲水 ITO 导电玻璃载片的处理方式与过程和上述对石英玻璃或者普通玻璃的处理方法类似。由于疏水化可能对 ITO 导电玻璃的电导性能带来一定的影响，一般使用的 ITO 玻璃多不经过疏水化环节。为了研究界面组装体的内在结构特征，需要使用透射电子显微镜（TEM）对其进行研究，这种情况下一般将界面分子组装体转移到适当的 TEM 用铜网上。由于各种 TEM 电镜铜网可以直接商业化购买获得，一般不需处理而可直接使用。通常的做法是：用高质量的镊子（最好是 TEM 专用镊子，它与铜网间的缝隙很小，可将其牢固夹住）固定铜网，并将之斜插到亚相里，等表面压力恒定 5min 后小心将之提起，在常温下自然晾干，即可做透射电镜的表征。另外一种做法是，将之固定到镊子上后，将其正面向下压在漂浮膜上，等表面压保持稳定后，将镊子抬起，晾干后即可进入 TEM 表征环节。有些工作主要关注界面组装体的光电转换、场效应器件、非线性光学性质和传感性能，这种情况下除了需要考虑 LB 界面组装技术本身的要求外，还需要考虑研究这些性质和功能本身对载片的要求，在综合考虑上述两种情况对载片要求的基础上，选择适当的载片并具体制订其处理方案和过程。笔者的研究经验显示，若研究者对自己的课题有深刻的理解和认识，多数情况下可以达到研究目的。由于研究工作的广泛性和多样性，本文不再描述其具体个案。

（12）拉膜速度的确定

拉膜速度亦是 LB 界面组装技术中的重要参数之一。通常情况下，由于目前各种原位表征技术的发展尚不是很完善，因而需要研究者将漂浮于亚相表面上的分子膜转移到适当的固体载片上，之后对其进行表征和研究。按此构思，多数情况下需要转移到固体载片上的分子膜能最大限度地保持其在亚相上的基本结构特征。为了尽量减少在转移膜的过程中，对膜的结构造成破坏或改变，一般要采取较小的拉膜速度。从文献上来看，常用的拉膜速度为 0.5～5mm/s 不等，研究者可根据自己课题的实际情况来具体确定。同时，应当看到，作为一种重要的物理外因，在有些情况下拉膜速度可以对膜的结构产生巨大的影响。比如有研究者发现，当采用极大的拉膜速度时可以得到一些磷脂类分子在较大面积范围内形成的具有规则结构特征的微纳米结构，这些结构还可以被作为模板来制备其他物质的规则纳米阵列结构。我们将在下文的相关章节对其进行详细讨论和描述。

（13）亚相的选择和温度的确定

水的挥发性较小，无毒且具有很大的表面张力，一般的有机化合物具有较小的表面张力，大多可在水表面铺展开来形成漂浮膜，因此在大多数的研究课题中常常选择二次去离子水来作为亚相。此外，有些情况下需要研究亚相的酸碱度或离子强度等界面组装行为的影响，有时还需研究界面上的原位配位作用对单分子膜行为的贡献和影响机制，所以在具体的研究中可以使用一些无机盐或无机酸碱，甚至水溶性有机化合物的水溶液来作为亚相。这时需要注意的是，在每转移过一层膜后，应尽量将通过物理吸附而沉积在分子膜上的酸碱或离子小心洗去，以免影响膜的本征结构或性能。在有些情况下，由于基元分子的本征易聚集性，其在纯水上的漂浮膜非常容易发生自聚集而不能形成质地良好的单分子膜，这时可考虑在亚相水中溶解一定浓度的惰性无机盐，以调控亚相的表面张力，从而获得质量良好的组装膜。这里，与上面的情况不同，物理盐的加入不是为了实现界面上的原位化学反应或配位，仅仅是为了调控亚相的表面张力，因此需要选择与研究基元分子不发生明显作用的惰性无机盐。

此外，研究者还可以通过控制温度来实现亚相界面张力的改变，对于水亚相来说，在一定的温度范围内，降低温度可以提高其表面张力，升高温度则可以降低其表面张力。尽管如此，通过改变温度来实现界面组装体结构的调控，还需要考虑温度对所研究目标分子本身聚集行为和相态的影响，这是一个十分复杂的过程，对具体的情况需要操作者缜密分析和研究。一般来说，在多数研究中亚相的温度通常设定在 15～20℃之间，过低的温度将需要较长的时间以便使得亚相达到温度平衡，过高的温度则可能引起亚相水的挥发而引起实验更大的误差。

可以看到，在选择亚相液体的种类时，较大的表面张力是主要参考因素之一。从这种意义上来看，水银应该更适合于作为 LB 界面组装的亚相。一方面，常温下的水银呈液体状态，这满足了亚相必须为液体的要求。另一方面，水银具有比水更大的表面张力，许多有机化合物均可在其表面形成良好的单分子膜。因此，有些研究者亦采用水银来作为界面组装的亚相，但文献中对这种研究的报道相对比较少见，主要是由于水银的易挥发性、毒性、高密度等特征为实验操作带来不便。

（14）界面组装体的转移

经过了组装基元分子的设计与合成、铺展溶液的配制、压膜和拉膜速度的确定、π-A 曲线的获得、基片的选择与处理等重要环节后，便可进行 LB 界面组装中的另外一个重要环节了：界面组装体分子膜向固体载片上的转移。这种转移膜的过程主要采取以下几种模式：垂直提拉转移法、水平提拉转移法、亚相降低法

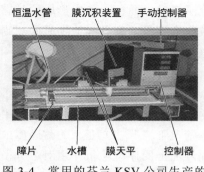

恒温水管　膜沉积装置　手动控制器

障片　水槽　膜天平　控制器

图 3-4　常用的芬兰 KSV 公司生产的
KSV-1100 型 LB 膜槽

和滚筒拉膜法等。这些方法各具特点，既相互补充，又相对独立。

目前，商业化的 LB 膜仪大都是在 1891 年 Pockels 所建立简单设备的基础上经过改进而搭建起来的。图 3-4 是常用的芬兰 KSV 公司生产的 KSV-1100 型 LB 膜槽。它主要包括控制器主机（接计算机），可以上下移动的膜沉积装置（接控制器）、测量表面压的膜天平（接控制器）、用来压缩膜的障片或挡板、盛放亚相的水槽和用来控制亚相温度的恒温

循环水管（接恒温仪）等。通过计算机的控制，可以很容易选择一定的压膜、拉膜速度。上述各种拉膜模式大多可通过该仪器得以实现。

1）垂直提拉转移法

在 Langmuir 研究单分子在亚相上聚集行为的初期，尚未将漂浮在亚相上的分子膜转移到固体载片上，当时的研究主要侧重于这种漂浮膜在水亚相上的原位单分子膜行为，但由于原位表征手段的匮乏，便要求能采用一定的手段将漂浮膜转移到某种合适的固体载片，以便对其进行深入研究和表征，这就为后来垂直拉膜法的产生提供了历史机遇。Blogett 加入了 Langmuir 教授的研究小组后，她发现将固体载片插入亚相并在一定的表面压力下将其提起（如图 3-5 所示），原先漂浮于亚相表面的分子膜便可通过物理吸附作用被转移到这种固体载片上，在提起和插入的反复过程中分子膜可以以层层沉积的方式，被分批次转移到固体载片表面。若控制制备过程中的各种参数，可以得到宏观上均一的多层分子膜，并且这种有序膜的厚度可以在分子水平上得到良好控制。这就是我们现在说的垂直提拉转移法（也叫垂直拉膜法）。在具体的转移过程中，当将固体载片提拉到亚相之上后，往往需要等待 5～10min，以便使得吸附在其表面上的亚相水充分挥发，之后便可进行插入操作。通常情况下当固体载片插入亚相之后亦需等待 2～5min，以便表面压恢复到稳定状态。有时，亚相为某种无机盐或有机化合物的水溶液，这时为了尽量减少吸附在固体载片上游离的离子或化合物的影响，在膜充分干燥后需要使用二次去离子水将之清洗，之后方可进行下一步的操作。通常，使用该方法来

漂浮膜　　固体载片　　亚相　　漂浮膜　　固体载片　　亚相

图 3-5　垂直提拉转移法制备 LB 界面组装体示意图

制备 LB 膜时，需要严格注意插入和提拉速度的设定。多数情况下可以使用相同的速度，但对于某些化合物来说，为了得到相同的转移率，需要提拉与插入的速度有所区别，实验中需要注意这一点[3]。

自该垂直提拉转移法发明以来，它为人们对 LB 膜的研究做出了重要贡献，在早期的文献中，多数 LB 多层膜均采用该方法来拉制。尽管如此，研究者也发现在提拉和插入的过程中，由于分子膜与固体载片的结合力非常弱，在插入环节往往非常容易造成膜的脱落，严重的情况下对膜的质地可产生重要的影响。同时，该方法耗时较长。因此，最近的研究常常使用该方法制备单层的 LB 膜（主要是用来做原子力显微镜的研究），并且一般通过向上提拉的环节来得以实现。

2）水平提拉转移法

在具体的实践工作中，并不是所有的漂浮膜均可以通过垂直转移法来制备其质地优良的 LB 膜，这主要是由于某些单分子漂浮膜具有较大的硬度和刚性，使用垂直提拉转移法时常常很容易导致膜结构的破坏，这一方面导致了转移率比较低，膜的均匀性会受到一定的影响，另一方面亦可能导致在转移过程中有序分子膜中基元分子的排列发生一定变化，这种情况下研究者可考虑用水平提拉转移法来制备其 LB 膜，这是目前多数研究中所使用的制膜模式。这种方法是 Langmuir 和其合作者 Schaefer 在 1938 年建立的[4]。他们在研究脲酶和胃蛋白酶的单分子膜行为时发现将一个具有一定疏水性的固体载片压到漂浮亚相上的分子膜时，膜可以被很好地转移至固体载片上，并且随着转移次数的增加，分子膜可以层层组装到载片上。通常，人们将以这种水平提拉转移方式制备的单层或多层膜简称为 LS 膜。

如图 3-6 所示，通常的操作方法是：将 Langmuir 膜压缩至一定的表面压力，在该压力下保持 1~3min 以便使表面压达到稳定，随后将具有疏水性（多数情况下要使用疏水性基片）或亲水性的固体载片水平摁压在漂浮膜上，使基片与膜表面接触后保持 30s 左右，以便分子与基片有充分的接触，之后慢慢将基片水平向

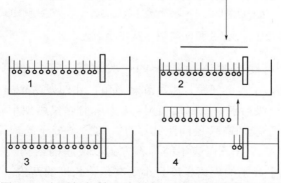

图 3-6 水平提拉转移法制备 LS 界面组装体示意图

上提起，用微弱的氮气或空气将载片表面慢慢吹干，再进行下一次操作，便可以得到多层的 LS 膜。这种方法简单便捷，具有很强的实用性。起初，研究者担心这种转移膜的质量与水平提拉法所获得的膜的质量有所差别，但后来的研究显示，LS 膜更能够反映漂浮膜的结构特征并且具有更好的均一性和有序性，因而这种方法在 LB 界面组装中的应用越来越普遍化[5-15]。为了能够得到具有良好质地的多层有序分子膜，有些研究者也尝试将 LB 技术和 LS 技术联用的方法，通常是先通过 LS 技术先在基片上沉积一定层数的分子膜，之后再以此为固体载片利用 LB 技术在其表面沉积更多层数的分子膜，抑或反之[8-10]。当然，在一些情况下，同种成膜物质的 LB 膜与 LS 膜在结构上具有一定的差别，这也是需要研究者注意的地方。

从结构上来看，根据多层 LB 或 LS 膜中两亲分子的排列与取向的不同，可将其划分为 X 型、Y 型和 Z 型三种不同类型的膜，如图 3-7 所示[16,17]。在 X 型和 Z 型膜中，两亲性分子组装基元按照头尾相连的方式排列。其中，在 X 型 LS 膜或 LB 膜中，两亲性分子的疏水尾链与基片直接接触，而在 Z 型膜中则是两亲性分子的亲水头基与基片直接接触。这两种类型的多层膜整体表现为基元分子在排列上的不对称结构。由于这种不对称结构的存在，研究者可以选择合适的功能染料分子，来研究某些分子有序组装体的二阶非线性光学性质。这可帮助研究者巧妙地绕过不对称化合物冗长的合成工作而获得能表现出良好非线性光学性质的有序分子膜。对于典型的 Y 型膜来说，基元两亲分子呈头对头（head-to-head）和尾对尾（tail-to-tail）的叠加排列，是一种具有对称结构的超分子薄膜。

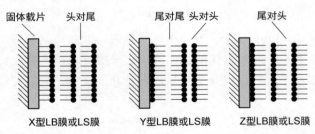

图 3-7　多层 LB 或 LS 膜的类型（从左至右为：X 型、Y 型和 Z 型）

通过小角 X 射线衍射（SAXS）的相关数据，研究者可利用布拉格公式（$n\lambda = 2d\sin\theta$，其中，d 为层间距；θ 为衍射半角，亦即发生衍射峰所对应的 θ 角；n 为衍射级数，即一级衍射，或二级衍射；λ 为所衍射仪所使用靶的工作波长）计算获得层状有序分子膜的有效层间距或厚度。将之与分子的理论尺寸进行对比分析，可以推测组装基元分子在膜中的堆积方式以及膜的结构类型。一般来说，Y 型膜的层间距要大于分子的理论长度且小于其理论长度的两倍。对于 X 型和 Z 型膜来说，所获得的实际厚度要小于等于其分子的理论长度。这里，需要提醒初学者的是，多层有序分子膜的结构类型与转移膜环节所采用的拉膜方式之间一般不存在必然关联。比如，使用插入和提拉过程的垂直转移法未必一定得到具有对称结构特征的 Y 型膜，同时使用水平转移法亦未必一定得到具有不对称结构特征的 X 型或 Z 型膜。从一定程度上来看，组装基元分子所形成的有序界面组装分子膜的类型取决于以下两个因素：①分子的本征物理化学特性；②所使用基片的亲疏水性。

3）其他拉膜法

事实上，除了垂直提拉转移法与水平提拉转移法以外，研究者还在此基础上拓展了其他多种拉膜方法，比如亚相降低法、滚筒拉膜法等。其中前者主要是将固体载片预先水平放置到亚相中，将漂浮膜压缩至一定的表面压后，在无漂浮膜的区域将亚相中的溶液取出，以便使得亚相的高度降低，从而将漂浮于亚相表面的分子膜沉积到预先放置的固体载片上。尽管从表面上来看，该方式似乎比较合理，但在具体的操作过程中，由于在取出亚相溶液时可引起表面压的变化（随之将可能影响基元分子在膜中的堆积方式），并且可能引起亚相表面的涡流，因而多数情况下所获得分子膜的有序性并不优良，因而在目前的研究中很少有报道。滚筒拉膜法也是 LB 界面组装技术发展中出现过的一种挂膜手段，该技术的要点是在转移过程中使用具有圆柱形特征的的固载片，在一定的表面压下通过该柱形载体在漂浮膜上的定向滚动将分子膜"卷"到其表面，文献中对此报道的并不多，本文不再赘述。

3.3　LB 界面组装领域的经典研究内容

自 20 世纪二三十年代间 Langmuir 和 Blodgett 将 LB 界面组装技术的各个环节逐步完善以来，作为一种获得有序分子膜重要的手段，LB 膜的相关研究随即便引起了各学科的关注。然而，该领域的深入发展和积累却因第二次世界大战的发生停滞过一段时间。直到 20 世纪 60 年代初期德国科学家 Kuhn 教授首次将有机功能染料分子引入 LB 膜的研究并探讨了其光谱特征和相关功能后[18]，研究者方逐步认识到这种组装技术在功能材料领域以及仿生领域中颇实践价值和科学意义。随后，Kuhn 的研究小组和其他研究者利用 LB 技术研究了各种分子的界面组装[19]，并于 1971 年在德国应用化学上发表了关于这方面研究的重要综述[20]。

在 Blodgett 教授逝世一年后，为了纪念其在表面化学中的杰出贡献，1980 年著名国际期刊 *Thin Solid Films* 以专刊的形式发表了关于 LB 膜研究的 23 篇文章[21]，此后相关研究便引起了各个领域研究者的关注。1982 年 9 月第一届 LB 膜国际会议在英国达勒姆大学召开，该会议吸引了来自世界各地的科学家与会[22]，次年 *Thin Solid Films* 再次以 LB 膜为主题为该会议发表了专刊，该专刊上收集了来自欧洲、日本、北美等国家和地区的 49 篇学术论文，表明该技术已经成为了表面化学中的重要内容。1985 年美国化学会著名国际期刊 *Langmuir* 创刊，掀开了该领域的新篇章。鉴于 LB 膜各种独特的物理化学性质，它迅速渗透和融入了表面化学、光化学、分子电子学、材料科学、固体物理、非线性光学、生物膜科学等重要领域，并构成了这些领域的重要组成部分。

在 LB 界面组装领域不断丰富其自身科学与技术内涵的同时，其他相关学科，比如纳米科学与技术、超分子化学、先进功能材料科学、有机合成化学、仪器分析化学等领域亦取得了许多重要进展，这同时也为 LB 界面组装领域的进一步可持续发展提供了新的思想和契机，并进一步丰富了其研究内容和科学与技术内涵。最近在 LB 界面组装领域出现了诸多新兴研究方向，人们已经在这些新方向上取得和积累了诸多重要进展，构成了当前的研究热点和重点。鉴于此，笔者将从形式上将相关研究划分为经典研究内容与新兴研究内容两部分，并分别加以讨论和总结。同时需要明确指出的是，作为一个完整的科学领域，其发展和进步不是间断式的，而是具有一定内在关联的可持续良性发展和壮大。

3.3.1　染料类化合物的 LB 膜及功能化

从超分子组装化学的角度和层面上来看，有序分子聚集体的形成往往是在某种主要驱动力起主导作用的情况下，分子间各种非共价键作用力协同加和的结果。基于此，研究者设计与合成了具有特定分子结构和官能团的组装基元分子，发展了众多以氢键、疏水作用、配位作用、静电作用、π-π 堆积作用等为主导驱动力的组装体系。这些体系的建立为超分子化学的发展奠定了良好的物质与科学基础，构成了超分子化学的重要组成部分。其中，分子间 π-π 堆积作用主导驱动的大 π 共轭体系分子的组装，始终是相关领域研究的热点和重点内容之一。这主要是由于大 π 共轭体系分子具有以下本征特性：①刚性、规则的分子骨架特征，以及具有方向性的 π-π 堆积作用，使之有利于形成有序、规则的超分子组装体；②这类分子在紫外及可见光区良好的吸光度，便于使用各种谱学手段对其组装体进行表征；同时，这也赋予了其组装体在光、电、传感、催化等重要前沿领域的各种先进功能，使之具有很强的潜在应用前景。

（1）花菁类染料 LB 膜的构筑

在生物体系的运转过程中发生着诸多复杂的电子、能量、物质与信息的传递与交换，比如细菌视紫红质的质子泵、叶绿素的光合作用、遗传信息的传递与记忆等。由于生物体系的复杂性，诠释和阐明其中的基本规律与机制是一个十分复杂的科学命题。因此，通过建立简单模型的办法，并探索其中能量与物质交换过程的规律，将对理解发生于生物体系中的相应过程提供重要信息和指导。从这种意义上来看，基于界面组装过程的 LB 技术可能是一个构建模拟生物膜的优良平台[23]。第二次世界大战之后，德国表面化学家 Kuhn 教授较早地意识到了这一点的重要科学与实践意义，基于此种基本理解和科学认识，他利用 LB 界面组装手段为技术平台，以共轭 π 体系分子为研究对象，展开了系列研究工作。20 世纪60 年代初期，他领导的研究小组以系列双亲性花菁类染料、花生酸等为组装基元分子，通过在 LB 界面组装体系中引入给体-受体共轭 π 体系分子以及发生于亚相表面的原位静电组装过程（如图 3-8 所示），研究了单元或多元体系的界面组装行

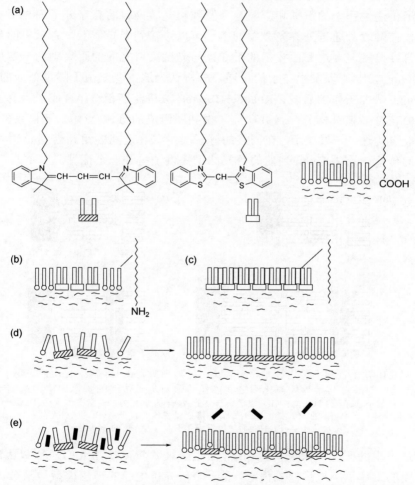

图 3-8　Kuhn 研究小组通过在 LB 界面组装体系中引入给-受体共轭 π 体系分子
（主要是花菁类染料分子），以及发生于亚相表面的原位静电组装过程，
成功地制备了含有给-受体的多层界面组装体[24]

（a）花菁类染料分子和花生酸分子的混合体系；（b）被十八烷基花菁胺所包围的染料分子岛；（c）十八烷基分子填充了染料分子烷基取代基之间的缝隙；（d）被花生酸包围的染料分子岛；（e）通过十六烷溶解以及随后的挥发所构筑的花菁类染料分子和花生酸分子的混合体系

为及其光学性质以及能量和电子传输机制，并详细研究了其中的 Föster 能量转移以及电子传输与距离的内在关系（如图 3-9 所示）。他们的研究表明[18-20,24-27]，通过改变组装基元分子中共轭 π 体系部分的基本结构特征、利用疏水碳链长度的不同来调控 LB 膜功能层的层间距，可以从一定程度上调控膜中的能量与电子的转移效率。通过这些研究，他指出了能量传输与电子传递的本质区别，其中在能量传输过程供体与受体二者之间通过"能量隧道"来进行，而对于电子传递来说则要求电子供体与受体二者直接接触。此外，他们还诠释了表面聚集状态在能量传输和电子传递过程中的贡献和影响，并发现当光敏染料的有序分子膜与半导体溴化银直接接触时，通过外界光激发的电子可以传输到半导体上。有意思的是，当两者不直接接触但经过表面掺杂的半导体与光敏染料之间的距离小到一定程度时（小于 50nm），亦可以发生电子的传递，分析认为这主要是由于隧道效应的作用。受到 Kuhn 研究工作的启发，Ruaudel-Teixier 与其合作者设计合成了具有不同结构特征的花菁类染料分子[28]，并研究了由其所组成的给体-受体二元体系多层 LB 膜中的能量传递，结果显示，在同层的分子膜中二者之间的距离为 6nm 时可以发生能量的传输，这为 Kuhn 之前的研究结论提供了另外一个证据。

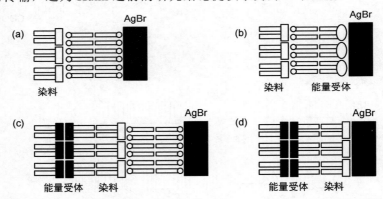

图 3-9 以 LB 界面组装手段为技术平台，以花菁类染料为组装体系，Kuhn 阐明了发生于有序功能组装体与半导体溴化银之间能量传输与电子传递的基本规律与机制[24]
（a）敏化染料位于 AgBr 的 50Å 处；（b）敏化染料位于 AgBr 的 50Å 处，能量受体 A 位于 AgBr 表面；（c）敏化染料位于 AgBr 的 50Å 处，AgBr 的竞争者能量受体 E 位于 AgBr 的 100Å 处；（d）敏化染料位于 AgBr 的表面，能量受体 E 位于 AgBr 的 50Å 处

这些杰出的研究成果表明，LB 界面组装技术将可能为人们理解和认识复杂的生物膜的工作机制提供深刻信息，是一个研究仿生膜的理想模型与平台。同时，亦表明通过设计与合成适当的组装基元体系，有可能获得基于 LB 界面组装体的光电功能体系。从下文的论述可以看到，此后的许多研究者都借鉴了 Kuhn 教授的诸如界面静电组装、混合体系的组装、染料分子的组装、通过调控疏水间隔基的长度来调控组装体的功能等基本思路和方法，因而他的这些研究工作被誉为具有划时代的贡献和影响。鉴于 Kuhn 教授在 LB 相关研究工作中的重要影响，有些

研究者亦将 LB 膜称为 LBK（Langmuir-Blodgett-Kuhn）膜[29]。

　　从上面的例子可以看到，功能染料化合物在界面上的超分子组装具有深刻且广泛的科学与实践意义。为了获得具有优良理化性能的功能界面组装体并实现可控组装，研究组装条件、组装体系分子等因素对组装体结构的影响和贡献具有重要意义。因而与 Kuhn 同时代的其他研究者也展开了类似的研究工作。比如 Lehemann 系统化地研究了系列带正电荷或负电荷的花菁类染料与阴离子型或阳离子型表面活性剂在界面上的组装行为，并探索了组装体系中的各种因素对花菁类染料分子堆积方式的影响[30]。他发现溶解于亚相中的水溶性的花菁染料，可以通过与铺展于亚相表面的脂肪酸或表面活性剂间的库仑作用形成单分子膜，其中带正电的染料与带负电的表面活性剂发生了有效作用，而带负电的染料则与带正电的表面活性剂发生了有效作用。该研究还探索了通过改变亚相的酸碱度、染料分子的骨架结构以及两亲性等因素，来实现染料分子堆积方式（比如 *J*-聚集体或 *H*-聚集体）的可能性。在其系列研究中，日本学者 Sugi 的研究小组设计合成了系列带有氧、硫、硒等不同供体中心的部花青染料分子衍生物[31-33]，研究了其与花生酸二元混合体系的界面组装行为，并系统化探索了这些不同取代基对其界面组装体结构的影响。结果发现随着取代基从氧到硫、从硫到硒分子量的逐步增加，这些分子愈倾向于形成 *J*-聚集体。当取代基为硒并且与花生酸的分子数比为 1∶2 时，分子形成了良好的 *J*-聚集体并且表现出了对光的最佳各向异性。尽管这些系统化的研究工作与 Kuhn 的工作相比较不具很强的原始创新性，但在人们对 LB 膜的早期研究中，却从一定程度上丰富了该研究领域的内涵和深度。

　　为了进一步丰富在该研究方向上的科学意义，设计与合成具有良好界面组装性能、并具有一定功能的体系的研究始终是本领域的重要创新和生长点之一。在相关研究中，其他研究者在这方面展开了卓有成效的研究工作。比如，Fujihira 与其合作者[34]设计合成了分子中同时带有亲水性电子受体（A）、疏水性敏化基团（S）和疏水性电子供体（D）的具有线型结构特征的功能性两亲分子 A-S-D，以及以芘为官能团的线型天线色素两亲分子。他们研究了上述两种分子所组成复合体系界面组装膜在光电转换中的规律与机制，结果发现在该二元体系的有序分子膜中可发生光的捕获、能量转换、电荷分离等过程。这为人们通过染料分子的设计、合成、组装等过程来人工模拟光合作用提供了实践空间和可能性。

　　从上面列举的早期研究工作可以看到，花菁类染料作为一类重要的组装基元分子，通过 LB 界面组装过程有可能为研究者获得光电功能组装体提供契机，是一个具有一定科学与应用意义的界面组装体系。因而深入研究这类分子的界面组装过程，并通过分子的设计与合成、调控组装过程中的各种参数实现其分子单元在聚集体中堆积方式的有效调控是一个重要的研究命题。如图 3-10 所示，近年来，刘鸣华研究组系统研究了硫代或硒代花菁类染料化合物与具有 Gemini 型结构特征的表面活性剂的界面组装行为,他们通过改变 Gemini 型表面活性剂间隔基的长度和刚性,实现了染料分子的可控组装[35-38]。结果显示:当 Gemini 的间隔基比较短时(G2,G4),染料分子 MTC 形成 *H*-聚集;而当间隔基比较长时(G8,G10),则形成 *J*-聚集;间隔基适中时(G6),*H*-聚集和 *J*-聚集并存。这归结于花菁分子与 Gemini 分子的结构匹配。把 G2 与 G10 按不同比例混合后铺到花菁染料亚相上,发现 *H*-聚集与 *J*-聚集都可被观察到,且随着 G10 比例的增加,*J*-聚集的峰增强。这可能是因为 G2 和 G10 在混合膜中发生相分离,形成各自独立的微区,而在 G2 和 G10 的微区中分别诱导出 *H*-聚集和 *J*-聚集。这些研究内容的展开为人们通过调控间隔基的长度来实现花菁类染料化合物的可控组装提供了新的思路。

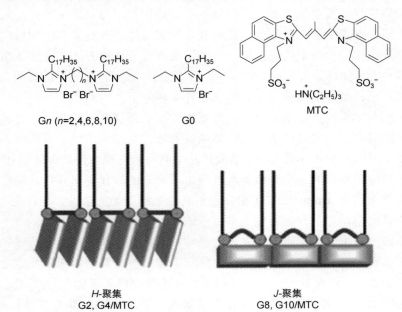

图 3-10　水溶性硫代花菁类染料与具有系列不同间隔基长度的 Gemini 型表面活性剂通过界面上的静电作用以及染料分子之间的 π-π 堆积相互作用可以形成有序分子组装体。其中,染料分子在聚集体中的堆积方式可以通过间隔基长度的改变得到有效调控

　　进一步深入研究发现,通过在 Gemini 表面活性剂引入具有一定刚性的间隔基团,染料分子的 *H*-聚集和 *J*-聚集可以以更多样的方法来调控,且形成不同有趣的表面纳米结构。此外更有意思的是,将染料分子和 Gemini 的混合膜用酸性和碱性气体处理,其表现出不同聚集态的可逆转变(如图 3-11 所示)。花菁分子中氨基会被 HCl 所质子化,但由于质子化的铵基在五元环中能量是不稳定的,在空气中会自发去质子化使 HCl 从膜中释放出,而氨气和水蒸气的作用会加速这个过程。在这个质子化-去质子化过程中,花菁聚集体会被破坏,并形成新的聚集体,从而可实现不同聚集体之间的转变,这在调控花菁聚集的性质中有重要作用。他们还

进一步研究发现，Gemini 提供的自由空间对膜中花菁聚集体的转变有重要影响，花菁分子体积越大，需要的自由空间就越大。以上结果有助于研究者进一步了解花菁染料的聚集行为及调控，有重要的潜在应用价值。

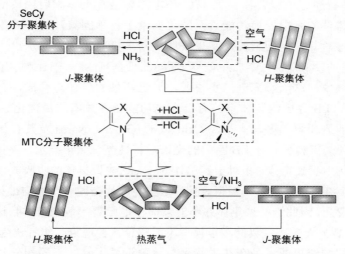

图 3-11　花菁聚集体在外界刺激下发生的聚集体转变

　　信息技术的发展与实践要求各种智能电子器件不断小型化、信息存储的高密度化、信息处理速度的高速化等。典型的硅基材料电子器件在这方面具有一定的局限性，这就为研制基于有机物分子的有机功能器件的研究提供了空间和机遇。自 LB 界面组装技术出现以来，以该手段为基本研究平台，以各种有机物分子为功能基元组分，发展小尺寸同时具有明确电学、光学以及磁学等先进性能的有机器件的研究便成为了物理、化学、分子电子学、先进功能材料学等领域中关注的热点和重点研究课题之一。这主要是基于人们的以下基本理解和认识：①通过 LB 界面组装可以有效地实现功能分子的可控组装，且组装体中基元分子的排列、膜的层数等可能在分子水平上得以实现；②这些界面组装体可以被集成于分子电子器件中，并且其性能和效率亦可通过设计合适的目标分子、改变组装过程中的各种参数等环节得到很好的调控；③从分子设计与合成层面上来看，有机分子具有结构上的易修饰性、多样性和可剪裁性，这为探索和实现多功能有机器件奠定了良好的材料基础。

　　在追求 LB 膜有序分子组装体的研究中，其光化学研究内容的逐步拓宽亦是当时的一个重要研究生长点。比如，Saito 研究小组设计合成了系列部花青染料和三苯甲烷染料类化合物[39]，并将之与花生酸的二元体系通过 LB 技术组装沉积到金属铝的固体载片上制成有机光电二极管。结果发现，尽管该膜中分子中有惰性的碳链基团的存在，但由于膜的高度有序性，其仍能表现出良好的工作效率，这一研究显示了 LB 界面组装技术在获得有机光电器件中的巨大优势和潜在应用价值。黄春辉研究小组[40]设计合成了具有扩展 π-共轭桥的双亲性 D-π-A 性功能染料分子，N-十八烷基-2-[(4-N,N'-二甲氨基苯基)-1,3-丁二烯基]吡啶盐碘化物（BEP2）。通过布儒斯特角显微镜技术原位研究了其在亚相上的相变行为，并通过 LB 技术将其有序分子膜转移到了 ITO 导电固体基片上，利用经典的三电极体系研究该有机器件的光电转换功能，系统化探索了各种因素，比如偏压、光强、氧化还原物质等对其性能的影响，结果表明该新型染料化合物显示出了比其母体染料 N-十八烷基-2-[2-(4-N,N'-二甲氨基苯基)乙烯基]吡啶盐碘化物（EP2）更优良的光电转换效率。这一研究进一步说明，通过巧妙的设计与合成，有可能帮助研究者实现基于 LB 界面组装体系的有机光电功能器件效率的最优化。

最近，西班牙科尔多瓦大学的 Camacho、Giner-Casares 及其合作者研究了一个两亲性花菁类染料分子在 LB 膜中的光谱学特性[41]。结果显示，该化合物形成了各向异性的花生状聚集体。相对于其单体分子，这些聚集体的吸收光谱表现出了两个蓝移和两个红移的吸收峰。数据表明，这些吸收均在同一个方向偏振，而聚集体并不能发射荧光，因此这些聚集体并不能被简单地归类为 J-聚集体且这些吸收带也与 Davydov 裂分无关。经典的激子模型不能解释这种现象。作者认为这是激子-声子强相互作用的结果或者是在花生状聚集体内形成了具有不同相干长度的组装体的结果。该工作表明，利用水/空气二维界面上的超分子组装过程，研究者可以构筑具有独特结构和光学性质的基于菁类染料分子的超分子组装体。最近，以色列巴伊兰大学的 Tischler，印度特里普拉大学的 Hussain，日本山口大学的 Kawamata 等研究小组在该类染料的 LB 膜及其光学性能方面也展开了研究工作[42-45]。

光学相关的各种理化性质中，非线性光学性质是其中最受关注的热点问题之一。当一束光波在介质中进行传播时，光波的电矢量与介质所产生的极化之间的数学关联，除了和电矢量的一次方成正比的线性项外，还有与其二次方、三次方、四次方等成正比的项。其中后者称为非线性项。所谓物质的二阶非线性光学性质指的是入射光穿透介质时，透射光的频率被增加一倍的现象。通常研究者将具有这种物理性质的介质称为二阶非线性光学材料。非线性光学材料具有广泛的应用背景，比如：通过光学参量的振荡来实现激光频率的调制；利用其输出光束的本征位相共轭特征，改善成像质量或光束质量，进行光学信息处理；利用二阶、三阶光学和频与差频实现激光频率的转换，获得真空紫外，短至紫外、长至远红外等各种激光；各种双稳器件等。在具体的实践中，非线性光学材料已被广泛应用于光存储、光信息处理、光纤通信、光束转向、四波混频图像放大、水下通信、核聚变、激光频率转换等重要前沿领域。鉴于此，近年来该领域的研究受到了多学科的关注。对于具有一定分子超极化率的分子体系来说，从理论上来看其应当能表现出二阶非线性光学性质，但在实践中人们发现若其所形成晶体材料具有中心对称性，则整个材料并不能表现出来二阶非线性光学性质。因此，从材料结构的层面上来看，二阶非线性光学性质要求分子基元采取非中心对称结构的堆积和排列。从前面的论述可以看到，通过 LB 界面组装过程可帮助我们获得具有不对称结构特征的 X 型和 Z 型结构的多层有序分子膜。此外，通过使用多元混合成膜体系的间隔层层沉积，亦可获得具有不对称结构特征的多层 Y 型膜。在这些有序膜中，所形成组装体总体上不具对称中心，从而可以有效避免由于晶体结构中存在对称中心而引起的宏观二阶非线性响应被抵消的缺陷，从而得到具有二次谐波响应的膜材料。鉴于 LB 界面组装在调控分子取向上的灵活性和多样性，研究者认为它是一种适合于研究二阶非线性光学性质的优良平台和手段，并展开了系列探索和研究。

基于二阶非线性光学性质对材料的要求，在各种成膜物质中，具有非对称结构特征的共轭 π-体系化合物是研究的热点和重点，其中较为典型的代表是具有（电子供体）D-π-A（电子受体）结构特征的 π-体系染料化合物。这主要是由于电子供体与受体的引入，使得分子具有较低的分子内电荷转移激发能态，导致其具有较高的可极化率和产生不对称的电荷分布，从而使得分子本身具有较大的本征二阶非线性系数。同时，从分子设计的角度上来看，可通过改变其中共轭体系的大小和种类、供电子体与受电子体取代基的种类和位置等非常灵活地实现分子结构的调控和性能的最优化。此外，在这种体系的分子内，其 π-电子体系具有较好的流动性，有利于其与入射的光波发生作用[46]。再者，从前面的讨论可以看到，这种具有鲜明结构特征的分子还具有光电转换的特征和性能，因而可能为研究者建立具有多种复杂功能的体系提供契机。

苏联科学家 Aktsipetrov 的研究小组是较早在该方面展开探索的研究者之一[47]。1983 年他们合成了对位带有硝基吸电子基团与十八烷基供电子基团的两亲性染料化合物，将之制备成了单层 LB 膜，并研究了其二阶非线性光学性质。这一重要研究显示，通过界面组装手段所获得的单层有序分子膜是研究和获得具有优良非线性光学性质材料的理想平台。随后，该研究小组又进一步研究了多层 LB 膜的非线性光学性质，结果发现在六层的 X 型 LB 膜中，其非线性光学参数表现出了显著的二次方增强效应[48,49]。同时期，Hayden 等人亦展开了类似的研究。他们系统化探索了花菁类染料分子，以及这些分子与其他分子聚合所形成二元体系有序分子膜的构筑，并将之制备形成不对称 Z 型膜，研究了层数、膜的构成等对其二阶非线性光学性质的影响和贡献，也发现并总结了膜层数、结构等与非线性性质之间的内在关联和增强效应[50-52]。此外，法国科学家 Kajzar 等人也是较早在这方面展开探索的研究者[53]。根据二阶非线性光学性质对分子结构的要求，他们设计合成了非中心对称的偶氮苯以及多烯烃类化合物，并通过 LB 界面组装过程将之制备成了非中心对称有序分子膜，结果发现这些组装体表现出了很大的二阶非线性极化率和分子超极化率。Ledoux 等人也利用 LB 界面组装技术可以通过层层沉积的办法来获得二元体系所形成的交替膜的思路[54]，研究了偶氮苯类染料LB 膜的二阶非线性光学性质，深刻探讨了膜的结构类型、层数等与其性能的关系。我国科学家亦是在该方向上展开研究的先驱者之一，比如复旦大学的陈湛和王文成等人[55]，在 1985 年报道了沉积于银固体载片上的脂肪酸衍生物单分子膜中的二阶非线性光学性质的增强效应，他们还通过理论计算的模拟，对此提出了合理的理论解释。上述早期的研究表明通过基元分子堆积和排列方式的调控，研究者的确可以利用界面组装手段获得具有良好非线性光学性质的功能有机超薄膜。

在上述早期研究的基础上，此后的研究者设计与合成了多种二阶非线性系数较大的两亲性组装基元分子，构筑了其单层或多层 LB 膜并探讨了其非线性光学性能与分子结构、组装体结构等的内在关联，其中具有代表性的化合物包括花菁类染料、偶氮苯、硝基苯胺、硝基氨基吡啶、芪盐等经典化合物，关于这方面的研究已经有综述报道[16,56,57]，感兴趣的读者可参阅。随着人们对 LB 膜非线性光学性质研究的深入，研究者深入探索了二阶非线性光学性质（SHG）与膜结构、分子的排列等的内在关联，基于此人们发现可以利用非线性光学性质来作为判断和表征 LB 膜或 Langmuir 膜结构特征的有效手段[58-62,63-65]。尽管目前关于该方面的报道量相对 20 世纪八九十年代有所下降，但最近的文献显示依然陆续有具有原创性的新成果出现。比如，Mitsuishi 的研究小组发现[66]，以侧链上含有偶氮苯、吡啶基等官能团的聚合物为组装基元，其 LB 膜可以和金纳米颗粒通过层层组装技术形成有序功能组装体（如图 3-12 所示），该体系表现出了明显增强的非线性光学性质。他们的研究表明，这是由于金纳米颗粒所产生表面等离子体谐振对体系的非线性光学性质产生增强效应的结果。另外，Radhakrishnan 等人最近发现[67]，带正电荷的半花菁染料化合物（OEOEP$^+$）与聚阴离子化合物（CMC^{n-}）通过亚相表面上的静电组装，可以形成具有一定结构特征的有序分子膜，该膜表现出了明显增强的二阶非线性光学性质，他们分析认为这是由于聚阴离子化合物对染料分子的排列和堆积发挥了有效调控作用所致。从这些最新研究进展可以看到，LB 技术作为一种经典的界面组装手段，其创新和发展是随着纳米科学、超分子化学的发展而发展的，已经构成了这些前沿领域的重要组成部分。

从前面章节的讨论可以看到，为了迎合二阶非线性光学性质本身对分子结构中不具对称中心的要求，在展开这方面的研究工作时需要研究者设计合成不对称分子，这势必要增加研究的额外内容与工作量。事实上，LB 界面组装手段的本征优点之一就是通过亚相界面上的组装实现有序分子膜结构的调控。从该角度出发，Ashwell 领导的研究小组合成了具有中心对称结构特征的方酸类化合物，他们研究发现这类分子的 LB 膜可以表现出明显的二阶非线性光学响应[68-70]，对膜结构进行分析显示这种现象可以归咎于染料分子在膜中采取了非中心对称的 T 形

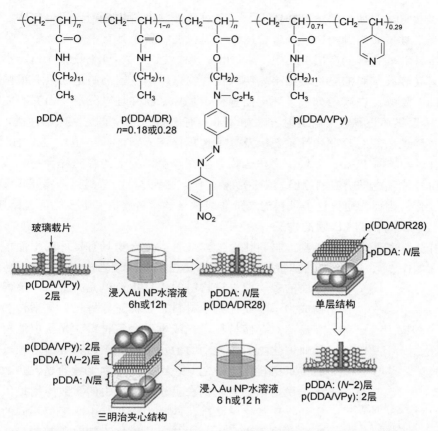

图 3-12 侧链上含有偶氮苯、吡啶基等官能团的聚合物的 LB 膜和金纳米颗粒通过层层组装技术形成的有序功能组装体，可以表现出明显增强的非线性光学性质

聚集体，在这种聚集方式中，一部分分子作为电子供体而另外一部分分子则可作为电子受体，二者之间发生的电荷转移可导致其聚集体的二阶非线性光学响应。这些研究工作表明，通过 LB 技术的组装，具有对称中心的分子可以表现出其单个分子或无序聚集体不能表现出的理化性能，说明研究者完全可以绕过分子合成上的冗长工作而获得具有优良理化性能的有序分子聚集体，显示了 LB 手段的魅力之所在。

事实上，LB 界面组装技术的魅力还不仅仅在于此，我国化学家黄春辉教授设计合成了系列具有不同间隔基长度的中新对称半花菁类染料化合物，并将之制备成 LB 膜，研究显示这些有序膜能表现出良好的二阶非线性光学响应。分析表明，与 Ashwell 所发现的 T 形体组装结构不同，其主要原因在于通过 LB 的界面压缩过程可以将分子压缩折叠形成 V 字形不对称排列所致。他们还详细研究了间隔基长度对膜非线性响应的影响和贡献。基于这些创新成果，该研究小组按照该思路设计合成了其他系列化合物，并发现了其较高的非线性响应性质，这些工作的进展被总结在他们的一篇综述里[57]。在对酞菁类染料化合物界面组装体二阶非线性光学性质研究过程中，笔者曾用水平提拉法制备了具有中心对称结构特征的四叔丁基萘酞菁锌的多层 LS 膜[71]。利用 π-A 曲线、紫外-可见吸收光谱、小角射线衍射等表征了膜的结构，结果表明该化合物可以形成较高质量的具有很好层状结构的多层膜，在膜中分子大环平面垂直于基片平面并且以分子平面并不完全重合的 H-聚集体堆积。采用透射方法测量了其有序膜的二阶非线性光学性质，结果显示该膜的宏观二阶非线性系数以及分子超极化率分别为 $\chi^{(2)} = 1.1 \sim 2.5 \times 10^{-9}$esu，$\beta = 2.1 \sim 4.9 \times 10^{-31}$esu。分析认为化合物分子在膜中排列上的各向异性是导致其产生二阶非线性光学响应的原因。该研究绕过了合成不对称酞菁类化合物冗长繁杂的合成工作，因而为研究这类染料的二阶非线性光学材料提供了更多的可选择基元。

（2）酞菁染料 LB 膜的构筑

作为一种重要的有机功能材料化合物，酞菁类化合物具有良好的平面型结构特征（如图 3-13 所示），其独特的 18 个共轭 π-电子体系使之成为光、电、传感等

方面的多功能先进材料的优良构筑单元。目前，该类化合物成为了非线性光学材料、有机光导材料、化学传感器、光盘信息存储材料、光或电致变色材料、光伏电池材料、工业催化材料、光动力治疗恶性肿瘤药物等诸多领域关注的重点染料化合物之一。这类化合物优异的光、热、电、化学稳定性则为它们在上述诸领域中的实践应用提供了坚实的物理和化学基础，同时由于在其中心配位不同的金属或非金属元素，以及在其周边嫁接不同取代基所导致的该

图 3-13　酞菁的基本
化学结构式

类化合物的结构的可调整性、种类的多样性，则为人们对其物理化学性能进行深入详尽的研究奠定了良好的可选择空间和材料基础。目前已经有许多综述性文章或书籍论述了这类化合物在其他方面的研究进展[72-74]，这里不再赘述。本节将重点讨论其 LB 界面组装体的结构与性能方面的研究进展。

事实上，在 LB 技术建立起其完整的技术体系后的数年内，以酞菁为组装基元来获得有序分子膜的研究随即便引起了研究者的关注。1937 年 Alexander 教授首先研究了系列金属酞菁类化合物在空气/水界面上的组装行为，并成功地将之制备了成 LB 膜[75]。当时，他们所使用的组装基元为中心金属为铁、镁的非取代酞菁和更具有自聚集倾向的萘酞菁，这些化合物在有机铺展溶剂中或界面上具有很强的自聚集倾向，因而其研究结果显示不能通过 LB 的界面组装获得其稳定的Langmuir 膜，且获得的 LB 膜有序性较差。后来，Roberts 和他的合作者于 1983 年研究了非金属非取代酞菁（H_2Pc）和四叔丁基酞菁（Bu_4H_2Pc）在纯水亚相上的组装行为[76]，并成功地沉积了其多层 LB 膜，由于其良好的自聚集性，亦没有得到有序性良好的层状分子膜。尽管如此，这些开创性工作对以后相关研究中设

计与合成适合于 LB 组装体系的酞菁类化合物提供了良好的科学与技术基础，依然具有重要的意义。后来，随着酞菁类染料化合物研究的继续深入以及 LB 界面组装技术的进一步发展，研究者在该方面展开了系列富有成效的研究工作并取得了诸多优秀的研究积累和成果。比如，在其随后的研究中，Roberts 合成了在有机铺展溶剂中具有良好溶解性的取代酞菁，将之制备成了有序 LB 膜。同时，他们还指出这种有序薄膜材料可能在电致发光二极管、气敏元件、双稳态开关等高技术领域具有一定的研究空间和应用潜力[77-79]。

Roberts 的这些系列研究引起了其他研究者的极大关注和浓厚兴趣，之后文献中出现了大量关于这类化合物 LB 界面组装膜的研究。从资料上来看，合成具有新型结构特征的酞菁衍生物，并利用 LB 技术构筑其高度有序的分子膜成为了当时 LB 领域的热点和重点之一[80-91]，其中有些研究小组的工作取得了具有代表性的研究结果。

比如，日本的 Ogawa 小组通过 LB 界面组装技术系统地研究了如图 3-14 所示的几种烷氧基取代酞菁化合物的界面组装，并探索了取代基对其组装行为的影响和贡献，结果显示[80-82]：在 A 系列酞菁中，由于其烷氧基取代基的存在，这些化合物均可形成高度有序的多层 LB 膜，其中组装基元分子的平面垂直于固体基片并且形成了面对面的 *H*-聚集体。当碳链长度为 6 时其二色比最高可达 10：1，表明其分子在膜中高度各向异性排列和堆积。进一步的研究还发现，酞菁环的平面倾向于垂直于挂膜的方向。事实上，酞菁化合物在 LB 膜中的这种聚集状态和排列方式作为一种经典的堆积方式，在后来研究的其他酞菁类化合物的类似研究中也常常出现，这被后来 Albouy 等人通过 X 射线衍射得以证实[83]。同时，这些研究者还对较短碳链（*n* = 4～7）取代的这类酞菁化合物的 *π-A* 曲线进行了深入分析，结果显示：在较高表面压时其等温曲线中出现一平台，对应于由单分子膜到双分子膜的相转变。对于 A 系列化合物来说，碳链的长短对其在水/空气界面上所形成单分子膜的流动性有一定的影响，当 *n* = 7～8 时可以得到有序性较高的 LB

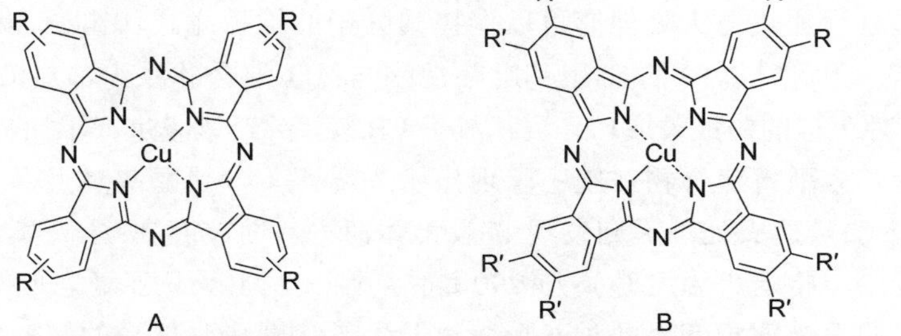

$$R = -COOC_nH_{2n-1}, n = 3～8, 10, 11, 15, 16, 18 \qquad R = R' = -COOC_4H_9 \text{ 或 } R = -COOC_4H, R' = H$$

图 3-14 Ogawa 小组研究的系列金属或非金属酞菁化合物

膜[80,81]。对于 B 系列化合物来说，由于其具有较强的疏水性，用垂直挂膜法不能得到其均匀的多层 LB 膜，但改用水平提拉法后则可以很好地克服这一缺陷[82]。酞菁类分子结构对其 LB 膜结构的影响这一基础性课题的研究一直持续到现在。比如，日本东京大学的 Hasegawa 与其合作者最近报道了含有不同金属离子的和取代基的酞菁化合物的 LB 膜，揭示了中心金属离子以及取代基对其界面组装行为以及 LB 膜结构的贡献和影响[92]。尽管这些研究相对于以前的研究并不具特明显的创新性和特色，但却表明追求和阐明分子结构内因对界面组装行为及其分子在 LB 膜中的堆积方式的影响的研究，始终是研究者关心的重要课题。同时，这也表明到目前为止还很难从理论层面直接指导旨在构筑具有明确结构特征的 LB 膜，尽管各种研究对相关分子的设计与合成提出了可以自圆其说的理论和解释。总之，上述系统化研究表明，对于酞菁类化合物的分子来说，其分子骨架上取代基的个数、位置等因素是决定其 LB 膜质量的重要参数。

Snow 领导的研究小组亦在酞菁类化合物的 LB 膜方面展开了卓有成效的奠基性研究工作[84,85,91]。他们深入研究了如图 3-15 所示系列金属酞菁在水/空气表面上的界面组装行为，结果表明：尽管随着中心取代金属的种类不同而有所不同，但这类化合物均在铺展溶液中具有很强的自聚集倾向，因此在亚相表面不能形成良好的有序分子膜，所沉积 LB 膜的质量也欠佳。但通过十八酸或十八醇的调控则可以提高其沉积膜的有序性。这一研究为人们获得酞菁类化合物的有序分子组装体提供了新的思路，表明除了需要在分子的设计与合成上投入精力外，研究者还可以通过其他各种创新性思路来实现有序界面组装体的构筑。其他研究者也在这方面展开了大量的研究工作，本文不再赘述，感兴趣的读者可参阅相关文献或论文[80-91,93]。除了在体系中引入两亲性分子来提高酞菁类化合物 LB 膜的质量外，通过调控其他因素亦可以实现同样的目的。例如，西班牙加泰罗尼亚理工大学的 Torrent-Burgués 等人研究了一种 8 个烷氧基链取代的酞菁类化合物的界面组装，结果显示，在较低的界面压力下，该分子可以形成没有缺陷和孔洞的正真单分子膜，但在较高的沉积界面下则形成了非均匀的多层膜[94]。此外，对酞菁类化合物的 LB 膜进行加热退火处理亦可以调控其分子的堆积方式。比如，印度矿业学院的 Roy 等人利用 1∶10 的 *N*-甲基吡咯烷酮与氯仿混合体系为铺展液，将在普通溶剂中溶解性欠佳的锌酞菁成功地沉积成了 LB 膜，并对该膜进行了加热退火处理[95]。结果显示，该酞菁化合物在膜中呈现出了 *H*-聚集体、*J*-聚集体及单体三种状态，在 65℃下加热退火处理后则发现 *J*-聚集体消失，而仅存在 *H*-聚集体和单体两种状态。进一步将退火温度升高到 290℃时，则又发生了从亚稳态的 α 相到比较稳定的 β 相的第二次相变，同时其形貌也发生了从圆形到棒形的转变。鉴于 β 相具有较高的载流子传输性能，膜的导电性能也得到了明显增强。随后，这些研究人员又通过物理与计算方法，对上述相变过程进行了更加深入与详尽的理论分析和机理推测[96]。这些研究除了表明退火处理可以改善 LB 的物理化学性能外，也表明采用混合溶剂的办法可以使得本来不太适合于通过 LB 膜技术来成膜的化合物适用于水/空气界面的铺展与组装。

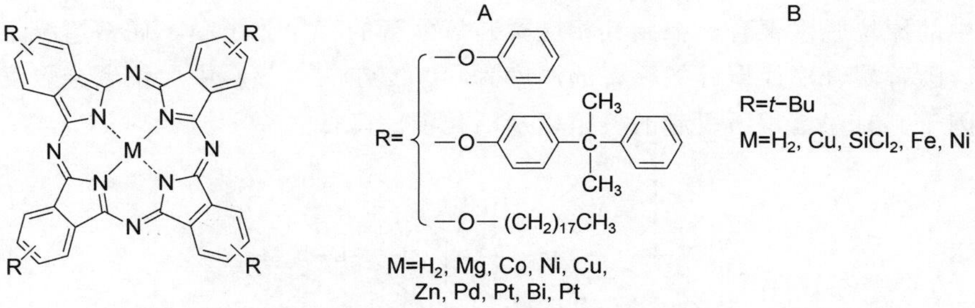

图 3-15　Snow 小组通过 LB 界面组装技术系统化地研究了 A 和 B 两个系列金属或非金属酞菁化合物的界面组装，并探索使用其他第二种组分的调控来获得有序分子组装体的可能性

上述对酞菁类化合物 LB 膜的研究大多侧重于揭示膜材料本身的结构与制备方法、分子结构等的内在关联，作为基础科学的必要组成部分具有重要的理论和科学意义。同时，应当看到，作为一种重要的功能染料化合物，研究其 LB 界面组装体的各种物理化学性质始终是该方向的出发点和最终归宿。事实上，酞菁与 LB 膜专家们在起初就开始关注这一重要实践命题了。

在各种酞菁衍生物中，具有一维结构特征的聚酞菁是比较特殊的一类。所谓一维酞菁是指酞菁分子通过中心金属原子和相应的配体以桥键而键合得到的一维柱状聚合物，其基本结构如图 3-16 所示，图中 M 为中心金属原子、L 为桥联配体、四边形代表酞菁单体。从文献报道来看，中心原子可以为 Co^{2+}、Co^{3+}、Fe^{2+}、Fe^{3+}、Mn^{2+}、Mn^{3+}、Al^{3+}、Ga^{3+}、Rh^{3+}、Si^{4+}、Sn^{4+}、Ge^{4+} 等，而配体则可以为不带电荷的中性分子，比如四嗪、联吡啶、吡嗪等，也可以为各种负离子，比如 N_3^-、SCN^-、O^{2-}、F^-、BF_4^- 等[97-107]。这类酞菁之所以引起了诸多研究者的关注，原因之一是它们作为一种优良的低维电导体在分子电子器件方面存在着巨大的实践基础和应用空间，其中具有良好稳定性的聚硅氧酞菁被认为是下一代新型分子导线的明星分子。在利用 LB 技术构建酞菁类化合物有序结构组装体的热潮中，聚硅氧酞菁的相关研究则顺其自然地成为了研究的重点之一[108,109]。Wegner 的研究小组详细地研究了一种聚硅氧酞菁有序 LB 膜的构筑，发现在膜中其一维分子骨架高度各向异性排列[110,111]，他们还按照二维流体力学理论解释了其有序性的原因[112]。为了实现这些有序分子膜的功能化，在随后的研究中他们与其他研究小组系统化探索了其 LB 膜的光电导性能，并将之集成于有机场效应管中，该器件表现出了良好的工作效率[113-115]。尽管如此，因为这些聚合物在有机铺展溶剂中具有较差的溶解性，从而限制了其更高质量 LB 膜的制备。为了克服这一缺陷，笔者研究了一种在有机氯仿相中具有良好溶解性的二羟基硅氧酞菁单体的界面组装行为[93,116,117]，结果发现，鉴于该化合物在铺展相中良好的溶解性，可以得到其稳定的单分子膜。进一步研究发现在真空中以 180℃的温度加热，可以引起单体间在膜中的原位脱水聚合，得到其相应聚硅氧酞菁的有序分子膜。通常情况下由双羟基硅酞菁聚合形成聚硅氧酞菁的温度为 400℃左右，该膜中原位聚合温度的降低归因于其有序堆积所引起的位阻以及活化能的降低。

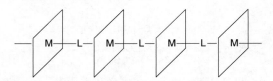

图 3-16   一维线型结构聚酞菁的基本结构示意图

作为一种优良的半导体，酞菁类化合物的聚集体对某些氧化性气体可以显示出明显的响应，这为实现其作为气体传感器的研究奠定了良好的基础。事实上，早在 20 世纪六七十年代就有报道关注了酞菁晶体和真空蒸镀膜对气体的响应，然而由于这些材料表面的致密性和不均一性，使得气体在膜中具有较小的扩散速度，最直接的结果就是器件具有较迟钝的响应速度和效率[118,119]。从上面的论述可以看到，LB 技术可以从分子层次上控制有序分子膜的厚度，可轻易实现分子的有序堆积与排列，并且具有比表面积大、均匀性优良等优点。因而，研究者认为这可能为迎合酞菁类化合物作为气体传感器的实践提供新的方法和手段。自从 Roberts 在 1983 年首次报道了铜酞菁的 LB 膜可能作为氮氧化物 NO_x 的气敏传感器后[78]，诸多科学家相继在该方向上展开了深入的研究工作。通常，按照被测量的物理量纲，其气敏性的研究可分为光谱法、电导法、场效应法等等。

许慧君研究小组在这方面展开了比较系统化的研究工作。他们合成了若干具有两亲性的不对称酞菁类衍生物[120]，深入探讨了这些化合物的本征结构特征，比如取代基的位置、中心金属离子的种类、取代基疏水链的长度等，对其 LB 膜结构以及气敏性能的贡献和影响。他们研究发现：非金属中空酞菁的 LB 膜在常温下对浓度为 1μL/L 的二氧气化氮气体有快速的响应以及恢复，这使之有可能应用于检测大气中含氮氧化物等有毒气体的传感器。与此明显不同的是，与之对应的金属锌酞菁则对这些 NO_x 气体未能表现出优良的响应，但却对氨气表现出了较好的响应，这表明后者有可能应用于含氮气体的分子识别。同时这些研究者还探索了制膜过程中的物理外因，比如挂膜方向、挂膜压力、对膜的热处理等因素对其气敏性能的影响，诠释了分子在膜中的堆积排列方式、膜的结构与其性能的内在关联。这些研究为实现酞菁类化合物 LB 膜在气体传感器方面的应用奠定了良好的科学与技术基础，具有重要的科学与实践意义。

李言荣和蒋亚东的课题组亦在该方向上展开了深入系统的研究工作[121]。他们将微电子半导体技术与 LB 技术结合，成功构筑了以酞菁化合物 LB 膜替代 MOSFET 中栅极金属的化学场效应管，并将之集成得到了以稀土双酞菁 LB 膜为工作材料的氮氧化物气体传感器。系统化研究了酞菁组装基元的结构、LB 膜的层数、不同器件构型等因素对其器件气敏效率的贡献和影响，结果表明：基于稀土双酞菁 $Sm[Pc(OC_8H_{17})_8]_2$ 的器件对 NO_2 具有优良的敏感性能、选择性和响应特征。膜的层数越少、气体的浓度越大，器件的响应越快。基于此的 LB 膜 ChemFET 和 CFT 可克服高阻抗测量方面的困难，因而可以检测到更低浓度的氮氧化合物气体，同时亦具有良好的稳定性和可重复性，其中质量较佳的器件对 NO_2 气体的检测浓度为 $0\sim100\mu L/L$，对 $20\mu L/L$ 浓度的 NO_2 响应时间要小于 20s。这在很大程度上影响了器件对被检测气体的响应和恢复特性。他们认为与对应的单酞菁相比，稀土双酞菁衍生物是一类有潜在应用价值的气敏材料。此外，他们还详细研究了这些传感器件的工作机制并诠释了其构效关系，分析认为：在酞菁分子骨架中引入稀土金属促进了 NO_2 气体与其 LB 膜的作用，并基于此提出了气体响应的能带理论模型，也对气敏特性中的浓度效应、厚度效应以及温度效应等环节展开了合理的解释和讨论。这一研究表明，将 LB 成膜技术与其他技术联用并通过设计适当的酞菁构筑基元分子，可以帮助研究者获得具有一定应用价值的传感器件。

此外，姜建壮研究组在酞菁类化合物 LB 膜的构筑以及理化性能方面亦展开了系统化的研究并取得了特色性的研究成果[122,123]。他们设计合成了系列有不同长度侧链取代基的稀土双酞菁 $Eu[Pc(OC_nH_{2n+1})_8]_2$（n = 4，5，6，7，8，12，16），并以此为构筑基元分子，探索了其在水/空气二维界面上的超分子组装行为。发现当 $n\leqslant5$ 时，这些化合物形成了 J-聚集体，而当 $n\geqslant5$ 时则形成了 H-聚集体。这表明研究者可通过改变酞菁环上的取代基来实现其组装体结构的调控，为进一步实现其功能的调控奠定了基础。同时，为了深入探讨取代基对这类化合物界面组装体结构的调控机制，他们还合成了系列带有不同长度侧链不对称取代稀土双酞菁 $EuPc[Pc(OC_nH_{2n+1})_8]$（n = 4，8，12），对其进行 LB 界面组装验证了他们关于对称稀土双酞菁研究中得出的取代碳链对于分子聚集方式影响的结论。此外，他们还研究了若干种具有不同中心金属离子的新型稀土金属三酞菁化合物 $[Pc(OC_8H_{17})_8]M[Pc(15C5)_4]M[Pc(15C5)_4]$

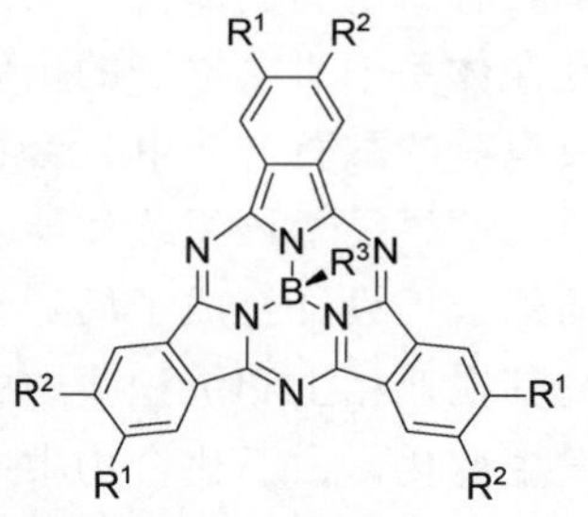

1 R^1=H, R^2=$SO_2C_8H_{17}$, R^3=Cl
2 R^1=H, R^2=t-Bu, R^3=Cl
3 R^1=H, R^2=SC_8H_{17}, R^3=Cl
4 R^1=H, R^2=SC_8H_{17}, R^3=OH
5 R^1=H, R^2=SC_8H_{17}, R^3=$OSi(C_6H_{13})_3$
6 R^1=R^2=$SO_2C_8H_{17}$, R^3=Cl

图 3-17　几个亚酞菁的 LB 膜可以表现出明显的二阶非线性光学响应

（M = Eu，Ho，Lu）的组装行为，并将其多层 LB 集成为场效应器件，该器件的迁移率达到了 $0.24 \sim 0.60 \text{cm}^2/(\text{V} \cdot \text{s})$。通过光谱法研究发现，这些膜对 NO_2 气体具有明显的气敏响应，具有良好的可逆性，同时还探讨了中心金属离子对其性能的影响和贡献。

除了上述对气体的传感外，酞菁类化合物的 LB 膜亦可对溶液中的分子进行传感。比如，土耳其马尔马拉大学的研究人员 Koca 与其合作者制备了分子骨架上带有蒽醌基团的酞菁化合物与典型两亲性分子硬脂酸的混合 LB 膜[124]，发现该膜可以对溶液中的农药杀虫剂毒扁豆碱和呋喃丹进行有效的选择性电化学识别与传感，且该传感器表现出了良好的可重复利用性和稳定性。进一步研究显示，在该膜上修饰了铂或金纳米颗粒，可以进一步提高其灵敏度。其中，电化学阻抗数据对毒扁豆碱的检出限达到了 $2.30 \times 10^{-9} \text{mol/L}$，表明该传感其的潜在使用价值。

酞菁类化合物 LB 膜有序组装体非线性光学性质方面的研究亦是一个重要的研究方向。比如 Katz 与其合作者设计合成了具有手性的氮杂锌或铜酞菁类化合物，并利用 LB 手段将之组装成有序膜，结果发现尽管其组装基元为对称结构的酞菁分子，但却能从其有序膜中观察到很强的非线性光学响应信号。分析认为，这是由于界面组装体中手性所引起的非线性光学放大效应所致[125]。如图 3-17 所示，Mingotaud 的研究小组设计合成了系列轴向中心或周边带有不同取代基的亚酞菁类化合物[126]，发现这些基团的存在可以从很大程度上调节其分子在 LB 膜中的堆积和排列方式，他们还通过布儒斯特角显微镜、X 射线衍射、红外光谱、紫外可见光谱等系统研究了膜的结构，结果发现化合物 1 可以形成 Y 型膜，由于化合物特殊的锥形结构，其 LB 膜表现出了良好的二阶非线性光学响应。这一研究扩大了人们在研究酞菁类化合物 LB 膜二阶非线性光学性质时的可选择基元分子的范围，具有一定的创新性。为了能够增加非线性光学性质的响应性，一个有效的办法是在体系中引入电子的供体与受体。按照这一思路，Houde 等人设计合成了带相反电荷的酞菁与卟啉化合物[127]，并通过界面上的静电作用构筑了其多层 LB 膜体系，结果显示该组装体能表现出良好的非线性光学响应。中国科学院化学研究所的刘云圻设计合成了周边带有三个叔丁基与一个硝基的不对称酞菁衍生物[128]，研究其在亚相上和沉积膜中的结构发现，挂膜过程中分子的排列和堆积方式基本不发生变化。由于化合物中电子供体与电子受体的存在，该化合物的有序 LB 膜显示出了良好的二阶非线性光学性质，其光学响应对膜的层数的平方亦表现出了线性关系。事实上，酞菁化合物 LB 膜的组装及其物理化学性能的研究是一个十分广泛的方向，除了上述研究外，人们还将目光关注到了其他更多方面的研究，感兴趣的读者可参阅相关书籍或综述[72,129]。

（3）卟啉类染料 LB 膜的构筑

作为酞菁类化合物重要的姊妹化合物，卟啉类染料分子的研究亦是一个重要方向。如图 3-18 所示，从结构上来看，卟啉类分子是四个吡咯的 α-碳原子环通过次甲基（=CH–）桥联起来的环状大 π 共轭体系杂环化合物，其分子具有良好的平面性和一定的弹性。通常将其母体化合物称为卟吩，在卟啉骨架上嫁接上各种取代基或中心金属离子后则习惯上称之为卟啉。在其电子结构中，共有 22 个 π-电子，其中 18 个 π-电子可以发生离域作用而赋予了其良好的芳香性。鉴于其在紫外可见区良好的吸收系数、刚性的分子骨架、平面型的分子结构等，卟啉类化合物是目前超分子化学中最常用的明星构筑基元分子之一。而其优良的理化性能则使之成为了新型光电功能材料、药物、分子识别、超分子手性等前沿领域共同关注的目标分子。与酞菁类化合物不同，自然界中存在大量的卟啉类化合物，它们在生命体的运转过程中发挥了重要作用。比如，血红素、细胞色素、叶绿素等在生命体的新陈代谢的各个环节发挥了至关重要的作用。因而构筑卟啉分子的有序组装体，并以其为材料基础来模拟各种生命过程，是一个十分重要的课题。在构筑卟啉有序超分子结构的方法中，LB 界面组装技术亦受到了各学科研究者的关注，并积累和沉淀了诸多优秀的研究成果。与酞菁类化合物的研究类似，其研究内容亦是由基础到功能、由功能到潜在的应用。

图 3-18 卟啉的基本化学结构式

Suslick 等人设计合成了系列四(对硝基苯基)卟啉[130]，其中四个硝基分别被 1 个、2 个、3 个和 4 个脂肪碳链取代。研究显示，这些卟啉化合物 LB 膜的 Soret 带较其溶液中的吸收发生了明显的红移，但红移的程度有所区别。其中，取代基越多，则红移的程度越少。同时他们亦发现，取代基的个数并不影响卟啉分子在膜中的取向。根据这些现象，研究者提出了卟啉分子可能采取了重叠的纸牌型堆积的结构模型。Ozaki 等人设计合成了一个两亲性的不对称卟啉化合物[131]，通过紫外可见吸收光谱、红外光谱等的研究显示与所沉积 LB 膜的层数无关，卟啉环总是采取平躺在固体载片上构型，并形成了 J-聚集体。对膜加热处理则表明这些有序膜具有良好的热稳定性。随后，在其系列研究中[132]，他们又发现固体载片的种类可以影响该卟啉分子在膜中的堆积方式：在玻璃片上其 Soret 带相对于溶液中红移了 10nm，而沉积在镀金玻璃片上的则红移动了 25nm，这两种不同的聚集体表现出了明显不同的荧光性质。沉积在镀金玻璃片上的膜在 480nm 波长处表现出了一个明显的肩峰。在该波长下其对荧光的猝灭效应表明卟啉分子形成两种不同的头对尾的 J-聚集体。这种通过固体基片的特性来调控染料分子排列方式的研究说明，除了分子结构外研究者仍可通过其他条件的控制来实现分子组装体结构的调控。此外，为了进一步调控卟啉分子的组装形式，他们还系统化地研究了硬脂酸分子对其组装体积结构的影响和贡献，结果显示[133]：硬脂酸的引入可以从一定程度上调控卟啉分子的堆积和排列，分析其原因发现这并非是硬脂酸与卟啉环作用的结果,而是硬脂酸的疏水碳链与卟啉化合物的疏水碳链之间作用的结果。在这些研究中,作者使用了表征 LB 界面组装体的各种手段,比如红外光谱、紫外光谱、荧光光谱、表面等离子体谐振等。笔者认为,这些研究手段和数据分析方法对 LB 膜技术以及卟啉组装方面的初学者有很大的帮助,建议感兴趣的读者参阅他们的文献[131-136]。

我国卟啉与 LB 膜专家复旦大学的钱东金教授亦在构筑卟啉的有序 LB 膜方面展开了卓有成效的系统化研究工作。他们发现,四吡啶基卟啉 TPyP 在纯水亚相表面上所沉积 LB 膜的 Soret 带相对于溶液中的吸收红移到了 442nm,有意思的是以二氯化镉为亚相的 LB 膜则在 423nm 处表现出了强的 Soret 带吸收,其 Soret 带的红移程度明显减少。这表明,在后者的情况下,TPyP 分子之间仅存在较小的π-π 堆积作用,接近于溶液中的情况[137]。该研究组还详尽探索了 LB 技术中最重要的本征参数表面压力对卟啉界面组装行为的影响,研究了不同表面压下沉积 LB 膜的 Soret 带的移动情况,并讨论了在卟啉组装体中引入两亲性磷脂分子对其组装行为的影响[138]。他们分析认为,磷脂分子可能占据了卟啉阵列中的空穴位置,因而对其 π-A 曲线基本上不产生表观上的影响。同时,他们还发现随着表面压力的升高,所沉积 LB 膜的 Soret 带表现出了更大的红移效应,说明表面压可以从一定程度上来调控其界面组装行为。通常情况下,中心配位的金属离子将对卟啉的物理化学性质产生一定的影响。为了探索金属离子对其界面组装行为的影响,他们还系统化研究了空心的 TPyP,两种金属卟啉 ZnTPyP、TiOTPyP 的组装行为[139]。结果表明:尽管其所形成的界面卟啉阵列结构具有相同的网格特征,但其一维特性仍然表现出了明显的区别,主要表现在不同的单分子面积以及不同的 Soret 红移程度。在较低的表面压下,ZnTPyP 分子表现出了较大的单分子面积,其 Soret 带亦未能表现出明显的红移现象。为了能证实四吡啶基卟啉在界面上可以通过原位的配位作用形成卟啉网格状结构,Ruggles 与其合作者利用 X 射线反射光谱以及全反射偏振 X 射线吸收光谱对其界面的组装行为进行了深入研究[140]。他们采用 Cd^{2+} 和 Cu^{2+} 等离子作为亚相中的配位离子。结果表明:ZnTPyP 和 TPyP 分子在纯水亚相的分子膜厚度分别为 14nm 和 15.5nm,而在上述两种离子水溶液的亚相上的膜厚度则为 6~8nm。这些研究从另外一个侧面证实了钱东金等人的设想[141]。

从上面研究可以看到,表征卟啉界面组装体的结构,并通过各种内外因条件的调控来实现其可控组装是该方向上的一个重要研究命题。其中,通过表面压这一 LB 技术的本征参数来实现这一目的具有重要的实践与科学意义,因为它在实现可控组装的同时还能帮助研究者巧妙地绕过设计与合成各种卟啉化合物上的困难。最近,Miguel 与其合作者在该课题上进行了一定的研究[142]。他们研究了一个具有明显两亲性的不对称卟啉(一个带长烷基碳链 TPPS 的衍生物)的界面组装行为，结果发现：在单分子面积较大的低压区，该卟啉并没有发生聚集行为，其分子平面平铺在亚相表面，形成了液相扩展相。从低压下开始压缩其漂浮膜，可以诱导卟啉分子形成倾斜的构象，发生了其 Soret 吸收带的红移。当压力继续升高时，卟啉环的平面倾向于和亚相表面垂直，形成了较为密集的排列和堆积，同时其组装体的 Soret 带发生了明显的裂分。这进一步证实，研究者可以非常简单地通过表面压的控制来实现界面组装体结构的调控。

与酞菁类染料化合物的研究类似，作为一类重要的多功能化合物，人们关注卟啉界面组装行为的基本科学规律与机制并实现其可控组装的目的在于获得其功能组装体。因此，除了上述侧重于基础方面的研究外，卟啉 LB 膜的各种理化功能的研究亦是一个重要的方向。最近，Kaunisto 等人研究了卟啉与富勒烯复合物（P-F）与噻吩衍生物（PVT3）、聚噻吩（PHT）三元复合 LB 界面组装体的构筑并探索了其光电性能[143]。结果显示：在该复合膜中，可以发生光诱导能量以及电子从 PVT3 到 P-F 的有效层间转移。在形成的 PHT-PVT3-P-F 层状三元体系中，PHT 作为电子供体，而后两者作为电子受体，导致了正电荷分布于 PHT 层而负电荷分布于富勒烯亚层中的最终电荷分离状态。通过一个酞菁类衍生物 ZnPc 与 P-F 复合膜的研究，他们确认了 P-F 在这种多元体系的电荷分离中所起到的关键作用。这一研究显示，通过合理的设计与组装，有可能为研究者获得高效的有机光伏器件提供契机。Vuorinen 等人亦在这方面展开了系统的研究工作[144]，他们设计合成了系列具有不同亲疏水性特征的卟啉/富勒烯共价键复合物，研究其界面组装发现可以通过其亲/疏水性以及挂膜方向来实现膜结构的有效组装，并可优化其最佳结构以得到最佳的电荷分离效果。Guldi 等人亦在该方向上展开了类似工作[145]，他们通过 LB 界面组装以及层层组装的方法分别获得了卟啉/富勒烯共价键复合物的有机超薄膜组装体，并研究了其光伏性能，结果发现前者具有较高的效率，分析认为这是通过 LB 界面组装过程所获得膜的有序性较好的缘故。该研究从一定程度上说明了 LB 界面组装的优势之所在。

事实上，作为重要的功能染料化合物卟啉与酞菁类似，其 LB 膜对气体的敏感性也引起了许多研究者的关注[146,147]。Richardson 的研究小组在这方面进行了大量的系统化探索，并取得了许多杰出的研究成果。他们发现，一些卟啉的 LB 膜可以对 NO_2 气体表现出明显的响应特征，其最低响应浓度达到了 $5\mu L/L$ 以下。通过选择合适的取代基，他们发现可以从很大程度上提高气敏器件的响应速度和可循环性。比如可以通过取代基的更换，响应时间从 450s 缩短到了 11s。若在体系中引入对气体显示惰性响应的杯芳烃，其响应时间可进一步缩短到 5s 以下[147]。他们还系统化分析了其中的规律与机制，感兴趣的读者可参阅他们最近的一篇综述[146]。

此外卟啉类化合物的 LB 膜还可以对常见的挥发性有机溶剂产生一定的响

应。比如 Dunbar 等人最近设计合成了系列非金属和金属卟啉类化合物（其中，金属可为 Mg、Sn、Zn、Au、Co、Mn 等），制备了其 LB 膜界面组装体并研究了其对各种有机挥发性气体的响应性[148]。结果显示：具有良好中心配位性能的卟啉可显示出明显的气敏性，对于那些在中心已经有配体的卟啉来说它们只能对那些可以取代这些配体的有机挥发性气体显示响应。此外，他们还发现 Co 卟啉的光谱表现出了最佳的响应效果，这主要是由于其响应过程中存在一个从 Co 价态的转变机制。

　　如何实现对各种气体的选择性传感一直是传感领域的重要研究课题之一[149]。巧妙地利用卟啉化合物的 LB 膜与其他功能分子的层状复合膜，可以很好地实现气体的选择性传感与识别。比如，土耳其巴勒克埃西尔大学的 Evyapan 和英国设菲尔德大学的 Dunbar 设计合成了 meso 位苯环上带有 8 个疏水碳链的非金属苯基卟啉化合物（EHO，图 3-19），并用水平提拉转移法构筑了该化合物的 LS 膜[150]。他们研究发现该膜的光学性质对二氧化氮、乙酸、丁酸、己酸等具有不同分子尺寸的气体分子均具有明显的相应特征，但这种响应性并不具明显的选择性。为了赋予其一定的选择性，他们在 LS 膜上又沉积了被称为"屏障层"的由杯芳烃衍生物与聚甲基丙烯酸甲酯（PMMA）混合所形成的膜（图 3-19）。结果显示，这种层状复合膜对上述气体表现出了明显的选择性响应特征，并且其选择性与杯芳

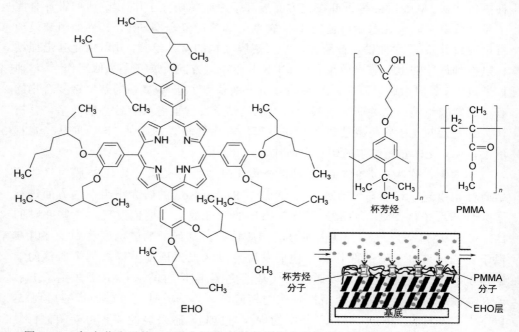

图 3-19　在卟啉分子的 LS 膜上沉积由杯芳烃衍生物与聚甲基丙烯酸甲酯（PMMA）混合所形成"屏障层"赋予了该层状复合膜对气体的选择性传感性能

烃衍生物的含量相关。分析认为（如图 3-19 所示），这主要是由于"屏障层"中的杯芳烃衍生物的孔径与被检测气体的尺寸匹配效应带来的结果。进一步研究发现，通过加热处理可以实现该传感器的可逆循环使用。尽管该类传感器件的响应在数十分钟左右，依然距离实用尚远，但该工作为构筑基于卟啉类分子 LB 膜的具有选择性气体传感性能的器件提供了新的思路。同时，需要指出的是，在该研究中作者并未说明上述"屏障层"膜是采用什么技术沉积到卟啉 LS 膜之上的，尽管其思路很吸引人，但这却为其他同行进行类似研究带来了一定的不便。

　　电子/能量转移/转换的基本规律与机制是物理化学的重要研究课题之一。从这种意义上来看，鉴于其明确的分子结构特征、丰富的 π-电子体系、在可见光区特征的吸收光谱，以及分子结构的灵活性和多样性，卟啉类分子被认为是研究该类课题的重要染料之一。最近[151]，日本东京大学的 Takagi 与其合作者在表面活性剂的辅助下成功地将分散于亚相中的黏土沉积为 LB 膜，并通过静电吸附作用/离子交换将两种水溶性阳离子型卟啉分子以交替方式层层固定到该层状膜中。他们的研究显示，尽管这两种卟啉分子在该膜中的分布密度很高，但并没有发生严重的聚集，进而促进了层间不同卟啉分子之间的能量转移，最大能量转移效率可达到 85%。分析认为，阳离子染料分子的间距与黏土表面上的阴离子间距离之间的尺寸匹配效应在这种各向异性的能量转移过程中发挥了重要作用。该工作不但为研究卟啉分子间的能量转换规律与机制提供了新型平台，同时也提供了区别于利用界面上的静电作用的经典方案来构筑水溶性染料分子有序膜的新思路。

　　事实上，除了精心设计与合成分子外，基于 LB 技术与其他组装技术的结合来构筑复合功能有序分子组装体的思路，是实现 LB 技术这一经典研究平台可持续创新发展的重要思路之一。日本九州大学的 Yonemura 等人在这方面也展开了研究。他们以分子骨架上嫁接了紫精基团的两亲性锌卟啉为基元[152]，构筑了其 LB 膜，随后通过基于静电作用的层层组装技术，构筑了该卟啉分子与聚乙烯亚胺、银纳米颗粒所构成的三元复合层状薄膜。研究表明，相对于基于分子骨架中不带紫精基团的两亲性锌卟啉分子所构筑的复合膜，该膜表现出了显著提高的光电转换效率。作者认为，银纳米颗粒所引起的表面等离子体共振效应与紫精基团所诱导的分子内电子转移的协同效应，对这种高效的光电转换发挥了重要作用。

　　诚然，利用 LB 膜技术来构筑具有先进功能的膜材料，是该领域的研究热点和导向之一，但也有研究者报道了自己并不十分成功的例子。比如，加拿大萨斯喀彻温大学的 Steer 和 Paige 等人最近报道了他们旨在构筑基于卟啉分子 LB 膜的具有敏化-发射双重功能的非相干光子上转换性能的研究工作。他们的结果显示[153]，尽管所使用的两亲性锌卟啉分子可以形成高质量的 LB 膜，并能表现出良好的荧光发射性能，但该膜并没有表现出预期的非相干光子上转换性能。分析认为，除了高度有序的堆积以外，非相干光子上转换所需的分子间合适的空间分离以及生色团的相对取向，可能是导致这一结果的原因。尽管是一个并不十分成功的例子，但笔者认为该研究的重要意义在于：①提醒研究者在进行相关工作时，除了需要考虑分子设计与合成、分子膜的有序性等环节外，如何利用 LB 技术来实现分子堆积的精准控制，依然是一个亟待研究和认真考虑的重要课题；②尽管在有些情况下并不能利用 LB 技术实现预期的研究目标，但作为一个重要的基础研究平台，却可以为进一步实现预期研究目标提供科学信息与指导；③从纯粹的"发表文章"的层面来看，即便是得到一个并不十分理想的研究结果，通过认真总结和分析相关数据，亦能从失败中凝练出颇具科学意义的结果。

上述所讨论内容仅仅以少数研究为例子来展示 LB 技术在卟啉类化合物超分子组装中的贡献，是一些较为经典的内容。事实上，关于卟啉 LB 膜的研究还包括诸多方向，比如非线性光学性质、超分子手性、超分子纳米结构的构筑等等，下文将对部分研究方向加以简明介绍，此外感兴趣的读者亦可参阅相关专著或者论文[154-156]。

（4）其他共轭 π-体系 LB 膜的构筑

同时，需要指出的是，共轭 π-体系化合物种类的多样性也赋予了其 LB 膜研究方向上的复杂性、灵活性、广泛性、功能性和先进性。上面我们对这些染料的探讨主要关注了花菁类化合物、酞菁类化合物、卟啉类化合物等。事实上，在研究者关注上述各种染料的同时，其他染料和大环化合物（诸如偶氮苯、蒽、芘、杯芳烃等）的 LB 界面组装及其性能的研究亦是该方向上的重要内容之一。比如，济南大学的陈艳丽等人设计合成了一种带有冠醚的芘衍生物[157]。通过紫外以及荧光光谱表征发现，在钾离子的诱导下，该化合物可以在氯仿溶液中形成二聚的 *J*-聚集体，而在水或含有钾离子的亚相中则形成了 *H*-聚集体。相对于在水亚相上的较为疏松的 *H*-聚集体，在含有钾离子的亚相上所形成的 *H*-聚集体则更为致密，表现为纤维状纳米结构。其中，后者较前者的电导率提高了一个数量级。尽管作者没有研究该聚集体的稳定性，但预期该聚集体可能在分子电子器件方面有潜在应用价值。其他学者，比如波兰的 Martynski 等人[158,159]也对芘衍生物在水/空气界面的组装行为、LB 膜及其光学性能进行了研究。

此外，土耳其塞尔丘克大学的 Ozbek 与其同事研究了两种杯芳烃在水/空气的界面组装行为，制备和表征了其 LB 膜。利用石英晶体微天平分析技术，他们发现这些有序分子膜可以作为气体传感器对氯仿、苯、甲苯、乙醇等有机溶剂的蒸气做出快速、稳定、重复性好、选择性强、寿命长的响应[160]。河南工程学院的王非等人通过电化学分析手段研究了一种杯芳烃的 LB 膜对多巴胺和尿酸的传感性能。结果表明，二者在 $8.0 \times 10^{-8} \sim 6.0 \times 10^{-6}$ mol/L 以及 $4.0 \times 10^{-7} \sim 4.0 \times 10^{-5}$ mol/L 间表现出了良好的线性检测行为，检出限分别达到了 2.0×10^{-8} mol/L 和 8.0×10^{-8} mol/L。同时，基于此的器件表现出了良好的选择性、稳定性和可重复性[161]。

巴西巴拉那联邦大学的 Winnischofer 与其同事合成了一种带有氮杂偶氮苯衍生物配体的两亲性 Ru(bpy)$_2$ 配合物，详细地研究了该配合物在气/液界面的组装行为，在氮杂偶氮苯配体的 LB 膜上沉积了该配合物的 LB 膜，并研究了该复合膜的光电性质。结果显示，在该复合膜中，带长疏水链的氮杂偶氮苯配体使得配合物的氧化还原中心形成了一个最佳取向，并提供了参与电子跳跃机理的低 π-电子轨道。这两种因素的协同作用，使得复合膜的电化学性能得到了提高[162]。为了将水溶性很强的阳离子型染料罗丹明 B 制备成 LB 膜，印度特里普拉大学的 Bhattacharjee 等人，以罗丹明 B 与负离子型黏土蒙脱土的分散体系为亚相，通过其与阳离子型两亲分子漂浮膜在界面上的作用，将罗丹明 B 成功地沉积为 LB 膜[163]。作者还研究了该复合膜的荧光性质。该工作为构建基于水溶性染料的荧光 LB 膜提供了思路。

巴西圣卡洛斯联邦大学的 Ferreira 等人制备了由翠绿亚胺盐聚苯胺与蒙脱土组成的复合 LB 膜，结果显示[164]：这两种组分在分子水平上的作用使得蒙脱土赋予了翠绿亚胺盐聚苯胺 LB 膜很好的稳定性和均匀性。同时，这两种组分间良好的协同性，使得复合膜可以作为高效的电化学传感器用于检测 Cd^{2+}、Pd^{2+} 和 Cu^{2+} 等金属离子。在十六烷基胺的辅助下，合肥工业大学的苗世顶等人将分散于亚相中的耐尔蓝 A 和黏土成功地沉积为 LB 膜，研究了染料分子的取向、排列密度、相行为和表面张力的变化情况[165]。通过数据分析，作者发现了两种复合方式：黏土浓度较高及低的表面压下，染料分子被吸附在黏土的片层；黏土浓度较低及高表面压下，染料分子采取了肩并肩垂直于片层堆积。其中，前者可以发出 550 nm 的荧光，而后者则不然。这些研究表明，小分子染料或聚合物染料分子与黏土的复合可以改善或调控材料的电光性能，进而赋予了其复合物在实践中的潜在应用空间[164,165]。

从文献上来看，染料类化合物作为重要的 π-体系功能分子，其本身具有丰富的多样性和灵活性。除了上述所列举的研究外，研究者在该类分子 LB 膜的构建及其功能化方面积累了大量的研究成果，鉴于篇幅有限，本文不再赘述。尽管如此，读者可以从上面的讨论理解和体会 LB 界面组装手段的科学本质和技术特点，至于具体的组装体系的选择可根据自己课题的科学目标与任务来确定。另外，关于性能方面，我们主要讨论了气体传感性、非线性光学性质、光电转换性质等。从文献上来看，其性质远非如此简单，比如利用这些染料化合物的 LB 膜来实现分子识别、信息存储、手性放大等等。我们除了需要关注某个体系的组装机理、表征组装体的结构、最优化组装条件外，常常需要为自己的组装体"找到"一个合适的功能"出口"，以回归研究的初衷和实现研究的目标。笔者认为，从科学研究的角度上来看，这是一个非常简单的问题，因为一个研究工作的展开总是以一定的应用前景或背景为基础和出发点的。同时，这也是一个非常复杂的问题，因为研究结果和实验数据常常需要我们不断修正和更新自己原先所拟订的初衷和计划，这就要求研究者具有良好和比较综合的知识体系。在研究实践中发展新的功能，在新的功能中发展更优的组装体系，定将帮助我们发现新的或旧的功能"出口"。

3.3.2　基于 LB 技术的铁电功能膜材料

除了上述染料化合物 LB 膜的构筑及基于此的先进功能膜材料外，利用 LB 技术来构筑具有铁电性能的功能薄膜材料，也是该领域的热点研究内容和重要组成部分之一。所谓铁电材料是指不施加外部电场就能发生自发极化的热释电体，在外部电场的作用下，这种自发极化矢量的方向可以重新定向亦或发生反转。在外加电场的诱导和作用下，铁电材料中各个电畴的极化矢量方向会趋向于一致，其极化强度（P）与电场强度（E）之间存在的非线性关系被称为电滞回线，该回线类似于铁磁材料的磁滞回线。作为一类重要的光电功能材料，铁电材料通常具有较高的电容率，能表现出压电效应、热释电效应、介电效应、铁电开关效应、电光/声光效应、非线性光学效应以及光折变效应等先进性能。这些丰富的物理化学性质赋予了该类材料在实践中广泛的实践空间，比如热释红外探测器或成像器、信息存储、超快开关、传感器等。现代先进功能器件的发展趋于多功能化、小型化、便携化、高度的集成化。这为各种功能薄膜材料的发展提出了必然要求，同时这也从功能薄膜层面为各种制膜手段的发展提供了契机和新的实践空间。

从手段层面来看，各种制膜技术，诸如旋涂法、各种气相沉积技术、溶胶-凝胶法、溅射法、脉冲激光沉积法等均可在铁电薄膜方面有所作为。从前面几节的论述可以看到，通过分子设计与合成、选择合适制膜方式（水平提拉或垂直提拉）、多元混合体系分子的组装、对载片进行特殊处理、调控界面压力、调控亚相性质（比如酸碱度温度等）、调控拉膜速度等策略，研究者可以利用 LB 技术在分子水平上精准控制分子的堆积方式，进而实现对其聚集体物理化学性能的有效调控。LB 技术的这些本征优势正好迎合了构筑铁电薄膜对分子堆积方式精准控制的要求，因此利用该技术来制备具有铁电性能的有序分子膜的研究构成了该领域的重要组成部分之一。

在这方面较早展开工作的研究小组可能是苏联科学院晶体研究所的 Blinov 与其合作者[166]。他们研究了若干末端带有疏水长链 $C_{18}H_{37}O-$，头基带有$-SO_2NH_2$、$-SO_2N(C_2H_5)_2$、$-COOH$ 等极性基团的偶氮苯衍生物的界面组装行为并沉积了其多层 LB 膜。之所以选择这些分子来进行研究，主要是作者考虑到这些分子具有以下特征：①这些分子带有亲水的极性基团和长的疏水烷氧基疏水碳链，这种两亲性使得其比较适合于通过 LB 技术制备其有序分子膜；②偶氮苯官能团的 π-电子体系在 300～500 nm 之间有明显的吸收，该吸收的所对应的跃迁矩（μ_{ge}）方向平行于分子的长轴方向。同时作为电子受体的亲水头基为整个分子提供了一个永久偶极矩（μ_g），并且该偶极矩的方向同样平行于分子的长轴；③偶氮苯基团在长波长的电子吸收对应于分子内的电荷转移吸收带。基于此，光激发分子时通常伴随着其永久偶极矩的明显变化，即：$\Delta\mu = \mu_e - \mu_g$（式中，$\mu_e$ 和 μ_g 分别为分子处于激发态和基态时的偶极矩）；④上述所有矢量（即 μ_g，$\Delta\mu$，μ_e，μ_{ge}）方向均与分子长轴的方向平行。这些基本特征便于对其多层有序分子膜进行简单的光学以及光电子学分析与讨论。利用 LB 膜技术上述的本征优势，作者成功地获得了这些两亲性偶氮苯衍生物的具有不对称结构的 X 型和 Z 型薄膜，以及具有对称结构特征的 Y 型膜。其中，鉴于前两种膜的不对称结构以及分子本身的偶极矩，偶氮苯分子在膜中的偶极矩采取了相同取向，进而赋予了整个多层分子膜宏观的自发极化性能（$P=10^{-6}$C/cm^2），这两种类型的 LB 膜表现出了明显的热释电效应、压电性质以及线性电光（斯塔克）效应，而具有对称结构特征的 Y 型膜则不然。从一定程度上来看，这是研究者利用 LB 技术的本征优势来实现分子堆积方式并基于此构筑铁电材料薄膜材料的最好例证之一。

随后，Blinov 与 Bun 合作或 Bun 本人在该领域展开了系统化研究[167-175]。比如，他们在 20 世纪 90 年代中期到末期系统化研究了聚合物或共聚物 LB 膜的铁电开关性能与其厚度/层数以及温度之间的关联，并对此提出了模型解释。此外，他们还基于电容率以及热释电等数据研究了这些聚合物超薄膜的铁电相变过程。结果显示：当温度为较低的 20℃时可以在表面发生铁电一级相变过程，而当温度升至 80℃时则可以发生体相一级相变过程。他们认为，鉴于 LB 膜的铁电性能并不存在一个特征最小厚度，并不能用计算三维体系的平均场理论来计算通过 LB 膜技术所构筑的具有二维特征的超薄膜的铁电性能。他们对聚合物的 30 层 LB 膜进行的深入研究显示，在没有电场存在时，铁电相变过程发生于 80℃左右，低于该温度得到了单个电滞回线。进一步研究发现，在体系中引入外加电场，相变的临界温度升高到了 145℃左右。在这两个温度区间，得到了双电滞回线，而当温度高于这个临界点时，则膜丧失了其铁电性能。此外，他们还结合显微镜技术，基于郎道理论对该类聚合物 LB 膜的极化强度、矫顽场、膜的层数等之间的内在关联进行了探究，得到了与理论具有较好吻合性的实验结果。

从上面的例子可以看到，为了赋予 LB 膜铁电性能，通常需要以极性两亲分子为组装单元来制备具有不对称结构特征的 X 型或 Z 型膜，以使得膜中分子的偶极矩在相同方向上较为规整地定向排列。这可以使有序分子膜在宏观上显示出非零极化特征，进而表现出铁电性能。尽管如此，研究显示，相对于具中心对称结构特征的 Y 型膜，这种具有不对称结构特征的 LB 膜具有较差的稳定性，使之不太适用于在实践中的应用。然而，鉴于 Y 型膜中相邻层间分子的极化具有相反方向，使之通常表现为宏观极化强度为零的非铁电性薄膜。复旦大学马世红等人采用了层层交替沉积两种具有不同极性分子复合 LB 膜的策略，从一定程度上克服了这一难题[176]。他们将一种极性较大的半花菁衍生物与极性相对较小的氮冠醚衍生物进行了交替 LB 膜沉积，成功地得到了由这两种分子形成的具有 Y 型结构特征的交替多层膜，并在膜中掺杂了金属钡离子。研究显示，鉴于氮冠醚衍生物隔层具有较小的极性，而半花菁衍生物层具有较大的极性，尽管该交替 LB 膜具有良好的中心对称性，但却能在整体上表现出显著的宏观极性。采用电荷积分法测定了该 LB 膜的热释电系数，结果显示该系数为 $58\mu C/(m^2 \cdot K)$。尽管该数值不十分理想，但是基于膜的相对介电常数和介电损耗发现，该 Y 型交替膜的品质因子可以达到 150，与同期常用热释电材料达到了同一个数量级。该研究充分体现了在构筑功能 LB 时思路的多样性和灵活性，为同类研究提供了巧妙的思路。该小组还将一种由一个长羟基链和发色团构成的两亲性半花菁（DAEP）分子沉积成了多层 Z 型 LB 膜[177]，通过电荷积分法的测量推出室温下其 66 层膜的热释电系数（p）为 $12\mu C/(m^2 \cdot K)$。他们利用偏振红外吸收光谱研究了 LB 膜中几个主要基团的吸收峰位置和半峰高宽及跃迁偶极矩方向随温度的变化关系，发现温度越高，膜内分子构向无序性程度越高，使得脂肪链倾角更易变化，引起体积改变，最终导致热释电系数随温度升高而增大。这从微观层面诠释了热释电性产生的微观机理。

东南大学的陆祖宏与其合作者研究了聚合物 LB 膜定向铁电液晶的特性，他们以聚酰亚胺为组装基元，利用原子显微镜对经不同亚胺化温度处理的 LB 膜形貌进行了研究，结果显示：经过高温亚胺化的分子膜可以提供较高的能垒，进而为铁电液晶双稳记忆性的出现提供了可能。同时，他们发现 LB 膜的超薄特征有利于开关过程中表面聚集电荷的中和与释放，进而使得器件表现出了优良的双稳定记忆性以及发生于微秒量级的快速响应性[178]。

聊城大学李淑红等人也利用 LB 膜技术构筑了系列具有铁电性能的超薄膜。比如，他们对 Z 型及交替 Y 型氮冠醚和花生酸 LB 膜的铁电性进行了研究。结果显示，在氮冠醚/花生酸交替 Y 型 LB 膜、掺杂 Ba^{2+} 和 Mn^{2+} 的花生酸的 Z 型膜、以及纯的氮冠醚和花生酸的 Z 型膜中均观察到了电滞回线，并得到了这些 LB 膜的剩余极化强度。作者认为，Ba^{2+}、Mn^{2+} 等离子的转移效应以及交替膜的层间的相互作用对 LB 膜的铁电性有较大的增强效应[179,180]。他们还研究了膜厚对半花菁染料 LB 膜铁电性的影响与贡献，基于所测得的电滞回线发现，矫顽电场随薄膜层数的增加而减少，在薄膜厚度为 30～200nm 的范围内，它们之间存在幂指数的关系，这使得这种有机铁电膜材料具有与传统的无机铁电材料完全一样的性能。作者通过介电和铁电性能的测量，以存储元件的物理参量优值为参比标准，得到了铁电半花菁染料 LB 的最优化厚度为 60nm，该膜的优值与偏氟乙烯-三氟乙烯共聚物的优值处于同一量级[181]。2004 年，李淑红等人综述了基于 LB 膜技术所构筑的有机功能超薄膜铁电性研究方面的进展，建议感兴趣的读者参阅他们的文献[182]。

中科院上海技术物理研究所的王建禄等人也在该共聚物的铁电 LB 膜方面展开了研究，他们以聚酰亚胺衬底制备了氟乙烯-三氟乙烯的 LB 膜，不同厚度膜的 X 射线衍射数据表明，该膜在（110）方向上具有良好的结晶取向。同时作者还利用椭圆偏振光谱以及 Cauchy 模型对膜的物理光学性能进行了表征，得到了其各种光学参数及厚度。对该膜的铁电性能研究显示，其剩余极化强度达到了 6.3μC/cm^2，矫顽电场强度为 100MV/cm。通过介电测量发现了 LB 膜的两个明显相变，铁电-介电相变以及 β 弛豫[183]。他们还通过测量相对介电常数和热释电系数发现薄膜在室温 1kHz 时的优值因子达到了 1.4Pa$^{-1/2}$。作者认为，高的优值因子可能来源于 LB 薄膜的良好结晶性和分子链在平面内的高度有序性，表明利用 LB 技术构筑的有序分子膜是热释电探测器的优良候选材料[184]。多铁磁电复合材料，比如铁电和铁磁异质结构等最近引起了诸多研究者的关注，该类材料在四态存储、磁力传感器以及自旋电子学方面均有很大的潜在应用价值。除了可以在目标分子的设计、构筑复合膜材料等思路外，研究者也可以借助 LB 膜在基底选择上的灵活性，来构筑高新型铁电膜材料。最近，该研究小组在如图 3-20 的衬底上沉积了该共聚物的 LB 膜，研究显示外加电场可以对聚合物膜的铁电开关进行调控，进而引发了钴膜磁化性能的变化。作者认为，尽管该聚合物

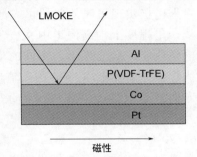

图 3-20　通过基底的选择，利用 LB 技术构筑的新型磁电耦合异质结功能薄膜[185]

较无机铁电材料具有较小的压电系数，但聚合物与钴异质结界面上的应变耦合在改变诱导磁各向异性上发挥了重要作用[185]。

关于该共聚物铁电 LB 膜的研究，从一定程度上来看可以说是该研究方向上的一个常青藤。自从 1995 年 Bune 和 Blinov 较早地报道了其 LB 膜的铁电性能[172]，到 1998 年他们合作在 *Nature* 上又发表了相关研究结果[167]，一直到最近的 2015 年都还是相关学者关心的研究课题。比如，韩国科技大学的 Jin-Hyuk Bae 等人最近研究了利用该技术在纳米尺度上很好地控制其多层 LB 膜的厚度，他们通过原子力显微镜和 XRD 数据发现，膜的结晶性能随着其厚度的增加而增加。区别于其他工作，该研究发现当膜厚为 30nm 时，其剩余极化强度达到了 6μC/cm^2，这一数值可以与通过旋涂技术所构筑的厚度较大的膜相比拟，体现了 LB 技术在控

制分子各向异性堆积方面的本征优势。此外，作者还通过去极化过程研究了该膜的极化稳定性，结果显示铁电薄膜与衬底的界面工程是构筑具有高信噪比的可靠存储器的确定性因素之一[186]。

除了二元共聚物外，多元共聚物的 LB 膜及其适当的后处理亦可在铁电功能膜的构筑方面作出重要贡献。比如湖南工程研究所的 Tian 等人[187]利用 LB 技术制备了偏氟乙烯-三氟乙烯-氯氟乙烯三元共聚物的铁电分子膜，并利用不同剂量的低能电子辐射对薄膜进行了处理，研究了薄膜的介电性能与温度和直流静电场的依赖关系。结果表明，经过辐射处理和未经辐射处理的两种膜结构均表现出了扩散相转移和张弛振荡器特征。此外，他们发现这些膜材料在室温下表现出了持续存在的弱蝴蝶滞后效应。基于多极化机制模型，作者认为这些结果与极化纳米区域的存在相关[187]。此外，清华大学微电子所的谢丹等人[188]以偏氟乙烯-三氟乙烯共聚物的超薄膜为栅极绝缘层构筑了基于并五苯的场效应晶体管，并研究了其电学性能。他们利用 LB 技术在 Al/SiO_2 表面沉积了偏氟乙烯-三氟乙烯共聚物的均匀多层超薄膜，135℃热处理改善了膜的结晶状态并赋予了其良好的铁电微区。而后通过真空蒸镀的方法在该膜表面沉积了并五苯活性层，并以金膜为电极实现了膜的器件化。他们发现偏氟乙烯-三氟乙烯共聚物的 LB 膜可以从一定程度上提高沟道中并五苯活性层的结晶性，进而提高了场效应晶体管的电学性能。研究显示，不同的电压扫描方向下的铁电极化可以诱导该场效应晶体管器件表现出 8.56V 的阈值电压漂移。作者认为，该器件在非易失性存储器方面具有很强的潜在应用前景[188]。美国内布拉斯加大学林肯分校的 Hong 等人[189]，利用压电力显微镜（PFM）直接观察了室温到居里温度之间退火处理对6～20 层偏氟乙烯-三氟乙烯共聚物 LB 膜铁电微畴结晶性的影响。他们发现，在常温到 80℃之间条状铁电畴壁的粗糙度指数基本位于 0.4～0.5 之间，温度基本不对铁电畴壁产生明显的影响。当温度高于 80℃时，则观察到了自发极化的反转现象，且成核中心的数量随温度的升高而迅速增加。作者还讨论了热驱动的铁电聚合物和铁电氧化物的畴区的不同形成机制[189]。除了通过电子辐射和退火处理外，利用物理剪切力对所构筑的铁电 LB 薄膜进行后处理也是增强其性能的思路之一，美国波多黎各大学的 Rosa 等人[190]在这方面展开了研究。他们发现在偏氟乙烯-三氟乙烯共聚物的 LB 膜上施加物理剪切力，可以在膜上诱导应力的产生。AFM 数据表明，这增加了聚合物的晶粒尺寸，XRD 数据则表明其结晶性也得到了增强。这种应力所诱导的晶粒尺寸的增加减小了相邻颗粒之间的作用，增强了畴壁的迁移率，进而减小了矫顽场、优化了开关时间并改善了其铁电性能[190]。

构建混合聚合物体系的 LB 膜也是实现高性能铁电膜材料的巧妙思路之一。比如日本山形大学的 Mitsuishi 等人[191]以少量具有两亲性的聚合物 PDDA 与铁电活性的聚(偏二氟乙烯)混合制备了其混合 LB 膜。研究显示，混合膜中存在丰富的半结晶态 β 型聚(偏二氟乙烯)晶体和平行排列取向的全反式 PVDF 分子。他们进一步将该膜与半导体聚合物 PEDOT:PSS 集成了如图 3-21 所示的三明治型电容器，该电容器表现出了不对称的滞后曲线和较高的剩余极化值 P_r。该研究表明，进一步实现铁电 LB 的器件化是该研究方向的趋势之一[191]。

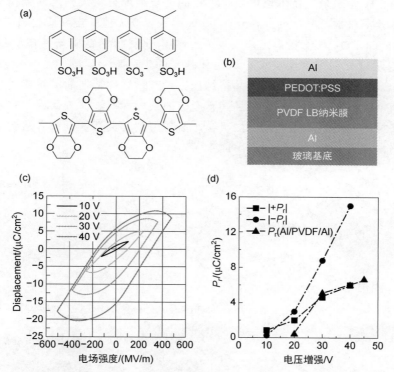

图 3-21 将两亲性聚合物与铁电聚合物的混合 LB 膜（a）集成为三明治型电容器（b），该器件表现出了不对称的滞后曲线（c）和较高的剩余极化值（d）[191]

研究者也可以通过巧妙的设计，利用 LB 膜技术在分子层次上控制薄膜中功能组分有序排列的优势，将本身具有铁电性能的无机微纳米颗粒制备成铁电膜材料。比如，华东理工大学的张兆奎与其合作者研究了具有钙钛矿结构的 $PbTiO_3$ 和 $BATiO_3$ 铁电微颗材料与两亲性分子硬脂酸的复合 LB 膜。结果显示，鉴于硬脂酸的良好的双亲性和成膜性能，使得膜中铁电微粒比较稳定、覆盖度也比较高，在复合物膜中保留其介电限域效应，并在室温下观察到了其光致发光现象、双峰发光带以及上转换现象[192]。印度塔帕大学的 Raina 等人[193]基于 Al-ZnO 纳米粒子与铁电液晶的混合体系也做了类似研究，但作者并未过多涉及所构筑 LB 膜的铁电性能。此外，研究者亦可以利用无机化合物通常具有良好配位性能的特征，通过选择具有两亲性的配体，来将无机化合物构筑为功能膜材料。比如，法国巴黎第六大学的 Valérie Marvaud 与其合作者通过使用具有两亲性的脂肪胺为配体，在透明的聚酯薄膜衬底上成功地将 [MoCu$_6$] 和 [MoCu$_2$] 两种钼-铜配合物沉积为 LB 膜，电子顺磁共振数据显示，无论是单层膜还是多层膜均表现出了相应材料固有的光磁特性[194]。

利用 LB 界面组装技术也可以将纯粹的无机纳米材料沉积为铁电膜材料。比如，日本分子科学研究所的 Minoru Osada 等人以高 k 值的电介质材料 Ca$_2$Nb$_3$O$_{10}$ 和绝缘的 Ti$_{0.87}$O$_2$ 为组装基元，发展了一种构建层状钙钛矿型铁电膜材料的方法。他们通过分别交替层层沉积这两种基元的 LB 膜，得到了如图 3-22 所示的 (Ti$_{0.87}$O$_2$/Ca$_2$Nb$_3$O$_{10}$)$_2$(Ti$_{0.87}$O$_2$) 超晶格结构。具有该结构特征的膜材料的独特之处在于其新型的界面耦合效应赋予了其不疲劳的铁电性质。作者认为，鉴于组装这种超晶格材料的组装单元可以自由组合，并考虑到其灵活性，该方法构筑层状铁电氧化物材料方面具有一定的应用前景[195]。

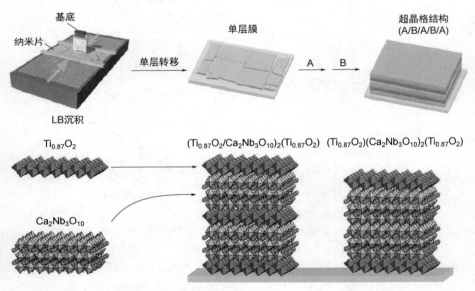

图 3-22 通过分别层层沉积两种无机纳米颗粒，利用 LB 技术可以构筑
具有不疲劳的铁电性质的功能膜材料[195]

中国科学院上海技术物理研究所王建禄等人交替沉积了二元共聚物偏氟乙烯-三氟乙烯与三元共聚物偏氟乙烯-三氟乙烯-氯氟乙烯的 LB 膜，通过调控沉积层数构筑了具有不同周期结构/厚度的多层膜。结果显示，具有较薄周期厚度的多层膜不仅表现出了提高的介电和铁电性能，且其可调谐性亦得到了增强，其中具有 3 个交替单层膜的材料表现出了最大的高能量密度。作者对此提出了合理的解释，并

认为该交替 LB 膜可用于高能量密度和低损耗电介质材料[196]。他们还通过 XRD 以及 Raman 光谱数据研究发现薄的交替多层膜与铁电聚合物膜有类似的结构，而相对于后者，前者的压电系数则增加了 57%。作者认为其压电系数的增加可归因于交替膜不同层间的静电耦合作用所导致的内部电场[197]。

除了交替膜、混合膜、适当的后处理、使用共聚物等策略外，研究人员亦可通过简单地使用均聚物聚并调控其 LB 膜的厚度来构建高性能的铁电薄膜。比如，日本东北大学的 Masaya Mitsuishi 等人在 Al/玻璃衬底上沉积了均聚物聚偏二氟乙烯的厚度为 12～81nm 的多层 LB 膜，并研究了其铁电性能与膜厚的关系。结果显示，当膜的厚度从 58nm 增加到 81nm 时，其剩余极化强度发生了明显的突变增强——从 12nm 时的 $1.7\mu C/cm^2$ 增加到了 81nm 时的 $6.6\mu C/cm^2$。进一步发现，该膜铁电开关可以循环 10^5 次以上，这一数据超过了基于该均聚物的共聚物的耐疲劳性[198]。

从以上论述可以看到，作为调控分子堆契的有效手段，LB 界面组装技术可以为发展具有铁电功能的有序超薄分子膜材料做出重要贡献，并基于此构筑先进功能分子电子器件。从一定意义上来看，LB 膜的构筑及其器件化将是该方向的一个值得继续深入研究的重要课题。笔者相信，随着相关学科的发展，研究者将有望通过巧妙的分子设计、构筑复合膜/交替沉积膜、对膜进行适当的后处理、与其他成膜技术相结合等策略，在该方向上取得突破性进展。

3.3.3　界面上的化学反应或分子间的相互作用

前几节笔者以若干典型的共轭 π-体系染料化合物的 LB 膜及其在气体传感性、非线性光学、光电转换等方面的功能化，或者以基于 LB 技术的铁电功能膜材料的构筑及其器件化为代表，从一定程度上阐述了 LB 界面组装领域比较经典的研究内容。事实上，自该组装手段出现以来，各个领域的研究者建立和开拓了许多新的研究课题和方向，随着时间和学科的发展，这些领域和方向构成了 LB 界面组装体系中的经典研究内容。其中，界面上的化学反应或分子间的相互作用就是具有代表性的一种。

从超分子层面上来看，气/液界面和 LB 膜体系是一类具有良好二维空间结构特征的环境，通过界面上的压缩和组装，其组装基元分子形成了具有规则堆积和排列特征的聚集体。这一特征为研究者探索分子的堆积方式与形成产物结构的内在关联提供了良好的实践与科学空间。因而，在该条件下发生的化学反应具有其自身的规律与特征，相对于发生在三维空间的化学反应，是一种特殊的化学反应器。研究发现，以此为平台的化学反应能生成诸多溶液中所不能发生的拓扑结构控制的反应产物。另一方面，从化学反应的层面上来看，光致变色、光致褪色与漂白等光化学反应在降解有机污染物、光电转换、高密度光信息存储等多个前沿领域中具有重要的实践意义，并且在多数情况下无需高的反应温度以及其他苛刻的反应条件。再者，LB 膜的功能化也与发生于界面上的反应有一定的关联，比如界面光化学聚合可以增加有序分子膜的稳定性能，界面上的光致变色则对高聚物以及液晶分子的有序排列具有一定程度的调控作用等等。从一定意义上来看，界面光化学构成了胶体与界面化学、光化学、先进功能材料、环境化学等领域的重要研究方向和内容之一。从基础科学的角度上来理解，它可能为研究光化学反应的动力学机制提供新的机会；从应用科学的层面上来理解，它则可能为人们研究和发展具有先进功能的材料提供实践空间。鉴于这些特征，界面上发生的光化学反应成为 Langmuir 和 LB 体系中被研究的最多的反应类型之一。从文献上来看，经过一段时间的积累和发展，对这类界面反应的研究亦构成了 LB 领域较为经典的研究方向和内容之一。本节将对其中具有代表性的研究成果进行简单综述。

（1）界面上的光聚合反应

从文献上来看，发生于界面上的光化学聚合反应可能是该方向上研究较多的内容之一。鉴于 Langmuir 或 LB 体系的独特二维空间环境，其中发生的光化学聚合这种拓扑化学所控制的聚合过程可以高效地发生，并可能使研究者获得均一的产物。它在可控获得具有一定分子取向的有序聚合膜方面具有明显的优势，其科学意义在于可以在分子水平上调控聚合反应的动力学过程以及产物的结构特征和取向。发生于界面上的定向聚合则是研究光物理过程、固态光化学以及生物膜中的生理现象（比如蛋白与生物膜的相互作用、分子识别等）的良好平台和手段。对于应用学科来说，聚合反应的发生可从很大程度上提高膜的力学性能、热力学稳定性、化学稳定性等，同时它还可以改善或提高组装基元分子所具有的本征物理化学特性，对构筑有序功能膜具有一定的实践意义。尽管人们对这种界面上的聚合反应早在 1936 年便已经开始关注[199]，但一直到 20 世纪 70 年代后，发生于单分子膜中的聚合反应，比如缩合反应、加聚反应、氧化聚合反应等才得到广泛关注。总体来说，通过界面聚合的方法来获得聚合膜的方法可划分为两类。第一类是首先通过界面组装过程使单体分子形成通过非共价键结合的单层或多层有序分子膜，随后通过该有序膜的聚合形成有序聚合物薄膜；第二类是直接在亚相表面上形成聚合物膜。

目前研究者已经在该方向上取得一些研究结果与积累。比如，Nakanishi 等人研究了二烯类衍生物在 LB 膜中的聚合反应[200]，通过红外光谱的研究显示聚合过程中发生了酰胺基团间氢键的破坏和脂肪碳链的扭曲。进一步研究还表明，该聚合反应的动力学过程与膜中单体分子的堆积和排列方式、基元之间的作用方式等因素有密切的关联。Balasubramanian 和其合作者对比研究了不带疏水长碳链的烯类化合物在溶液以及界面有序膜中的聚合行为[201]。结果显示，在溶液体系中自由

基聚合 *H*-聚集体生成了具有 *H*-聚集体结构特征的聚合物,而通过 γ 光照则生成了未发生聚集的聚合物链。在 LB 膜体系中,在相转移点之前形成的单分子膜表现出了一定程度的各向同性,通过 γ 光照无聚合反应发生。而在较高表面压力下相转变点之后所形成的单分子膜则表现出了良好的各向异性,通过 γ 光照可以发生聚合反应。该研究显示,γ 光照诱导的聚合反应倾向于发生在具有一定程度定向排列的体系中,这表明拓扑结构在该类聚合反应中发挥了至关重要的作用。

关于烯类化合物的聚合反应还包括其他一些比较重要的研究。比如,山东大学的杨孔章研究了双键位于亲水头基的十八烷基肉桂酸的界面聚合反应[202]。他们发现,较稀的铺展溶液浓度可有效地降低分子在亚相上自聚集行为,通过紫外光所诱导的聚合反应是一个二级反应,而 LB 膜的有序层状结构则为顺式头/头二聚反应提供了合适的环境。他们通过 X 射线衍射证实所得到的聚合物膜保持了单体分子 LB 膜良好的层间有序结构,这表明该二聚反应发生于层间。Binder 和其合作者对尾部带有二烯基团的类脂单分子膜的聚合行为进行了研究[203],发现该体系的光聚合以及光异构现象与其所处的环境,比如温度、湿度等密切相关。光聚合反应的发生促使了烷基链原有的晶状排列被破坏,形成了更为有序的聚合物分子膜。

在各类光聚合体系中,联二炔类化合物的聚合反应亦是其中研究得比较多的一种。例如,Itoh 等人系统化研究了联二乙炔脂肪酸类化合物在气/液界面以及 LB 膜中的光聚合反应[204-207]。他们通过表面增强的拉曼光谱研究了含有联二乙炔的脂肪酸钙盐单层 LB 膜的光化学聚合,发现了与多层膜类似的蓝/红相转变,分析认为这是由于光聚合使层向有序结构被破坏所致。此外,他们还发现了光聚合的增强效应,将之归为链增长反应的自感效应。为了进一步深入认识这类聚合反应的机制,他们还通过红外光谱详细研究了单元分子和钡、钙以及铅等对离子在界面上的相互作用。分析认为当单分子面积减小时,在钡离子和铅离子亚相上的羧基的配位状态发生了由桥式结构向双齿配位的转变,当亚相中的对离子为钙离子时,羧酸基团的配位状态则保持双齿配位不变。红外光谱的研究显示,光聚合反应发生后羧酸基团的对称和不对称伸缩振动表现出了与单体分子膜压缩前后非常类似的变化。这表明,光聚合反应的发生导致了羧酸基团在分子膜中以更为紧密的方式堆积。该研究小组还探索了肉桂酸类化合物在其晶体以及 LB 膜中的光聚合反应[207],发现随着拉膜压力以及沉积膜层数的不同,该化合物在其 LB 膜中形成了不同类型的氢键,其中顺式和反式氢键可以发生光聚合反应,但侧向氢键则不发生反应。这些研究从一定程度上说明了通过界面上的预有序组装可以从一定意义上调控光聚合反应过程的动力学特征,具有十分重要的意义。

刘鸣华课题组研究了具有独特分子构型的 Bola 型二元蒽衍生物在 LB 膜上的光聚合反应[208],发现此类分子在亚相表面采取了垂直排列的堆积方式,随着表面压的增加，单分子膜聚集形成了三维晶体。光聚合反应的研究表明，在空气环境下主要形成了光氧化产物，在氮气氛下 *H*-聚集体优先聚合。这表明，研究者的确可以通过调控分子的排列从一定程度上实现可控聚合。Kajiyama 与其合作者等研究了在 LB 膜中形成的聚二乙炔衍生物 PDA 的蓝色和蓝绿色两种形式，发现这两种聚合物形成过程受最初分子排列构型的影响。他们通过电子衍射和计算得出，蓝色聚合物是由相对排列较松的炔型骨架构成，而蓝绿色聚合物则由相对排列较紧的丁三烯骨架构成[209]。

（2）界面上的光致变色反应

光致变色反应作为光化学反应中的一个重要类型，一直以来就受到各个领域研究者的关注。这主要是由于其在光学信息存储以及刻录方面具有一定的应用基础和前景。研究发生于界面以及有序分子膜中的光致变色反应将可能为研制各种光控智能分子器件提供理论和实践空间，研究者认为这类光可逆器件将在光学开关、光信息记录、光电子分子器件等领域中有一定的应用价值。此外，该类体系还可以被用来模拟生物体系的某些过程，比如视觉的产生等，因而对其研究具有重要的实践意义。在该类研究中，涉及较多的体系有二芳基乙烯、偶氮苯、螺吡喃、螺噁嗪等光敏感分子。

事实上，自 20 世纪 60 年代 Kuhn 教授将染料分子的研究引入 Langmuir 和 LB 的研究中以后，研究者便开始关注了界面上的光化学反应。比如 Whitten 在 1974 年研究发现与发生于溶液中的光异构化反应不同[210]，系列硫靛蓝染料的衍生物在其多层 LB 膜中对光发生了很有意思的响应：反式结构化合物的 LB 膜对光基本上不产生响应，而顺式化合物的多层膜则可以在光的照射下不可逆地转变为反式结构。在较低的表面压下，漂浮于亚相上的单分子膜中亦发生了类似的现象。文中，他还通过顺反式化合物的不同 *π-A* 曲线对其相行为展开了讨论。尽管该研究没能实现有序分子膜中可逆的顺反光异构化反应，但作为界面光化学反应的经典研究范例，依然对后来研究者在该方向上的探索产生了重要影响。

20 世纪 90 年代 Seki 的研究小组系统化地研究了含有偶氮苯基团侧链的聚乙烯醇高分子在亚相表面上的光致变色行为[211-215]。他们发现，由于偶氮苯基团的顺/反式异构化引起了分子偶极矩的增加和体系亲水性的增加，因而分子膜的面积扩张，厚度减小。光的刺激可引起体系可逆的变化。Menzel 等人[216]也发现了类似的现象。Kawai 等人[217]探索了含有偶氮苯的脂肪酸在气/液体界面上的光学响应行为，通过原位研究紫外/可见光照射下的 *π-A* 曲线，证实了膜中发生了可逆的光异构化反应。在高表面压下，分子平均面积的改变并未能影响烷基链的排列方式，从而他们认为此时所发生的光学照射所引起的变化只发生于偶氮苯基团部分。从这些经典的研究工作可以看到，含有偶氮苯基团分子的单分子膜在紫外光照射下形态的变化主要起因于偶氮苯单元在暗态下的位置和状态。若偶氮苯基团在水面上或者浸没在水面之下，则单分子膜的形变主要取决于偶氮苯部分的构型变化。当其高于亚相表面时，光照所引起的极性增加则是导致单分子膜变形的主要因素。

事实上，对于沉积于固体载片上的偶氮苯类化合物来说，其光异构化反应的进行要困难的多。研究发现，在 LB 膜中偶氮苯顺/反异构化反应可以顺利进行，但反/顺异构化学反应则基本上被禁止。分析认为，这是后者需要更多的自由空间的缘故。针对该问题，研究者也提出了很多克服的思路。比如，将偶氮苯包进亲水性环糊精空穴中、嫁接在高分子的侧链中、与具有较大体积的疏水或亲水头基连接等。这方面的研究也有很多文献报道。此外，在界面光化学反应中，还有其他一些研究内容，比如界面光电子转移等，本文不再赘述，请感兴趣的读者参阅相关文献综述[208]。

（3）**界面上的原位配位组装**

除了发生于界面上的化学反应外，上文提到的在界面上通过正负组装基元的静电作用而形成界面组装[35-38,127]，以及钱东金等人通过卟啉分子与金属离子的界面原位配位作用来构建卟啉有序阵列结构[137,141]等通过界面上的原位非共价键相互作用思路，也构成了 LB 膜领域的经典研究内容之一。鉴于该思路在 LB 界面组装中的广泛兴趣，除了前几节的简明论述外，这里再通过几个例子来进一步阐述。比如，美国迈阿密大学的 Leblanc 等人[218]利用表面压力-表面电势-单分子面积等温曲线、界面上的原位吸收-发射红外光谱、界面原位稳定性测试等手段，系统化研究了一种杯芳烃衍生物在界面上与二价阳离子 Cd^{2+} 和 Ca^{2+} 以及一价阳离子 K^+ 和 Na^+ 等的相互作用。结果显示，前者易于与杯芳烃衍生物发生界面上的主客体作用，而后者则不然。重要的是，他们通过界面上的红外光谱数据，实现了 Cd^{2+} 和 Ca^{2+} 的有效识别。尽管该识别手段需要通过复杂昂贵的原位红外光谱来得以实现，但笔者认为这无疑为原位识别提供了一个非常好的研究体系和思路，通过进一步设计在可见区具有良好吸收光谱特征的主体分子，这将有可能为通过简单的颜色变化来完成各种离子的原位识别提供实践空间。

最近，俄罗斯科学院的 Arslanov 与法国勃艮第大学的 Bessmertnykh-Lemeune 等人合作在该方向上展开了卓有成效的研究。他们设计合成了一个两亲性的带有氨基的蒽醌类分子衍生物，并研究了其在界面与 K^+、Na^+、Mg^{2+}、Ca^{2+}、Pb^{2+}、Zn^{2+}、Co^{2+}、Cd^{2+}、Hg^{2+}、Cu^{2+} 等 10 种阳离子的相互作用[219]。研究结果发现，在上述 10 种离子当中，其界面膜可以通过和 Hg^{2+} 和 Cu^{2+} 的界面原位配位作用所引起的颜色变化来实现有效的定性、定量识别，并且具有较高的灵敏度。考虑到 Langmuir 膜的简单性、显色变化的易感知性、识别汞离子的重要实践意义，笔者认为该分子体系具有一定的实用价值。

复旦大学钱东金等人研究了四苯基羧基卟啉与二苯基酒石酸衍生物手性对映

体混合体系的 LB 膜。他们发现，尽管二苯基酒石酸衍生物并不能形成高质量的界面组装体，但却可以在卟啉分子的辅助下形成复合 LB 膜。亚相中二价镉离子与卟啉以及酒石酸衍生物羧基的原位配位作用对该复合膜发挥了稳定作用。同时，这种界面配位作用也发挥了将这两种组分桥连起来的作用，实现了酒石酸手性到界面组装体超分子手性的转移[220]。金属-多卟啉阵列结构的 LB 膜除了光学特性外，还比较适合于研究薄膜中金属卟啉的电化学、异相催化和电催化等物理化学性能。比如，他们在气/液界面利用锰卟啉与 Pd(Ⅱ)的界面配位作用，构筑了 Pd(Ⅱ)-四吡啶基锰卟啉多卟啉阵列（Pd-MnTPyP）的 LB 膜。高价锰卟啉通常稳定性差，然而形成 Pd-MnTPyP 多卟啉阵列结构的 LB 膜后，不仅薄膜的稳定性好，而且高价锰卟啉也比较稳定。他们进一步发现，这种多卟啉阵列结构修饰的电极在外加电场为 0.4V（*vs* Ag/AgCl）时，卟啉中心的三价锰离子被氧化成四价的锰离子，取消外加电场后，四价锰离子自发地回到三价，且这种 Pd-Mn(Ⅲ)TPyP 与 Pd-Mn(Ⅳ)TPyP 之间氧化还原反应可以多次可逆地转换[221]。当外加电场为 0.9V 时，三价锰卟啉可以直接被氧化生成五价的锰卟啉，且比较稳定。当把这种多卟啉阵列的 LB 膜放置到 pH 值小于 10.5 的溶液中时，五价锰卟啉可以被还原成三价锰卟啉。该体系中，Pd-Mn(Ⅲ)TPyP 与 Pd-Mn(Ⅳ)TPyP 之间的可逆转换在氧化还原开关、存储等分子器件的设计中具有一定的应用价值，而后者高价 Pd-Mn(Ⅴ)TPyP 阵列结构的 LB 膜则可用于电催化亚硝酸盐的氧化，进而为其在分子电子传感器或电催化有机物氧化中的应用提供了可能[222]。最近，钱东金等人[141]总结了卟啉类分子在界面上与金属离子的原位配位组装方面的研究进展，建议读者可以参阅他们的综述。

此外，钱东金等人还利用金属离子与含吡啶或多吡啶的双齿配体在界面上的配位作用，构筑了 2D/3D 配位聚合物的 LB 膜。这方面的工作中，比较典型的例子是他们合成了含有紫精和手性活性中心基团的多吡啶双齿配体，利用亚相中金属离子与这类配体的界面配位作用制备了金属-类紫精配位聚合物的 LB 膜。该 LB 膜具有良好的稳定性，可逆的氧化还原和电致变色特性等。如图 3-23 所示，他们发现双齿三吡啶的类紫精配体 Bisterpy 具有可逆的氧化还原特性，其还原态的最大吸收波长约为 550nm。他们利用亚相中的 $Fe(BF_4)_2$ 和阴离子聚合物，通过界面的配位作用和静电作用制备了三元配合物的 LB 膜，研究发现这种 LB 膜具有可逆的电致变色特性，且稳定性好[223]。含有手性活性中心的配位聚合物的 LB 膜的构筑也是先对手性活性中心进行化学修饰，使得这种活性中心带有双齿多吡啶配体。比如，他们还利用氢化奎宁（蒽醌-1,4-二甲氧基）二醚的一对对映体，在 $AgNO_3$ 的亚相界面进行组装，通过配位作用构筑了银离子驱动的手性配位聚合物 LB 膜。这种配位聚合物的 LB 膜不仅具有手性光学活性，还有位于 365nm 和 555nm 处特征荧光发射，以及配体和金属离子 Ag^+ 的良好的氧化还原活性[224,225]。

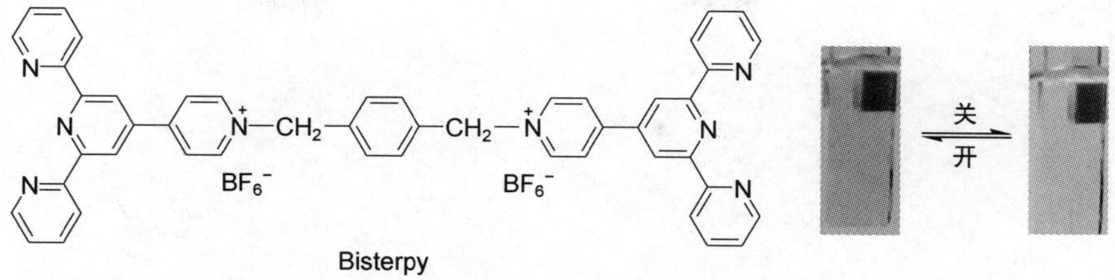

图 3-23　利用双齿配体与金属离子以及银离子聚合物的原位配位以及静电作用构筑了具有电致变色特性的 LB 界面组装体[223]

从一定程度上来看，LB 技术引起广泛关注的重要原因之一是其可以非常便捷地实现具有单分子层厚度的二维超分子膜材料的构筑。尽管研究者早已认识到了这一点，但真正通过该手段来大面积实现自支持（free-standing）的功能二维超分子材料的组装依然是一个非常值得期待的课题，这主要是由于通常基于非共价键的单分子膜的稳定性、韧性较差，很难以自支持的方式存在。为了应对这一问题，德国德累斯顿技术大学的冯新亮等人研究了如图3-24 所示的外围带有 6 个巯基的菲衍生物的界面组装行为。结果显示，该化合物可以通过在界面上与镍离子的原位配位作用形成稳定的厚度为 0.7~0.9nm 的单分子膜，其面积可以达到平方毫米量级。将该漂浮膜转移到铜网上发现具有自支持的特征。更为重要的是，作者进一步发现，所构筑的二维单分子膜对电催化产氢表现出了优良的催化活性，其塔菲尔斜率达到了 80.5mV/dec，在 10mA/cm^2 的电流密度下过电势为 333mV。这些数据比近几年报道的基于杂原子掺杂的石墨烯材料或者基于碳纳米管的分子催化剂更具优势。这项工作有望用于开发适用于能源技术领域的新型二维有机功能材料[226]。

捷克科学院的 Kaleta 等人设计合成了基于三蝶烯的系列分子马达，并研究了其在一些二价金属离子 Mg^{2+}、Ca^{2+}、Zn^{2+}、Sr^{2+}、Cd^{2+} 等亚相上的界面组装行为。研究显示，金属离子与其分子头端羧基的配位作用可以对其单分子膜发挥稳定作用，同时也可以调控其分子在膜中的取向。尽管作者没有对膜的性能进行更深入的研究，但这种精准调控作用无疑为基于此的功能膜的构筑及其性能调控提供了材料基础[227]。

（4）界面上的其他原位非共价键组装

除了发生于界面上的原位配位作用外，其他非共价键相互作用亦可以被用于分子的界面组装。中国科技大学的邹钢与其合作者在这方面展开了研究。比如他们设计合成了系列带有不同取代基的偶氮苯衍生物 4-(4-吡啶基偶氮)苯酚（PAzo）、4-(4-硝基苯基偶氮)苯酚（Nazo）和 4-(4-甲基苯基偶氮)苯酚（MAzo），研究了这些偶氮苯衍生物分子与长链双炔酸（PCDA）在气/液界面的共组装行为，探讨了界面氢键相互作用及其分子结构对二乙炔组装体凝聚态结构、聚合行为及

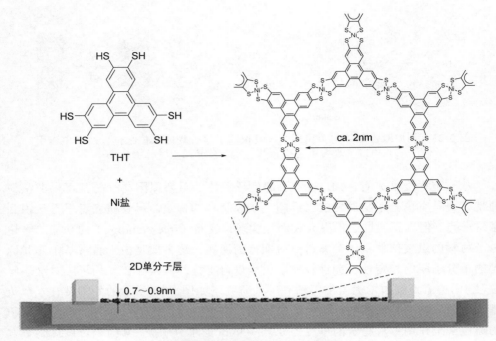

图 3-24 通过与镍离子发生界面上的原位配位作用，一种外围带有 6 个巯基的菲衍生物可以在平方毫米量级被组装形成具有 free-standing 特征的二维单分子膜[226]

聚二乙炔主链螺旋结构形成的贡献和影响[228]。结果显示，PAzo 分子具有 π-共轭平面，在气/液界面容易形成规整的螺旋排列，由于 PAzo 分子中的吡啶基团与 PCDA 分子的羧基间存在强烈的氢键相互作用，能诱导 PCDA 分子形成规则的螺旋堆砌结构，有利于薄膜中聚二乙炔主链螺旋结构的形成。相比纯聚二乙炔 LB 膜，PAzo/PCDA 共组装膜的手性信号能提高 10 倍以上。同时组装完成后，Pazo 分子能从组装体中脱除，但 PCDA 分子的螺旋排列结构仍能保持，表现出良好的手性记忆性质。而对于 NAzo 和 MAzo 体系来说，其与 PCDA 分子间氢键相互作用较弱，不利于聚二乙炔主链螺旋结构的形成。同时他们还研究了外界光刺激下偶氮苯衍生物的光致异构化对聚二乙炔主链螺旋结构形成的影响。研究发现顺式 PAzo 基团空间位阻较大，不能形成规则的螺旋排列，单分子膜中顺式 PAzo 分子与 PCDA 分子发生明显的微相分离，PCDA 分子排列较为疏松，不利于聚二乙炔主链螺旋结构的形成。

此外，邹钢等人[229]还设计合成了含有长烷基链的三聚氰胺衍生物，并通过界面上的原位氢键相互作用与 PCDA 进行了气/液界面共组装，研究了氢键复合物形成对二乙炔组装体凝聚态结构、聚合行为及热致色变行为的影响。他们的结果显示，三聚氰胺核间强的 π-π 相互作用易于诱导 PCDA 分子形成规则的螺旋堆砌结构，有利于薄膜中聚二乙炔主链螺旋结构的形成。同时共组装 LB 膜中三聚氰胺核能增强聚二乙炔端基相互作用，相比于纯聚二乙炔 LB 膜，共组装膜表现出了良好的热致可逆颜色转变和可逆手性信号变化，这为基于此的手性开关器件的构筑提供了空间。该体系的光学活性在 HCl 和 NH_3 的环境下会被部分程度破坏，说明出现上述可逆变化过程中，氢键发挥了非常重要的作用。

上述研究多数采取经典的 LB 膜技术对发生于界面的分子间的相互作用或者化学反应进行了研究。事实上，作为一个理想的研究平台，二维界面上的分子间的相互作用远远不止于此，研究者亦可通过构建不同的二维界面来实现对该课题的研究。比如，区别于经典水/空气界面上 Langmuir 分子膜中分子间的相互作用，英国爱丁堡大学的 Clegg 等人[230]通过反射红外光谱、界面剪切流变、共聚焦荧光显微镜、冷冻扫描电镜、小角中子散射等手段研究了十四烷基胺在十二烷/水界面上与磷酸氢根离子的相互作用导致的界面分子膜形貌的变化（如图 3-25 所示）。

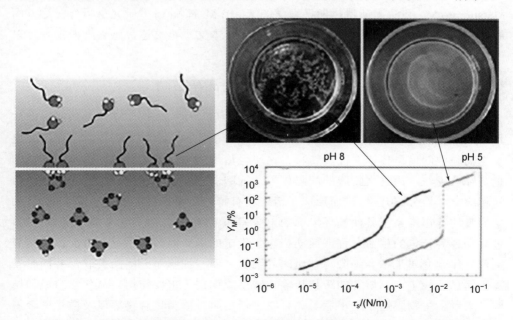

图 3-25 利用液/液界面为组装平台，通过 pH 值的调控可以实现分子间氢键
相互作用的有效调控，进而调控其界面组装体的形貌

结果显示，通过调控水相的 pH 值，十四烷基胺的氨基可以被质子化或去质子化，使得该分子与磷酸氢根离子之间的氢键作用可以很好地得以调控，进而形成具有各种形貌特征的界面组装体或分子膜。同时他们发现，该体系亦可以对温度表现出明显的响应。作者认为，这些温度效应的原因在于界面膜随温度的升高而解离，进而双亲分子进入流动相。重要的是，他们还发现所构筑的界面膜可以被用于稳定对温度具有响应性的水包油乳液，有望用于活性分子的可控释放[230]。

需要注意的是，上述例子大都通过分子间或分子与某种离子间的非共价键相互亲和作用来发生界面上的分子组装。事实上，鉴于分子间相互作用的多样性和复杂性，问题往往不会如此简单明了。比如，对于双亲性分子来说，其亲水头基之间通常会存在一定的排斥作用，而在多元体系中，疏水的碳氢脂肪链与含氟脂肪链之间的非相容性亦容易让两者之间发生"排斥"作用，这种排斥作用以及基元分子间的各种非共价键作用的协同性通常将有可能导致在界面上发生更为复杂的相行为，这种自分行为有可能赋予界面超分子膜一定的微观形貌。同时，含有不同长度疏水脂肪链的同类两亲分子也会因分子间疏水作用的不同而在界面上发生相分离，进而形成具有不同形貌特征的界面组装体。一方面，这为研究分子间的非共价键作用提供了新的平台与空间，另一方面，这也为人们通过界面组装来构筑具有特定形貌特征的分子膜材料提供了实践空间，也是 LB 界面组装的重要研究内容之一。比如，加拿大萨斯喀彻温大学的 Paige M. F.、日本东京大学的 Matsumoto M. 和法国斯特拉斯堡大学的 Krafft M. P. 等诸多研究小组都在这方面展开了卓有成效的研究工作。鉴于篇幅有限，本文不再赘述，感兴趣的读者可以参阅相关文献或他们的综述性文章[231-240]。

3.3.4　基于 Langmuir 膜和 LB 膜技术的仿生膜

从概念上来看，细胞的外周膜和内膜系统统称为生物膜[241]。作为构成生命体系的最重要的组织单元之一，生物膜广泛存在于各种生命体系的各个层面，发生于生物膜中的信息传递、能量转移、物质运输等是生命体运转过程中不可或缺的重要环节之一。通过生物膜的间隔作用，细胞器、亚细胞结构、细胞与其环境中的相应介质被分隔开来，进而形成了诸多具有特定作用或功能的微小隔室或单元。生物膜的存在维系了其两侧环境中的电势差和浓度差，一方面它发挥了屏障作用，进而为各种特定的生命过程或活动构建了稳定的运转内环境。另一方面，生物膜又可以作为介质来指导细胞与基质间、细胞之间、细胞器之间的关联，并同时发挥了信息、能量、物质等的跨膜传输、转换或识别等重要作用。从化学组成和结构上来看，生物膜通常是由脂类化合物、蛋白质、糖类化合物等以及微量的金属离子、水等组成的超分子膜结构[241]。其各种组分的含量和比例因膜种类和所发挥功能的不同而有所区别。作为一类重要的生物膜系统，细胞膜是细胞的内环境与其周围环境的分界面，是细胞对外界的屏障和隔膜，更是其与外界环境进行各种交换或传递/输的出入口，对生命活动相当关键。从化学组成角度来看，通常的细胞膜主要由脂类（特别是磷脂）和蛋白质分子所组成，也含有少量糖等其他成分。从结构上来看，目前被广泛接受的简化细胞膜模型是 Singer 和 Nicolson 在 1972 年发展起来的流动镶嵌模型[242]。该模型认为，细胞膜主要是由两亲性的磷脂分子通过分子间的疏水作用与静电作用的协同性而形成的层状双分子结构，在层内磷脂分子可以发生流动或者迁移，就像普通流体一样。同时该简化模型还认为，蛋白质分子镶嵌在这种可以流动的磷脂双分子层薄膜中。其中，一些蛋白质分子以部分嵌入双分子层的方式存在，继而实现其生物活性的发挥，而另外一些蛋白质分子则可以穿透磷脂双分子层，继而发挥了细胞内外物质、能量和信息的交流或转换的作用。按照该简化模型，由两亲性磷脂分子所形成的双分子层从一定意义上来看形成了细胞膜的主体框架结构。鉴于生物膜结构与组成的复杂性，同时也考虑到细胞膜在生物膜中的重要性，有时也将磷脂双分子层称为生物膜[241]。

从前几节的讨论可以看到，目前研究者已经在 LB 膜的构筑及其基于此的先进功能膜材料方面取得了丰硕的研究成果和进展，所研究的目标分子也从该技术发展初期所追求的典型两亲性分子基元拓展到了非典型的两亲性分子，甚至是不具明显两亲性分子。尽管如此，研究者从初期就已经意识到，LB 技术的本征优势之一是将具有两亲性的典型脂肪族化合物通过界面上的组装来形成均匀质地的单分子或多分子有序聚集体，该层状分子聚集体结构与上节所简述的生物膜在很大程度上具有相似性——通过分子之间的疏水作用与其他非共价键相互作用的协同，形成分子具有明显取向性的单层膜或多层膜，并且其层间分子疏水尾链的堆砌亦可以通过制备 X 型、Y 型或 Z 型膜得到很好的调控。这表明，Langmuir 膜或 LB 膜是人工模拟生物膜的最为有效的平台和途径之一。目前，研究者已经在该方向上积累和沉淀了诸多优秀的研究成果。鉴于海量的文献，笔者将通过有限的典型例子来加以论述，建议有兴趣的读者查阅这方面的文献。

从下面的列举我们将可以看到，与 LB 膜其他方面的研究类似，该方向上的研究轨迹亦是从纯粹的基础性研究逐步发展为应用基础研究的。事实上，早在 20 世纪 30 年代或者更早的时间，研究者已经对发生于气/液界面上的生物分子或与生物分子相关的两亲性分子的组装展开了大量研究，尽管受当时科研条件的限制使得这些研究并未获得过多的仿生膜方面的进展和信息，但却为当代 LB 膜技术在仿生膜的构筑及其功能化方面的研究奠定了坚实基础。从一定程度上来看，目前所常用的研究思路或策略，比如两亲性分子与生物分子在界面上的复合、脂质类分子的界面组装行为、通过界面上的原位聚合或者 LB 膜中的离位聚合来构筑高稳定性的仿生膜、改变亚相的组成/离子强度/pH 值来研究其相行为、在膜中引入功能分子以赋予仿生膜光电性能等，均来自于那时的研究思路。

比如，1935 年英国剑桥大学的 Hughes 通过面积-表面压和面积-表面能等温曲线研究了卵磷脂，胆固醇、棕榈酸甘油酯、三油酸甘油酯等生物两亲分子的界面组装行为，并初步探讨其单分子膜与蛋白质分子在界面上的复合作用。他们首先将上述分子在亚相表面铺展成膜，而后在亚相中注入了卵蛋白的稀溶液，结果表明注入后单分子膜的表面能受到了很大影响，并且这种影响与溶液的酸碱度、成膜分子的本征属性以及表面密度关系密切[243]。鉴于当时实验仪器与条件的限制，作者当时并未对这种界面生物分子的相互作用做更多的研究，也没有对这种界面复合膜的形成机制以及结构进行深入的探讨，但这表明了利用 LB 界面组装技术来构筑仿生膜的可行性。

随后的 1937—1949 年期间，英国剑桥大学的 Schulman 单独或与其合作者（比如 Rideal）基于该先制漂浮膜后在亚相中注入蛋白质或者其他生物大分子的方案，亦或按照相反的方案（即：在蛋白质漂浮膜的亚相中加入单宁酸或没食子酸等[244]）对该类体系进行了系统化研究。他们发现，取决于所用成膜物质的疏水碳链、极性亲水头基、生物大分子本身的结构特征等因素，亚相中分子的引入可以诱导其在单分子膜中穿透、吸附、溶解、甚至是交联等过程的发生，这直接导致了双分子膜、刚性膜等结构的形成。作者认为，分子间的各种作用，比如疏水作用、静电作用等的协同在该过程中发挥了重要作用[245-248]。同时，鉴于生物大分子结构的复杂性，为了探索界面上分子相互作用的规律，他们将研究对象做了简化处理。比如他们系统化研究了十八烷基胺分子的界面分子膜与亚相中各种具有不同疏水碳链长度的单元或多元有机酸的作用。这一方面简化了界面作用的模型，另一方面亦便于明确讨论疏水作用、氢键或静电作用在这种界面组装过程中的贡献，同时亦能比较有效地讨论亚相中的分子在界面膜中的穿透或吸附。他们发现，非极性的疏水碳链之间的作用以及这些两亲性分子头基之间的多点作用在其组装过程中做出了重要贡献。在上述作用的辅助下，他们甚至得到了具有固定化学计量组成的界面单层膜或双分子层膜[249]。

从一定的程度上来看，上述在 Langmuir 漂浮膜的亚相中注入生物分子或者其他分子的研究策略，在相当长的一个时期内对该领域的研究发挥了一定的引领作用。在此后的数十年间，其他研究者也按照类似的方案展开了研究。鉴于 Schulman 和 Rideal 在该方向上的重要贡献，有时候该方法又被称为 Schulman-Rideal 注入法[250]。比如，1956 年英国诺丁汉大学的 Eley 和 Hedge[250]利用该方法研究了卵磷脂和脑磷脂类分子（甘油二硬脂酸酯、二棕榈酰脑磷脂、二硬脂酰卵磷脂）的漂浮 Langmuir 膜与牛血浆白蛋白和绵羊胰岛素等生物分子的界面相互作用。他们的结果显示，第一层被吸附的蛋白质分子与甘油二硬脂酸酯和脑磷脂分子膜通过氢键或离子偶极子作用来缔合，而卵磷脂膜则通过离子键缔合。同时研究发现，除了发生第一层吸附外，在这些体系中均发生了蛋白的第二层吸附作用。1967 年美国叶史瓦大学爱因斯坦医学院的 Colacicco 与其合作者[251]也通过 Schulman-Rideal 注入法展开了类似研究。他们研究了系列带有不同疏水烷基莲的乳糖苷类分子的单分子漂浮膜对注入亚相中的兔 γ-球蛋白、血清白蛋白、牛核糖核酸酶等生物分子的吸附行为，详细探讨了吸附引起的界面压随时间的变化规律与浓度、温度、疏水碳链的长度、蛋白质的种类等等的内在关联和规律。通过这些研究他们得到了两个结论：①在低的界面压下，蛋白质在脂质类分子 Langmuir 分子膜中的穿透不仅仅是蛋白分子简单地扩散到其膜中，而是其分子间极性基团相互作用的结果；②在蛋白质与脂质类分子相互作用的过程中，各个组分极性基团周围的水分子发挥了重要贡献和影响。英国剑桥大学的 Quinn 也是早期利用 Schulman-Rideal 注入法在该方向上展开研究的科学家之一。1970 年他们研究了细胞色素 c、牛血清白蛋白以及合成催产素等生物分子在亚相中与较低表面压（2dyn/cm）下的硬脂酸、磷脂酰胆碱和磷脂酰乙醇胺等漂浮膜的作用[252]。他们对这些生物分子的羧甲基进行 ^{14}C 标定，通过表面放射性试验表明被注射进亚相的蛋白质分子只有部分被缔合到了单分子层中，并且其缔合量依赖于浓度。同时他们还发现，这种界面上的缔合作用是不可逆的——将吸附了生物分子的缔合膜平移到一个不含生物分子的水亚相上后（注：他们使用了中间具有一个隔断的双室 Langmuir 槽），并不能将其中的生物分子去除。他们分析认为，这种发生于界面上的作用可以分为连续发生的三种类型：①起始阶段，整个蛋白质生物分子穿透了漂浮的脂质膜，其在该膜中所占的面积与其在空气/水界面上占据的面积相同。②在一定的界面压力下，蛋白质分子的一部分（很有可能是其疏水的侧链部分）穿透了脂质分子膜。这种情况下，每个蛋白质分子单元所引起的表面压变化要远远小于第一种情况。③在更高的表面压力下，发生了不包括穿透作用的纯粹的蛋白质分子的吸附。对于细胞色素 c 来说，静电作用发挥了一定的促进作用[252]。同期的研究者在该方向上展开了系统化的研究，鉴于篇幅有限，请读者查阅相关文献。

　　上述在亚相中注入生物分子并探求其与漂浮相互作用的思想，为利用 LB 技术来构筑仿生膜的研究提供了非常巧妙的途径。但在具体的实践工作中，鉴于注入生物分子后扩散过程通常势必要影响整个膜的均一性，同时注入过程也势必会造成对漂浮膜的扰动，进而对膜的质量产生一定程度的影响。尽管上述 Quinn 等人的工作中使用到了具有隔断的双室 Langmuir 槽，但他们并没有对该问题展开针对性的研究[252]。1971 年德国马普所物理化学研究所的 Fromherz 通过对 LB 仪的改造，利用平移漂浮 Langmuir 的办法对此做了针对性的研究工作。如图 3-26 所示，他的具体办法是将 LB 槽设计为包括成膜区、过渡区、界面作用区等三个不同的区域的多室槽。其中，成膜区的作用是将研究的目标脂质类分子先通过传统的压膜技术来获得其 Lamguir 漂浮膜。随后将该 Langmuir 膜经过过渡区平移到亚相中分散有生物分子的界面作用区。在一定的条件下经过界面作用后，再将该漂浮膜平移到成膜区，进行各种表征或进一步制备其 LB 膜。可以看到尽管该手段相对在操作上比较烦琐，但能从一定程度上克服直接注入法容易引起漂浮膜的扰动，造成扩散不均一的难题[253]。更为重要的是，其可以将漂浮膜在各种亚相上进行平移，并可以非常便捷地利用调控吸附时间的策略，使得研究者可以非常容易地将生物分子在单分子膜上的吸附作用与其在膜中的穿透作用分开来研究。作者通过复合膜在水亚相上忽然扩张的办法研究了生物酶分子在脂质类分子膜中的穿透过程。同时，作者还强调，可以通过使用不同的成膜脂质类分子或者使用不同的生物分子来构筑多元体系的复合膜。1975 年 Fromherz[254]又对其发展的多室Langmuir 槽进行了进一步改进，经过其他研究者的进一步改进，该多室构思在界面仿生膜的构筑、界面生物化学反应、生物分子的提纯等诸多方面产生了重要影响[255,256]。比如，为了克服利用 Schulman-Rideal 注入法通常需要在亚相中注入大体积高浓度生物分子溶液的缺陷，英国达勒姆大学的 Zhu 与其合作者 Petty 及Yarwood 等人在 1989 年前后研发了一种三室 Langmuir 槽，其中侧面两侧的两室用于铺展脂质类分子的单分子膜，中间的第三室则用于压缩膜对生物分子的吸附或作用。鉴于吸附室的存在，在具体的研究过程中，可以采取注入生物分子的办法，亦可直接在吸附室中用生物分子的水溶液来作为亚相。这从一定程度上减少了生物分子的用量和溶液体积。他们对 22-三十三碳烯酸-葡萄糖氧化酶以及磷脂酰乙醇胺二棕榈酰葡萄糖氧化酶界面膜展开了研究，结果显示，用较小体积的生物分子溶液即可完成复合膜的构筑[257]。

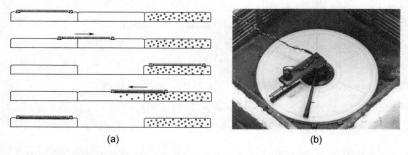

(a)   (b)

图 3-26　多室 LB 槽的设计使得研究者可以非常便捷地将生物分子在漂浮膜上吸附和穿透过程分开来研究，并可以通过选择不同的生物分子或成膜物质，连续地构筑多元复合生物膜（a）多室 LB 槽示意（b）Fromherz 设计的圆形多室 LB 膜槽实物图[253]

与 Hughes 及 Schulman 同时代的美国康奈尔大学的 Neurath 也是在这方面较早展开探索的研究者之一。但与他们的研究方案不同，Neurath 并没有通过在亚相中注入生物大分子来实现界面组装，而是将各种脂肪酸，比如硬脂酸、棕榈酸或肉豆蔻酸与卵清蛋白预先在溶液中混合，随后再研究其界面组装行为[258]。这样做的主要目的在于可以通过调控两种组分的比例来研究它们之间的相互作用，同时也克服了某些蛋白质通常在水中具有一定分散性且很难形成界面膜的问题。尽管如此，这些研究也仅仅是通过面积-表面压曲线获得了由于蛋白质分子的引入而导致的脂肪酸分子之间相互作用的变化或蛋白质与脂肪酸分子之间相互作用的简单信息，这主要是当时的实验和表征手段有限所致，但这种研究思路却对后人的研究产生了重要影响。比如，美国西北大学医学院的 Bull 在 1945 年研究了卵蛋白和十二烷基硫酸盐的预复合物在硫酸铵亚相溶液界面上的组装行为，探讨了两种组分的比例对其界面相行为的贡献和影响，并通过面积-压力曲线推演出了蛋白和十二烷基硫酸盐的面积以及每个蛋白分子所复合的十二烷基硫酸的数目[259]。

从 Singer 和 Nicolson 所提出的生物膜的流动镶嵌模型层面来看[242]，适当的流动性和高的稳定性是人工构筑生物膜的要素之一。上述所构建仿生膜中的脂质类分子多数以非共价键相互作用驱动，这保证了其流动性，但同时也限制了其稳定性。英国伦敦大学的 Albrecht 与其合作者是针对该问题展开探索的科研人员之一。比如，他们设计合成了一种两个疏水烷基链上均带有联乙炔的磷脂衍类生物，以纯水或氯化镉溶液为亚相，铺展了其 Langmuir 膜并在玻璃、石英、小钢片、有机玻璃、聚四氟乙烯等各种固体基片上沉积了其单层或多层 LB 膜。研究表明，在强的紫外光照射下，联乙炔可以在 Langmuir 或 LB 膜中发生聚合反应，生成单键、双键、三键间隔的π-体系聚合物膜。该聚合膜可以经受住在强酸或者强碱溶液中数天的浸泡，而没有聚合的分子膜则很容易从基片脱落。鉴于其高稳定性，作者认为他们所构筑的磷脂聚合物分子膜作为稳定的亲水生物膜有望在血液凝固、蛋白质吸附、医药等方面有一定的应用价值。尽管如此，该文未在这些方面展开进一步的深入研究和探讨[260]。日本大阪市立大学的 Nakaya 也在可聚合的脂质类分子 LB 膜方面展开了研究，他们设计合成了一个头基带有乙烯基团的磷脂酰乙醇胺分子衍生物，在 γ 射线的照射下实现了其在 LB 膜中的离位聚合。透射电镜和 XRD 数据表明，该聚合物膜形成了具有明显层状结构特征的 Z 型膜，其中疏水碳链垂直于其层状结构的基面，他们预期所制备的脂质体聚合物膜有可能用于生物传感器或生物器件[261]。

德国美因茨大学的 Ringsdorf 等人也在可聚合脂质类两亲分子的设计、合成及 LB 界面组装方面展开了研究。他们合成了系列阳离子型、阴离子型和非离子型的脂质类分子，这些分子的明显特征在于其可发生聚合反应的烯键头基与脂肪链及亲水头基之间通过一个柔性的亲水性聚醚间隔基相连。研究发现，在紫外光的照射下这些脂质类分子可在体相或 Langmuir 漂浮膜中发生聚合，鉴于柔性亲水间隔基的存在使得聚合物主链和侧链移动发生了有效的去耦合，进而从很大程度上避免了通常由于聚合而诱导的液相区消失现象的发生。同时，主链与具有两亲性和良好成膜性能的侧链的成功去耦合，使得所得到的聚合物可以通过自组装过程在体相中非常便捷地形成脂质体。进一步研究显示，在界面上原位聚合所得到的聚合物与通过体相中聚合而获得的聚合物表现出了基本相同的表面压-面积等温曲线，并均可以被沉积为 LB 膜。重要的是，鉴于柔性间隔基的存在，通常由于单体分子在 LB 中的离位聚合所引起的聚合物膜的缺陷也可以得以避免。该间隔基脂质聚合物膜仍表现出了流体相，同时鉴于柔性间隔基的存在，由于聚合而引起的形变也基本可以避免，这解决了通过聚合来获得具有一定稳定性的仿生膜但同时也容易使之丧失流动性的挑战性难题。作者认为，他们所设计的分子在构筑仿生膜方面具有广泛的应用空间，比如，鉴于该膜良好的稳定性和流动性，蛋白质和生物酶可以非常有效地插入该仿生膜，而不至于引起其结构的破坏[262]。同样，这些早期工作也仅仅是在生物功能或相关应用方面做了设想和期望，并没有展开具体的研究。

尽管当时尚未形成研究的主流，但事实上从该方向的初期研究阶段开始，研究者已经尝试了通过 LB 界面组装来构筑与生物分子或基元的功能组装体。比如，嗜盐菌的紫膜是一种将光能转换成穿越细胞膜 pH 梯度的光学系统。细菌视紫红质通常以二维晶体的形式存在于紫膜中，其作用相当于一个质子泵，受到光照时会产生具有不同光学性质的多种中间体，其中 M 中间体与质子的释放相关。从这种意义上来看，LB 膜技术是构筑其二维界面组装体并研究其相关光物理过程的理想平台之一。基于该基本理解，日本分子科学研究所的 Furuno 等人[263]在没有磷脂参与的情况下，利用水平提拉法将单纯的紫膜沉积为多层固体膜，对膜的形貌特和光谱特征进行了表征，并研究了其中细菌视紫红质的光化学循环过程，研究了其 M 中间体的形成和衰减。此后，日本富士胶片公司的 Miyasaka 对该膜的光电转换性能进行了深入研究。他们以 SnO_2 为衬底制备了嗜盐菌紫膜的多层 LB 膜，并将之作为工作电极集成为光化学电池，可见光的照射导致了阴极光电流的产生，其吸收光谱与细菌视紫红质表现出了很好的对应性。通过调控电极的电压和电解质溶液的 pH 值可以对光电流进行很好调控，而其响应时间（小于 300μs）与细菌视紫红质光化学循环过程中的质子转移速率也表现出了良好的一致性。该研究说明，电解质溶液中细菌视紫红质分子的电荷置换亦即质子转移，在恒压下可以被非常有效地转化成电流[264]。这些工作证明，研究者可以通过 LB 技术所提供的二维组装为科学平台，来构筑并模拟生物膜中所发生的能量和物质交换的动力学过程。

尽管在某些情况下，可以使用不太容易分散于水中的生物分子来直接构筑其 LB 膜并研究其光电性能[263,264]，但考虑到多数生物分子在水中较好的分散性，并考虑到目前被广泛接受的生物膜的流动镶嵌模型[242]，多数研究者还是关注生物分子与脂质类分子所形成的复合膜的构筑。日本东京大学的 Okahata 与其合作者通过分子间的静电相互作用制备了葡萄糖氧化酶与一种阳离子型脂质类分子的复合物，该复合物不溶于水，却在有机溶剂中具有一定的溶解性，为构筑其 LB 膜提供了可能。基于此，他们制备了该复合物的多层 Y 型 LB 膜，并发现该复合分子膜可以作为传感器实现对葡萄糖的快速响应[265]。事实上，从上文流动镶嵌模型来看，生物膜从结构上可以看成是蛋白质分子镶嵌在磷脂双分子层薄膜中的多层次体系，尽管该研究尚没有研究复合膜中葡糖氧化酶与阳离子型脂质类分子在膜中的耦合性，但其研究两亲性脂质类分子与生物大分子复合 LB 膜的思想为比较接近地模拟生物膜提供了思路，从下文的论述可以看到，目前研究者已经在该方向上取得了丰硕的研究成果和进展。

芬兰学者 Kinnunen 等人也是在该方面展开研究的课题组之一。他们设计合成了系列分子骨架上带有芘基团的磷脂类两亲分子，通过面积-表面压、面积-表面能等温曲线研究了这些化合物在界面上的组装行为，并在花生酸镉疏水化的石英载片上沉积了其 LB 膜[266]。他们通过偏振紫外光谱研究发现，这些分子在膜中的各向异性取向堆砌主要取决于其基元分子本身的结构特征，而与沉积膜时的表面压关系不大。有意思的是作者发现，沉积为 LB 膜后分子的荧光发射光谱表现出了明显增强的发射强度。通过温度依赖的时间分辨光子计数测量，他们详细研究了这些分子在膜中的荧光发射过程并获得了其荧光寿命。该研究从分子设计层面为模拟单组分生物膜中的能量转换提供了科学空间。

通过精准的分子设计，利用 LB 界面组装技术也可以构建具有离子传输通道的仿生膜。比如日本同志社大学的 Niwa 等人设计了一种聚对苯乙烯磺酸-聚甲基丙烯酸-聚对苯乙烯磺酸的阴离子型共聚物和一个双链铵阳离子型两亲分子。利用这两种组分间的静电作用，他们首先得到了其具有固定化学计量组成的复合物，发现该复合物可以溶解于苯-甲醇的混合溶剂中并被铺展为 Langmuir 膜，其结构可以通过控制亚相的 pH 值得到调控。随后，他们将该复合膜沉积到了多孔的聚碳酸酯载片上并研究了其对无机盐的传输作用。结果显示，通过调控 KCl 以及甲基铵盐溶液的 pH 值，这些电解质在该多层膜中的穿透作用可以得到加强或减弱。分析认为，这主要是共聚物中的聚甲基丙烯酸部分的堆砌结构及亲/疏水性受到 pH 值影响，进而为离子的出入提供或关闭通道所致。同时他们还发现，对于带有疏水碳链的铵盐来说，其在膜中的穿透性受 pH 值的影响较小，并且发现相对于没有沉积复合膜的空白多孔基片，沉积了复合膜的样品对这种铵盐表现出了更好的透过作用。分析认为，这主要是由于该铵盐较强的输水性促进了其在 LB 膜表面的富集，这有利于膜两侧浓度差的形成，进而促进了其在膜中的穿透性能[267]。尽管该研究距离模拟真正生物膜中的离子传输通道尚有一定差距，但却表明精心的分子设计将有可能为基于 LB 膜的仿生膜的构筑提供可能。

除了上述通过精准的分子设计来构筑跨膜离子通道的思路外，研究者也可以直接将离子通道形成肽引入脂质类分子的 LB 膜来进行模拟生物膜方面的研究。

比如，英国达勒姆大学的 Yarwood 和 Petty 等人将 16 : 1 的磷脂酸和短杆菌肽 D 混合，并沉积了其多层 LB 膜。椭圆偏振和全反射红外光谱数据表明，在 28mN/m 的表面压下沉积的多层膜中，磷脂分子的烷基链相对于衬底表现出了一个约 78° 的夹角，膜中的肽分子也保持了其离子通道的分子构型。进一步研究显示，在磷脂膜中引入这些离子通道肽并未对磷脂分子本身的堆砌结构产生明显的影响，其膜的厚度也未发生明显变化。遗憾的是，尽管他们对该复合膜的结构特征进行了深入的表征，但并未研究其对离子的跨膜传输性能[268]。

通过在 LB 膜中引入生物素标记的成膜分子也是实现 LB 膜生物相关功能的重要策略之一。比如，美国杜克大学的 Reichert 等人研究了花生酸与具有不同间隔基长度的生物标记的两种脂质类分子 B-DPPE 和 B-x-DPPE 的复合膜（后者的间隔基长度大于前者）。其间隔基的长度上的调控主要目的在于可以使得生物标记基团裸露或者包埋在脂质分子的单分子膜中，进而赋予复合膜不同的生物活性。为了实现其传感功能并检测该复合膜与异硫氰酸荧光素标记的抗生物素蛋白的协同缔合性，他们使用了表面疏水化的石英光纤传感器作为 LB 膜的衬底。他们的结果显示，所有复合具有较短间隔基的 B-DPPE 的 LB 膜以及含量小于 0.63mol% 的 B-x-DPPE 复合膜均对抗生物素蛋白表现出了双曲线形协同缔合等温曲线，而含量大于 0.63mol% 的复合 B-x-DPPE 膜则表现出了 S 形或正的协同缔合等温曲线。上述区别的原因主要在于这两种脂质类分子具有不同长度的间隔基，使得生物素标记物裸露或包埋于复合膜中，进而有利于或不利于缔合作用的发生。考虑到蛋白质-蛋白质相互作用并基于蛋白对二维受体阵列的缔合作用，作者对此提出了一个数学模型，该模型可以很好地定量解释上述缔合等温曲线的协同性。衰减全反射红外光谱数据显示，该协同型缔合作用是抗生物素蛋白质分子在与生物素标记的脂质分子缔合时其构型发生改变所致，而当其与不含生物素标记的脂质 LB 膜作用时则没有发生构型上的变化[269]。这些进一步研究表明，在利用 LB 界面组装技术来构建生物膜时分子设计是其中一个非常重要的环节。

作为一种血红素蛋白，水溶性细胞色素 c 在线粒体双层膜的内层发挥了还原酶和氧化酶之间电子传输的作用。研究其在脂质分子膜中的电化学过程不但能帮助人们认识发生于生物膜中的电子转移过程，并且有可能为构筑功能生物膜或分子电子器件提供空间，具有很重要的科学与实践意义。日本长崎大学的 Nakashima 与其合作者在金电极上沉积了二油酰-L-α-磷脂酰胆碱类化合物与 20-巯基二十烷醇混合的 LB 膜。鉴于 20-巯基二十烷醇的引入，该混合 LB 膜表现出了良好的稳定性，并对细胞色素 c 具有很好的吸附性能。基于此，他们观察到了被吸附在电极上的细胞色素 c 的氧化还原过程。尽管该研究并没有进一步发展该体系的功能，但却表明对于水溶性生物分子来说，除了可以通过亚相注入法来构筑其生物膜外，利用 LB 膜与其之间的吸附作用也是很好的思路之一[270]。当然，这时需要考虑的重要因素是如何增加 LB 膜在溶液中的稳定性，因为通常将 LB 膜浸泡到电解质溶液中后往往会引起其自然脱落或剥离。事实上直接制备脂质类分子与生物分子的混合 LB 是该研究方向上惯用手段之一。比如，英国达勒姆大学的 Petty 与其合作者通过交流电阻抗谱测量了沉积在 Pt 电极上的 22-三十三碳烯酸及其与缬氨霉素的混合 LB 膜的导纳复量。他们发现，当在膜中不引入缬氨霉素时，纯粹 22-三十三碳烯酸 LB 膜的比电阻和反向电容对其层数表现出了明显的线性变化关系，而当将这些复合膜浸泡到 KCl 水溶液中后却没有观察到预期的导电性能的变化[271]，作者并未对此做出合理的解释。

尽管研究者已经在基于 LB 界面组装技术的生物膜的构筑及其功能化方面取得了丰硕的研究进展和积累，但纯粹对其结构的表征始终是其中一个特别重要的研究方向，这主要是由于对其性能的研究通常均以结构研究为基础和前提，一个结构明确的膜结构将有利于诠释其构效关系并为分子的设计与合成提供科学指导。同时，各种表征技术与手段的不断发展和完善，也为纯粹的结构研究提供了新的契机。然而应当看到，与 20 世纪 30~50 年代主要通过面积-压力等温曲线、表面势-面积等温曲线来推测脂质类分子在膜中的堆砌结构不同，20 世纪 80 年代之后的相关研究则显得更为精准和丰满。比如，英国达勒姆大学的 Petty 和 Yarwood 等人制备了荧光分子标记的二棕榈酰磷脂酰乙醇胺-硝基苯并噁二唑分子（DPPE-NBD）的 LB 膜，并通过红外光谱、椭圆偏振、小角 X 射线衍射等手段对该分子在膜中的堆积方式进行深入探讨。结果发现在所沉积的 LB 膜中，该分子的亲水头基与疏水尾链之间呈 150° 的夹角，而其磷氧双键则与基底表面平行。这些实验数据与通过面积-压力曲线以及分子的理论模型所推演出来的信息表现出了良好的一致性[272]。

瑞士克劳德伯纳德大学的 Sommer 与日本东京工业大学的 Kasas 等人合作，也在仿生膜的制备和表征方面展开了研究。他们在亲水的云母片和疏水的高度有序的热解石墨衬底上沉积了两种磷脂类分子沉积为 LB 膜，通过原子力显微镜和角度分辨的 X 射线光电子能谱，从分子水平详细研究了膜中分子的堆积模式及 LB 膜的晶体结构[273]。随着当代表征技术的发展，许多分析手段均可以被用于 LB 仿生膜的表征。荷兰瓦赫宁根农业大学的 Kleijn 等人结合全反射荧光光谱和原子力显微镜也在这方面展开了研究。为了赋予脂质类分子适当的荧光性能，他们制备了磷脂分子与荧光探针分子的混合 LB 膜，并研究了不同表面压对分子堆砌结构和有序性的贡献和影响[274]。我国南京大学的袁春波和东南大学的陆祖宏利用分子级分辨的原子力显微镜研究了磷脂酸分子在 LB 膜中取向，并直接观察到了其分子间氢键的形成。他们发现在该分子的双层 LB 膜中，磷酸根基团呈扭曲的六方堆积并表现出了长程有序性，在相邻磷酸根基团间观察到了明显的氢键，这对膜的稳定性发挥了重要作用。作者认为，这种氢键的存在使得该双层膜有可能被用于研究生物膜中质子的传输[275]。法国里昂克劳德伯纳德大学的 Chovelon 等人将二十二烷酸铺展到了含葡萄糖氧化酶的亚相上,系统化地研究了二十二烷酸的浓度对亚相中酶的吸附动力学过程,并以表面烷基化或羟基化的 Si/SiO₂ 为衬底制备了这两种组分的复合 LB 膜,利用原子力显微镜以及红外光谱对所制备的膜进行了表征。研究显示,表面烷基化的 Si/SiO₂ 为基底时,具有较高的转移率。作者认为,考虑到使用的 Si/SiO₂ 可以作为电极被集成到分子器件中,他们所获得的超薄复合 LB 膜有可能用于具有快速响应的传感器件的构筑。遗憾的是,他们并没有在这方面展开深入研究[276]。

意大利卫生研究所的 Diociaiuti 等人利用原子力显微镜研究了短杆菌肽与磷脂复合 LB 膜的结构。他们以不同比例的短杆菌肽/磷脂混合溶液为铺展液,详细研究了短杆菌肽的浓度对其在复合膜中聚集行为的影响。结果显示,即使在极低的浓度下($8×10^{-4}$mol%)短杆菌肽也极容易发生聚集现象。在低浓度范围内,聚集过程主要以侧面对侧面的水平堆砌为主,随着表面压力的升高发生了分形模式的生长,导致了高度为 0.5nm,直径为 150nm 扁平炸面圈结构的形成。这些较大的结构由形状类似的较小的亚结构所组成。在较高的短杆菌肽浓度下,这些大的结构解体,只能观察到小的亚结构的存在。进一步,当浓度升高到一定数值后,所有的扁平炸面圈结构均消失,形成了具有明显两相特征的形貌:比较扁平的区域可归属为不含短杆菌肽或者其含量较少的磷脂膜部分,起皱较大的部分则属于短杆菌肽含量较高的复合膜部分。当浓度进一步升高时,则发生了短杆菌肽在磷脂膜中的穿插现象。热力学数据表明,当短杆菌肽的分子比例达到 28% 时,短杆菌肽与磷脂的混溶性达到了最大化,表明这时短杆菌肽以六聚体的形式存在,平均一个六聚体缔合了 16 个磷脂分子[277]。该研究表明,大分子的浓度可以调控其在磷脂双分子层膜中的聚集模式,对认识与发生生物膜中的大分子的吸附、跨膜传输等具有重要意义。

生物分子所发挥的功能与其在磷脂膜中的取向密切相关,因此如何判断和分析其在生物膜中的各向异性排列是一个重要研究课题。通常,为了判断其在膜中的取向,需要各种偏振技术的相互结合才能达到目的,比如共振拉曼散射光谱、全内反射荧光光谱、线性二向色谱、反射吸收红外光谱以及 X 射线衍射等的相互结合,才能推演出分子在膜中的精准堆砌结构。这就要求实验室必须具备各种表征设备并要求研究者对相关数据有较好的分析能力,为普通实验室展开这方面的研究工作带来一定的障碍。为了克服这一缺陷,美国亚利桑那大学的 Saavedra 和 Edmiston 等人在 1997 年到 2003 年的六年期间在这方面展开了系列研究。他们通过平面光波导衰减全反射模式获得了膜的线性二向色谱并通过全内反射荧光光谱测定了其各向异性的发射光谱,结合这两种数据精准地推测了生物分子在脂质类分子膜上的吸附和取向[278-282]。这些高效方法的构建使得研究者可以通过较少的表征手段来获得膜中生物大分子的精准构象，为该领域的发展做出了突出贡献。然而，我们也注意到，鉴于其设备的复杂性，更简单的表征手段的研发依然是一个非常重要的课题。

　　各种表征技术的发展的确从很大程度上促进了该领域的迅速发展，但上述多数表征手段基于非原位方法，只能从一定程度上反映生物膜的结构特征。鉴于此，研究者发展了各种原位表征手段，来对界面仿生膜进行研究。在诸多研究小组中，我国中国科学院化学研究所胶体与界面实验室李峻柏研究员的课题组，是在基于界面组装技术的生物膜的构筑及其原位表征方面展开卓有成效的研究工作的课题组之一。多年来，他们利用各种原位手段，在这方面展开了系统化的创新研究。例如，他们在液/液界面上利用悬吊技术构建了磷脂-蛋白质的复合膜。研究显示，不含磷脂的纯粹的蛋白质吸附层在经历一段吸附时间后，悬吊液滴表面的蛋白质吸附层可以形成皮肤状的皱褶膜，此时液滴表现为具有一定稳定性的复合胶囊。同时，在对应的磷脂与蛋白质的复合体系中，磷脂分子的引入促进了皱褶液滴表面的形成，该皱褶膜具有多层结构。有意思的是，皱褶膜的液滴经收缩后可以形成微小的胶囊，且该胶囊具有较强的力学性能和生物相容性。进一步研究发现，液滴表面皱褶膜的形成主要取决于蛋白质分子的结构。他们认为，该体系有可能在实践中被应用于药物释放的载体。他们还用蛋白质修饰了原子力显微镜的针尖，直接测量并观察到了其与磷脂分子层之间的黏附力相互作用。其中，通过对两种带中性电荷头部基团的磷脂膜与蛋白质的研究发现，在蛋白质的等电点附近，磷脂与蛋白质分子的作用力达到了最大。同时，他们还将椭圆偏振技术与悬滴技术相结合，以气/液或者液/液界面为研究平台，研究了单组分或多组分体系在悬吊液滴表面上所形成吸附膜厚度随着时间的变化关系，基于此提出了蛋白质分子与磷脂分子通过共吸附形成复合膜的机制。他们改进了振荡气泡压技术，将之用于研究蛋白质-磷脂在液滴表面复合体系的研究中。结果显示，在液/液界面上，周期性地压缩或者扩展液滴，可以在较短时间内获得皮肤状的皱褶液滴，证明了液滴收缩是形成皱褶状液滴的基本条件之一，而其多层皱褶的形成则与实验中所使用的溶剂类型基本不相干[283]。

　　除了液/液界面，他们还以气/液界面为组装平台，通过蛋白质吸附法研究了头基相同但具有不同疏水尾链长度的各种磷脂分子，比如 L-α-双十八烷基磷脂胆碱（DSPC）、L-α-双十六烷基磷脂胆碱（DPPC）和 L-α-双十四烷基磷脂胆碱（DMPC）等，以及头基不同链长相同的磷脂分子，比如 L-α-双十四烷基磷脂酸（DMPA）、L-α-双十四烷基磷脂酰乙醇胺（DMPE）和 DMPC 等，分别与人血清蛋白 HSA 的复合膜。实践中，他们结合了布儒斯特角显微镜技术原位特征以及膜天平技术的灵敏性，对所构筑的二维复合膜的等热曲线以及形貌特征进行了系统化探索研究。结果显示，人血清蛋白分子可以嵌入磷脂单分子膜内，而这些蛋白分子的吸附又反过来影响了磷脂单分子膜的微畴结构。热力学测量数据也证实,磷脂膜内 HSA 的插入影响了单分子膜的相行为。通过热力学曲线的移动,他们还定量地推演出了蛋白质吸附插入磷脂膜内的吸附量。同时数据也表明,蛋白质分子在较高表面压力下可以被挤出来,而膜的扩展则又可以使之回归到界面。利用液滴悬吊技术,他们还研究了 HSA 分子在弯曲液面上吸附并进入单分子膜的动力学过程,发现该生物分子的吸附显著影响了体系界面张力随时间的变化速率,降低了体系的表面张力。HSA 可以通过疏水作用与电中性的磷脂分子缔合形成复合膜,而头部基团带电荷的磷脂以及磷脂分子本身的物理状态均可以对生物分子的吸附行为产生重要影响。通过掠角 X 射线衍射技术,他们还研究了电中性和电负性的 DSPC、DPPA、DPPS 等与 HSA 所形成的复合膜。结果显示,带负电荷的 DPPA 与 DPPS 可与 HSA 缔合,进而改变了单分子膜的相态序列以及相应的相变位点。在两个复合体系中均观察到了倾斜晶格的消失和从矩形到六边形晶格的相变点偏移。数据表明,磷脂分子与 HSA 间的静电作用、疏水作用、HSA 分子本身的构象变化、磷脂分子疏水尾链之间的范德华力的协同性诱导了磷脂分子在界面上的紧密堆砌[284]。

更为重要的是,他们还利用布儒斯特角显微镜技术和膜天平技术研究了气/液界面上磷脂单分子膜的磷脂酶 PLA$_2$ 催化裂解反应,对 L-DPPC、L-DMPC 和 L-DSPC 三种具有不同链长的卵磷脂分别被 PLA$_2$ 催化裂解及酶吸附过程对膜形态特征的影响进行了动态监控与跟踪,得到了体系表面压随时间变化的动力学特征曲线。通过对比研究,诠释了单分子膜相态变化规律对反应形貌以及表面压-时间曲线变化规律的贡献和影响[284]。同时,他们还利用 L-DSPC 体系,通过偏振红外光谱和反射吸收红外光谱,探究了表面压对 PLA$_2$ 催化裂解反应效率的影响,确定了其反应速率与表面压力之间的定量依赖性。利用上述监控或表征技术,他们还用类似方法研究了其他磷脂类分子界面膜中磷脂酶的定向识别或界面催化水解反应[285]。上述研究表明,各种原位表征技术的发展可以从很大程度上帮助研究者探索生物膜的形成机制、构效关系以及其功能化过程中的动力学机制,具有重要意义。除了上述工作外,该课题组还在这方面展开了大量系统化创新研究,建议感兴趣的读者参阅该课题组的相关文献,这里不再赘述。

从上面的论述可以看到,随着各种先进表征技术的发展,该方向的研究使得研究者可以比较便捷地揭示仿生膜中分子的堆叠模式与结构特征,促进了该领域的迅猛发展。事实上,在各种谱学表征技术中,利用基于二阶非线性光学的和频振动光谱对界面生物膜进行表征,也是该领域的一个重要研究方向。该手段具有一定的界面选择性和灵敏性,是探究界面振动光谱并基于此揭示界面组装体结构或者其组装动力学过程的有效手段之一。比如,美国犹他大学的 Conboy 等人利用该手段通过水平提拉转移法或垂直提拉转移法所构筑的系列磷脂类分子 LB 膜的结构特征。通过使用氘代化的磷脂分子，他们详细研究了脂肪酸链和磷酸胆碱头基在膜中取向，结果显示：磷脂分子的碳链与衬底法线呈大约 13°±4° 的夹角，同时也包含了部分歪扭偏转构象，这与通过核磁共振光谱以及红外光谱得到的结论一致。更为重要的是，这些歪扭偏转构象的相对数量与膜的水平或者垂直提拉方式基本上没有表现出相干性。在硅衬底上，磷脂分子的亲水头基与基片呈 69°±3° 的夹角，而在水质亚相则表现出了 66°±4° 的夹角，这些和频振动光谱结果表明，磷脂类分子在衬底上与亚相上基本呈现类似的堆砌方式和结构，同时也表明使用垂直或者水平提拉转移法的确可以构筑磷脂类分子所形成的具有对称结构特征的双层膜。作者认为，他们的研究为洞察磷脂类分子膜作为仿生膜的研究提供了有效信息[286]。尽管该研究主要通过对比沉积在基片上的磷脂膜与漂浮在亚相表面的分子膜的结构信息，但实际上作为一种精准的分析方法，和频振动光谱技术在很多场合可以被应用于界面分子膜结构信息的原位分析与表征。中国科学院化学研究所的王鸿飞、郭源、张存浩等人是在这方面展开研究较多的研究单元之一。为了克服传统和频振动光谱技术对复杂分子体系研究中数据分析复杂冗长的局限性，郭源、张存浩等人最近搭建了分辨率可以达到 $0.4cm^{-1}$ 并且具有较高信噪比的高分辨宽带和频振动光谱测量设备（HR-BB-SFG-VS）。鉴于由 HR-BB-SFG-VS 所获得的界面和频振动光谱的线形是界面振动光谱测量到的准确本征线形，对其数据的分析可以推演复杂体系界面相互作用的振动相干动力学过程的精准信息，其分辨率的提高则使得测量和分析界面振动光谱的细微差别成为了可能，并基于此可以确定分子在结构和构象上的差别[287]。

基于该测试系统，他们研究了气/液界面上磷脂单分子膜的结构和构象。比如，他们研究了纯水表面胆固醇对三种天然鞘磷脂当分子膜有序性的影响，数据显示胆固醇的引入使得鞘磷脂膜中的鞘胺醇骨架趋于更加有序堆砌，而其烷基链的构象则几乎不发生改变。同时发现，鞘磷脂的鞘胺醇骨架比其饱和烷基链表现出了更强的旁式扭曲效应。对这两种组分间的氢键相互作用研究显示，胆固醇的引入促进了卵清鞘磷脂两条烃链中的鞘胺醇骨架的有序性，而对另外一条氮连接的饱和脂肪烃链几乎不产生影响。分析认为，这是由于胆固醇的插入破坏了鞘胺醇骨架上羟基与头基上 PO_2^- 基团间所形成的分子内氢键，进而使得鞘胺醇骨架末端的甲基趋于更加直立，同时胆固醇末端亲水的羟基与鞘磷脂头基上的 PO_2^- 基团也形成了分子间氢键，导致了极性头基上的 PO_2^- 基团趋向于跟界面平行。此外，他们还利用该手段并结合二次谐波手性检测方法，探究了气/液界面上不同膜压条件下聚集态 DPPC 单分子膜的微畴手性来源。上述研究加深了对气/液界面鞘磷脂与胆固醇相互作用的认识深度，从分子水平阐明了鞘磷脂与胆固醇在气/液界面上水合作用的机制，也从分子水平上阐述了 DPPC 单分子膜手性结构的形成机理，同时亦表明他们所构建的 HR-BB-SFG-VS 系统具有探究界面复杂分子体系的能力[287]。

　　此外，该课题组还利用二次谐波-线二色谱法原位研究了水/空气界面上手性磷脂分子 L-DPPC 聚集体的结构手性随时间的变化关系。结果显示 L-DPPC 在水表面形成了手性状态一致的宏观聚集体，有意思的是将漂浮膜放置一定时间后聚集体的手性发生了变化，观察到了互为对映体的两种手性状态。他们通过理论推导认为，这可归因于 L-DPPC 分子在界面发生水解，该水解产物聚集形成了与 L-DPPC 螺旋结构相反的结构。L-DPPC 分子有 4 个水解位点，基本具有相同的水解概率。他们分析认为 A1 位点的水解产物，其聚集行为与 L-DPPC 相反，即具有相反手性状态的宏观结构的形成源于 L-DPPC 在 A1 位点的水解。这些深入的研究表明，尽管 L-DPPC 分子在纯水表面形成了相对稳定的单分子膜，但在更大的时间尺度上，其宏观结构也会发生变化，而这种变化源于膜本身与环境之间的相互作用。这为研究磷脂膜的结构动力学提供了新的检测手段[288]。江汉大学的郑万泉和周幼华搭建了偏振分辨的和频振动光谱系统，并基于此实现了不同偏振下和频信号的同步检测。利用该和频振动光谱系统，他们研究了脑磷脂单分子膜结构随表面压的变化关系，并研究了盐离子溶液对其单层分子膜结构的影响。通过对不同波段的和频振动光谱进行分析，对脑磷脂分子尾部的烷基和头部的亚甲基、氨基等基团的结构变化进行了表征[289]。通过原位测量漂浮膜的红外光谱也是一种判断仿生膜中分子聚集体结构特征的有效手段。南京大学的杜学忠、梁映秋等人设计合成了若干含鸟嘌呤（G）和胞嘧啶（C）亲水头基的核脂类两亲分子，基于界面上的原位红外反射吸收光谱并辅以其他经典谱学手段，对其界面组装行为展开了研究，证实了互补碱基对 C 和 G 之间的三重氢键缔合方式以及分子识别前后核酸碱基头基和烷基链的取向变化[290]。通过理论计算与试验结果的拟合，得出了识别前后核脂双亲分子烷基链取向角的改变。在随后的系列工作中，他们还在该体系的界面识别方面展开了系统化研究[291,292]。

　　手性作为生命体的重要特征之一，在生命运转的各个环节发挥了重要作用。在基于气/液界面组装技术的仿生膜研究方向上，界面上手性分子的聚集行为也是一个重要内容，鉴于篇幅限制，本文不再赘述，建议感兴趣的读者查阅德国马普胶体与界面研究所 Vollhardt 以及日本分子科学研究所 Ariga 等人的相关综述[293,294]。

　　从上面所列举的若干范例来看，与其他研究方向一样，人们利用 LB 界面组装技术来构筑仿生膜方面的工作，也随着各种表征技术的发展而逐步从简单、粗略的宏观研究（初始阶段，主要通过面积-表面压等温曲线、面积-表面能曲线、X射线衍射、红外光谱等基础数据来作为研判依据），逐步发展为在分子水平上的研究（通过形貌学、各种精密谱学手段，甚至是原位表征的形貌学或者谱学手段），这使得该方向上的工作发展为在分子水平上的精准研究，为基于此来探求各种仿生膜的结构信息提供了更加深刻和精准的科学信息。然而，应当看到，尽管上述各种先进手段从根本上推动了该方向的巨大进步，如何实现这些手段的简单化、程序化和小型便携化依然是一个重要命题。相信随着相关学科的发展，更加有效、廉价、精准、直接的研究手段将推动该研究方向的进一步创新发展。

从一定程度上来看，实现基于 LB 技术的仿生膜的功能化一直是研究者追求的研究目标之一。尽管在该方向的发展初期研究者已经认识到了其重要性，但当时的多数研究还仅限于对膜结构及其有序性的表征方面。随着该方向的逐步发展，功能化便自然而然地成为了其重要研究内容之一。比如，日本德岛大学的 Yasuzawa 与其合作者将包含磷脂基团的聚乙烯类聚合物铺展在了含有葡糖氧化酶的亚相上，并在铂电极上沉积了其 LB 膜。结果显示，当膜厚不超过三层时，亚相中的葡糖氧化酶连通聚合物的漂浮膜可以被很好地转移到衬底上。进一步发现该复合膜可以作为工作电极，对葡萄糖表现出良好的传感性能，且其稳定性也可以达到 50 天左右。作者认为，这种磷脂类分子与酶的复合膜在结构上与生物膜体系具有很大的相似性，进而可以从一定程度上来模拟生物膜的运转机制，而其传感性能的稳定性则来源于聚合物而非小分子的使用[295]。韩国东亚大学的 Kwon 与其合作者采取分步铺展的办法在镀金的压电石英晶体表面构筑了血红蛋白与十八胺的混合 LB 膜，尽管血红蛋白为水溶性物质，但原子力显微镜结果显示它能够被很好地转移到衬底上。以此为电极可以观察到 Fe(Ⅲ)/Fe(Ⅱ) 的典型氧化还原峰，其电子转移速率达到了 $4.58s^{-1}$，数据显示质子参与了电化学过程的发生，同时十八胺的存在也促进了血红蛋白与电极间的电子转移。重要的是，他们进一步研究发现，该电极可以对双氧水的还原表现出明显的电催化性能。作者认为，基于他们的体系可以构建双氧水传感器[296]。同时，他们也采取类似的制膜方法，构筑了亚油酸与血红蛋白的复合 LB 膜，并研究了其结构特征，但该工作中并没有过多提及所构筑复合膜的功能化[297]。

巴西圣保罗大学的 Caseli 与其合作者利用亚相注入法并调控亚相的离子强度、酸碱度和温度，构筑了磷脂衍生物与肌醇六磷酸酶的多层 LB 膜，探求了酶的引入对磷脂单分子层膜相行为、可压缩性以及表面弹性的影响。同时发现，以 ITO 玻璃为衬底的多层复合 LB 膜可以作为电化学传感器对肌醇六磷酸表现出良好的响应性能[298]。阿根廷的 Perillo 与其合作者也通过亚相注入法对功能化的界面仿生膜进行了探索研究。通过调控界面压力，他们制备了二棕榈酰与克儒维酵母球菌半乳糖苷酶的复合 LB 膜，并发现生物大分子在膜中的缔合量与表面压表现出了很大的相关性。进一步显示，相对于分散在溶液中的半乳糖苷酶，缔合于 LB 膜中后，其对邻硝基苯基吡喃半乳糖苷的水解效率表现出了一定程度的下降，作者认为这可能归因于沉积到 LB 中后底物分子与酶催化剂的接触概率变小以及蛋白质在界面的构型变化或失活相关[299]。尽管没有得到较好的催化效果，但笔者认为若这种 LB 膜足够稳定，则其在异相催化中可能具有一定的应用空间，这种发生于界面上的催化作用的一个潜在优势是，可以非常便捷地将催化膜插入或退出反应体系，并且不需要冗长的分离过程而实现催化剂的循环使用。

巴西圣保罗大学的 Oliveira 与其合作者也采用亚相注入法构筑了乙醇脱氢酶与带负电荷的二肉豆蔻基磷脂酸的复合 LB 膜。研究发现，尽管单纯的醇脱氢酶也可以在水面上形成稳定的吉布斯单分子膜，但在二肉豆蔻基磷脂酸的辅助下，其转移率得到很大的提高，且该膜保存一个月其结构保持不变。面积-表面压曲线和偏振反射红外光谱数据表明，插入膜中的具有 α-螺旋结构的醇脱氢酶平行于水平面。重要的是，沉积在金电极上的复合 LB 膜可以作为工作电极对乙醇表现出明显的传感性能，且其极限传感浓度达到了 10nL/L。该研究表明，尽管单纯生物分子可以通过界面组装形成漂浮膜并被沉积为 LB 膜，但脂质类分子的存在可以很好地提高膜的稳定性，这无疑对于其在实践中的功能化和应用大有裨益[300]。同时他们还利用偏振调制的红外反射吸收光谱等表征技术研究了氧化氢酶在二棕榈酰磷脂酰甘油漂浮膜上的吸附和穿插行为，并通过亚相注入法构筑了这两种组分的复合 LB 膜。重要的是他们发现将酶固定在磷脂膜中后，其对过氧化氢的还原反应催化效率提高了大约 13%。分析显示，增加的催化活性可能是由于多肽结构与磷脂分子疏水作用有利于底物与蛋白质内部的血红素接触所致。作者认为，该体系有可能用于双氧水的传感器[301]。

为了构筑功能化的仿生膜，韩国釜山国立大学的 Shim 等人通过电化学沉积的方法在丝网印刷碳电极表面沉积了金纳米颗粒，并以导电聚合物聚噻吩、细胞色素 c、1,2-二油酰基-甘油-3-磷酸乙醇胺、癸基泛醌等对该电极进行了修饰。为了克服外界生物物种对该电极带来的可能影响，他们进一步通过 LB 技术在上述电极上沉积了心磷脂的双层膜，并通过调控界面压力得到了高密度心磷脂双层膜保护的电极体系。研究显示，按照上述方法制备的复合膜可以作为电极对烟酰胺腺嘌呤二核苷酸做出明显的响应，而其他分子的存在，比如抗坏血酸、尿酸、烟酰胺腺嘌呤二核苷磷酸等则并不影响器件的传感性能，表明所构筑仿生膜体系在生物检测方面具有很强的应用价值[302]。该工作表明，随着其他组装手段、纳米科学等的迅猛发展，以及科研实践工作对有序分子膜功能化的要求，将其他手段与 LB 技术相结合是一个必然的发展趋势，这有可能为构筑功能化的仿生膜提供新的契机与机遇。最近，巴西圣保罗大学的 Zaniquelli 与其合作者研究了牛睾丸透明质酸酶在气/液以及气/脂质体分子界面上的组装行为，并探索了其在仿生膜中固定而诱导增加的酶活性。他们通过悬滴技术以及 Langmuir 技术研究了蛋白质分子在气/液界面上的吸附行为，探索了实现这些生物大分子固定的条件，并基于此在含正二价锌离子的亚相上铺展了二(十六烷基)磷酸钠盐的单分子膜，以石英片为衬底利用垂直提拉法将之沉积为三层的 Y 型 LB 膜。之后，使用上述有序分子膜为模板，采用两种方案实现了牛睾丸透明质酸酶的固定（图 3-27）。方案一，通过 LB 技术在上述 Y 型膜上再沉积一层磷脂分子的单分子膜，而后通过溶液吸附法在该复合膜上实现了牛睾丸透明质酸酶的固定。方案二，先通过亚相注入法构筑磷脂与牛睾丸透明质酸酶的复合漂浮膜，随后再通过 LB 技术将之转移到上述 Y 型膜上。鉴于酶固定时的酸碱度使得磷脂与酶均呈电中性，分析认为能实现这种固定的驱动力包括了这两种组分之间的偶极矩作用、疏水作用以及氢键作用等。重要的是，进一步研究显示，相对于均相体系中的酶，固定后的牛睾丸透明质酸酶对透明质酸的催化水解表现出了更高的催化活性。分析数据认为，这主要可以归因于牛睾丸透明质酸酶在 LB 膜中的优先取向、酶在磷脂膜中的良好分布。这些因素使得催化活性位点与底物更容易接触，进而促进了其催化性能的提高。尽管他们没有将该工作进一步展开，但作者认为他们所构建的体系有可能被用于构筑基于牛睾丸透明质酸酶的生物传感器[303]。

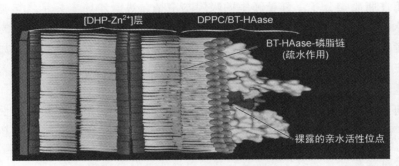

图 3-27　利用 LB 界面组装技术实现了牛睾丸透明质酸酶的有效固定和堆砌[303]

波兰弗罗茨瓦夫理工大学的 Sołoducho 等人利用垂直或水平提拉法构筑了基于阳离子磷脂类化合物、十八胺、噻蒽低聚物、转化酶等四种组分的 LB 膜。他们首先将前三种组分的混合体系铺展在亚相上，而后通过亚相注入法实现了转化酶在上述基质膜中的吸附和穿插。实验显示，这种吸附和穿插作用的驱动力主要来源于静电相互作用。进一步发现，所构筑的复合体系作为催化剂对蔗糖的水解反应表现出了良好的催化活性，并且其活性可以保持四个月。实验发现，尽管不含噻蒽低聚物的类似复合膜也可以表现出良好的催化活性，但这种导电低聚物的引入促进了电荷的转移，进而使得该复合体系可以作为非常灵敏、高活性的传感器用于生物分子的传感。该研究进一步表明，通过选择合适的体系尤其是复合体系，通过 LB 技术在脂质类分子的单分子膜中引入生物分子，有可能使得其生物活性得以很好的保持，并基于此实现其功能化[304]。目前，基于各种碳材料的复合功能材料的构筑是各个领域共同关注的重要课题之一，这主要可归因于碳材料良好的光电性能、良好的生物相容性以及良好的复合性能。这类材料在仿生膜中的复合也是来实现或提高基于 LB 技术所构筑生物膜功能化的重要思路之一。比如，最近巴西圣保罗联邦大学的 Siqueira 等人利用亚相注入法构筑了二肉豆蔻基磷脂酸与尿素酶的复合 LB 膜，并通过简单的浸泡过程，将聚氨基苯磺酸官能团化的单壁碳纳米管成功地复合，得到了磷酸酯、酶以及碳纳米管的三元复合膜。进一步研究显示，该三元复合膜可以作为优良的尿素传感器工作一个月以上。作者分析认为碳纳米管优良的电学性能所促进的电荷转移以及其良好的生物相容性是该器件具有优良性能的原因之一。该研究进一步显示，通过多元组分的复合仿生膜的构筑是实现其功能化的重要途径之一[305]。巴西圣保罗州立大学的 Caseli 也在基于 LB 技术所构筑生物膜的尿素传感器方面展开了研究。他们以从微藻中提取的外泌多糖溶液为亚相，以双链十八烷基二甲基溴化铵为铺展分子，采取在亚相中注入尿素酶的方法构筑了上述三种物质的多元复合 LB 膜。研究发现，组分间的静电作用是它们可以被沉积为 LB 膜的重要驱动力，同时外泌多糖的存在也促进了尿素酶在脂质类分子单分子膜中的吸附与穿插。进一步研究显示，该复合膜对尿素的水解表现出了比分散于溶液中的尿素酶与外泌多糖复合物更高的催化活性。作者对此提出了合理的解释并认为他们所构建的三元复合膜有作为尿素传感器的潜在应用价值[306]。该研究小组还利用 LB 界面组装技术通过亚相注入法构筑了青霉素酶与二肉豆蔻基磷脂酸的复合 LB 膜，并发现相对于均相溶液体系中的青霉素酶，其固定在膜中后对青霉素的催化活性保留了 76%。尽管其活性有所降低，但作者认为他们所构建的复合仿生膜有可能用于青霉素的生物传感[307]。该研究小组，还对其他类似的生物膜体系进行了类似研究[308]。

罗马尼亚加拉茨大学的 Apetrei 等人也在这方面展开了研究，比如利用亚相注入法，以花生酸和双酞菁镝的混合体系为铺展体系，实现了酪氨酸酶的界面固定，并基于此构筑了花生酸、双酞菁镝、酪氨酸酶的三元复合 LB 膜。进一步研究发现，作为多巴胺分子的电化学传感器，该复合膜的电化学行为在多巴胺浓度为 5～75μmol/L 之间时表现出了良好的线性响应关系，且其检出限达到了 $7.11×10^{-7}$mol/L[309]。郑州大学的叶保献等人[310]采用分步铺展聚苯胺和 DNA 的方法在玻碳电极上沉积了这两种组分的混合 LB 膜，并研究了该复合膜对舒喘宁药物的电化学传感性能。鉴于其良好的可重复性，作者认为该复合 LB 膜可用于研制该药物的生物化学传感器。将自组装技术与 LB 技术相结合，日本东京海洋科技大学的 Ohnuki 等人在葡萄糖生物传感器方面展开了研究。他们首先利用基于共价键的自组装技术在金表面构筑了 4-巯基苯甲酸的单分子膜，基于该膜表面裸露的羧基，在羟基琥珀酰亚胺以及二甲基氨基丙基-乙基碳二亚胺盐酸盐的辅助下成功地将葡糖氧化酶以共价键的方式嫁接到了该自组装膜上。以上述修饰的金电极为沉底，通过 LB 技术在其表面沉积了十八烷基三甲基铵与普鲁士蓝的混合 LB 膜。研究发现，基于此复合膜的电化学阻抗行为在葡萄糖浓度 25mmol/L 以下表现出了良好的线性响应关系，而其电流则在葡萄糖浓度不超过 130mmol/L 时也能表现出良好的线性响应，且其稳定性可以达到 4 天左右。鉴于其电学响应良好的线性关系，作者认为他们所构筑的复合膜可以作为双重响应的传感器应用于葡萄糖的传感[311]。除了将一元生物分子与脂质类分子复合为 LB 膜并基于此赋予其功能外，研究者也采用将两种或者两种以上的生物分子复合到磷脂膜中的方法来构筑功能化的复合仿生 LB 膜。比如巴西圣保罗大学的 Caseli 等人最近通过亚相注入法制备并表征了二棕榈酰与纤维素酶以及乙醇脱氢酶的三元复合 LB 膜，然后将乙醇或者溶解在离子液体中的多糖滴加到该复合膜的表面，通过原位偏振反射吸收红外光谱对酶的催化活性研究表明，乙醇和纤维素的存在很大程度上分别影响了乙醇脱氢酶和纤维素酶的二级结构。通过检测催化反应的产物或者酶二级结构的变化，作者认为他们的体系可能为人们通过纳米仿生膜结构的调控来制备第二代燃料乙醇提供了可能性[312]。

随着该方向上研究的纵深发展和延伸，创新思路的多样性、研究体系的进一步拓展、实验策略的灵活性等都进一步丰富了其科学与技术内涵。除了使用脂质类小分子来模拟生物膜的基质外，具有两亲性的聚合物亦是经常使用的铺展分子之一。同时，除了直接将生物分子通过各种改良的 LB 技术原位固定到复合膜中外，也可以通过离位吸附的手段将生物大分子插入到所构筑的基质分子膜中。比如，瑞士巴塞尔大学的 Meier 与其合作者以具有两亲性的聚(二甲基硅氧烷)与聚(2-甲基-2-噁唑啉)的嵌段聚合物为铺展对象，结合垂直提拉法和水平提拉法构筑了该聚合物的 LB 膜，随后通过离位的生物珠法将慢生根瘤菌成功地插入到了该 LB 膜中。进一步研究显示，插入 LB 膜后的根瘤菌保持了其对钾离子作为通道的生物活性。作者认为，他们这种方法可以适用于很多功能生物分子复合膜的构筑[313]。

从上面的列举可以看到，作为一种经典的界面组装手段，Langmuir 和 LB 技术为构筑仿生膜以及功能化仿生膜做出了重要贡献，尽管我们所列举例子很难完全代表该领域已积累的大量研究成果，但笔者依然希望读者能从一定程度上了解该领域常用的研究思路、实验方法以及其发展趋势。相信随着相关表征手段的进一步发展，随着其他相关领域的创新发展，随着分子工程的发展，该研究方向亦将取得越来越多的创新性进展。另一方面，除了基础研究外，旨在实现其功能化的工作亦是一个亟待进一步深入的课题，这就要求研究者除了对界面组装科学、生物学等有所知识储备外，亦要求对功能材料领域有所了解，并熟练把握各个学科所关心的核心科学与技术问题。

3.3.5　LB 界面组装领域的其他经典研究内容

自 LB 界面组装技术产生以来，经过几十年的理论和实践积累，人们已经在该领域取得了丰硕的研究成果，建立了各种经典的研究方向和内容。上文，我们按照其组装基元分子的不同、研究目标的不同重点阐述了染料类化合物的 LB 膜及功能化、基于 LB 技术的铁电功能膜材料、界面上的化学反应或分子间的相互作用、基于 Langmuir 和 LB 膜技术的仿生膜等重要经典研究方向。事实上，按照不同的划分方法，该领域的研究内容还可有不同的划分方式。比如，按照组装基元分子的不同可划分为 π 体系化合物的组装、脂肪族两亲分子的组装、聚合物的组装、含氟化合物的组装等等。按照组装体功能划分，可分为光学性质的研究、电学性质的研究、催化性能的研究、传感性能的研究、超分子纳米结构的研究等等。按照研究方法的划分则又可以分为各种原位方法的研究、各种离位方法的研究等等。上述这些研究内容涵盖广泛，表明 Langmuir 和 LB 界面组装技术已经渗透和融入到了其他前沿学科。在此，我们对这些内容将不再专门论述。尽管如此，读者仍可通过上面章节的讨论，对 LB 界面组装技术建立一个比较全面和深刻的认识和了解。通过这些基本知识体系的建立，可望将该组装手段与具体课题结合起来，并利用其自身的本征优势来实现具体研究的创新。

3.4　LB 界面组装领域的发展新动向

如其他学科与技术一样，LB 界面组装领域的发展也是随着当前其他前沿学科的发展而发展和创新的。一方面这促进了其自身科学与技术内涵的不断丰富和更新，另一方面将其他学科的创新性研究成果不断融入该领域亦将促进其与其他学科的交叉融合。这两方面相辅相成，相得益彰，共同构成了该领域的学科生长点。近几年来，随着纳米科学与技术、超分子化学、分子聚集体化学等的建立与发展，LB 界面组装技术这一经典的手段也发生了一些新的变化和动向，这些研究方向的建立从一定程度上构成了当前 LB 界面组装领域的主要研究内容，下面我们将就其中较为重要的几个方面加以概述。

3.4.1　破裂的 LB 膜

从上文的论述可以看到，LB 膜的破裂在 π-A 曲线上表现为表面压忽然降低一个（或数个）明显的平台区，在膜破裂的过程中分子的聚集行为发生了从二维单分子膜到三维体相的复杂相变。过去人们并没有充分意识到这种破裂 LB 膜的意义所在，随着纳米学科需要，研究者开始认识到这种破裂过程也可以被用来制备具有特定形貌特征的纳米阵列结构，从而也形成了 LB 膜相关研究课题的方向之一。比如，Fang 和 Buzin 等人发现一种聚硅氧烷聚合物的 LB 膜破裂后表现出一些纳米纤维（nanofiber）结构[314,315]。笔者研究发现，一种不带长疏水碳链的谷氨酸衍生物或一个 Bola 型两亲分子的 LB 膜破裂后在大面积范围内表现为平行排列的纳米带状结构，并且其方向同时平行于 LB 槽的压膜挡板方向，利用这一特征通过调整连续两次 LB 的沉积过程中基片的方向，得到了交叉排列的规则纳米阵列图案[316-318]。Guo 等人对一种聚苯乙烯破裂 LB 膜的研究发现，膜破裂后形成了由这种聚合物组装形成的纳米管结构，他们认为破裂多层 LB 膜在亚相上进一步卷曲是形成这种纳米结构的原因，亦即这种纳米管是 LB 膜破裂所导致的多层膜"卷"起来形成的。最近，我们也研究发现，通过一个含氟化合物 Langmuir 膜在界面上的卷曲，可以形成具有手性特征的超分子纳米管[319]。

作为一种重要的染料分子，核黄素是生物光合作用或新陈代谢系统过程中发挥电子转移作用的重要分子之一，同时也是有机分子电子器件中常见的电子给体。韩国朝鲜大学的 Lim 等人研究了一种核黄素衍生物的界面组装行为及其光电性能[320,321]。他们发现，当被压缩至一定的极限面积时，漂浮膜发生了破裂并以此而形成了棒状的三层膜结构。随后作者研究了基于该棒状结构的光电二极管的性能并揭示了其构效关系。该工作表明，研究者可以利用破裂的 LB 膜来构建光电功能材料或先进分子电子器件。可以看到，Langmuir 单分子膜的破裂刚刚开始引起人们的关注，研究者亦可以通过该思路构建先进功能体系，它在各种纳米结构图案制备上的独特优势（简单、快速、低成本等）有理由使我们相信，它将是今后 LB 膜相关研究课题的方向和热点之一。

尽管如此，需要指出的是，在不同的压膜速度以及表面压下，单分子膜的破裂遵循不同的规则和机理，比如 Ybert 等人认真研究了 2-位羟基取代的二十四羧酸的单分子膜破裂行为后发现[322]：在低膜压下，膜经历了一个较慢的破裂过程（slow collapse），并因此形成了具有多层结构的分子聚集体岛（island）；在较高的膜压下，则发生了单层膜的隆起和折叠；当压膜速度较慢时，在膜的缺陷处发生首先折叠，并且其折叠方向指向亚相，会导致悬浮在单分子膜下面的双层膜存在于亚相中，当扩展时它又可以扩展开来形成单分子膜；当压膜速度较快时，其机理则更为复杂。尽管目前对 Langmuir 单分子膜在亚相上破裂过程有不同的认识，但多数机理认为：该过程主要包括：膜的皱褶（buckling）、折叠（folding）、倾倒和平滑（sliding）等过程。可以看到，Langmuir 单分子膜的破裂往往会导致多层膜的出现[323]，[最常见的为三层膜（trilayer），有时也为双层膜（bilayer）]。从这一研究背景[322,323]并结合最近的研究进展[314-319,324]可以看到，对破裂的 LB 膜的研究是一个依然具有很大研究空间的发展新动向，随着各种现代表征手段与技术的发展，深刻探索破裂过程的规律与机制将有助于研究者通过该过程获得其他更有意义的研究结果。因此，笔者认为这是 LB 界面组装领域的一个新的研究方向，具有很大发展空间。

3.4.2　LB 界面组装体系的超分子手性

近年来，手性超分子或纳米结构的设计、组装及其功能化成为了超分子化学、软物质材料科学、纳米科学、手性科学等前沿领域共同关心的热点和重点内容之一。手性超分子的形成通常可以分成两大类。第一类是通过对具有本征手性的分子进行组装，亦或在手性分子参与的体系中、在手性环境中对非手性分子进行组装。在这类体系中，非手性分子与手性分子之间通过各种非共价键相互作用，共同组装形成了手性超分子聚集体结构，其中手性分子的诱导作用不可或缺。如上文所简明介绍，研究者通过气/液二维界面上的组装利用 LB 技术在该方向上展开了系统化研究和探索并积累了丰硕研究成果，德国马普胶体与界面研究所的Vollhardt 教授以及日本分子科学研究所的 Ariga 等人在其综述性文章中，对这些研究成果进行了系统化总结和介绍[293,294]，建议感兴趣的读者参阅。

构筑手性超分子结构的第二种方法是在没有手性分子参与的情况下，完全以非手性分子为组装基元进行组装，通过控制组装过程中的各种物理化学参数/条件，使得体系发生对称性破缺，进而获得具有手性特征的超分子聚集体。例如，西班牙巴塞罗那大学的 Ribó 教授及其合作者通过控制组装过程中搅拌的方向，利用系列非手性 TPPS 类卟啉分子为组装单元，获得了具有光学活性的手性超分子结构[325-328]。利用类似的研究思路，日本东京大学的 Aida 课题组以及荷兰埃因霍温科技大学的 Meijer 课题组，通过调控旋涂或者搅拌方向，成功地将非手性卟啉分子或者非手性聚合物分子组装，得到了具有螺旋结构特征的手性组装体[329-331]。Ribó 和日本神户大学的 Tsuda 教授分别针对这种通过控制搅拌或者旋转方向来实现超分子层次上对称性破缺方面的研究进行了系统化综述[328, 332]。通过第二类手段来构筑手性超分子的研究可以在超分子层次上揭示对称性破缺过程的科学内涵，具有重要的科学意义。同时亦可以帮助研究者绕过合成手性分子的困难（尤其是手性分子的分离）而直接获得具有手性功能的各种超分子先进功能材料，具有重要的实践意义。

在该研究方向上，刘鸣华课题组发现，通过气/液界面上的超分子组装，可以利用 LB 技术将一些非手性小分子组装形成能表现出手性的超分子结构。该课题组以二维气/液界面为组装平台，以系列非手性分子为组装单元，从界面超分子手性的发生、功能化、记忆、放大、固定、普遍化、控制等各个方面对界面对称性破缺进行了长期、系统化研究。一方面，这些研究从二维界面层面为揭示对称性破缺这一重要科学现象提供了理想的科学平台。另一方面，与上述通过控制搅拌或旋涂方向来实现对称性破缺的方法仅仅适用于为数不多的特定非手性分子体系不同[325-332]，该课题组所发现的气/液二维界面上对称性破缺对非手性分子的普适性，为研究者构筑功能手性超分子材料提供了全新的实践空间。例如，该课题组在研究带有长烷基链的π-共轭体系分子 2-十七烷基萘并咪唑的气/液界面组装行为时发现［图 3-28（a）］，该非手性分子可以通过与银离子的原位界面配位作用而发生对称性破缺，形成手性超分子聚集体[333]。数据显示，该非手性分子头基间的位阻效应、分子间疏水作用与配位作用以及 π-π 堆积作用之间的良好协同性、二维界面压缩诱导的相邻分子间的过密堆积等促进了基元的螺旋排列，进而导致了界面对称性破缺过程的发生。基于这一重要科学发现，该课题组进一步将组装体系发展到了以氢键相互作用为主，并且 π-π 堆积作用、疏水作用具有良好协同性的非手性长链巴比妥酸衍生物的界面组装上[334]。研究结果显示，氢键作用的参与有效地促进了基元的协同螺旋性堆积，而原子力显微镜所观察到的二维螺旋纳米结构则直接证实了气/液界面上对称性破缺的发生 [图 3-28（b）]。

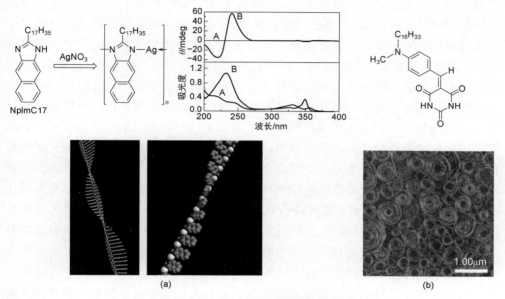

图 3-28　气/液二维界面上的对称性破缺现象
（a）非手性的萘并咪唑衍生物分子主要通过界面原位配位作用产生超分子手性；
（b）非手性的长链巴比妥酸衍生物主要通过界面氢键组装产生超分子手性
曲线：A—以纯水为亚相所沉积 LB 膜；B—以硝酸银水溶液为亚相所沉积的 LB 膜

上述通过非手性分子在气/液二维界面上的对称性破缺过程所形成的手性超分子聚集体的工作，为研究者完全基于非手性分子来构筑手性功能超分子材料提供了契机。例如，该课题组随后通过界面组装构筑了十八烷氧基噻唑偶氮基苯酚的手性组装体[335]。数据显示，不同的组装批次可以随机产生以 *M*-手性或 *P*-手性为主的界面组装体。有意思的是，HCl 气体的刺激会导致组装体手性信号的消失，而将组装体置于空气中后，其手性信号又可以得到很好恢复。该手性信号消失/恢复的开关过程可以实现多次可逆反复，表明成功地构筑了完全基于非手性分子的超分子手性开关功能材料体系。更为有意思的是，当手性恢复时，原先 *M*-手性的组装体恢复到 *M*-手性，而原先 *P*-手性的组装体则恢复到 *P*-手性。这表明，在完全基于非手性分子的超分子体系中可以实现超分子手性的记忆效应。从概念上来看，手性开关是在外界刺激（如光、电、pH 等）下手性光学信号可以表现出可逆变化的功能体系，它可以从根本上增加信息存储的密度。通常认为，构筑手性开关的前提是必须有本征手性分子的参与，而上述研究则通过发生于气/液二维界面上的对称性破缺过程彻底改变了这一传统观念，为研究者巧妙绕过手性分子复杂冗长的合成过程来构筑手性开关材料提供了科学基础。

应当看到，尽管上述工作表明可以完全基于非手性分子来构筑手性光学开关器件，但鉴于其分子间的作用主要靠非共价键来维系，器件的稳定性有待进一步提高。为了克服这一点，研究者对一个非手性双羟基硅酞菁的界面组装进行了探索[336]。结果发现，尽管其分子间疏水作用、π-π 堆积作用良好的协同性可以使之形成螺旋状分子聚集体，但羟基所引起的位阻效应却减弱了其基元间的激子耦合效应，从而这种螺旋结构聚集体仅能表现出微弱的超分子手性信号。有意思的是，将样品加以退火处理后，其螺旋结构没有发生本质上的变化，但其超分子手性信号却得到了明显增强。分析认为，这是分子间脱水聚合形成了以共价键相连的聚合酞菁的缘故。共价键的形成缩短了酞菁基元之间的距离，从而增强了 π-体系基元之间的激子耦合效应。该研究表明，在适当的超分子体系中，构筑基元间的协同堆积可以在化学键转变过程中得以保留和优化，从而实现超分子手性在聚合物中的固定。更为重要的是，进一步研究发现该聚合酞菁的超分子手性信号可以在 HX/NH₃ 气体反复熏蒸时发生可逆变化，并且对 HCl、HBr、HI 等展现出了良好的选择性[337]。实验数据显示，该手性开关器件在响应了 30 次并在实验室通常条件下保存数年以后仍然可以表现出良好的开关性能，这种优良的稳定性得益于聚合物 π-体系基元间稳定的共价键。

上述工作所发现的手性信号增强现象主要归因于从非共价键到共价键转变所导致的 π-体系基元间增强的激子耦合效应。从概念上来看，所谓手性放大，是指手性底物选择性地转化为具有特定手性构型产物的过程。作为生命体系中手性均一性形成的重要环节，手性放大现象一直是手性相关领域的重要研究命题之一。通常，超分子手性放大行为大都发生于手性分子或手性环境参与的体系中。而上述工作则表明，通过 LB 界面组装技术，在完全由非手性单元所构筑体系中亦可以实现手性放大，这有助于从超分子层面探索"手性传递"这一重要科学问题的规律与机制。

除了上述从非共价键到共价键的转变所引起的手性放大现象外，该课题组还研究了非共价键体系中的手性放大[338-340]。结果发现，一个非手性卟啉在水/空气界面上的组装体仅可以表现出微弱的手性信号，将之退火处理后手性信号则得到了显著放大。分析数据表明，产生这一现象的主要原因在于，该非手性卟啉分子可以通过界面上基本上被禁阻的对称性破缺过程，形成少量手性聚集体。在退火过程中，其他非手性聚集体则按照"士兵-将军"原则，通过分子间的协同堆积，以这些少量手性聚集体为"种子"被诱导形成手性聚集体，进而表现出手性信号的增强[338]。对非手性卟啉分子的取代基、中心金属离子等因素在这种手性放大现象中的贡献和影响进行的系统化研究[339,340]表明，分子的外围取代基所导致的卟啉分子的亲/疏水性及其分子间氢键的差别，导致了其分子间的各种非共价键作用具有不同的协同性，这促进或抑制了界面对称性破缺过程的发生，进而有利于或不利于手性放大现象的发生。这些研究为诠释完全由非手性分子所构筑手性超分子体系中的手性传递、放大等的构效关系规律提供了丰富科学信息。

从上面的例举可以看到，若干类非手性分子构筑基元均可以通过界面上的对称性破缺过程形成手性超分子聚集体。然而，界面对称性破缺是否是一个普遍化的现象？若是，该现象对组装的目标分子的结构或者对组装过程的物理化学参数有什么要求？对这些问题的回答，无疑将为构筑基于此的功能体系提供丰富的材料基础。研究组对这些问题展开了系统化探索[341-343]。例如，研究发现当以水为亚相时，非手性八乙基卟啉的界面组装体表现为颗粒状不具超分子手性的聚集体，而当以稀盐酸为亚相时，则形成了具有螺旋结构特征且能表现出超分子手性的一维纳米结构[341]。分析表明：当以水为亚相时，该卟啉分子的强疏水性，使其分子在水面上易于无序聚集，这从一定程度上破坏了分子间 π-π 堆积作用、疏水作用等的协同性，构筑基元间不能通过协同错位排列形成螺旋结构，从而对称性破缺过程基本上被禁阻。反之，当以稀盐酸为亚相时，其中心两个氮原子可以被质子化，形成了轴向上具有两个对称分布氯离子的质子化卟啉，这两个轴向氯离子的存在为其分子的聚集带来了一定的位阻效应，削弱了构筑基元间的 π-π 堆积作用，从而有利于分子间 π-π 堆积作用、疏水作用等的协同性，促进了对称性破缺过程的发生。重要的是，该思路可以扩展到系列非金属卟啉以及轴向具两个对称配体的金属卟啉的界面组装上[341-343]，表明通过适当调控组装过程中的物理化学参数，LB 界面组装是具有一定普适性的利用非手性分子为基元的构筑手性超分子组装体的科学平台。

普遍化方法的建立为研究者基于此构筑功能体系提供了契机。例如，研究者利用上述非金属卟啉可以被 HCl 酸化的特征，进一步研究了不同种类的酸对这种界面对称性破缺过程的影响和贡献[342]。结果显示：与 HCl 亚相相比，一个非金属卟啉在 HBr 亚相上的聚集体仅能表现出微弱的手性信号，而用 HI、HNO_3 作为亚相时，则得到了非手性光学活性的聚集体，并且这种行为对氯离子表现出了明显的选择性。基于离子的半径及其与卟啉的键合强度所导致的卟啉分子间非共价键相互作用的不同协同性，对此提出了合理解释。该研究表明，研究者可以在非手性基元所构筑的体系中实现基于超分子手性的离子传感体系，为这类超分子体系的功能化创建了实践空间。

事实上，如何基于界面上的对称性破缺这一重要科学现象来构筑功能体系一直是研究的初衷之一[335,337,342]。除了上述手性开关器件、离子传感体系等功能材料体系，课题组还研究了分子骨架中具有显著头尾尺寸不匹配性的蒽衍生物的界面组装[344]。如图 3-29 所示，研究结果表明：在较低表面压下，该非手性分子形成了在分子微观排列上具有螺旋结构特征的线圈状纳米结构；有意思的是，尽管其形貌上表现出了线圈状手性特征，但其 CD 光谱却没能表现出明显的手性信号。进一步研究发现，当表面压升高时，纳米线圈转变成直的纳米线，在这些纳米线中其基元分子呈螺旋状排列，且该结构能表现出明显超分子手性特征。更为有趣的是，利用这些具有不同形貌特征的聚集体所集成的两端超分子器件，对光刺激表现出了明显不同的响应。其中，后者的光电流在光开/关的过程中表现出了明显的响应，而前者则不然。分析各种数据认为，这是聚集体中 π-π 堆积模式受控于物理外因（界面压力）所致：鉴于基元分子骨架中明显的头尾尺寸不匹配性，低表面压下，其分子间疏水作用、氢键作用、π-π 堆积作用等良好的协同性，使之可以发生界面对称性破缺而形成分子在微观排列上具有螺旋结构特征的纳米线圈，但其较小的 π-π 交叠程度不利于能量在其中的传输，而构筑基元间较弱的激子耦合效应也使之不能表现出超分子手性信号。反之，表面压的升高则使得 π-π 交叠程度有所提高，这种分子层次上堆积模式的变化，导致了超分子层次上聚集体形貌从线圈转变为直线，这除了有利于能量的传输外，亦增强了基元间的激子耦合效应，从而表现出了明显的超分子手性。这一研究表明，研究者可以利用气/液二维界面上的对称性破缺过程，以非手性分子为组装基元来构筑具有光电响应的分子电子器件，为 LB 这一经典科学平台的创新发展提供了新的科学与实践契机。

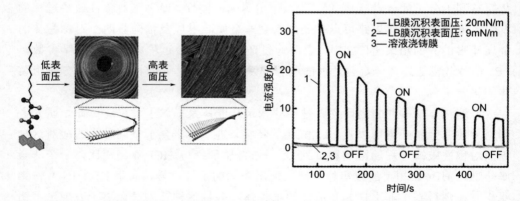

图 3-29　非手性蒽衍生物的界面组装及基于此的分子电子器件的构建：非手性超
分子线圈、手性超分子纳米线、螺旋结构组装体中 π-π 堆积模式对能量
传输效率以及激子耦合效应的调控

　　从上面的论述可以看到，通过合理的分子设计或调控界面组装过程中 LB 技术的本征物理参数（比如界面压力等），可以从一定程度上实现可控组装及组装体

性能的有效调控。这为研究基元分子协同性堆积规律、结构与性能的调控规律、电子/能量的传输规律提供了良好的研究平台，为构筑先进功能体系提供了材料基础。尽管如此，应当看到，上述研究中所构筑分子聚集体的超分子手性随机表现为或正或负的信号，也就是说在这些研究中基元分子协同错位堆积的方向是一种随机行为，尚不能得到有效的精确控制。如何导向性、精确、有效地调控组装体中基元的协同堆积与排列，依然是一个亟待解决的重要科学命题。对其研究不但有助于实现这些组装体螺旋方向和超分子光学性的控制，帮助研究者获得对称性破缺过程的科学信息，更为重要的是也将有助于深刻探索分子协同性堆积的科学规律。从所使用仪器的结构层面来看，目前实验室常用的 LB 仪为自制或 KSV、Nima、Kibron 等所生产。多数情况下这些设备具有两个对向移动的压缩臂，在压缩过程中来自两边的压力使得界面压不能从效果上表现出矢量特征。尽管少数的 LB 仪只具有一个压缩臂，但尚未有关于压缩方向对 LB 界面组装体结构与性能调控作用的报道。基于上述简明仪器背景，课题组采取单向压缩的模式研究了一个非手性卟啉分子的 LB 界面组装行为（图 3-30）。该研究的特色在于将其中一个压缩臂抬起，界面组装在单向压缩下完成。结果显示[345]：通过单向压缩（比如，从左至右压缩，亦或从右至左压缩）或选择合适的拉膜位置（比如，在一定的压缩方向下，在 LB 槽的前面拉膜，亦或在 LB 槽的后面拉膜），可以有效调控聚集体超分子光学活性信号的方向，并且在力场矢量去除后这种聚集体可以稳定存在。分析和理论计算认为，这是压缩所产生的界面涡流有效调控了基元分子协同性螺旋堆积的方向所致。这些结果表明，通过调控单向压缩的方向，可以对 LB 界面聚集体中基元分子的微观协同堆积进行精确调控，进而实现聚集体超分子光学活性信号方向的有效控制。进一步，研究者将这种单向压缩模式的手段用到了若干非手性卟啉分子的界面组装上 [图 3-30（c）]，结果发现界面组装体的超分子手性信号方向均可以得到很好的控制[346]，表明这种以单向压缩为主要技术要领的手段是一个具有一定普适性的控制界面组装体手性的科学平台。这些研究不但为控制 LB 界面组装体超分子手性信号的方向提供了创新思路，更为重要的是赋予了 LB 界面组装这一经典手段更为丰富的灵活性和更为新颖的创新性，为研究 LB 界面组装的动力学过程、组装体中基元分子的协同排列方式、组装体理化性能等的精确调控，提供了全新的思路和简单可行的方法。该方法实现了经典 LB 界面组装技术的可持续创新发展，具有重要的科学与实践意义。

　　从上面的简明论述可以看到，随着 LB 技术与各个前沿学科的交叉与融合，该领域中出现了一些具有重要科学与实践意义的新动向和课题，这些方向上发展必将从很大程度上继续丰富 LB 界面组装领域的科学与技术内涵。从科学本身的发展规律上来看，经过实践与时间的积累这些新的动向也必然将成为经典，并在此基础上发展为更新的方向。

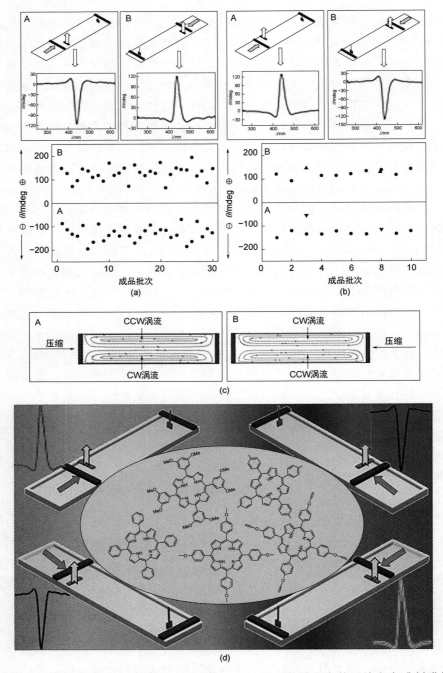

图 3-30 采用新型的单向压缩模式,通过调控 LB 界面组装过程中的压缩方向或制膜位置,
可以实现界面组装体超分子光学活性的有效调控

（a）在 LB 膜槽的前面拉膜，压缩方向为从左至右（A）或从右至左（B）；（b）在 LB 膜槽的后面
拉膜，压缩方向为从左至右（A）或从右至左（B）；（c）界面压缩所诱导的界面涡流方向
在这种手性控制过程中发挥了重要作用；（d）这种方法具有很好的普适性

参 考 文 献

[1] 颜肖慈，罗明道. 界面化学. 北京：化学工业出版社，**2005**.

[2] 肖进新，赵振国. 表面活性剂应用原理. 北京：化学工业出版社，**2003**.

[3] Langmuir, I.; Schaefer, V. J.; *J. Am. Chem. Soc.*, **1938**, *60*, 1351.

[4] Langmuir, I.; Blodgett, K. B. *Phys. Rev.*, **1937**, *51*, 964.

[5] Zhavnerko, G.; Marletta, G. *Mater. Sci. Eng. B-Adv. Funct. Solid-State Mater.*, **2010**, *169*, 43.

[6] Liu, J.; Conboy, J. C. *Langmuir*, **2005**, *21*, 9091.

[7] Bertoncello, P.; Notargiacomo, A.; Nicolini, C. *Langmuir*, **2005**, *21*, 172.

[8] Brosseau, C. L.; Leitch, J.; Bin, X.; Chen, M.; Roscoe, S. G.; Lipkowski, J. *Langmuir*, **2008**, *24*, 13058.

[9] Brosseau, C. L.; Bin, X.; Roscoe, S. G.; Lipkowski, J. *J. Electroanal. Chem.*, **2008**, *621*, 222.

[10] Li, M.; Chen, M.; Sheepwash, E.; Brosseau, C. L.; Li, H.; Pettinger, B.; Gruler, H.; Lipkowski, J. *Langmuir*, **2008**, *24*, 10313.

[11] Jaiswal, A.; Rajagopal, D.; Lakshmikantham, M. V.; Cava, M. P.; Metzger, R. M. *Phys. Chem. Chem. Phys.*, **2007**, *9*, 4007.

[12] Seto K, Hosoi Y, Furukawa Y, *Chem. Phy. Lett.*, **2007**, *444*, 328.

[13] Rubinger, C. P. L.; Moreira, R. L.; Cury, L. A.; Fontes, G. N.; Neves, B. R. A.; Meneguzzi, A.; Ferreira, C. A. *App. Surf. Sci.*, **2006**, *253*, 543.

[14] Kim, J. Supramolecular Assembly of Conjugated Sensory Polymers and the Optimization of Transport Properties (Doctorial Thesis) Cambridge: Department of Material Science and Engineering of Massachusetts Institute of Technology. **2001**.

[15] Rubinger, C. P. L.; Moreira, R. L.; Neves, B. R. A.; Cury, L. A.; Ferreira, C. A.; Meneguzzi, A. *Syn. Mat.*, **2004**, *145*, 147.

[16] 欧阳健明. LB膜原理与应用. 广州：暨南大学出版社，**1999**.

[17] 白春礼. 分子科学前沿. 刘鸣华，陈鹏磊，张莉. 第六章：分子聚集体化学（P204~P280）. 北京：科学出版社，**2007**.

[18] Von Zwick, M. M.; Kuhn, H. Z. *Naturforsch.*, **1962**, *17a*, 411.

[19] Bücher, H.; Drexhage, K. H.; Fleck, M.; Kuhn, H.; Möbius, D.; Schäfer, F P.; Sondermann, J.; Sperling, W, Tillmann, P, Wiegand, J. *Mol. Cryst.*, **1967**, *2*, 199.

[20] Kuhn, H.; Möbius, D. *Angew. Chem. Int. Ed.*, **1971**, *10*, 620~737.

[21] Special Issue on Langmuir-Blodgett Films. *Thin Solid Films*, **1980**, *68*, 1.

[22] First International Conference on Langmuir-Blodgett Films, Durham, 1982. *Thin Solid Films*, **1983**, *99*, 1.

[23] 江龙. 化学进展，**1994**, 6, 195.

[24] Kuhn, H. *Thin Solid Films*, **1983**, *99*, 1.

[25] Kuhn, H.; Möbius, D. *Angew. Chem.*, **1971**, *83*, 672.

[26] Inacker, O.; Kuhn, H.; Möbius, D Z. *Physik. Chem.*, **1976**, *101*, 337.

[27] Kuhn, H. *Thin Solid Films*, **1989**, *178*, 1.

[28] Ruaudel-Teixier, A.; Vandevyver, M. *Thin Solid Films*, **1980**, *68*, 129.

[29] http://en.wikipedia.org/wiki/Hans_Kuhn.

[30] Lehmann, U. *Thin Solid Films*, **1988**, *160*, 257.

[31] Sugi, M.; Saito, M.; Fukui, T.; Iizima, S. *Thin Solid Films*, **1983**, *99*, 17.

[32] Sugi, M.; Iizima, S. *Thin Solid Films*, **1980**, *68*, 199.

[33] Sugi, M.; Fukui, T.; Iizima, S.; Iriyama, K. *Mol. Cryst. Liq. Cryst.*, **1980**, *62*, 165.

[34] Fujihira, M.; Sakomura M.; Kamei T. *Thin Solid Films*, **1989**, *180*, 43.

[35] 张国城. 花菁染料超薄膜的构筑、表征及其功能化研究(博士学位论文). 北京：中国科学院研究生院, **2008**.

[36] Zhang, G.; Zhai, X.; Liu, M.; Tang, Y.; Zhang, Y. *J. Phys. Chem. B*, **2006**, *110*, 10455.

[37] Zhang, G.; Zhai, X.; Liu, M.; Tang, Y.; Zhang, Y. *J. Phys. Chem. B*, **2007**, *111*, 9301.

[38] Zhang, G.; Liu, M. *J. Phys. Chem. B*, **2008**, *112*, 7430.

[39] Saito, M.; Sugi, M.; Fukui, T.; Hzima, S. *Thin Solid Films*, **1983**, *100*, 117.

[40] 李富友, 黄春辉, 赵朝阳, 黄岩谊, 郭建权, 金林培, 王明强, 李峻柏. 化学学报, **2001**, *59*, 1544.

[41] Rubia-Payá, C.; Giner-Casares, J. J.; De Miguel, G.; Martín-Romero, M. T.; Möbiusc, D.; Camacho, L. *RSC Adv.*, **2015**, *5*, 32227.

[42] Aviv, H.; Tischler, Y. R. J. *Lumines.*, **2015**, *158*, 376.

[43] Debnath, P.; Chakraborty, S.; Deb, S.; Nath, J.; Bhattacharjee, D.; Hussain S. A. *J. Phys. Chem. C*, **2015**, *119*, 9429.

[44] Chakraborty, S.; Bhattacharjee, D.; Soda, H.; Tominaga, M.; Suzuki, Y.; Kawamata, J.; Hussain, S. A. *Appl. Clay Sci.*, **2015**, *104*, 245

[45] Chakraborty, S.; Debnath, P.; Dey, D.; Bhattacharjee D.; Hussain S. A. *J. Photochem. Photobiol. A-Chem.*, **2014**, *293*, 57.

[46] Kanis, D. R.; Ratner, M. A.; Marks, T. J. *Chem. Rev.*, **1994**, *94*, 195.

[47] Aktsipetrov, O. A.; Akhmediev, E. D.; Mishina, E. D.; Novak, M. V. *JETP Lett.*, **1983**, *37*, 207.

[48] Aktsipetrov, O. A.; Akhmediev, N. N.; Baranova, I. M.; Mishina, E. D.; Novak, V. R. *Sov. Tech. Phys Lett.*, **1985**, *11*, 249.

[49] Aktsipetrov, O. A.; Akhmediev, N. N.; Baranova, I. M.; Mishina, E. D.; Novak, V. R. *Sov. Phys JETP*, **1985**, *62*, 524.

[50] Hayden, L. M.; Anderson, B. L.; Lam, J. Y. S.; Higgins, B. G.; Stroeve, P.; Kowel, S. T. *Thin Solid Films*, **1988**, *160*, 379.

[51] Hayden, L. M.; Kowel, S. T.; Srinivasan, M. P. *Opt. Commun.*, **1987**, *61*, 5.

[52] Srinivasan, M P.; Higgins B G.; Hayden L M.; Stroeve P.; Kowel S T. Proc. Annu. Tech. Conf. of the Society of Plastics Engineers, Antec **1987**, *87*, 403.

[53] Kajzar, F.; Ledoux, I. *Thin Solid Films*, **1989**, *179*, 359.

[54] Ledoux, I.; Josse, D.; Fremaux, P.; Piel, J.-P.; Post, G.; Zyss, J.; McLean, T.; Hann, R. A.; Gordon, P. F.; Allen, S. *Thin Solid Films*, **1988**, *160*, 217.

[55] Chen, Z.; Chen, W.; Zheng, J.-B.; Wang, W.-C.; Zhang, Z.-M. *Opt. Commun.*, **1985**, *54*, 305.

[56] 黄春辉, 李富友, 黄岩谊. 光电功能超薄膜. 北京：北京大学出版社, **2001**.

[57] 李富友, 黄岩谊, 黄春辉. 高等学校化学学报, **2001**, *22*, 1555.

[58] Xu, Y.-Y.; Rao, Y.; Zheng, D.-S.; Guo, Y.; Liu, M.-H.; Wang, H.-F. *J. Phys. Chem. C*, **2009**, *113*, 4088.

[59] Messmer, M. C.; Conboy, J. C.; Richmond, G. L. *J. Am. Chem. Soc.*, **1995**, *117*, 8039.

[60] Baldelli, S.; Schnitzer, C.; Shultz, M. J.; Campbell, D. J. *J. Phys. Chem. B*, **1997**, *101*, 4607.

[61] Conboy, J. C.; Messmer, M. C.; Richmond, G. L. *Langmuir*, **1998**, *14*, 6722.

[62] Conboy, J C.; Messmer, M C.; Richmond, G L. *J. Phys. Chem. B*, **1997**, *101*, 6724.

[63] Marowsky, G.; Steinhoff, R. *Opt. Lett.*, **1988**, *13*, 707.

[64] Kajikawa, K.; Shirota K.; Takezoe H. *Jpn. J. Appl. Phys.*, **1990**, *29*, 913.

[65] Lu, X.; Han K.; Ma, S. *J. Phys. D, Appl. Phys.*, **1996**, *29*, 913.

[66] Ishifuji M, Mitsuishi M, Miyashita T. *J. Am. Chem. Soc.*, **2009**, *131*, 4418.

[67] Rajesh, K.; Balaswamy, B.; Yamamoto, K.; Yamaki, H.; Kawamata, J.; Radhakrishnan, T. P. *Langmuir*,

2011, *27*, 1064.

[68] Ashwell, G. J.; Jefferies, G.; Hamilton, D. G.; Lynch, D. E.;　Roberts, M. P. S.; Bahra, G. S.; Brown, C. R. *Nature*, **1995**, *375*, 385.

[69] Ashwell, G. J.; Leeson, P.; Bahra, G. S.; Brown, C. R. *J. Opt. Soc. Am. B*, **1998**, *15*, 484.

[70] Ashwell, G. J. *Adv. Mater.*, **1998**, *8*, 248.

[71] 陈鹏磊，王东军，王小兵，刘鸣华，甄珍，刘新厚，王文军，陆兴泽. 无机化学学报 **2001**, *17*, 269.

[72] Leznoff C C, Lever A B P. Eds. Phthalocyanines, Properties and Applications VCH Publishers, New York, **1990-1996**, Vols.1~4.

[73] Inabe, T.; Tajima, H. *Chem. Rev.,* **2004**, *104*, 5503.

[74] Kobayashi, N. *Coord. Chem. Rev.,* **2001**, *219-221*, 99.

[75] Alexander, A. E. *J. Chem. Soc.,* **1937**, 1813.

[76] Barker, S.; Petty, M. C.; Roberts, G. G.; Twigg, M. V. *Thin Solid Films*, **1983**, *99*, 53.

[77] Roberts, G G.; Petty, M. C.; Baker, S.; Fowler, M. T.; Thomas, N. J. *Thin Solid Films*, **1985**, *132*, 113.

[78] Barker, S.; Roberts, G. G.; Petty, M. C. *IEE Proc. Part I Solid-State Electron. Devices*, **1983**, *130*, 260.

[79] Betey, J.; Petty M. C.; Roberts, G. G.; White, D. R. *Electron. Lett.*, **1984**, *20*, 489.

[80] Ogawa, K.; Yonehara, H.; Maekawa, E. *Thin Solid Films*, **1992**, *210-211*, 535.

[81] Ogawa, K.; Yonehara, H.; Shoji, T.; Kinoshita, S.-I.; Maekawa, E. *Thin Solid Films*, **1989**, *178*, 439.

[82] Ogawa, K.; Kinoshita, S.-I.; Yonehara, H.; Nakahara, H.; Fukuda, K. *J. Chem. Soc., Chem. Commun.,* **1989**, 477.

[83] Albouy, P. A. *J. Phys. Chem.,* **1994**, *98*, 8543.

[84] Snow, A. W.; Jarvis, N. L. *J. Am. Chem. Soc.*, **1984**, *106*, 4706.

[85] Barger, W.; Dote, J.; Klusty, M.; Mowery, R.; Price, R.; Snow, A. *Thin Sold Films*, **1988**, *159*, 369.

[86] Fryer, J. R.; Hann, R. A.; Eyes, B. L. *Nature,* **1985**, *313*, 382.

[87] Cook, M. J.; Daniel, M. F.; Dunn, A. J.; Gold, A. A.; Thomson, A. J. *J. Chem. Soc., Chem. Commun.,* **1986**, 863.

[88] Bourgoin, J.-P.; Doublet, F.; Palacin, S.; Vanderyver, M. *Langmuir,* **1996**, *12*, 6473.

[89] Burach, J. J.; LeGrange, J. D.; Markham, J. L.; Rockward, W. *Langmuir,* **1992**, *8*, 613.

[90] Ouyang, J.; Lever, A. B. P. *J. Phys. Chem.,* **1991**, *95*, 5272.

[91] Barger, W. R.; Snow, A. W.; Wohltjen, H.; Jarvis, N. L. *Thin Solid Films,* **1985**, *133*, 197.

[92] Kojima, S.; Fukumura, T.; Hasegawa, T. e-J. Surf. Sci. Nanotech. **2015**, *13*, 155.

[93] 陈鹏磊. 若干酞菁类化合物的 LB 膜及其二阶非线性光学性质的研究(博士学位论文). 北京：中国科学院理化技术研究所, **2001**.

[94] Torrent-Burgués, J.; Cea, P.; Giner, I.; Guaus, E. *Thin Solid Films,* **2014**, *556*, 485.

[95] Roy, D.; Das, N. M.; Shakti, N.; Gupta, P. S. *RSC Adv.*, **2014**, *4*, 42514.

[96] Roy, D.; Das, N. M.; Gupta, P. S. *AIP Adv.*, **2014**, *4*, 077126.

[97] Schneider, O.; Hanack, M.; *Angew. Chem. Int. Ed. Engl.*, **1980**, *19*, 392.

[98] Diel, B. N.; Inabe, T.; Jaggi, N. K.; Lyding, J. W.; Schneider, O.; Hanach, M.; Kannewrf, C. R.; Marks, T. J.; Schwartz, L. H. *J. Am. Chem. Soc.*, **1984**, *106*, 3207.

[99] Dirk, C. W.; Inabe, T.; Schoch, K. F.; Marks, Jr. T. J. *J. Am. Chem. Soc.*, **1983**, *104*, 1593.

[100] Dirk, C. W.; Inabe, T.; Lyding, J. W.; Schoch, K. F.; Kannewurf, C. R.; Marks, T. J. *J. Am. Chem. Soc.,* **1983**, *105*, 1551.

[101] Sielcken, O. E.; van de Kuil, L. A.; Drenth, W.; Schoonman, J.; Nolte, R. J. M. *J. Am. Chem. Soc.,* **1990**, *112*, 3086.

[102] Gale D C.; Gaudiello J G. *J. Am. Chem. Soc.,* **1991**, *113*, 1016.

[103] Hanack, M.; Durr, K.; Lange, A.; Barcina, J. O.; Pohmer, J.; Witke, E. *Synthetic Mateals,* **1995**, *71*, 2275.

[104] Hanack, M. *Mol. Cryst. Liq. Cryst.,* **1988**, *160*, 133.

[105] Metz, J.; Hanack, M. *J. Am. Chem. Soc.,* **1983**, *105*, 828.

[106] Futamata, M.; Takaki, Y.; *Synthetic Metals,* **1991**, *39*, 343.

[107] Hanack, M.; Lange, A.; Rein, M.; Behnisch, R.; Renz, G.; Leverernz, A. *Synthetic Metals,* **1989**, *29*, F1.

[108] Orthmann, E.; Wegner, G. *Angew. Chem., Int. Ed. Engl.,* **1986**, *25*, 1105.

[109] Orthmann, E.; Wegner, G. *Angew. Chem.,* **1986**, *98*, 1114.

[110] Kalachev, A. A.; Sauer, T.; Vogel, V.; Plate, N. A.; Wegner, G. *Thin Solid Films,* **1990**, *188*, 341.

[111] Sauer, T.; Arndt, T.; Batchelder, D. N.; Kalachev, A. A.; Wegner, G. *Thin Solid Films,* **1990**, *187*, 357.

[112] Schwiegk, S.; Vahlenkamp, T.; Xu, Y.; Wegner, G. *Macromolecules,* **1992**, *25*, 2513.

[113] Vogel, A.; Hoffmann, B.; Sauer, T.; Wegner, G. *Sensors and Actuators B1,* **1990**, 408.

[114] Gattinger, P.; Rengel, H.; Neher, D. *Synthetic Metals,* **1996**, *83*, 245.

[115] Silerova, R.; Kalvoda, L.; Neher, D.; Ferencz, A.; Wu, J.; Wegner, G. *Chem. Mater.,* **1998**, *10*, 2284.

[116] Chen, P.-L.; Tang, D.-H.; Wang, X.-B.; Chen, H.; Liu, M.-H.; Li, J.-B.; Liu, X.-H. *Colloids Surf. AsPhysicochem. Eng. Asp.,* **2000**, *175*, 171.

[117] Chen, P.; Ma, X.; Liu, M. *Macromolecules,* **2007**, *40*, 4780.

[118] Harrison, S. E.; *J. Chem. Phys.,* **1960**, *50*, 4793.

[119] Day, P.; Price, M. G. *J. Chem. Soc.,* **1969**, *A2*, 236.

[120] 丁西明. 不对称取代两亲性酞菁化合物的合成及气敏薄膜的制备与性能研究(博士学位论文). 北京：中国科学感光化学研究所, **1999**.

[121] 谢丹. NO₂气敏 LB 膜及其微结构传感器研究(博士学位文). 成都：电子科技大学. **2001**.

[122] 王雪莹. 新型侧链取代稀土酞菁配合物的合成及 LB 膜研究(博士学位论文). 济南：山东大学, **2007**.

[123] 陈艳丽. 三明治型稀土三层酞菁配合物有序超分子聚集体的结构及 OFET 性能研究(博士学位论文). 济南：山东大学, **2006**.

[124] Ipek, Y.; Şener, M. K.; Koca, A. *J. Porphyr. Phthalocyanines,* **2015**, *19*, 708.

[125] Fox, J. M.; Katz, T. J.; Van Elshocht, S.; Verbiest, T.; Kauranen, M.; Persoons, A.; Thongpanchang, T.; Krauss ,T.; Brus, L. *J. Am. Chem. Soc.,* **1999**, *121*, 3453.

[126] Martinez-Diaz V M.; Rey B D.; Torres T.; Agriole B.; Mingotaud C.; Cuvillier N.; Rojo G.; Agullo-Lopez F. *J. Mater. Chem.,* **1999**, *9*, 1521.

[127] Tran-Thi, T.-H.; Fournier, T.; Sharonov, A.; Yu Tkachenko, N.; Lemmetyinen, H.; Grenier, P.; Truong, K.-D.; Houde, D. *Thin Solid Films,* **1996**, *273*, 8.

[128] Liu, Y.; Xu, Y.; Zhu, D.; Wada, T.; Sadabe, H.; Zhao, X.; Xie, X. *J. Phys. Chem.,* **1995**, *99*, 6957.

[129] De La Torre, G.; Vazquez, P.; Agullo-Lopez, F.; Torres, T. *Chem. Rev.,* **2004**, *104*, 3723.

[130] Chou, H.; Chen, C.-T.; Stork, K. F.; Bohn, P. W.; Suslick, K. S. *J. Phys. Chem.,* **1994**, *98*, 383.

[131] Zhang, Z.; Verma, A. L.; Yoneyama, M.; Nakashima, K.; Iriyama, K.; Ozaki, Y. *Langmuir,* **1997**, *13*, 4422.

[132] Zhang, Z.; Verma, A. L.; Nakashima, K.; Yoneyama, M.; Iriyama, K.; Ozaki, Y. *Langmuir,* **1997**, *13*, 5726.

[133] Zhang, Z.; Nakashima, K.; Verma, A. L.; Yoneyama, M.; Iriyama, K.; Ozaki, Y. *Langmuir,* **1998**, *14*, 1177.

[134] Zhang, Z.; Verma, A. L.; Nakashima, K.; Yoneyama, M.; Iriyama, K.; Ozaki, Y. *Thin Solid Films,* **1998**, *326*, 211.

[135] Zhang, Z.-J.; Verma, A. L.; Tamaia, N.; Nakashima, K.; Yoneyama, M.; Iriyamae, K.; Ozaki, Y. *Thin Solid Films,* **1998**, *333*, 1.

[136] Zhang, Z.; Yoshida, N.; Imae, T.; Xue, Q.; Bai, M.; Jiang, J.; Liu, Z. *J. Colloid Interf. Sci.,* **2001**, *243*, 382.

[137] Dian, D. J.; Nakamura, C.; Miyake, J. *Langmuir,* **2000**, *16*, 9615.

[138] Dian, D. J.; Nakamura, C.; Miyake, J. *Thin Solid Films,* **2001**, *397*, 266.

[139] Dian, D. J.; Chen, H. T.; Xiang, X. M.; Wakayama, T.; Nakamura, C.; Miyake, *J. Colloid Surf. A Physicohem. Eng. Asp.*, **2006**, *284-285*, 180.

[140] Ruggles, J. L.; Foran, G. J.; Tanida, H.; Nagatani, H.; Jimura, Y.; Watanabe, I.; Gentle, I. R. *Langmuir,* **2006**, *22*, 681.

[141] 刘冰, 陈海涛, 钱东金. 化学进展, **2007**, *19*, 872.

[142] Miguel, G. D.; Hosomizu, K.; Umeyama, T.; Matano, Y.; Imahori, H.; Martin-Romero, M. T.; Camacho, L. *ChemPhysChem,* **2008**, *9*, 1511.

[143] Kaunisto, K.; Chukharev, V.; Tkachenko, N. V.; Efimov, A.; Lemmetyinen, H. *J. Phys. Chem. C,* **2009**, *113*, 3819.

[144] Vuorinen, T.; Kaunisto, K.; Tkachenko, N. V.; Efimov, A.; Lemmetyinen, H.; Alekseev, A. S.; Hosomizu, K.; Imahori, H. *Langmuir,* **2005**, *21*, 5383.

[145] Guldi, D. K.; Zilbermann, I.; Anderson, G. A.; Kordatos, K.; Prato, M.; Tafuro, R.; Valli, L. *J. Mater. Chem.,* **2004**, *14*, 303.

[146] Richardson, T. H.; Dooling, C. M.; Brook, R. A. Adv. *Colloid Interf. Sci.*, **2005**, *116*, 81.

[147] Richardson, T. H.; Brook, R. A.; Davisb, F.; Hunter, C. A. *Colloids and Surfaces A, Physicochem. Eng. Aspect*s, **2006**, *284-285*, 320.

[148] Dunbar, A. D. F.; Brittle, S.; Richardson, T. H.; Hutchinson, J.; Hunter, C. A. *J. Phys. Chem. B,* **2010**, *114*, 11697.

[149] Zhang, C.; Chen, P.; Hu, W. *Chem. Soc. Rev.,* **2015**, *44*, 2087.

[150] Evyapan M.; Dunbar A D F. *Sens. Actuator B-Chem.*, **2015**, *206*, 74.

[151] Ohtani, Y.; Nishinaka, H.; Hoshino, S.; Shimada, T.; Takagi, S. *J. Photochem. Photobiol. A-Chem.*, **2015**, *313*, 15.

[152] Yonemura, H.; Niimi, T.; Yamada, S. *J. Porphyr. Phthalocyanines,* **2015**, *19*, 308.

[153] Ponce, C. P.; Araghi, H. Y.; Joshi, N. K.; Steer, R. P.; Paige, M. F. *Langmuir,* **2015**, *31*, 13590.

[154] 张莉. 基于静电相互作用的界面有序复合超薄膜的构筑及超分子手性研究(博士学位论文). 北京：中国科学院研究生院, **2004**.

[155] Liang, W. Nonlinear Optical Behaviors for Molecular Organized Films of Ampniphilic Tetraphenylporphrin, Push-pull Tolan, and Their Related Derivatives(Doctorial Thesis). Saitama, Japan: Saitama University, **1999**.

[156] 张轶群. 卟啉、偶氮苯与蒽衍生物的界面组装：超分子手性与光电、离子响应特性(博士学位论文). 北京：中国科学院研究生院, **2004**.

[157] Zou, L.; You, A.; Song, J.; Li, X.; Bouvet, M.; Sui, W.; Chen, Y. *Colloid Surf. A-Physicochem. Eng.*, **2015**, *465*, 39.

[158] Makowiecki, J.; Piosik, E.; Neunert, G.; Stolarski, R.; Piecek, W.; Martynski, T. *Opt. Mater.*, **2015**, *46*, 555.

[159] Makowiecki, J.; Martynski T. *Org. Electron.*, **2014**, *15*, 2395.

[160] Ozmen, M.; Ozbek, Z.; Bayrakci, M.; Ertul, S.; Ersoz, M.; Capan, R. *Appl. Surf. Sci.*, **2015**, *359*, 364.

[161] Wang, F.; Chia, C.; Yu, B.; Ye, B. *Sens. Actuator B-Chem.*, **2015**, *221*, 1586.

[162] Pazinato, J.; Hoffmeister, D. M.; Naidek, K. P.; Westphal, E.; Gallardo, H.; Winnischofer, H. *Electrochim. Acta*, **2015**, *153*, 574.

[163] Shil, A.; Hussain, S. A.; Bhattacharjee, D. *J. Phys. Chem., Solids*, **2015**, *80*, 98.

[164] De Barros, A.; Ferreira, M.; Constantino, C. J. L.; Bortoleto, J. R. R.; Ferreira, M. *ACS Appl. Mater. Interfaces*, **2015**, *7*, 6828.

[165] Huang, M.; He, S.; Liu, W.; Yao, Y.; Miao, S. *J. Phys. Chem. B*, **2015**, *119*, 13302.

[166] Blinov, L. M.; Dubinin, N. V.; Mikhnev, L. V.; Yudin, S. G. *Thin Solid Films*, **1984**, *120*, 161.

[167] Bune, A. V.; Fridkin, V. M.; Ducharme, S.; Blinov, L. M.; Palto, S. P.; Sorokin, A. V.; Yudin, S. G.; Zlatkin, A. *Nature*, **1998**, *391*, 874.

[168] Palto, S. P.; Lotonov, A. M.; Verkhovskaya, K. A.; Andreev, G. N.; Gavrilova, N. D. *J. Exp. Theor. Phys.*, **2000**, *90*, 301.

[169] Blinov, L. M.; Fridkin, V. M.; Palto, S. P.; Sorokin, A. V.; Yudin, S. G. *Thin Solid Films*, **1996**, *284-285*, 469.

[170] Ducharme, S.; Fridkin, V. M.; Bune, A. V.; Palto, S. P.; Blinov, L. M.; Petukhova, N. N.; Yudin, S. G. *Phys. Rev. Lett.*, **2000**, *84*, 175.

[171] Blinov, L. M.; Barberi, R.; Palto, S. P.; De Santo, M. P.; Yudin, S. G. *J. Appl. Phys.*, **2001**, *89*, 3960.

[172] Bune, A.; Ducharme, S.; Fridkin, V.; Blinov, L.; Palto, S.; Petukhova, N.; Yudin, S. *Appl. Phys. Lett.*, **1995**, *67*, 3975.

[173] Bune, A. V.; Zhu, C.; Ducharme, S.; Blinov, L. M.; Fridkin, V. M.; Palto, S. P.; Petukhova, N. G.; Yudin, S. G. *J. Appl. Phys.*, **1999**, *85*, 7869.

[174] Blinov, L. M.; Fridkin, V. M.; Palto, S. P.; Sorokin, A. V.; Yudin, S. G. *Thin Solid Films*, **1996**, *284-285*, 474.

[175] Ducharme, S.; Bune, A. V.; Blinov, L. M.; Fridkin, V. M.; Palto, S. P.; Sorokin, A. V.; Yudin, S. G. *Phys. Rev. B*, **1998**, *57*, 25.

[176] 马世红, 严媚, 李淑红, 陆兴泽, 王根水, 诸君浩, 王文澄. 物理学报, **2003**, *52*, 197.

[177] 严媚, 马世红, 刘丽英, 王文澄, 陈张海, 刘普霖. 物理学报, **1998**, *47*, 1917.

[178] 吕瑞波, 徐克踌, 张舒雁, 张彦东, 邢中菁, 顾建华, 邓慧华, 陆祖宏. 化学物理学报, **2000**, *13*, 103.

[179] 李淑红, 马世红, 李波, 孙兰, 王根水, 褚君浩, 王文澄. 科学通报, **2003**, *48*, 1754.

[180] 李淑红. 有序组装超薄膜的铁电性研究(硕士学位论文). 上海：复旦大学, **2003**.

[181] 李淑红, 马世红, 李波, 孙璟兰, 王根水, 孟祥建, 褚君浩, 王文澄. 物理化学学报, **2004**, *20*, 1253.

[182] 李淑红, 健穆, 高学喜, 王文军, 张山彪. 物理实验, **2004**, *24*, 15.

[183] 王建禄, 孟祥建, 高艳卿, 黄志明, 沈宏, 孙琛兰, 褚君浩. 红外与毫米波学报, **2010**, *29*, 406.

[184] 刘浦锋, 王建禄, 田莉, 孟祥建, 褚君浩. 红外与毫米波学报, **2009**, *28*, 401.

[185] Zhao, X.; Zhang, Y.; Wang, J.; Zhan, Q.; Wang, X.; Huang, H.; Tian, B.; Lin, T.; Sun, S.; Tian, L.; Han, L.; Sun, J.; Meng, X.; Chu, J. *J. Mater Sci., Mater. Electron.*, **2015**, *26*, 7502.

[186] Kim, W. Y.; Song, D.-S.; Jeon, G.-J.; Kang, I. K.; Shim, H. B.; Kim, D.-K.; Lee, H. C.; Park, H.; Kang, S.-W.; Bae, J.-H. *Micro Nano Lett.*, **2015**, *10*, 384.

[187] Tian, L.; Sun, J. L.; Wang, J. L.; Meng, X. J.; Chu, J. H. *Ferroelectrics*, **2015**, *488*, 140.

[188] Sun, Y.; Xie, D.; Xu, J.; Feng, T.; Zang, Y.; Zhang, C.; Dai, R.; Meng, X.; Ji, Z. *J. Appl. Phys.*, **2015**, *118*, 115501.

[189] Xiao, Z.; Hamblin, J.; Poddar, S.; Ducharme, S.; Paruch, P.; Hong, X. *J. Appl. Phys.*, **2014**, *116*, 066819.

[190] Jimenez, K.; Luciano, J.; Rodriguez, S.; Vega, O.; Torres, F.; Laboy, C.; Santana, J.; Rosa, L. G. *Ferroelectrics*, **2015**, *482*, 34.

[191] Zhu, H.; Yamamoto, S.; Matsui, J.; Miyashita, T.; Mitsuishi, M. *Mol. Cryst. Liq. Cryst.*, **2015**, *618*, 89.

[192] 刘成林, 钟菊花, 李远光, 张兆奎. 物理学报, **1998**, *47*, 1680.

[193] Kaur, R.; Raina, K. K. *Phase Transit.*, **2015**, *88*, 1213.

[194] Bridonneau, N.; Long, J.; Cantin, J.-L.; Von Bardeleben, J.; Talham, D. R.; Marvaud, V. *RSC Adv.*, **2015**, *5*, 16696.

[195] Kim, Y.-H.; Dong, L.; Osada, M.; Li, B.-W.; Ebina, Y.; Sasaki, T. *Nanotechnology*, **2015**, *26*, 244001.

[196] Zhao, X. L.; Wang, J. L.; Liu, B. L.; Wang, X. D.; Huang, H.; Lin, T.; Sun, S. H.; Han, L.; Sun, J. L.; Meng, X. J.; Chu, J. H. *Ferroelectrics*, **2015**, *488*, 112.

[197] Zhao, X. L.; Wang, J. L.; Tian, B. B.; Liu, B. L.; Wang, X. D.; Sun, S.; Zou, Y. H.; Lin, T.; Sun, J. L.; Meng X J.; Chu J H. *Appl. Phys. Lett.*, **2014**, *105*, 222907.

[198] Zhu, H.; Yamamoto, S.; Matsui, J.; Miyashita, T.; Mitsuishi, M. *J. Mater. Chem. C*, **2014**, *2*, 6727.

[199] Geoffrey, G. *J. Chem. Soc., Faraday Trans.*, **1936**, *32*, 187.

[200] Zhao, J.; Akiyama, H.; Abe, K.; Liu, Z.; Nakanishi, F. *Langmuir*, **2000**, *16*, 2275.

[201] Balasubramanian, K. K.; Cammarata, V. *Langmuir*, **1996**, *12*, 2035.

[202] Xia, Q.; Feng, X.-S.; Mu, J.; Yang, K.-Z. *Langmuir*, **1998**, *14*, 3333.

[203] Binder, H.; Anikin, A.; Kohlstrunk, B. *J. Phys. Chem.*, **1999**, *103*, 450.

[204] Kuriyama, K.; Kikuchi, H.; Kajiyam ,T. *Langmuir*, **1996**, *12*, 6486.

[205] Shirai, E.; Urai, Y.; Itoh, K. *J. Phys. Chem. B*, **1998**, *102*, 3765.

[206] Ohe, C.; Ando, H.; Sato, N.; Urai, Y.; Yamamoto, M.; Itoh, K. *J. Phys. Chem. B*, **1999**, *103*, 435.

[207] Yamamoto, M.; Furuyama, N.; Itoh, K. *J. Phys. Chem.*, **1996**, *100*, 18483.

[208] 贡浩飞，吕庆，刘鸣华. 化学进展, **2001**, *13*, 420.

[209] Kuriyama, K.; Kikuchi, H.; Kajiyama, T. *Langmuir*, **1996**, *2*, 6468.

[210] Whitten, D. G.; *J. Am. Chem. Soc.*, **1974**, *96*, 594.

[211] Seki, T.; Sekizawa, H.; Morino, S.; et al. *J. Phys. Chem. B*, **1998**, *102*, 5313.

[212] Seki, T.; Sekizawa, H.; Ichmura, K. *Polymer*, **1997**, *38*, 725.

[213] Seki, T.; Sekizawa, H.; Kuda, K. *Mol. Cryst. Liq. Cryst.*, **1997**, *294*, 47.

[214] Seki, T.; Sekizawa, H.; Ichmura, K. *Mol. Cryst. Liq. Cryst.*, **1997**, *298*, 227.

[215] Seki, T.; Sekizawa, H.; Ichmura, K. *Polymer. J.* **1999**, *31*, 1079.

[216] Menzel, H. *Macromol. Chem. Phys.*, **1994**, *195*, 3474.

[217] Kawai, T.; Hane, R.; Ishizaka, F.; et al. *Chem. Lett.*, **1999**, 375.

[218] Waidely, E.; Pumilia, C.; Malagon, A.; Vargas, E. F.; Li, S.; Leblanc, R. M. *Langmuir*, **2015**, *31*, 1368.

[219] Arslanov, V.; Ermakova, E.; Michalak, J.; Bessmertnykh-Lemeune, A.; Meyer, M.; Raitman, O.; Vysotskij, V.; Guilard, R.; Tsivadze, A. *Colloid Surf. A-Physicochem. Eng.*, **2015**, *483*, 193.

[220] Wang, H.-T.; Tang, Y.; Chen, M.; Qian, D.-J.; Zhang, L.; Liu, M.-H. *Colloid Surf. A-Physicochem. Eng.*, **2015**, *468*, 95.

[221] Zhang, C.-F.; Chen, M.; Nakamura, C.; Miyake, J.; Qian, D.-J. *Langmuir*, **2008**, *24*, 13490.

[222] Zhang, C.-F.; Chen, M.; Qian, D.-J. *Thin Solid Films*, **2009**, *517*, 3760.

[223] Zhang, C.-F.; Liu, A.; Chen, M.; Nakamura, C.; Miyake, J.; Qian, D.-J. *ACS Appl. Mater. Interfaces*, **2009**, *1*, 1250.

[224] Tang, Y.; Chen, M.; Qian, D.-J.; Zhang, L.; Liu, M. *Langmuir*, **2013**, *29*, 6308.

[225] Tang, Y.; Wang, H-T.; Chen, M.; Qian, D.-J.; Zhang, L.; Liu, M. *Sci. Adv. Mater.*, **2014**, *6*, 2558.

[226] Dong, R.; Pfeffermann, M.; Liang, H.; Zheng, Z.; Zhu, X.; Zhang, J.; Feng, X. *Angew. Chem. Int. Ed.*, **2015**, *54*, 12058.

[227] Kaleta, J.; Kaletová, E.; Císařová, I.; Teat, S. J.; Michl, J. *J. Org. Chem.*, **2015**, *80*, 10134.

[228] Jiang, H.; Chen, X.; Pan, X.; Zou, G.; Zhang, Q. *Macromol. Rapid Commun.*, **2012**, *33*, 773.

[229] Zhu, Y.; Xu, Y.; Zou, G.; Zhang, Q. *Chirality*, **2015**, *27*, 492.

[230] Forth, J.; French, D. J.; Gromov, A. V.; King, S.; Titmuss, S.; Lord, K. M.; Ridout, M. J.; Wilde P. J.; Clegg, P. S. *Langmuir*, **2015**, *31*, 9312.

[231] Rehman, J.; Araghi, H. Y.; He, A.; Paige, M. F. *Langmuir*, **2016**, *32*, 5341.

[232] Matsumoto, M.; Watanabe, S.; Tanaka, K.-I.; Kimura, H.; Kasahara, M.; Shibata, H.; Azumi, R.; Sakai H.;

Abe M.; Kondo Y.; Yoshino N. Adv. Mater. **2007**, *19*, 3668.

[233] Qaqish, S. E.; Paige, M. F. *Langmuir*, **2008**, *24*, 6146.

[234] Kimura, H.; Watanabe, S.; Shibata, H.; Azumi, R.; Sakai, H.; Abe, M.; Matsumoto, M. *J. Phys. Chem. B*, **2008**, *112*, 15313.

[235] Moraille, P.; Badia, A. *Langmuir*, **2003**, *19*, 8041.

[236] Qaqish, S. E.; Paige, M. F. *Langmuir*, **2007**, *23*, 2582.

[237] Qaqish, S. E.; Paige, M. F. *Langmuir*, **2007**, *23*, 10088.

[238] Krafft, M. P. *Accounts Chem. Res.*, **2012**, *45*, 514.

[239] Bernardini, C.; Stoyanov, S. D.; Arnaudov, L. N.; Cohen Stuart, M. A. *Chem. Soc. Rev.*, **2013**, *42*, 2100.

[240] Krafft, M. P.; Riess, J. G. *Chem. Rev.*, **2009**, *109*, 1714.

[241] 杨福愉. 生物膜. 北京: 科学出版社, **2005**.

[242] Singer, S. J.; Nicolson, G. L. *Science*, **1972**, 175, 720.

[243] Hughes, A. *Biochem. J.*, **1935**, *29*, 430.

[244] Cockbain, E. G.; Schulman, J. H. *Trans. Faraday Soc.*, **1939**, *35*, 1266.

[245] Schulman, J. H.; Rideal, E. K.; F R S. *Proc. Roy. Soc. Lond. Ser. B-Biol. Sci.*, **1937**, *122*, 29.

[246] Schulman, J. H.; Rideal, E. K.; F R S. *Proc. Roy. Soc. Lond. Ser. B-Biol. Sci.*, **1937**, *122*, 46.

[247] Schulman, J. H.; Stenhagen E. *Proc. Roy. Soc. Lond. Ser. B-Biol. Sci.*, **1938**, *126*, 356.

[248] Doty, P.; Schulman, J. H. *Disc. Faraday Soc.*, **1949**, *6*, 27.

[249] Cockbaina, E. G.; Schulman, J. H. *Trans. Faraday Soc.*, **1939**, *35*, 716.

[250] Eley, D. D.; Hedge, D. G. *J. Colloid Sci.*, **1956**, *11*, 445.

[251] Colacicco, G.; Rapport, M. M.; Shapiro, D. *J. Colloid Interface Sci.*, **1967**, *25*, 5.

[252] Quinn, P. J.; Dawson, R. M. C. *Biochem. J.*, **1970**, *116*, 671.

[253] Fromherz, P. *Biochim. Biophys. Acta*, **1971**, *225*, 382.

[254] Fromherz, P. *Rev. Sci. Instrum.*, **1875**, *46*, 1380.

[255] Verger, R.; Ferrato, F.; Mansbach, C. M.; Pieroni, G. *Biochemistry*, **1982**, *21*, 6883.

[256] Gargouri Y.; Pieroni, G.; Rivière, C.; Sugihara, A.; Sarda, L.; Verger, R. *J. Biol. Chem.*, **1985**, *260*, 2268.

[257] Zhu, D. G.; Petty, M. C.; Ancelin, H.; Yarwood, J. *Thin Solid Films*, **1989**, *176*, 151.

[258] Neurath, H. *J. Physic. Chem.*, **1938**, *42*, 39.

[259] Bull, H. B. *J. Am. Chem. Soc.*, **1945**, *67*, 10.

[260] Albrecht, O.; Johnston, D. S.; Villaverde, C.; Chapman, D. *Biochim. Biophys. Acta*, **1982**, *687*, 165.

[261] Nakaya, T.; Yamada, M.; Shibata, K.; Imoto, M.; Tsuchiya, H.; Okuno, M.; Nakaya, S.; Ohno, S. *Langmuir*, **1990**, *6*, 291.

[262] Elbert, R.; Laschewsky, A.; Ringsdorf, H. *J. Am. Chem. Soc.*, **1985**, *107*, 4134.

[263] Furuno, T.; Takimoto, K.; Kouyama, T.; Ikegami, A.; Sasabe, H. *Thin Solid Films*, **1988**, *160*, 145.

[264] Miyasaka, T.; Koyama, K. *Thin Solid Films*, **1992**, *210-211*, 146.

[265] Okahata, Y.; Tsuruta, T.; Ijiro, K.; Ariga, K. *Langmuir*, **1988**, *4*, 1373.

[266] Kinnunen, P. K.; Virtanen, J. A.; Tulkki, A. P.; Ahuja, R. C.; Möbius, D. *Thin Solid Films*, **1985**, *132*, 193.

[267] Niwa, M.; Mukai, A.; Higashi, N. *Macromolecules*, **1991**, *24*, 3314.

[268] Lukes, P. J.; Petty, M. C.; Yarwood, J. *Langmuir*, **1992**, *8*, 3043

[269] Zhao, S.; Walker, D. S.; Reichert, W. M. *Langmuir*, **1993**, *9*, 3166.

[270] Nakashima, N.; ABE, K.; Hirohashi, T.; Hamada, K.; Kunitake, M.; Manabe, O. *Chem. Lett.*, **1993**, 1021.

[271] Howarth, V. A.; Petty, M. C. *Thin Solid Films*, **1994**, *244*, 951.

[272] Lukes, P. J.; Ivanov, G. R.; Petty, M. C.; Yarwood, J.; Greenhall, M. H.; Lvov, Y. *Langmuir*, **1994**, *10*, 1877.

[273] Solletti, J. M.; Botreau, M.; Sommer, F.; Brunat, W. L.; Kasas, S.; Duc, T. M.; Celio, M. R. *Langmuir*, **1996**, *12*, 5379.

[274] Zhai, X.; Kleijn, J M. *Biophys*. J., **1997**, *72*, 2651.

[275] Yuan, C.; Wu, Y.; Sun, Y.; Lu, Z.; Liu, J. *Surf. Sci.*, **1997**, *392*, L1.

[276] Chovelon, J. M.; Provence, M.; Jaffrezic-Renault, N.; Alexandre, S.; Valleton, J. M. *Mater. Sci. Eng. C-Biomimetic Supramol. Syst.*, **2002**, *22*, 79.

[277] Diociaiuti, M.; Bordi, F.; Motta, A.; Carosi, A.; Molinari, A.; Arancia, G.; Coluzza, C. *Biophys. J.*, **2002**, *82*, 3198.

[278] Edmiston, P. L.; Lee, J. E.; Cheng, S.-S.; Saavedra, S. S. *J. Am. Chem. Soc.*, **1997**, *119*, 560.

[279] Wood, L. L.; Cheng S.-S.; Edmiston, P. L.; Saavedra, S. S. *J. Am. Chem. Soc.*, **1997**, *119*, 571.

[280] Edmiston, P. L.; Saavedra, S. S. *Biophys. J.*, **1998**, *74*, 999.

[281] Edmiston, P. L.; Saavedra, S. S. *J. Am. Chem. Soc.*, **1998**, *120*, 1665.

[282] Du, Y.-Z.; Saavedra, S. S. *Langmuir*, **2003**, *19*, 6443.

[283] 张翼. 蛋白质/磷脂微胶囊的制备与性质研究(博士学位论文). 北京：中国科学院化学研究所, **2002**.

[284] 王晓利. 磷脂/蛋白质复合膜结构与界面膜的酶催化裂解反应研究. (博士学位论文). 北京：中国科学院化学研究所, **2002**.

[285] 翟秀红. 磷脂酶的定向识别与界面催化水解反应研究(博士学位论文). 北京：中国科学院化学研究所, **2003**.

[286] Liu, J.; Conboy, J. C. *Langmuir*, **2005**, *21*, 9091.

[287] 李亦易. 高分辨宽带和频振动光谱仪的搭建及在气/液界面磷脂单子膜研究中的应用(博士学位论文). 北京：中国科学院化学研究所, **2018**.

[288] 林路. 二次谐波方法研究界面超分子手性(博士学位论文). 北京：中国科学院研究生院, **2014**.

[289] 熊伟. 和频振动光谱用于界面反应过程的监测与结构分析(硕士学位论文). 武汉：江汉大学, **2016**.

[290] Miao, W.; Du, X.; Liang, Y. *Langmuir*, **2003**, *19*, 5389.

[291] Miao, W.; Du, X.; Liang, Y. *J. Phys. Chem. B*, **2003**, *107*, 13636.

[292] Wang, Y.; Du, X.; Miao, W.; Liang, Y. *J. Phys. Chem. B*, **2006**, *110*, 4914.

[293] Nandi, N.; Vollhardt, D. *Chem. Rev.*, **2003**, *103*, 4033.

[294] Ariga, K.; Michinobu, T.; Nakanishi, T.; Hill, J. P. *Curr. Opin. Colloid Interface Sci.*, **2008**, *13*, 23.

[295] Yasuzawa, M.; Hashimoto, M.; Fujii, S.; Kunugi, A.; Nakaya, T. *Sens. Actuator B-Chem.*, **2000**, *65*, 241.

[296] Yin, F.; Shin, H.-K.; Kwon, Y.-S. *Talanta*, **2005**, *67*, 221.

[297] Yin, F.; Shin, H.-K.; Kwon, Y.-S. *Biosens. Bioelectron.*, **2005**, *21*, 21.

[298] Caseli, L.; Moraes, M. L.; Zucolotto, V.; Ferreira, M.; Nobre, T. M.; Zaniquelli, M. E. D.; Filho U P. R.; Oliveira, J. O. N. *Langmuir*, **2006**, *22*, 8501.

[299] Clop, E. M.; Clop, P. D.; Sanchez, J. M. Perillo, M. A. *Langmuir*, **2008**, *24*, 10950.

[300] Caseli, L.; Perinotto, A. C.; Viitala, T.; Zucolotto, V.; Oliveira, J. O. N. *Langmuir*, **2009**, 25, 3057.

[301] Goto, T. E.; Lopez, R. F.; Oliveira, J. O. N.; Caseli, L. *Langmuir*, **2010**, *26*, 11135.

[302] Lee, K.-S.; Won, M.-S.; Noh, H.-B.; Shim, Y.-B. *Biomaterials*, **2010**, *31*, 7827.

[303] Monteiro, D. S.; Nobre, T. M.; Zaniquelli, M. E. D. *J. Phys. Chem.*, B **2011**, *115*, 4801.

[304] Cabaj, J.; Sołoducho, J.; Jędrychowska, A.; Zając, D. *Sens. Actuator B-Chem.*, **2012**, *166-167*, 75.

[305] Caseli, L.; Siqueira, J. J. R. *Langmuir*, **2012**, *28*, 5398.

[306] De Brito, A. K.; Nordi, C. S. F.; Caseli, L. *Colloid Surf. B-Biointerfaces*, **2015**, *135*, 639.

[307] Scholl, F. A.; Caseli, L. *Colloid Surf. B-Biointerfaces*, **2015**, *126*, 232.

[308] Rocha, J. M.; Caseli, L. *Colloid Surf. B, Biointerfaces*, **2014**, *116*, 497.

[309] Apetrei, I. M.; Apetrei, C. *IEEE Sens. J.*, **2015**, *15*, 6926.

[310] Zou, L.; Li, Y.; Cao, S.; Ye, B. *Electroanalysis*, **2014**, *26*, 1051.

[311] Wang, H.; Ohnuki, H.; Endo, H.; Izumi, M. *Bioelectrochemistry*, **2015**, *101*, 1.

[312] Rodrigues, D.; Camilo, F. F.; Caseli, L. *Langmuir*, **2014**, *30*, 1855.

[313] Kowal, J. Ł.; Kowal, J. K.; Wu, D.; Stahlberg, H.; Palivan, C. G.; Meier, W. P. *Biomaterials*, **2014**, *35*, 7286.

[314] Buzin, A. I.; Godovsky, Y. K.; Makarova, N. N.; Fang, J.; Wang, X.; Knobler, C. M. *J. Phys. Chem. B*, **1999**, *103*, 11372.

[315] Fang, J.; Dennin, M.; Knobler, C. M.; Godovsky, Y. K.; Makarova, N. N.; Yokoyama, H. *J. Phys. Chem. B*, **1997**, *101*, 3147.

[316] Chen, P.; Gao, P.; Zhan, C. L.; Li, M. H. *ChemPhysChem*, **2005**, *6*, 1108.

[317] Chen, P.; Gao, P.; Zhan, C. L.; Liu, M. H. *Colloid. Surf. A, Phy. Eng. Aspects*, **2006**, *284-285*, 140.

[318] Chen, P.; Gao, P.; Liu, M. *Polymer*, **2006**, *47*, 7446.

[319] Yao, P.; Wang, H.; Chen, P.; Zhan, X.; Kuang, X.; Zhu, D.; Liu, M. *Langmuir*, **2009**, *25*, 6633.

[320] Lim, J. K. *Thin Solid Films*, **2013**, *531*, 499.

[321] Lim, J. K.; Jo, J.; Jang, D.; Jang, H. J. J. *Lumines.*, **2015**, *168*, 130.

[322] Ybert, C.; Lu, W.; Moller, G.; Knobler, C. M. *J. Phys. Chem. B*, **2002**, *106*, **2004**.

[323] Gourier, C.; Knobler, C. M.; Daillant, J.; Chatenay, D. *Langmuir*, **2002**, *18*, 9434.

[324] Guo, L.; Wu, Z.; Liang, Y. *Chem. Commun.*, **2004**, 1664.

[325] Ribó, J. M.; Crusats, J.; Sagués, F.; Claret, J.; Rubires,R. *Science*, **2001**, *292*, 2063.

[326] Escudero, C.; Crusats, J.; Díez-Pérez, I.; El-Hachemi, Z.; Ribó, J. M. *Angew. Chem., Int. Ed.*, **2006**, *45*, 8032.

[327] Rubires, R. Farrera, J.-A.; Ribó, J. M. *Chem. Eur. J.*, **2001**, *7*, 436.

[328] Crusats, J.; El-Hachemi, Z.; Ribó, J. M. *Chem. Soc. Rev.*, **2010**, *39*, 569.

[329] Yamaguchi, T.; Kimura, T.; Matsuda, H.; Aida, T. *Angew. Chem., Int. Ed.*, **2004**, *43*, 6350.

[330] Tsuda, A.; Md., A. A.; Harada, T.; Yamaguchi, T.; Ishii, N.; Aida, T. *Angew. Chem., Int. Ed.*, **2007**, *46*, 8198.

[331] Wolffs, M.; George, S. J.; Tomović, Ź.; Meskers, S. C. J.; Schenning, A. P. H. J.; Meijer, E. W. *Angew. Chem., Int. Ed.*, **2007**, *46*, 8203.

[332] Tsuda, A. *Symmetry*, **2014**, *6*, 383.

[333] Yuan, J.; Liu, M. *J. Am. Chem. Soc.*, **2003**, *125*, 5051.

[334] Huang, X.; Li, C.; Jiang, S.; Wang, X.; Zhang, B.; Liu, M. *J. Am. Chem. Soc.*, **2004**, *126*, 1322.

[335] Guo, P.; Zhang, L.; Liu, M. *Adv. Mater.*, **2006**, *18*, 177.

[336] Chen, P.; Ma, X.; Liu, M. *Macromolecules*, **2007**, *40*, 4780.

[337] Qiu, Y.; Chen, P.; Guo, P.; Li, Y.; Liu, M. *Adv. Mater.*, **2008**, *20*, 2908.

[338] Chen, P.; Ma, X.; Duan, P.; Liu, M. *ChemPhysChem*, **2006**, *7*, 2419.

[339] Qiu, Y.; Chen, P.; Liu, M. *Langmuir*, **2010**, *26*, 15272.

[340] Rong, Y.; Chen, P.; Wang, D.; Liu, M. *Langmuir*, **2012**, *28*, 6356.

[341] Zhang, Y.; Chen, P.; Liu, M. *Chem. Eur. J.*, **2008**, *14*, 1793.

[342] Zhang, Y.; Chen, P.; Ma, Y.; He, S.; Liu, M. *ACS Appl. Mater. Interfaces*, **2009**, *1*, 2036.

[343] Yao, P.; Qiu, Y.; Chen, P.; Ma, Y.; He, S.; Zheng, J-Y.; Liu, M. *ChemPhysChem*, **2010**, *11*, 722.

[344] Zhang, Y.; Chen, P.; Jiang, L.; Hu, W.; Liu, M. *J. Am. Chem. Soc.*, **2009**, *131*, 2756.

[345] Chen, P.; Ma, X.; Hu, K.; Rong, Y.; Liu, M. *Chem. Eur. J.*, **2011**, *17*, 12108.

[346] Zhang, X.; Wang, Y.; Chen, P.; Rong, Y.; Liu, M. *Phys.Chem.Chem.Phys.*, **2016**, *18*, 14023.

第 4 章

固/液界面的分子组装

4.1 固体表面性质

4.1.1 固体表面的特点

和液体一样，固体表面上的原子或分子的力场也是不均衡的，所以固体表面也有表面张力和表面能。但固体分子或原子不能自由移动，因此它表现出以下几个特点：

① 固体表面不像液体表面那样易于缩小和变形，所以尽管目前能较准确地测定液体的表面能，但是直接测定固体的表面能至今仍无可靠的办法。当然，固体表面上的分子或原子不能移动的现象并不是绝对的，在高温下几乎所有金属表面的原子都会流动。

② 固体表面是不均匀的。固体表面看上去是光滑的，但经过放大后即使磨光的表面也会有 $10^{-5} \sim 10^{-3}$cm 左右的不规整性，即表面是粗糙的。这是因为在实际的表面上总是有台阶、裂缝、沟槽、位错等现象。

③ 固体表面层的组成不同于体相内部。由于加工方式或固体形成环境不同，固体表面层由表向里往往表现出多层次结构。特别是在接近表层几纳米处，通过电子衍射分析发现已经成为非结晶乃至特别细微的晶群结构。

4.1.2 固体的表面张力和表面能

固体的表面能是固体比表面吉布斯函数的简称，以 G_s 表示，其物理含义为在恒温、恒压下产生新单位表面积时所引起的体系吉布斯函数的增量：

$$G_s = (\partial G / \partial A)_{T,p} \tag{4-1}$$

根据热力学原理，它也等于恒压、恒温条件下产生单位新表面积时环境所耗费的功，又常称内聚功。

　　液体的表面张力和表面能是从力学和热力学角度出发对同一种表面现象的两种说法，是由于液体分子的流动性产生的。当表面扩大时，液体分子很容易从体相迁移到液面上并达到平衡位置，因此液体的表面能和表面张力相等。但固体表面发生改变时情况则不相同。在切开一个固体方块时，出现两个新表面。新表面上的分子（或原子）原来是处于固体内部的，它们受周围分子（或原子）的作用力是均衡的。现在这些分子（或原子）成为表面层的分子（或原子），因此受周围分子（或原子）的作用力不平衡，倾向于移动到受力平衡的位置上。但对于固体表面分子来讲，这种移动无法在短时间完成，需要很长时间。在完成这种迁移之前，这些分子受到一个应力。为使固体新表面上的分子（或原子）保持在原有位置上，单位长度所需施加的外力称为固体表面的表面应力或拉伸应力。固体的表面张力是新产生的两个固体表面的表面应力的平均值。

$$\sigma = \frac{\gamma_1 + \gamma_2}{2} \tag{4-2}$$

　　式中，γ_1 和 γ_2 为两个新表面的表面应力，通常 $\gamma_1 = \gamma_2 = \sigma$。

　　在一定温度压力下形成面积为 A 的固体表面时，体系的吉布斯函数增量为 $\mathrm{d}(AG_s)$，它等于反抗表面张力所耗费的功：

$$\mathrm{d}(AG_s) = \sigma \mathrm{d}A \tag{4-3}$$

$$\sigma = G_s + A(\partial G_s / \partial A) \tag{4-4}$$

　　根据公式（4-4），固体的表面张力包括两部分，一部分来自表面能的贡献，是指体相分子变成表面层分子，表面分子数目增加而产生的吉布斯函数的变化；另一部分是来自表面积的变化而引起的表面能改变的贡献，可以理解为表面分子间距离的改变而引起的 G_s 变化，从而引起体系的吉布斯函数的变化。对于液体而言，液体分子很快移动到平衡位置，$\partial G_s / \partial A = 0$，因此液体 $\sigma = G$。固体与液体不同，在表面分子移动到平衡位置之前的长时间里，$\partial G_s / \partial A \neq 0$。

　　因此在实际应用时，固体表面张力不像液体表面张力一样能直接测出，处理问题时多用表面能的说法，即使仍使用固体表面张力这一术语，但其仍是表面能的含义。

　　常见的液体物质的表面能都小于 $100\mathrm{mJ/m^2}$，但固体表面的表面能相差很大。一般有机固体的表面能都小于 $50\mathrm{mJ/m^2}$，而无机固体和金属的表面能大多大于 $100\mathrm{mJ/m^2}$。因此界定表面能小于 $100\mathrm{mJ/m^2}$ 的固体如聚合物和固态有机物称为低表面能固体，大于 $100\mathrm{mJ/m^2}$ 的固体如无机固体和金属称之为高表面能固体。固体的表面能也有趋于减小的趋势，由于无法像液体表面那样依靠减小表面积而降低表面能，高表面能固体更易吸附外界物质而降低表面能。

4.1.3 固体表面的电性质

固体与液体接触后，可因多种原因而使固体表面带有某种电荷，这种表面电荷常有利于分子在固体表面的吸附，由此产生的静电作用也是分子在界面组装时的主要驱动力。常见的引起固体表面带电的原因如下：

① 固体表面的某些基团电离。如硅胶在弱酸性和碱性介质中表面硅酸电离而使其带负电。

② 选择性吸附。有些固体优先自水中吸附 H^+ 或 OH^- 而使其带正电或负电。不溶盐类总是优先吸附与其形成不溶物的离子而使表面带电。

③ 晶格取代。固体晶格中某一离子被另一不同价数的离子取代而使其带电。如黏土晶格中 Si^{4+} 被 Al^{3+}、Mg^{2+} 或 Ca^{2+} 等取代，使电中性破坏而带电。

在分子于固液界面的组装过程中，固体表面的电性质也起着关键作用。

4.2 固/液界面组装的基本原理——吸附和润湿

分子在固/液界面的组装过程，基于液体在固体表面的两个基本性质：吸附和润湿。下面将分别介绍吸附和润湿的概念。

4.2.1 吸附

吸附是指分子在固/液界面上浓集的一种现象。固体表面的吸附作用是表面能存在所引起的一种普遍存在的现象，因为固体表面不能像液体那样改变表面形状、缩小表面积、降低表面能，但可以利用表面分子的剩余力场来捕捉气相或液相中的分子，降低表面能以达到相对稳定的状态。固体自溶液中的吸附是最常见的吸附现象之一，但吸附规律较吸附气体复杂，主要是由于溶液中除了溶质分子外，还有大量的溶剂分子。因此吸附理论不像气体吸附那样完整，目前仍处于初级阶段。固体在溶液中的吸附，至少要考虑三种作用力，即在界面层上固体表面与溶质之间的作用力、固体表面与溶剂之间的作用力以及在溶液中溶质与溶剂之间的作用力。当固体和溶液接触时，总是被溶质和溶剂两种分子所占满，换言之，固体界面自溶液的吸附是溶质和溶剂分子争夺表面的净结果。由于这种复杂性，溶液吸附等温线的描述大多带有一定的经验性质。

其次，一般气体分子量较小，分子间距离较大，作用力弱，扩散速度快，导致气体吸附平衡时间较短。自溶液中吸附时，液体各种分子间的相互作用影响分子的扩散，因此吸附时间较长。

简略来讲，只要界面上有机分子的浓度比体相中的浓度大，就是吸附。由于吸附过程比较复杂，而且其基于的反应也很复杂，笼统来讲可分为化学吸附和物理吸附两类，如表 4-1 所示。这两种模式的基本区别在于吸附物种与基底表面的成键性质不同。化学吸附是指吸附物分子与基底表面形成化学键，以此形成的聚集结构和界面层稳定性好，结构有序，吸附热近于反应热，如长链硫醇在 Au（111）表面的吸附和有机硅烷在二氧化硅表面的吸附等。物理吸附是指基底表面和吸附物分子两者之间仅有分子间相互作用或氢键、配位键等弱相互作用，作用力较弱。无论是基底表面还是吸附分子或原子自身的电子密度无显著的变化，以此形成的有机分子单层或多层一般与基底之间的结合比较弱，有序度不高，稳定性也较差，吸附热近于液化热。

表 4-1　化学吸附和物理吸附的区别

主要特征	化学吸附	物理吸附
吸附力	化学键	范德华力，氢键，配位键等
吸附热	近于反应热（80～400kJ/mol）	近于液化热（0～20kJ/mol）
吸附速度	较慢，难平衡，需要活化能	快，易平衡，不需要活化能
吸附层	单分子层	单分子层或多分子层
可逆性	不可逆	可逆
选择性	有	无

　　吸附物分子在固/液界面的组装主要基于固体表面自稀溶液中的吸附，以下简要介绍其基本吸附规律和吸附曲线。

（1）吸附等温式

　　自稀溶液中吸附的等温式最常用的是 Langmuir 方程和 Freundlich 方程，但对溶液吸附的 Langmuir 吸附模型与气体吸附不同。在溶液中，溶质和溶剂分子均可被吸附到固体表面上的吸附位点上，只是程度不同。当被吸附溶质分子间的相互作用较小时，仅考虑固体表面的吸附位点与被吸附的溶质和溶剂分子间的作用力，可看作单分子层吸附，并认为该吸附层是二维理想稀溶液，可用以下吸附等温式来描述：

$$\Gamma = \frac{x}{m} = \frac{\Gamma_{m}bc}{1+bc} \tag{4-5}$$

式中，c 是吸附平衡时溶液的浓度；Γ_{m} 可近似看成是单分子层的饱和吸附量；b 是与溶质和溶剂的吸附热有关的常数。

　　另一种吸附常常可以用 Freundlich 方程来描述：

$$\frac{x}{m} = kc^{\frac{1}{n}} \tag{4-6}$$

此式是经验公式。式中，k 和 n 是经验常数；$\frac{x}{m}$ 为吸附量；c 是吸附平衡时溶液本体相的浓度。对式（4-6）取对数得

$$\lg \frac{x}{m} = \lg k + \frac{1}{n} \lg c \qquad\qquad (4\text{-}7)$$

以 $\lg \dfrac{x}{m}$ 对 $\lg c$ 作图，得一直线，从直线的截距和斜率可得常数 k 和 n。

当溶液吸附呈多层吸附的特征时可应用气体吸附的吸附势理论、BET 方程等进行处理，只是将气体吸附中的 p/p_0 换作 c/c_0 即可，c_0 为有限溶解物质的饱和溶液浓度。

（2）吸附等温线

根据等温线起始部分的斜率和随后的变化情况，可将吸附等温线大致分为 4 类，如图 4-1 所示。

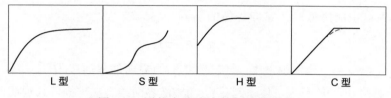

图 4-1　固体自溶液中的吸附等温线

①"L"型等温线（Langmuir 型）。这是自稀溶液中吸附最常见的吸附等温线类型。一般来说，这种类型的等温线表示溶质比溶剂更易被吸附。溶质之间的相互作用可忽略不计，溶质是线型或平面分子，且其长轴或平面平行于表面的吸附常有这类等温线。

②"S"型等温线。这类等温线的特征是起始部分斜率小，且凸向浓度轴，一般考虑当溶剂分子有强烈的竞争吸附，溶质以单一端基近似垂直定向地吸附于固体表面时可出现这类等温线。当溶质平衡浓度增大时等温线有一较快上升阶段，这是由于被吸附到表面上的溶质分子对液相中溶质分子吸引的结果。

③"H"型等温线。这类等温线在溶质极低浓度时就有很大的吸附量，表示溶质与表面有强烈的亲和力，类似于发生化学吸附。例如自溶液中的化学吸附和某些离子型表面活性剂在表面形成表面胶团常符合这类等温线。

④"C"型等温线。这类等温线起始部分为一直线，表示溶质在吸附剂表面相和溶液中的分配系数均等。某些物质在纺织物及由晶化区和无定形区构成的聚合物上的吸附有时会出现这类等温线。

随着平衡浓度升高，吸附量都会有一较为平缓的变化，表明固体表面已形成饱和吸附；继续增大浓度，吸附量又会升高，可能此时发生单层吸附向多层吸附的转化，吸附质分子形成更紧密的排列发生多层吸附。对于在高浓度时的吸附等温线最高点现象，可能是由于在此浓度后吸附质与表面亲和力不强而与溶液中的吸附质分子相结合，或溶质的活度随总浓度的变化有最大值等。

4.2.2 润湿

（1）润湿现象

润湿是指在固体表面上一种液体取代另一种与之不相混溶的流体的过程，涉及固、液、气三相。常见的润湿现象是固体表面上的气体分子被液体分子取代的过程。从热力学观点看，就是恒温恒压下体系的自由能是否降低。如果自由能降低就能发生润湿，且自由能降低越多表面的润湿程度就越好。图 4-2 表示界面均为一个单位面积时，固/液接触时体系表面自由能的变化，这里：

$$\Delta G = \gamma_{sl} - \gamma_{lg} - \gamma_{sg} \tag{4-8}$$

当体系自由能降低时，它向外做的功为

$$W_a = \gamma_{lg} + \gamma_{sg} - \gamma_{sl} \tag{4-9}$$

式中，γ_{sl}，γ_{lg}，γ_{sg} 分别为液/固、气/液和气/固界面的界面张力。

W_a 为黏附功，W_a 越大，体系越稳定，固/液界面结合越牢固，或说明此液体易在此固体上黏附（adhension），因此，$\Delta G < 0$ 或者 $W_a > 0$ 是固体被该液体润湿的条件。

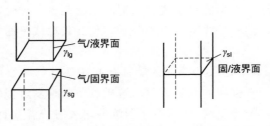

图 4-2 固/液接触时表面自由能的变化

（2）接触角与润湿方程

将少量液体滴加于固体表面上，液体在表面上形成液滴，达到平衡时，处在固体表面的液滴会保持一定形状，如图 4-3 所示。接触角是在固、液、气三相交界处，自固/液界面经液体内部到气/液界面的夹角，以 θ 表示。接触角与三个界面自由能之间有如下关系：

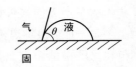

图 4-3 接触角示意图

$$\gamma_{sg} - \gamma_{sl} = \gamma_{lg} \cos\theta \tag{4-10}$$

此式是由 T. Young 于 1805 年提出的，故称杨氏方程。它是表面润湿的基本公式，所以该式亦称为润湿方程，可以看作三相交界处三个界面张力平衡的结果。

与式（4-8）相结合，则得

$$\Delta G = -\gamma_{lg}(\cos\theta - 1) \tag{4-11}$$

因此接触角的数据可以作为判断润湿情况的数据，$\theta \leq 0$，$\Delta G \leq 0$，铺展自发进行。实际使用时，常将 $\theta = 90°$ 定为润湿是否的标准，$\theta > 90°$ 为不润湿，$\theta < 90°$ 为润湿，平衡接触角等于 0° 或不存在时则为铺展。

（3）去润湿现象

原本连续均一的液体薄膜在不润湿固体表面上破裂成小液滴的过程称为去润湿。去润湿过程主要包括两个阶段，即在液膜中产生孔隙或干块的成核阶段和孔隙生长阶段（图 4-4）。首先，在原本连续的液膜中形成孔隙（holes）或干块（dry patches），然后，液体从成核处向孔隙周围退却，孔隙继续生长，相邻的孔隙最终会相碰（impinge），液体将沿着这些孔隙的接触线形成带状（ribbons）结构。最后，将出现由于孔隙合并（coalesce）而形成由小液滴（droplets）组成的多边形（polygons）的完全去润湿。其中，人们对孔隙的生长认识得比较清楚，一般认为去湿开始后孔隙（半径）将以一恒定的速率生长。生长速率的大小和液膜的厚度与孔隙最初的半径无关，而与液体的黏度成反比。并且，孔隙生长的速率与液体在固体表面上的平衡接触角密切相关，当接触角很小时，生长速率与接触角数值的三次方成正比。

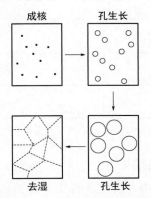

图 4-4 液膜去润湿作用示意图

与孔隙生长阶段的研究相比，人们对液膜去湿过程最初阶段孔隙或干块的产生机理尚存争议。在众多工作中，比较得到认可的机理是旋节去湿机理（spinodal dewetting）和异相成核去湿机理。旋节去湿机理是指由于范德华力等分子间作用力放大液膜热力学振动而导致液膜破裂。异相成核去湿机理是由固体表面化学性质的不均一性和固体表面或液膜体系中存在的杂质、缺陷等引发的液膜破裂。一般来讲，对于比较厚的液膜，由于范德华力等分子间作用力变得非常弱，液膜表现出不稳定性所需的时间会变得很长，所以在讨论其去湿机理时通常不考虑旋节去湿机理，此时，去湿机理应为异相成核机理。只有当液膜厚度小于 100nm 时，才考虑旋节去湿机理。然而，当液膜厚度小于 100nm 时，两种机理都有可能引发液膜发生去湿，而哪一个占主导地位是目前人们仍在争论和研究的问题。

4.2.3　固/液界面的分子间相互作用

一般来讲，物理吸附是基于固/液界面的分子间弱相互作用，包括范德华力、静电作用和累积作用力（包括溶剂力、疏水作用、水合力、空间作用力、氢键等）。下面介绍几种常见力的化学物理力学理论描述。

4.2.3.1　范德华力

范德华（van der Waals）力存在于各种原子或分子之间，它的有效距离在几埃到几百埃的范围内。它由色散力、诱导力和取向力三部分组成，其大小与粒子间距离的六次方成反比，也称为六次定律。

$$W_v dW(r) = -\frac{C_K + C_D + C_L}{r^6} \tag{4-12}$$

利用 Derjaguin 近似法，可得宏观物体表面的相互作用，如表 4-2 所示。

表 4-2　常见不同形状物体的范德华力作用规律

物体几何形状	范德华力作用规律
球体与球体	$W = \dfrac{A}{6D} \times \dfrac{R_1 R_2}{R_1 + R_2}$
球体与平面	$W = -\dfrac{AR}{6D}$
平面与平面	$W = -\dfrac{A}{12\pi D^2}$

表中，R 为球体半径，A 为 Hamaker 常数，D 为球体（平面）与平面（球体）之间的距离。

4.2.3.2　静电作用和双电层力

两个带电粒子的相互作用在真空条件下遵循简单的库仑定律，但是在固/液界面上，情况要复杂得多。当固体与液体接触时，可以是固体从溶液中选择性吸附某种离子，也可以是由于固体分子本身的电离作用使离子进入溶液，使固、液两相分别带有不同符号的电荷，在界面上形成双电层的结构。双电层力是由两界面之间存在双电层的原因而产生的。下面以固体表面与电解质溶液相接触为例，来了解双电层模型及其电荷分布密度。

一般情况下，静电势能可表示为：

$$\varphi(x) = \frac{2k_B T}{e} \lg \frac{1 + re^{-K_D x}}{1 - re^{-K_D x}} \cong \frac{4k_B T}{e} re^{-K_D x} \tag{4-13}$$

式中，

$$r = \tanh \frac{e\varphi_0}{4k_{\mathrm{B}}T} \tag{4-14}$$

该式为 Gouy-Chapman 扩散双电层模型。在 $r \to 1$ 时，式（4-13）可变换为德拜-休克尔（Debye-Huckel）方程

$$\varphi(x) \cong \varphi_0 e^{-K_{\mathrm{D}}x} \tag{4-15}$$

这里，φ 是扩散层内某点的电势（指两相间因界面上电荷分离产生的相间势差，也称双电层电势）；$1/K_{\mathrm{D}}$ 称双电层的厚度，也称德拜长度；x 是指扩散层内某点离固体表面的距离。Parsegian 等[1]推导出两个电荷密度为 σ_1 和 σ_2 的半无限大的平表面间（距离为 D），单位面积的双电层力表达式为：

$$f_{dl} = \frac{2}{\varepsilon \varepsilon_0} \frac{\sigma_1^2 + \sigma_2^2 + \sigma_1 \sigma_2 (e^{K_{\mathrm{D}}D} + e^{-K_{\mathrm{D}}D})}{(e^{K_{\mathrm{D}}D} + e^{-K_{\mathrm{D}}D})^2} \tag{4-16}$$

如果 $K_{\mathrm{D}}D \gg 1$，方程（4-16）可变为

$$f_{dl} = \frac{2}{\varepsilon \varepsilon_0} [(\sigma_1^2 + \sigma_2^2) e^{-2K_{\mathrm{D}}D} + \sigma_1 \sigma_2 e^{-K_{\mathrm{D}}D}] \tag{4-17}$$

从上述关系式可以推断：具有不同表面电荷的两个物体之间的双电层力可以是相互吸引的，也可以是相互排斥的；而在具有相同表面电荷的情况下，则总是排斥的。

4.2.3.3　累积力

最后，我们来讨论第三种主要的相互作用，来自于分子在界面上的累积行为，包括溶剂力、疏水作用、水合力、空间作用力、氢键等，很难把这类相互作用归结为一种单一的物理过程。其中比较重要的是分子在界面上的疏水相互作用，但产生这种力的原因并不十分清楚。现有一些假设[2]认为疏水作用是由于水溶液本体水结构与两个疏水表面之间的薄层水结构不同而引起的；也有人认为是憎水表面附近的气穴作用而产生毛细管力的缘故；还有人认为疏水作用是由于偶极-偶极或偶极-电荷的相互作用等等。

4.3　基于化学吸附的固/液界面的分子组装

4.3.1　自组装单分子膜

自组装单分子膜（self-assembled monolayers，SAMs）是近 40 年来发展起来

的一种界面自组装技术，其制备及表征方法已被广泛报道并得到很大发展。1946年 Zisman 等人曾报道了表面活性物质在洁净金属表面上吸附而形成单分子膜的现象[3]，但此项工作真正引发人们关注是始于 20 世纪 80 年代。1980 年 Sagiv 报道了十八烷基三氯硅烷在硅片上形成的 SAMs[4]，1983 年 Nuzzo 等人成功地制备了烷基硫化物在金表面的 SAMs，标志着有关 SAMs 体系的研究逐渐建立和发展起来。

自组装单分子层膜是活性分子通过化学键相互作用在固体表面吸附自发形成的有序的紧密排列的分子阵列，一般厚度为 1～3nm。在活性分子与固体表面的强烈作用下，界面形成的无序膜可以自我结构重建，再形成更完善的、有序的自组装膜。其特征主要表现在以下几个方面：①原位自发形成；②热力学稳定；③可在各种形状的基底表面形成均匀一致的覆盖层；④高密度堆积和低缺陷密度；⑤分子有序排列；⑥通过有目的的设计分子结构和表面结构获得预期的界面物理和化学性质；⑦通过对自组装单层膜末端基团的调控，可以形成各种各样的多层自组装膜体系。此外，SAMs 从原子和分子水平上提供了对界面结构和性能深入理解的机会，灵活的分子设计使其成为认识和理解润湿、黏附、摩擦、腐蚀等现象的良好体系，SAMs 的空间有序性可使其作为二维领域内研究表面电荷分布、电子转移理论等物理化学和统计物理学的理想模型体系，因此 SAMs 越来越引起人们的关注。

4.3.1.1 自组装单分子膜的结构及组装原理

自组装单分子膜是基于化学吸附的组装技术，将附有某表面物质的基片浸入到待组装分子的溶液中，待组装分子一端的反应基与基片表面发生自动连续化学反应，在基片表面形成规则排列，吸附质在分子间范德华力和疏水长链间的疏水作用协同下自发形成晶态结构，最终得到与基片表面化学键连接的二维有序单层膜。形成 SAMs 的分子从组成上分为三部分（如图 4-5 所示）[5]：一是端基的特定活性基团，或称"头基"，能够与固体表面形成很强的共价键（如 Si—O 键和 Au—S 键）或离子键（如 $-CO_2-Ag^+$），从而使整个分子通过化学吸附作用牢固地吸附在基底表面的确定位置，所形成的"头基-基底"之间的化学键对 SAMs 的形成和稳定起到了决定性的作用，是 SAMs 形成过程中最重要的同时也是最强作用力，这是一个放热反应，能量通常为数十千卡每摩尔（kcal/mol，1kcal=4.18kJ）。例如，硫醇在金上的吸附，其化学吸附能约为 40～45kcal/mol[6]。在此过程中，活性分子尽可能地占据基底表面的每一个反应位点。常见的活性基团有 $-SH$、$-COOH$、PO_3^-、$-OH$、$-NH_2$ 等，基片可以是金属或金属氧化物、半导体，也可以是非金属氧化物（石英）等；二是"中间部分"，主要是烷基链和通过分子设计引入的其他基团，促进临近分子间通过分子链间相互作用，如范德华力、疏水相互作用、静电力、π-π 堆积等弱相互作用稳定单层膜的形成，这个过程涉及的相互作用能一般约为几个 kcal/mol（一般小于 10kcal/mol）；三是分子末端引入活性基团，如-SH、-COOH、-OH、-NH$_2$、-C=C-等活性基团，可通过选择末端基团调控界面性能及借助其化学反应活性进一步构筑结构和功能多变的多层膜。

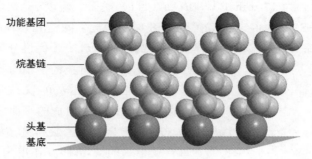

图 4-5　SAMs 示意图

由 SAMs 的组成部分来看，组装分子在基底表面进行自组装的驱动力包括三部分：活性头基与基底的较强的化学作用、长碳链侧向间的范德华力、疏水力以及末端基团的相互作用（包括偶极作用、氢键和静电作用力等）。

从空间效应和晶格匹配来看，自组装膜的形成涉及了"头基-基底"的化学键和"中间部分"的侧向非共价相互作用及末端基团的相互作用之间的微妙平衡。"头基"在固体表面的排列限制了"中间部分"的可用自由空间，烷基链及其衍生物的侧向相互作用（范德华力、氢键等）受限于"头基-基底"亚层形成的几何空间；反之，"中间部分"和"末端基团"也影响固体表面的覆盖密度，其空间位阻将会影响分子的取向及晶格结构。

一般情况下，当基底晶格间距为 0.46nm 时，组装分子的分子链与基底表面呈垂直取向，链之间的距离也为 0.46nm，此时分子链之间的范德华力作用最强。当基底晶格间距大于 0.46nm 时，如果分子链与基底表面仍然垂直，它们之间的范德华作用就会被削弱，导致分子链失去平衡，这时在分子链侧向作用力的引导下，分子链会发生倾斜以减少链之间的距离，从而增强范德华力重新达到平衡。因此分子链的倾斜角度与基底表面晶格间距有关，表 4-3 列出了几类 SAMs 中分子链倾角（分子取向）与表面晶格间距的关系。

表 4-3　分子取向与表面晶格间距的关系

SAMs 的类型	晶格间距/nm	分子链的倾斜角度/(°)
Ag 表面上的脂肪酸	0.578	15～25
SiO$_2$ 表面上的有机硅烷	0.44	约 0
Au 表面上的烷基硫醇	0.499	约 25

以目前研究最为广泛的在 Au（111）表面的硫醇自组装薄膜为例，它的形成过程就是"头基-基底"的化学吸附作用和烷基链间的侧向相互作用的平衡。硫醇和金表面通过界面反应形成金的一价硫醇盐。巯基被氧化而生成 Au-S 化合键，牢固地吸附于金基底之上。硫醇分子的巯基与基底金的结合是一个放热反应，Au-S 键键合能约为 170J/mol[7]。在 Au（111）晶面，硫以 sp² 杂化轨道与表面金原子成键，Au-S-C 键角约为 120°，S-S 原子最近邻间距 0.497nm，次近邻间距 0.87nm。对于烷基硫醇来说，烷基链间的侧向作用进一步促进分子的自组装，亚甲基长链以倾斜角（链主轴与基底表面法线的夹角）约 30°、扭转角（C-C-C 平面与基底表面法线和链主轴组成的平面之间的交角）约为 50° 的方向反式密集排列（如图 4-6 所示）。每一亚甲基的链-链相互作用为 SAMs 的稳定提供大约 1.0kcal/mol 的能量。实验也发现，表面晶格间距并不是决定 SAMs 取向的唯一因素，如上所述，还受烷基链及所含大基团的影响。其他硫醇分子并不都采取和烷基硫醇相同的取向，例如，2-苯基硫醇、3-苯基硫醇等在 SAMs 中的倾斜角要小于烷基硫醇在 SAMs 中的倾斜角（约 30°）。

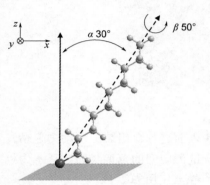

图 4-6 自组装单分子膜中一个
硫醇分子取向的侧面图
（α 是倾斜角；β 是扭转角）

4.3.1.2 自组装单层膜形成的动力学

烷基硫醇在基底金表面自组装形成 SAMs 一般可分为两个阶段：快速化学吸附和缓慢有序排列。第一阶段是烷基硫醇在金表面上的化学吸附，该过程速率非常快，一般只需几分钟，甚至几秒钟，膜的自组装就可完成 80%～90%，这一步可认为是扩散控制的 Langmuir 吸附，组装速率强烈依赖于烷基硫醇的浓度，组装分子的浓度越大，化学吸附越快，例如在 1mmol/L 的溶液中大概只需 1min，而在 1μmol/L 的溶液中约需 100min[8]；第二阶段是表面重组过程，相对于第一阶段是慢过程，需要持续数小时，即利用吸附分子链之间的相互作用力（范德华力、偶极作用力等）及分子在表面的迁徙，使吸附分子趋向有序排列以降低薄膜缺陷，得到规整有序的二维薄膜，使膜的厚度达到最大值。较长的烷基链或具有较强相互作用的特殊官能团的引入，均能促进自组装膜的有序形成。综合来看，第一阶段的动力学过程主要是烷基硫醇与表面反应位点的结合，其反应活化能可能与表面吸附硫原子的活性位点密度有关；第二阶段的动力学过程主要和分子链的无序性、分子链之间的作用力（范德华力相互作用、偶极子与偶极子之间的相互作用等）以及组装分子在基底表面的流动性等因素有关。

对于有机硅烷在二氧化硅表面的自组装，与烷基硫醇在金表面的自组装类似，也分为两个阶段。Sagiv 及其合作者指出，在十八烷基三氯硅烷（octadecyl trichoro silane，OTS）的 SAMs 形成早期，首先形成岛状膜，随后才继续生长而形成规整有序的 SAMs。这一结论得到了红外光谱和 AFM 的实验支持。同时 AFM 还表明，这种生长垂直于基质表面。也有人认为，OTS 的 SAMs 在早期可形成不规整的、均相的、不完全的单层膜，继续进行表面重组能得到均匀的单层膜。

4.3.1.3 自组装膜的分类

根据"头基-基底"之间的化学键来分类，目前研究比较广泛的 SAMs 体系有以下几种。

（1）有机硫化物在金属及半导体表面的自组装膜

硫对于过渡金属和贵金属有很强的亲和力，例如有机硫化合物可以在金、铂、银、铜、汞、铁等表面稳定吸附。这可能是由于硫和表面金属形成了多键连接。目前常用于制备自组装薄膜的有机硫化合物主要有以下几种（图 4-7）：烷基硫醇、二烷基二硫化物、二烷基硫醚、黄原酸盐（xanthate）、硫代氨基甲酸酯、硫代氨基甲酸盐、苯硫酚、巯基吡啶、巯基苯胺、噻吩、巯基丙氨酸、硫脲、疏基咪唑等。目前研究最广泛的则是烷基硫醇和二烷基二硫化物在金表面的自组装。

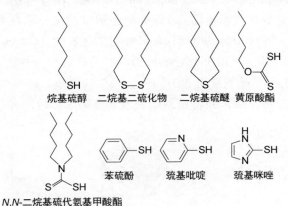

图 4-7　用于自组装的部分有机硫化物分子结构示意图

硫醇化合物和二硫化物在金基底组装的机理类似，是通过界面化学反应形成金的一价硫醇盐。

$$RS-SR + Au_n^0 \rightarrow RS^-Au^+ \cdot Au_{n-1}^0 \qquad （4-18）$$

$$R-S-H + Au_n^0 \rightarrow RS^-Au^- \cdot Au_{n-1}^0 + 1/2H_2 \qquad （4-19）$$

巯基和金的键合能力很强，其结合能大约为 40～45kcal/mol，根据 RS-H、H_2 和 RS-Au 的键能（87kcal/mol、104kcal/mol 和 40kcal/mol）计算烷基硫醇在金表面

的化学吸附的能量变化是-5kcal/mol，证明此反应是一放热反应。Schlenoff 通过电化学数据计算得到反应放热约为-5.5kcal/mol[9]，也证实了 RS–Au 的键能约为40kcal/mol，据此推测二烷基二硫化物在金基底的吸附能是-24kcal/mol，或每一个 RS⁻ 与金的结合能是-12kcal/mol。

除了在金表面的自组装，硫醇化合物还可在银、钯、铜、汞等过渡金属、金属氧化物及半导体表面自组装，常见的制备过程是把经过预处理的基片浸泡在含有活性物质的稀溶液（约 1～10mmol/L）中 12～18h。如前所述，组装过程分为两个阶段，即吸附质的迅速吸附和缓慢的重组装以降低在 SAMs 中的缺陷。

利用含硫化合物在金属纳米粒子的表面自组装，可以保护纳米粒子不发生团聚，还可以构筑各种纳米结构。如唐智勇等人[10]报道了当手性半胱氨酸修饰到金纳米棒表面，会促使金纳米棒形成一维的组装体，其等离子共振峰出现在可见光到近红外光区域，并表现出明显的 CD 信号。而半胱氨酸本身具有的手性信息出现在 200～250nm，表明在可见光及近红外光区域的 CD 信号是由于金纳米棒一维组装体的纵向与横向区域的表面等离子共振。该纳米结构的手性 CD 信号可被有效地调节，如通过增加金纳米棒的长径比，该组装体的 CD 信号逐渐发生红移。

江南大学胥传来课题组[11]利用半胱氨酸合成了一种新型的内部具有空隙的金银核壳结构（Gold-gap-silver nanopaticles，GGS NP），如图 4-8 所示，首先用柠檬酸钠还原氯金酸得到粒径约为 15nm 的金纳米颗粒，称为（AuNP-cit），继续将巯基聚乙二醇（PEG-SH）与 0.01mmol/L 的半胱氨酸（L-Cys）通过 Au–S 键修饰到金颗粒表面，得到 AuNP-L-Cys/PEG，然后将其作为种子合成 GGS-LNP。PEG-SH 可以阻止由半胱氨酸引起的纳米金颗粒的聚集。继续加入 PVP 作为稳定剂，抗坏血酸作为还原剂，并将硝酸银加入到金纳米颗粒的种子溶液中，反应半

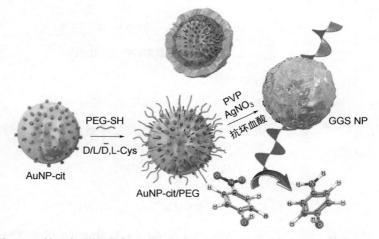

图 4-8　利用半胱氨酸合成的内部有空隙的手性金银核壳结构的示意图

小时后，即可得到 GGS NP。当反应过程中不加入 PVP 时，在金纳米颗粒的表面不会有银颗粒沉积。这是因为 PVP 能够螯合银离子形成复杂的配合物，然后在溶液中转移吸附到金核表面，导致银壳层的形成。此外，PVP 能够阻止体系中形成氯化银沉淀，且 PVP 对于最终形成的 GGS NP 是一种良好的稳定剂。

通过调节合成过程中半胱氨酸的用量可控制内部空隙的大小。当使用手性半胱氨酸时，合成出的 GGS NP 在银的等离子体区域会出现强烈的手性信号。该纳米晶体的等离子体手性推测来源于手性半胱氨酸分子与等离子体之间的偶极相互作用和等离子体热点诱导的手性增强效应等。

此外，他们将 Au–S 键自组装与 DNA 自组装技术相结合，成功构建了金纳米颗粒与金纳米棒的异质二聚体，该异质二聚体具有强烈的等离子体手性光学信号[12]。通过改变组装用的核酸长度以及金纳米颗粒的粒径和金静纳米棒的长径比，可以对组装体的手性光学信号进行调控。异质二聚体的手性是来源于其自身构型引起的结构手性，由于金纳米棒与金纳米颗粒之间存在着二面角，该夹角赋予了二聚体特殊的空间构型，引发了结构手性。

（2）氮杂卡宾在金属及半导体表面的自组装薄膜

除了有机硫化物在金属及半导体表面利用金属-硫键构建自组装薄膜外，近年来卡宾-金属键也被发展到金属表面自组装化学中。N-杂环卡宾配体（NHCs）自 1991 年被第一次分离得到以来，迅速成为均相催化和有机化学等领域的明星分子。N-杂环卡宾的化学性质与膦配体类似，可在催化反应中替代膦配体，同时由于 N-杂环卡宾给电子能力更强，使其比膦配体更加稳定，在催化反应过程中不会发生膦配体损失等类似问题。目前 N-杂环卡宾及其金属化合物已广泛应用于烯烃复分解反应、Heck 偶联反应、Suzuki 偶联反应、Kumada 偶联反应等的催化。

最典型的 N-杂环卡宾为 1,3-二取代咪唑卡宾，也是目前为止研究最多、应用最广的 N-杂环卡宾，根据 4,5 位是否存在双键，又可以分为饱和 N-杂环卡宾和不饱和 N-杂环卡宾（图 4-9）。

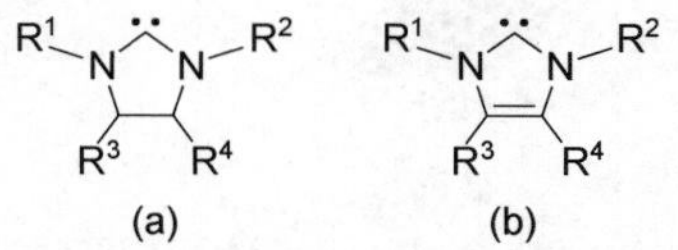

图 4-9 饱和 N-杂环卡宾（a）和不饱和 N-杂环卡宾（b）

N-杂环卡宾（NHCs）中卡宾碳原子采用 sp^2 杂化形式，卡宾碳原子周围只有六个电子，是一个缺电子体系，卡宾碳原子上的一对电子处在 δ 轨道上。两个氮原子 p 轨道上的孤对电子和卡宾碳原子上的空 p 轨道可以发生电子共轭效应，这样卡宾碳原子的缺电子性有效降低。从诱导效应考虑，两个电负性较大的氮原子与卡宾碳原子相连，一方面氮原子的吸电子作用能够使卡宾碳原子上的孤对电子趋于稳定，另一方面由咪唑形成的氮杂环卡宾中，C=C 双键参与共轭也能够增加体系的稳定性，因此氮杂环卡宾是一个比较稳定的体系。这使得 N-杂环卡宾可以在实验室实现克级的制备，能够耐受重结晶、蒸馏的操作过程，能够长期稳定保持。一些氮杂卡宾已经实现了商品化。N-杂环卡宾的反应活性非常高，它几乎能够与周期表中的所有元素进行反应

考虑到 Au–NHC 键的键能比金-膦键高 90kJ/mol，几乎是 Au-S 键的两倍。因此，NHC 有望在金、铂和其他金属表面形成自组装单层。Crudden 等人[13]尝试在金表面自组装一层单分子层的卡宾分子层，他们把巯基保护的 Au 纳米粒子和 Au 薄膜于室温中简单地浸泡在 NHCs **1～5** 的溶液中，发现卡宾可以完全取代金表面的巯基化合物（图 4-10）。XPS 结果表明，浸泡 24h 后，不能再检测到 S(2p)的信号，说明 S 元素被卡宾完全取代。反之，将 NHC 保护的金颗粒和金薄膜浸泡在十二烷基硫醇溶液中，室温反应 24h，XPS 光谱不能给出 S 的信号，卡宾也无损失。这些结果表明：金-卡宾键至少与金-巯基键一样强，且一旦形成，NHC 表面覆盖足够密集，有效防止十二烷基硫醇渗透并结合到没有被 NHC 覆盖的部位。卡宾结构的引入能够有效地提高自组装单层的稳定性，NHC 结构能够耐受高温，即使浸泡在沸腾的水中配体也很少丢失，在一系列有机溶剂和酸碱环境下自组装单层都具有很好的稳定性，即使在 1%过氧化氢溶液中卡宾也仅有极少量的分解。NHC-Au 单分子膜在金电极上表现出比相应的硫醇自组装膜更高的电化学稳定性。继续发展的双齿氮杂环卡宾，可以在金纳米颗粒表面自组装形成保护层，用

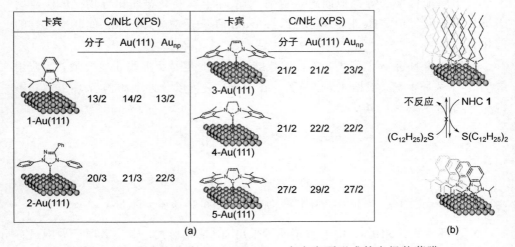

图 4-10　N-杂环卡宾（NHCs）**1～5** 在金表面形成的自组装薄膜

（a）NHCs **1～5** 分子修饰在 Au-111 表面和 Au 纳米粒子表面的 XPS 光谱数据（C/N 比）表明，
NHCs **1～5** 可完全取代金表面的巯基化合物；（b）巯基化合物在 Au 表面
形成的自组装薄膜被 NHC **1** 取代过程的示意图，反之反应不能进行

效地稳定金纳米粒子，防止其聚集，实验中 NHC 保护的金纳米粒子，在 130℃ 的甲苯溶剂中处理 24h，未见金纳米颗粒的聚集。用外源硫醇处理 48h，发现纳米粒子仍能保持很好的分散态，且没有发现 NHC 被硫醇化合物取代，这表明双齿 NHC 配体能增加金纳米粒子的稳定性。NHC-金自组装薄膜不仅表现出超高的稳定性，同时，对卡宾化学结构简单的改造就能够调控自组装单层的性质，因此使得基于氮杂卡宾的自组装单层膜具有更为广泛的应用前景。

（3）有机硅及其衍生物薄膜

有机硅及其衍生物，如烷基氯硅烷（alkylchlorosilanes）、烷基烷氧基硅烷（alkylalkoxysilanes）和烷基氨硅烷（alkylaminosilanes）等在羟基化的表面能形成二维网状聚硅烷膜，通过 Si—O—Si 键连接与基底的硅羟基基团相结合。以十八烷基三氯硅烷（octadecyltrichlorosilane，OTS），为例，其自组装单分子膜的形成经历三个步骤：首先 OTS 水解，水解形成的十八烷基三羟基硅烷通过氢键与基底的硅羟基或相邻分子的硅羟基发生强烈相互作用，最后，水解的 OTS 分子中的羟基与表面硅羟基及相邻的水解 OTS 分子脱水形成共价键，如图 4-11 所示[4]。分子间的侧向缩合稳定了自组装膜。在 SAMs 的形成过程中，基质表面的硅羟基是其形成的必要条件，因此进行硅烷自组装前必须对基片进行清洗，以使尽可能多的硅羟基暴露于基片表面。SiO_2 的表面活化方法很多，最常用的有两种，一是用强酸处理，二是用水蒸气等离子体处理。活化过程使得 SiO_2 表面亲水，形成薄的水层。

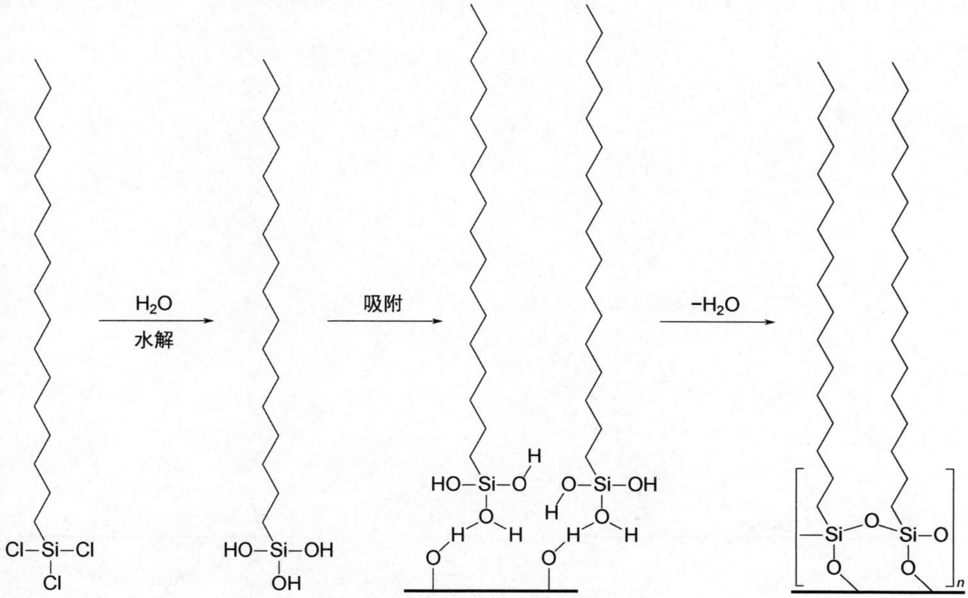

图 4-11 有机硅烷形成 SAMs 示意图

有机硅烷类分子在形成 SAMs 的过程中会形成低聚体，该低聚体的存在将抑制硅烷分子的流动。因此，此类单分子膜的有序性较烷基硫醇类和脂肪酸类稍差，且由于吸附质溶液中水的含量及基底表面羟基密度对 SAMs 质量具有显著影响，造成有机硅烷类 SAMs 的重现性较差，对其制备条件要求较为苛刻。但由于其分子设计简单，易于合成，制备条件温和，仍是有效改性表面和功能化的理想体系之一。

（4）脂肪酸薄膜

脂肪酸薄膜的形成基于脂肪酸与金属基底间的酸碱反应，在表面生成了化合物盐，其主要的稳定作用力是羧酸根阴离子和表面金属阳离子之间形成的化学键。例如，正烷基酸可以在 Al_2O_3、Ag、Ag_2O 等表面形成自组装薄膜。以脂肪酸在 Al 表面的组装为例，其机理为：在空气中，Al 表面极易形成 Al_2O_3 薄膜，在氧化物薄膜中，Al 原子除了直接与氧原子结合外，还可以与羟基或水分子结合，此时 Al 原子带有正电荷。当脂肪酸在 Al 表面发生吸附时，羧酸电离产生负电并同带正电荷的 Al 键合，从而形成牢固的离子键合，羧酸电离产生的 H^+ 可同 Al_2O_3 表面的 O 结合形成 $-OH$ 或同 $-OH$ 结合生成 H_2O。对脂肪酸在 Ag_2O 表面的 SAMs 的掠角 X 射线衍射研究表明：羧酸根离子以 $p(2×2)$ 的点阵吸附到表面上，晶格间距为 5.78Å。烷基链采取全反式构象，与法线的夹角约为 26.7°。脂肪酸在无定形金属氧化物表面形成的薄膜与基底密切相关，如图 4-12 所示，在 Ag_2O 表面，羧基的两个氧原子都固定在基底表面，烷基链倾斜；而在 Al_2O_3 和 CuO 表面，羧基中只有其中的一个氧原子固定在表面上，烷基链几乎垂直于表面。

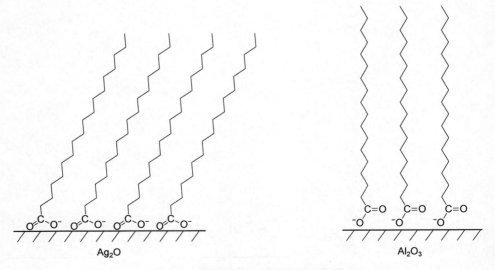

图 4-12　脂肪酸自组装薄膜示意图

（5）硅表面的烷烃薄膜

在硅表面上，烷烃链可以通过 Si–C 共价键稳定地吸附而形成有序的自组装薄膜。与上述有机硅烷类 SAMs 不同，硅衬底先经过适当的修饰，用化学的方法（含 F⁻溶液）或在 UHV（超高真空）条件下用热处理方法去除表面的氧化物，形成大量的 Si–H 键。然后由不同的化学反应形成 Si–C 键，在硅表面嫁接单分子膜。利用双烷基过氧化物在修饰过的硅表面上发生一系列自由基反应得到稳定吸附的薄膜：

$$[RC(O)O]_2 \longrightarrow 2RC(O)O^{\cdot} \tag{4-20}$$

首先烷基过氧化合物中的 O–O 键发生均裂，得到两个酰氧自由基

$$2RC(O)O^{\cdot} \longrightarrow R^{\cdot} + CO_2 \tag{4-21}$$

酰氧自由基去酰化得到相应的烷烃自由基

$$R^{\cdot} + H-Si(111) \longrightarrow RH + {}^{\cdot}Si(111) \tag{4-22}$$

$$RC(O)O^{\cdot} + H-Si(111) \longrightarrow RCOOH + {}^{\cdot}Si(111) \tag{4-23}$$

酰氧自由基和烷烃自由基继续与氢化的硅表面反应，从中夺走氢原子，生成表面硅悬键，最后这些表面自由基与酰氧自由基或者烷烃自由基反应得到稳定的 Si–C 或者 Si–O(O)CR 键，将得到的薄膜置于沸水中进行水解反应去除 Si–O(O)CR 连接的部分，从而得到稳定的 Si–C 键链接的烷基薄膜。

（6）醇、胺及吡啶类 SAMs

含强极性基团的醇、胺、吡啶类分子可在铂等贵金属表面上发生化学吸附，形成单分子自组装膜。但由于与基底的结合作用比较弱，大多数基于醇、胺、吡啶类的自组装膜稳定性较差。因而需要在组装分子之间提供特殊的相互作用，才能使自组装膜稳定性得到提高。

4.3.1.4　影响因素

大量研究表明，形成 SAMs 的质量与一系列因素相关：溶剂，温度，基底的处理方法，表面水的含量，溶液的浓度和反应时间，末端基团及分子链长等。

（1）基片的影响

自组装薄膜是基于吸附质与基片之间的强化学作用形成的，因此对基片有特异性要求，即不同类型的 SAMs 只能选择合适的基片。此外基片表面的化学组成与物理化学性质，如亲疏水性、表面电荷密度、电荷符号等决定了沉积的特性和自组装膜的均匀性。基片的温度对成膜也有一定的影响，基片温度不同会导致沉积而成的晶粒尺寸和形状均有所不同，从而导致膜的均匀性不同。再者，基片表面的清洁状态也会影响自组装膜的有序性，基底表面的洁净程度直接影响膜的质

量，所以为了降低组装薄膜的缺陷、提升有序性，需要对基底表面进行前处理。

以金基底为例，对金电极表面和镀金石英基片的处理也各有不同。若使用的是金电极，需要先进行物理清洗，后进行化学除杂以去除表面的有机酸碱物质，然后用循环伏安法进行电极活化（一般用 0.1mol/L 的硫酸），用超纯水进行超声清洗后再用高纯氮气吹干，迅速放入待组装体系中进行组装；若使用的是镀金石英基片，则一般在 90℃的 Piranha 溶液（体积比，浓硫酸：双氧水=7：3）中浸泡 30min 左右，以除去表面杂质，然后依次用超纯水和待组装体系的溶剂润洗，最后将其浸入待组装溶液中进行组装。此外还有 UV/O₃ 法清洗：将金基底在无水乙醇中超声振荡 10min，取出后用 N₂ 吹干，放在紫外灯下照射清洗 10min。目前逐渐兴起的另一种清洗处理方法是等离子体清洗技术，是针对 Piranha 酸法的不足设计的，Piranha 酸法清洗属于湿法化学清洗，处理后的基底容易残留和吸附清洗剂的分子，且 Piranha 酸具有强氧化性，在清洗过程中还会存在对镀金表面的腐蚀破坏。通过等离子体与表面有机物发生化学反应而进行清洗的方法，具有清洗能力强和不污染环境等特点，且对处理对象的基材类型具有广谱性，对处理对象不会产生腐蚀破坏的优点。同时，等离子体清洗过程可在生物材料处理上引入特定官能团，可显著改善表面润湿性和生物材料的附着性。

对烷基硫醇在三种方法处理的金基板上组装进行对比，发现经等离子体清洗后的基片上的组装效果较好，主要表现在其动态接触角滞后较小，表明膜的致密性和均一性较好。

（2）溶剂的影响

在溶剂的选择中，要考虑成本、毒性、纯度等，最重要的是吸附质分子在其中的溶解性。在硫醇在金属表面的自组装研究中，乙醇因其价格低廉、毒性低、容易提纯、能溶解大部分不同链长不同末端基团的硫醇等特点成为硫醇自组装中最常用的溶剂。其他溶剂（如四氢呋喃、乙腈、二甲亚砜、甲苯等）也可用于 SAMs 的组装，其对 SAMs 的极限覆盖度和润湿性的影响与在乙醇中相类似。

溶剂对自组装过程的动力学影响很复杂，目前还很少研究。溶剂的出现在吸附平衡中引入了"溶剂-基底"和"溶剂-活性分子"的相互作用。通俗地讲，"溶剂-基底"的作用降低了硫醇从溶液中到界面的吸附速率，因为活性分子首先要置换表面的溶剂分子。研究表明，在某些非极性溶剂中（如己烷、庚烷等），硫醇 SAMs 的组装速率要快于在乙醇中的组装速率。但更长链的碳氢化合物溶剂（如十二烷、十四烷等）则会降低硫醇 SAMs 的形成速率，这主要是因为长链的碳氢化合物溶剂增强了与活性分子的相互作用而阻碍了 SAMs 的组装。接触角和电化学的结果表明巯基化合物在非极性溶剂中形成的 SAMs 较其在乙醇中形成的有序性更低。极性溶剂，一般来说是巯基化合物的不良溶剂，有助于降低 SAMs 的缺陷及增加覆盖度，这可能是由于巯基化合物在该溶剂中的低溶解度有助于活性分子在金属表面的隔离吸附所致。

（3）温度的影响

对于硫醇在金属表面的自组装，升高温度加快了溶剂分子在表面的物理吸附的解吸速度，增加活性分子与基底的反应活性。在温度高于 25℃组装 SAMs，有助于提高速度，减少缺陷。理论模拟预测的结果显示，在 75℃以下时分子将非常有序地以一定的倾角排列在表面，导致所形成 SAMs 的缺陷较少，而在 25℃时分子将绕疏水碳链轴转动，使在分子的末端处存在较多的缺陷[14]。研究者认为温度对 SAMs 的影响主要是集中在最初的几分钟内。对于有机硅烷的组装，温度会影响硅烷分子的成膜和自聚两种反应的竞争。温度升高，自聚反应增加，破坏了单分子膜的有序性；温度降低，表面成膜反应会增加，但成膜速率也同时降低，减少了单分子膜的热无序性，形成有序组装。同时，能形成有序 SAMs 的临界温度与链长有关，例如对十八烷基硅烷的最优化温度应在 18℃左右，当疏水碳链较短时（比如 14 个碳），最佳的体系温度则应为 10℃左右。在临界温度以下发生 SAMs 的岛状生长，而在临界温度之上发生均相生长。

（4）分子链长和奇偶效应

组装分子长碳链之间的相互作用即范德华力和疏水作用对 SAMs 的有序性至关重要。增加长碳链之间的疏水作用，会促使自组装薄膜的有序性提升。长碳链之间的范德华力与碳链的长短有关，一般来说碳链越长疏水作用越强，相应的 SAMs 有序性高。对于硫醇/Au 体系，当 $R \geq 16$ 时（R 为组装分子长碳链的碳原子个数），硫醇分子以全反式结构存在，呈结晶态；当 $R \leq 8$ 时硫醇呈液态状无序地排列在表面。除了疏水碳链的长度，最近人们发现碳链分子碳原子个数的奇偶性也会对 SAMs 的结构和有序性产生影响，如奇数碳羧酸在 Ag 表面形成的 SAMs，其接触角比偶数碳羧酸的 SAMs 小，且奇数碳羧酸在 Ag 表面的 SAMs 的末端甲基的非对称振动强度比偶数碳羧酸的 SAMs 强，而甲基的对称伸缩振动的强度比偶数碳的弱[15]。这主要是由于长碳链分子以全反结构排列在 Ag 的表面，奇数碳羧酸和偶数碳羧酸末端的甲基取向性不同。而羧酸在 Al 和 Cu 表面形成的 SAMs 并没有发现这种奇偶效应，可能是由于羧酸与这几种基底的结合方式不同及羧酸分子的排列方式不同所导致的。硫醇在 Au 表面组装形成的 SAMs 也存在奇偶效应，影响了相应的润湿性质，奇数碳硫醇 SAMs 的表面能要高于偶数碳硫醇在金表面形成的 SAMs，而在 Ag 和 Cu 的表面并没有奇偶效应，推测也是由于 SAMs 的结构不同所引起的。

（5）浓度和浸泡时间的影响

这两个参数是相互制约的：低浓度的组装分子需要较长的组装时间。对于烷基硫醇在金基底形成的 SAMs，在最大覆盖度时，分子的表面密度大约 4.5×10^{14} 分子/mol，由此推出形成紧密堆积的 SAMs 的最小浓度应为约 1μmol/L，也就是说

约 4.5×10^{14} 分子/mol。实际上，在 1μmol/L 或低于此浓度时，即便是浸泡时间长达一周也很难得到致密的 SAMs。一般来讲，吸附质的浓度在 1mmol/L 左右。光谱实验和电化学实验结果证明，在约 1mmol/L 的硫醇溶液中形成的 SAMs，其基本性质（润湿性，覆盖度，甚至结构）在浸泡时间 12～18h 时基本不会发生变化。如果继续增长时间到 7～10 天，SAMs 的覆盖度乃至结构会发生改变。这是由于 SAMs 的针孔缺陷和烷基链的构型缺陷随着时间的延长而不断降低。在实验中，选择 12～18h 是由于其方便可行，在需要改善重复性、覆盖度等的要求下，增加浸泡时间是一个可行的方法。

（6）溶液中的含氧量的影响

一般来说，在组装前对溶剂进行脱气，并在组装过程中保持惰性氛围，可以降低硫醇被氧化为磺酸盐及其他氧化态的可能性，从而有助于改善 SAMs 的重复性，氧气的去除对于在银、铜、钯等表面制备排列紧密、性能优良的 SAMs 尤为重要。

（7）末端基团的影响

末端基团的大小和基团之间的相互作用力也会影响 SAMs 的有序性。一些弱相互作用（如偶极作用、氢键、π-π 堆积）等会增加 SAMs 的有序性，也可通过在末端引入 $-SO_2$、$-NH_2$、$-CN$ 等基团增加偶极作用和氢键作用，使分子间作用增强，导致形成更为致密和有序的 SAMs。而末端基团的静电斥力和空间位阻则不利于 SAMs 的有序化，如季铵根离子的引入会破坏膜的有序性。如图 4-13 所示，当末端基团的面积远大于烷基链的投影面积（$0.184nm^2$）时，将会影响 SAMs 的结构。短链的烷基硫醇（小于 12 个碳链）连接一个大的末端基团（$\geqslant 0.25nm^2$），不能形成与长链烷基硫醇 SAMs 相同的结构。末端基团的空间位阻阻碍紧密堆积的单分子层的形成，迫使分子重排，降低膜的有序性，导致出现大量的孔隙和缺陷。

(a)   (b)

图 4-13 末端基团对 SAMs 有序性的影响

(a) 有序排列；(b) 大的末端基团破坏膜的有序性

（8）溶液中水的含量

溶液中微量水的存在主要影响有机硅烷自组装单层膜的性质，水含量过低使得形成的 SAMs 不完整，且自组装成膜过程十分缓慢，而含量过高则会引起硅烷化试剂水解后自聚形成聚合物。有机硅烷试剂的头基不同，其反应活性亦不同，故水的含量对其成膜的影响存在差异，其中三氯硅烷的反应活性最高，其反应条件也最难控制。从实验技术上来看，要得到该类化合物高质量的自组装膜，溶液中水的含量必须严格控制在 15mg/L 左右。

4.3.1.5　SAMs 的表面化学反应

SAMs 的形成为人们提出一个将其继续衍生的平台，通过对 SAMs 的末端基团的化学修饰，可使其具有不同的表面性能，为 SAMs 在化学传感器，化学芯片及纳米科技的领域提供基础。

1983 年，Netzer 发表了第一篇关于 SAMs 功能化的研究工作[16]（图 4-14)，利用硼氢化反应和氧化反应将 SAMs 末端的乙烯基转化为羟基，继续与末端乙烯基的有机硅烷反应形成多层膜。此外，通过其他的反应也可将羟基转化为羧基或溴，在此基础上，通过静电相互作用将十八烷基胺引入 SAMs 表面形成双层膜。在微波环境中，形成以酰亚胺基团连接的长链 SAMs。

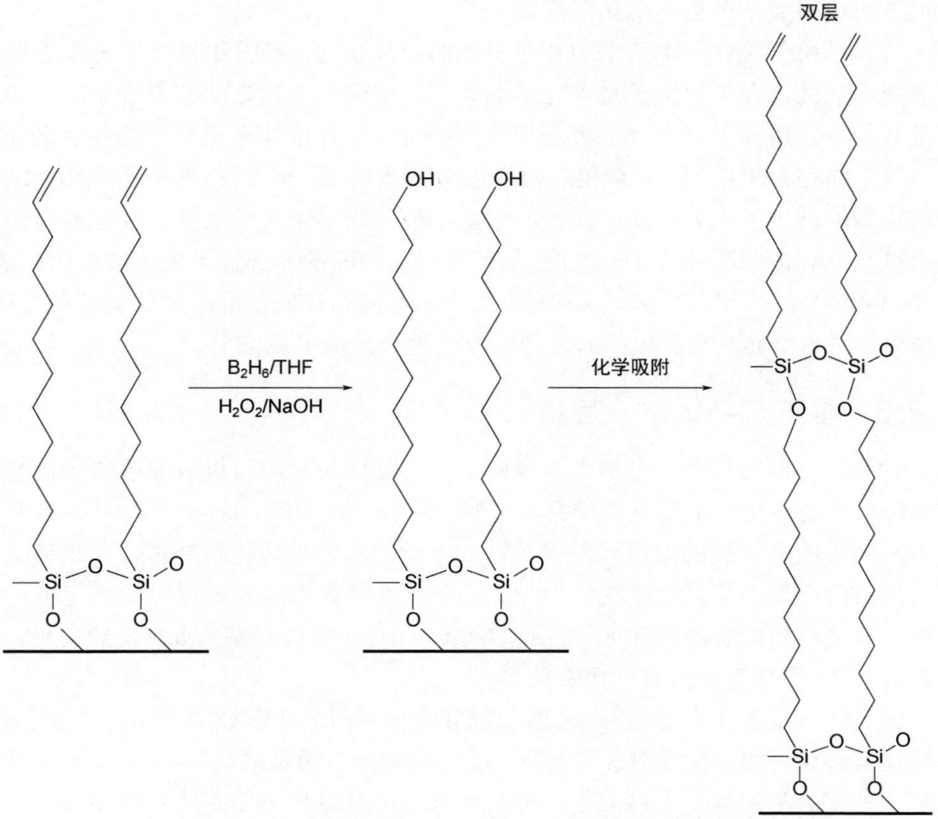

图 4-14　乙烯 SAMs 的末端转化及双层膜的形成过程

氨基的反应活性高，常被用来引入其他的功能化分子，例如 3-氨丙基三烷氧基硅烷类（3-aminopropyltrialkoxysilanes，APS）的 SAMs 可共价结合富勒烯分子，各种发色团和荧光物质等，还可同卟啉锌配位，或将光敏分子螺吡喃共价结合于 APS 的 SAMs 表面。另外，将具有识别功能的分子共价结合于 APS 的 SAMs 表面，可以实现对某些组分的传感。但是用末端为氨基的硅烷化试剂直接得到的氨基末端的 SAMs，有序性差，不利于进一步修饰，这可能是由于硅烷化试剂的氨基易与 SiO$_2$ 表面发生反应所致。因此常用 SAMs 的表面化学反应实现官能团的转化，例如在 SAMs 末端引入溴对其进行表面化学修饰，溴可被叠氮定量取代，进一步还原成氨基，可以很方便地得到氨基末端的 SAMs，或者通过末端氰基的还原（LiAlH$_4$ 或 BH$_3$）得到以羧基为端头的 SAMs，进而可与气态的 SOCl$_2$ 或 (COCl)$_2$ 反应生成酰氯，然后与醇或胺等反应即可进行官能团的转换。

因巯基与贵金属具有良好的配位能力，巯基末端的 SAMs 也得到了科学工作者的广泛关注，例如 α,ω-二巯基化合物和巯醇基硅烷的组装于 Au 和 SiO$_2$ 表面形成的 SAMs，可将其固定于胶体金颗粒表面或金属电极上。SAMs 末端的巯基也可被氧化成磺酸，可催化酯化反应。

再者，由于 SAMs 中两个相邻分子间的距离很近，使分子链之间有发生聚合反应的可能性，典型的例子是含有不饱和化学键的化合物之间的聚合反应。如含有巯基的联乙炔分子可在 Au 表面形成 SAMs，它在紫外光照射下可发生聚合反应，甚至在相对粗糙的 Au 溶胶表面也可进行该反应[17]。联乙炔分子在 SAMs 内有序排列，满足了光聚合反应需要的拓扑结构。除了聚合反应外，其他的一些反应也可在 SAMs 的相邻分子间发生。如巯基十六羧酸的 SAMs 可生成酸酐的结构，先在 DMF（N,N-二甲基甲酰胺）溶液中在三乙醇胺存在的情况下与三氟乙酐反应，形成混合的 SAMs，然后相邻的分子间发生缩合反应形成酸酐。

4.3.2 基于 SAMs 的多层膜

SAMs 的厚度只有几个纳米，限制了其实际应用。对自组装薄膜的末端基进行修饰，使之活化，从而可以得到多层膜。早在 1983 年，Sagiv 等人[16]就研究了基于 SAMs 的多层膜的构筑。先将 SAMs 末端的乙烯基转化为羟基，在此基础上可二次吸附含有乙烯基的硅烷。但是，由于乙烯基在硼氢化还原时无法定量，导致所形成多层膜的有序性降低。将酯基用 LiAlH$_4$ 还原成羟基，重复上述过程，可得到包含 25 个单层膜的有序致密的多层膜。

在另外一个工作中，将溴保护的三氯硅烷单层组装于 SiO$_2$ 表面，再通过水解、醇解使溴转化为醇，也可制备多层膜。或将末端带有硝基的硅烷于 SiO$_2$ 表面进行组装，光解硝基使其产生自由基，再结合氢原子可得到末端为羟基的 SAMs。这种方法实现了无化学试剂参与的功能基团的转化，为基于 SAMs 的多层膜制备提供了一种绿色方法。

此外，也可通过分子间非共价相互作用构筑稳定的多层膜。例如，先将 SAMs 的乙烯基氧化成羧基，通过氢键作用进一步沉积有机硅烷，实现有序多层膜的构筑。这一方法具有自愈合（self-healing）或缺陷自消除（defect rejection）能力，使得所形成的薄膜致密有序。利用磷酸酯同 Zr^{4+} 之间的强的静电作用和配位作用也可得到非共价结合的多层膜。

4.4 基于物理吸附的固/液界面分子组装体

从上节的介绍可以看到，在自组装膜中，成膜的主要驱动力为共价键、离子键、极性键等强的化学键，从而具有很好的稳定性。然而，在大面积范围内制备高度有序的自组装膜却依然是一个问题，因为这首先需要在大面积内表现出优良可重复性和高度有序性的固体载体，比如在制备 Au（111）基底时，需要比较昂贵的真空镀膜装置，这种沉积设备对真空度有较高的要求，镀膜工艺中各种参数（比如真空度、沉积温度、基底的种类、退火温度和速度等）的细微变化都会对衬底的质量产生很大的影响，这无疑限制了自组装膜的应用和发展空间。另外，带有特定官能团的成膜物质只有在相应的基底上才能自组装成有序薄膜，即自组装膜体系是"配对"的。尽管人们已经研究和开发了数十"对"自组装体系，但很显然，研究和开发更具普适性、简单、便捷和低成本的大面积成膜方法依然是一项很重要的任务。因此，利用物理吸附，如静电作用、配位作用、氢键作用等这些分子间的非共价键作用力为驱动力，在固/液界面进行组装将更具有巨大的应用前景。

4.4.1 层层组装多层膜——分子沉积法

早在 1966 年，Iler 等人[18]报道了将表面带有电荷的固体基片交替浸泡在带相反电荷的胶体微粒溶液中，通过交替沉积获得超薄膜的研究工作。虽然 Iler 在当时明确提出利用这种方法可以将带电荷的微小粒子、多价离子、表面活性剂、水溶性高分子以及蛋白质等组装在固态基板上，或者把无机物引入到交替沉积中来构建具有杂化结构的超薄膜，并且这种超薄膜还可能为化学反应提供微环境。但遗憾的是，当时受限于缺乏合适的表征技术，他的这份具有重要学术价值与应用意义的工作并未引起科研工作者的足够重视。直到 1991 年，德国 Mainz 大学的 Decher[19]及其合作者重新提出了这种基于阴阳离子静电作用为推动力制备有序多层膜的方法为层层组装技术（layer-by-layer self-assembly，LbL），才引发了自组装超薄膜的制备和应用的新篇章。层层组装多层膜，又称为分子沉积法，即利用逐层交替沉积的方法，借助各层分子间的弱相互作用（如静电引力、氢键、配位键等），使层与层之间自发的缔合，形成结构完整、性能稳定、具有某种特定功能的分子聚集体或超分子结构。它是基于物理吸附的原理进行的有序超薄膜的制备，具有很多优点，如对成膜基质没有特殊限制、制备方法简单、成膜驱动力选择较多、制备的薄膜具有良好的机械和化学稳定性、具有可控的组成和厚度等。除了在平面基板上进行的层层组装之外，近年来又有人利用这种方法制备得到了直径在几百到几千纳米的中空微胶囊，可很好地模拟细胞中的生物化学过程。

典型的静电层层自组装多层膜的构筑大体可以分为以下几个步骤：

① 基质的预处理。将固体基片预处理以使表面带有一定电荷。

② A 层膜材料的吸附。将表面带有一定电荷的固体基片在一定的温度下浸泡到物质的溶液中，该物质要与固体基片电荷相反，保持一定的时间，使之充分发生吸附。

③ 清洗。将基片取出并用溶剂冲洗其表面（或将之浸泡到纯溶剂中），干燥一段时间。

④ B 层膜材料的吸附。将上述基片浸泡到带有与原始基片相同电荷物质的溶液中，按照同样的操作利用静电相互作用吸附第二种物质。

⑤ 清洗-重复上述过程①～④，如图 4-15 所示。其他驱动力的层层组装多层膜的制备与此类似。

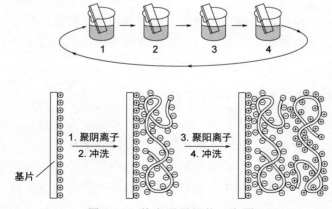

图 4-15　静电层层组装示意图

该技术最大的优势之一是其普适性，主要体现在组装单元、组装驱动力及固体基材的广泛性上。首先，它适用于各种功能单元的组装，从最初的聚电解质，到带有电荷的有机小分子、无机粒子、胶体颗粒、生物大分子（比如 DNA、酶、蛋白质等），以及含有氢键位点、配位位点的不带电荷的聚合物、小分子等多种物质都可依此技术形成多种结构和不同功能的固/液界面组装体。其次，除了经典的静电作用，分子间的其他作用力（配位作用、氢键等）亦可作为成膜的驱动力，且膜的稳定性也较高，这极大地丰富了其研究内容并增加了其实用性。再者，用于成膜的固体载体取材广泛，且易于处理。最后，可以很轻易地通过控制成膜过程中各种宏观参数（如溶液的浓度、酸碱度、温度等）来调控组装体的微观结构和性能。可以看到，层层组装技术也是一种重要的界面组装技术，其制备过程简单便捷、快速低耗，其研究对象和领域具有一定的普适性。这些特征使之迅速渗透到了超分子化学、胶体与界面化学、生物化学等领域，并构成其中重要的组成部分。根据成膜驱动力的不同，层层组装多层膜可以分为静电层层自组装、氢键层层自组装、配位键层层自组装等几种类型。下面我们将逐一介绍。

4.4.1.1 静电引力多层膜

通过静电相互作用制备多层膜是最常用的方法，即在荷电表面上通过聚阴离子和聚阳离子的交替沉积构筑异质多层膜。组装驱动力是带有相反电荷的聚电解质的静电相互作用。每组装一次，即基片在正的聚电解质、负的聚电解质的水溶液中分别浸泡一次，基片上就形成一个组装层，约为1~2nm。多次重复此过程，即可得到多层膜。XRD证明所形成的多层膜有一定的规整性，但较LB膜有序性较差，不能显示如LB膜那样的多级Bragg（布拉格）衍射，由此推测分子层间可能存在相互交叉。

（1）成膜驱动力

静电组装多层膜的成膜驱动力主要是聚电解质分子或带电物质在固/液界面的静电作用力。而其他一些短程的次级作用力，如亲水/疏水作用、电荷转移、π-π堆积、氢键作用等都有助于多层膜的连续沉积和稳定。

从热力学来看，静电组装的驱动力主要来自体系的熵的增加，而不是焓变的贡献。在固/液界面上，聚电解质的吸附类似于溶液中聚电解质复合物的形成，聚电解质同带相反电荷的表面复合，释放出表面的反离子，使体系的熵增加。在聚电解质吸附前后，整个体系的离子键的数量并没有变化，如果不考虑带电基团与带电基团之间，以及带电基团与反离子之间离子键强度的不同，则吸附过程中的焓变近乎为零。聚电解质在带相反电荷表面上的吸附类似于一个界面反应，即聚电解质的带电基团与基片表面上带相反电荷的基团形成了"离子键"，在界面上生成了一层不溶的"沉淀物"，也就是形成了一层聚电解质超薄膜。这种"沉淀物"的生成不仅与带电基团的种类有关，也与带电基团的构象和所处微环境有关，如在构象上是否有利于聚合物链上带电基团和基片接近，是否有其他次级作用力的参与来协助此组装过程，等等。因此，一些带有相同带电基团的物质，如果它们的构象不同、电荷密度不同、刚柔性不同等，它们基于静电作用的成膜能力就会大不相同，这就是由带电基团所处微环境的不同造成的。针对聚电解质上的电荷密度对成膜能力的影响，研究结果表明：电荷密度是否匹配比电荷密度的绝对大小更重要，电荷匹配程度对带相反电荷的聚电解质能否通过静电组装形成多层膜的影响更大。

（2）静电组装多层膜的结构

XRD 的结果证明静电组装多层膜有一定的规整性，但与 LB 多层膜和基于化学吸附的自组装多层膜不同，静电组装多层膜不能显示明显的多级 Bragg 衍射峰，表明其不具有规整的周期结构，可能是相邻层间存在着穿插，降低了静电组装多层膜在结构上的规整性，使其一般不具有在膜生长方向上的周期结构，有序度低。

基于以上的分析推测，欲制备有序性高、具有周期性结构的静电组装超薄膜，则需要在其制备过程中，最大程度的抑制相邻层间的穿插。增加组装单元的刚性，是一个有效抑制相邻层间穿插的方法。如张希等用刚性的聚马来酸单酯（PSAC_6）与含有联苯介晶基团的双吡啶盐（PyC_6BPC_6Py）交替沉积制备了 PSAC_6/PyC_6BPC_6Py 多层膜，同一层中含联苯介晶基团的 PyC_6BPC_6Py 分子间的 π-π 相互作用，在一定程度上抑制了相邻 PSAC_6 层间的穿插，提高了膜的有序性，在 X 射线衍射图样上出现了 Bragg 衍射峰。一般来说，在聚电解质的静电组装多层膜的构筑中，有三种机制影响着超薄膜的沉积和结构：①由静电平衡控制的聚电解质在固/液界面上的吸附；②新吸附的聚电解质层向上一层聚电解质的扩散，这一扩散使带相反电荷的聚电解质层的界面变得模糊；③由扩散导致的聚阳离子/聚阴离子表面限域复合物的形成。聚阳离子/聚阴离子在液/固界面能否形成具有清晰界面的复合物决定了所形成的静电组装多层膜的内部结构是否有序。为了证明这一生长机制，科研工作者研究了溶致液晶聚电解质与带相反电荷的聚电解质的组装，由于溶致液晶聚电解质组装时能形成规整的薄层状超薄膜，使得所制备的静电组装多层膜具有清晰的界面，因而提高了多层膜的有序性。与之类似的，刚性板状的带电物质，如片状的蒙脱土、石墨氧化物、铌酸盐和锂皂石等和带相反电荷的聚电解质组装制备的多层膜都观察到了 Bragg 衍射峰，表明在这类多层膜中沿膜生长的方向也具有周期性结构。

另一个热点讨论的问题是膜的组成，即带有相反电荷的基团在膜中的比例是多少。光电子能谱（XPS）用来研究静电多层膜中组装基元带电基团的比例。在对聚苯乙烯磺酸钠（PSS）和聚丁基紫精（PBV）多层膜的研究中发现，N 与 S 元素的比例基本为 1:1，且没发现 Na^+、K^+、Cl^- 等反离子的存在。这一结果表明 PSS/PVB 多层膜中 PSS 上的磺酸基团与 PVB 中的吡啶基团是以 1:1 的比例结合的。但是，并非所有的静电组装的多层膜中正电基团和负电基团都是 1:1 等摩尔比结合的。决定静电多层膜中聚电解质的带电基团是否以 1:1 的等摩尔比复合有很多因素，其中最重要的是聚电解质链本身的柔性。对于连接在柔性链上的带电基团来说，很容易通过柔性链段间的调整找到与之结合的带相反电荷的基团，使相邻层间带相反电荷的基团可以充分接近，反之，带电基团连接于刚性链段上，其活动能力受到某种程度的限制，因而无法充分地与一些相反电荷基团结合，这一"空缺"会被一些小的反离子所占据，可以保持整个组装过程中的电中性。除了组装单元本身固有的特性，其他组装条件，例如离子强度也会影响膜的组成。在组装溶液的离子强度较大时，吸附的单层膜会变得很厚，一些带电基团就被包埋在聚合物链中而失去与带相反电荷结合的机会，这时所制备的多层膜的正负电荷基团的比例就不可能是 1:1。

(3) 静电自组装多层膜的生长方式

静电层状组装的关键在于表面电荷补偿。组装过程中每一层吸附都要使表面电荷发生反转，从而为下一层吸附带相反电荷的聚电解质提供驱动力。理想情况下，每一层吸附的聚电解质量都是相等的，也就是说，多层膜的质量和厚度与多层膜层数之间应该符合线性关系。强聚电解质和大部分弱聚电解质构建的多层膜一般都遵循这种生长模式，其特点是组装速度缓慢，一般组装双层的厚度为几个纳米，且所构筑多层膜形貌较平滑。但这种线性增长模式下，层与层间的界限并不是非常严格，它与相邻的数层膜间存在穿插，因此人们认为多层自组装薄膜是一种分子级共混多层膜。

有些弱电解质并不遵循这种线性方式生长，而是呈现指数增长，即在多层膜的构建过程中，每一步吸附的聚电解质的量并不恒定，而是随着厚度的增加而增加。相对于线性增长的多层膜而言，指数增长的多层膜表面多数较粗糙，一般具有微米级图案的结构。一般来讲，构筑多糖和多肽的静电多层膜容易得到指数增长多层膜。发生这种指数增长的原因在于，在多层膜的构建过程中，至少其中一种聚电解质，能够扩散和进出多层膜。聚赖氨酸（PLL）/海藻酸钠（sodium alginate）和聚赖氨酸/透明质酸（HA）是最早被报道具有这种指数增长的体系。聚赖氨酸（PLL）被证明具有扩散能力，而透明质酸（HA）不具备。在多层膜浸泡到聚阴离子溶液（HA）中时，会发生电荷补偿，多层膜表面会产生过量的负电荷，过量的负电荷在表面形成静电位垒（electrostatic barrier），一般延伸一个德拜长度。当多层膜与聚阳离子（PLL）接触时，PLL 首先与表面的 HA 形成 PLL/HA 复合物而使表面带正电荷，但 PLL 并不仅仅存在于界面上，它还可跨过这个能量位垒扩散到多层膜内部，这些扩散进入的 PLL 链被称之为"自由链"（free chains）。当自由链扩散进多层膜内时，膜内自由链的化学势会增加直至与溶液中的 PLL 化学势相等，中止了自由链的扩散。在用溶剂清洗时，自由链的浓度和化学势会降低，从而抑制了 PLL 链向外扩散，导致在洗涤过程中自由的 PLL 链不会再扩散出去。当膜继续浸泡到 HA 溶液中时，HA 与多层膜最外层的 PLL 作用形成 PLL/HA 复合物，这样，多层膜的表面变成负电性，它的正电位垒完全消失，多层膜中残存的自由 PLL 链就又扩散出来，与溶液中的 HA 形成新的 HA/PLL 复合物，这样就多了一个 PLL/HA 双层。新沉积的 PLL/HA 双层的质量与膜内 PLL 自由链的数量成正比，而膜的厚度又与自由链的数量成正比，因此，沉积的聚电解质的质量随组装层数指数增加。

除了上述提到的聚电解质静电组装多层膜，其他带相反电荷的分子也可用来静电组装形成多层膜，如带有电荷的有机染料分子，各种结构的聚电解质，有机和无机纳米颗粒，带有电荷的无机物如黏土、杂多酸，生物大分子如酶、蛋白质、DNA 等。

（4）生物大分子层层组装

许多天然大分子，如蛋白质、DNA、酶等都带有电荷，适用于静电组装。蛋白质是两性分子，改变溶液的 pH 值就能使之呈现正的或负的电荷状态，可与带相反电荷的聚电解质组装，在实现构筑组装体的同时也实现了蛋白质的固定，并借以研究蛋白质的聚集状态，以及有可能利用生物膜的响应性制备传感器等。DNA 或 RNA 主链上带有磷酸基，是一种阴离子聚电解质，可以与阳离子聚电解质组装。刘鸣华等人[20]研究了 DNA 和多肽与其他聚阳离子的静电组装，并且在组装过程中引入了含重氮基团的重氮树脂，经过交替沉积得到 DNA 多层膜，在紫外光照射和加热条件下，DNA 和 PLGA 中的磷酸根和羧酸根基团和重氮盐基团发生光交联反应，大大提高了 DNA 和 PLGA 膜的稳定性（图 4-16）。

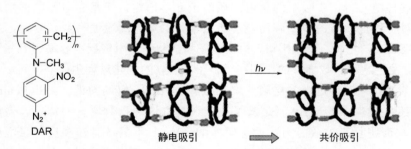

图 4-16　DAR 与 DNA 的共价多层膜的构筑

表面带电荷的病毒也能进行静电自组装，形成含有病毒的超薄膜。许多天然的糖类也带有离子基团，非常适于静电自组装，人们已经成功地组装了褐藻酸肝素、壳聚糖、磺化纤维素等天然或改性的糖。组装这些糖类一般是为了改进基底的生物相容性，对于细胞培养和人体组织修复等都非常关键。

（5）有机小分子的静电组装

尽管静电层层组装的概念最初是基于聚电解质提出的，但是近年来，人们将静电组装的范围拓展到有机小分子上。通常，要求有机小分子带有两个或两个以上带电基团，如卟啉、花青、酞菁等染料分子。研究者对一系列带电荷的染料分子与聚电解质的静电组装多层膜的研究表明，当所用的聚电解质溶液的浓度较大时，前一层吸附的染料分子容易在进入下一层聚电解质溶液中时脱附下来。他们对于这种脱附现象的解释是：当聚电解质溶液浓度过高时，溶液中的聚电解质/染料分子间的作用力会大于基片上聚电解质/染料间的作用力，从而引起已组装的染料分子的脱附。Mohwald 等人[21]系统研究了聚电解质溶液离子强度对于染料/聚电解质静电组装时染料吸附/脱附的影响。他们发现，在中等的离子强度下，染料的脱附最为严重。而在更低或更高的离子强度下，染料的脱附可以得到缓解。吸附于基片上的染料分子与脱附于聚电解质溶液中的染料分子之间存在这一种平衡。

$$\text{染料（吸附）} + \text{聚电解质（溶液）} \rightleftharpoons \text{染料-聚电解质复合物}$$

式中，染料（吸附）、聚电解质（溶液）和染料-聚电解质复合物溶液分别指多层膜上的染料分子，溶液中与染料带相反电荷的聚电解质，以及溶液中染料分子/聚电解质复合物。

聚电解质溶液的浓度和离子强度都可以影响上述平衡。因此，可以通过调节聚电解质溶液的浓度或离子强度来实现对有机染料分子静电组装的控制。此外，将有机小分子与带相同电荷的聚电解质在溶液中混合，再与另一种带相反电荷的聚电解质交替沉积，可以克服有机小分子的脱附现象。

另外一种方法也用来构筑含有有机功能小分子有序薄膜，首先通过聚阴离子和聚阳离子的交替沉积制备多层膜，然后有机小分子凭借固/液界面的吸附作用组装到多层膜中，如图 4-17 所示。这里，静电作用构筑的多层膜作为一种模板，与有机小分子相互作用，产生新的性质。例如，刘鸣华课题组[22a]报道了 DNA 或 PLGA 多层膜作为手性模板，诱导非手性的阳离子型卟啉分子（TMPyP）嵌入到 DNA 的碱基对中产生手性，这种诱导手性可以通过外界酸性气体的处理而被擦去，再通过碱性气体和水蒸气的作用而使得诱导手性恢复，这一过程可以重复多

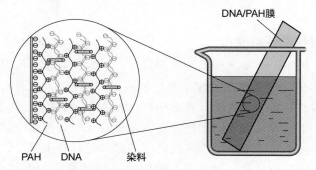

图 4-17　有机小分子在静电作用多层膜上的组装示意图
通过静电层层组装形成的多层膜浸泡在有机染料的水溶液中，
有机染料小分子进入到层层自组装薄膜中

次而形成手性光学开关。更进一步的研究显示，一种阴离子型卟啉分子——四磺酸基四苯基卟啉（TPPS）[22b]在酸性条件下亦可以被吸附到这种复合膜中，在吸附膜中，TPPS 分子可以自组装形成聚集体，该聚集体显示出了手性并且其手性方向受到 DNA 的控制，为负手性信号。但当阳离子型卟啉分子（TMPyP）存在时，尽管 TPPS 分子亦可以被吸附到复合膜中，由于 TMPyP 的间隔基效应而使得 TPPS 聚集体的手性与上述情况发生了反转，为正手性信号。这样可以通过静电层层组装的方法结合有机小分子的吸附，实现诱导手性的调控及手性开关的构筑。

通过以上关于有机小分子的静电引力多层膜的组装发现，静电组装技术为带有电荷基团的有机小分子化合物（带电基团的数目通常不低于 2）的界面组装提供了一种十分有效的方法。借助调节溶液参数和选择合适的与小分子交替组装的物质，可以有效地调节有机小分子在膜中的存在状态乃至性质，从而为实现薄膜的功能化提供空间。

（6）无机/有机杂化结构的静电组装

无机/有机杂化结构的多层膜具有非常独特的性质，构筑无机/有机纳米结构是现代材料化学的重要内容。迄今为止，利用静电层层组装技术已经成功地将不同种类的无机纳米微粒和纳米簇，如 PbI_2、CdS、$CdSe$、$CdTe$、$HgTe$、$CdS\text{-}TiO_2$、FeO、Fe_2O_3、$Fe_3O_4@SiO_2$（壳-核微粒）、SiO_2、Au、Ag、$Ag@SiO_2$，以及石墨氧化物、杂多酸、黏土等组装到多层膜中。利用静电组装技术组装无机/有机杂化材料的前提条件是纳米微粒或无机组分表面必须带有电荷。使微粒表面带有电荷的主要方法有以下四种：①通过调节体系的 pH，使纳米微粒表面原子发生质子化或去质子化，使微粒带上电荷；②控制形成微粒的阴阳离子化学剂量比偏离 1：1，这种方法适于沉淀溶度积较大的沉淀体系；③通过吸附带有电荷的小分子使微粒表面带有电荷；④使用双官能团分子修饰微粒表面，其中一个官能团与纳米微粒表面结合，为微粒提供稳定性，另一个官能团朝向介质环境，使微粒表面带有相应的电荷。

4.4.1.2 氢键作用多层膜

静电组装多层膜一般要求在水溶液中进行，限制了非水溶性聚合物的组装。1997 年发展起来的利用氢键相互作用来组装多层膜，拓展了在有机溶剂中水不溶性聚合物多层膜的制备[23]。氢键具有方向性、饱和性、协同性，作用力强度适中，对 pH 值敏感，而且容易破坏和重建，是生物体内分子识别作用的基础。这种构筑方式的引入不仅丰富了交替沉积膜的适用范围，而且对了解生物大分子组装及其相互作用也具有重要意义。张希等人用聚(4-乙烯基吡啶)（PVPy）和聚丙烯酸（PAA）成功构筑了基于氢键的多层膜（图 4-18）。聚丙烯酸分子链上的羧基和聚乙烯吡啶链上的氮形成氢键，交替吸附在基片上形成超薄膜。改变聚合物的分子

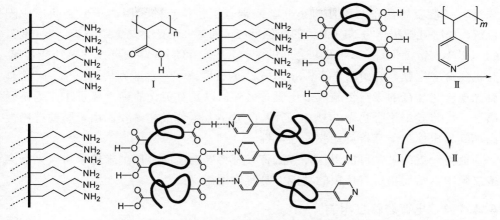

图 4-18　PVPy 与 PAA 通过氢键组装的示意图

步骤：Ⅰ. 氨基修饰的基板浸泡在 PAA 溶液中；Ⅱ. 继续浸泡
在 PVPy 溶液中；Ⅰ 和 Ⅱ 过程交替进行

量或聚合物的浓度等即可实现在纳米尺度上对多层膜厚度的调控。此外，通过对聚合物接枝改性的方式调节聚合物分子链上氢键给体和受体的密度，也能实现对组装多层膜形貌与厚度的调控。再者，在上述的报道中，利用吡啶与过渡金属的良好配位作用，可以将无机离子引入到组装多层膜中，如稀土荧光配合物三(二苯甲酰甲烷)铕（Eu(DBM)$_3$）成功地与聚乙烯吡啶配位形成高分子配合物，并与聚苯乙烯磺酸钠（PSS）通过氢键相互作用组装形成荧光薄膜，在五层内荧光强度的增加与层数呈现良好的线性关系。一般来说，分子链上具有羧基、氨基、羟基、醚等基团的聚合物都是良好的能形成氢键组装体的组装基元，图 4-19 给出研究中常用的氢键自组装的成膜物质。

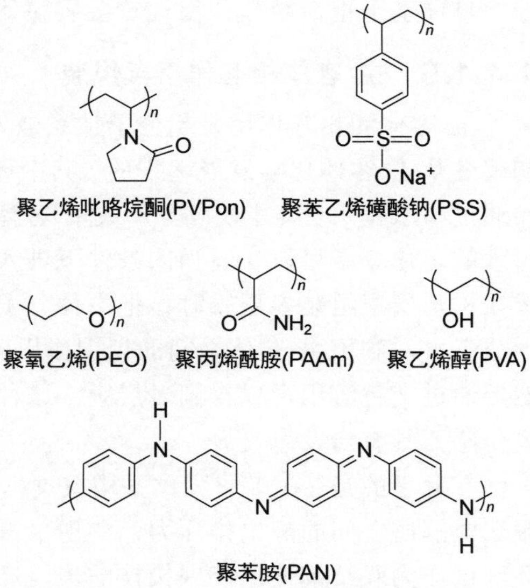

聚乙烯吡咯烷酮(PVPon)　聚苯乙烯磺酸钠(PSS)

聚氧乙烯(PEO)　聚丙烯酰胺(PAAm)　聚乙烯醇(PVA)

聚苯胺(PAN)

图 4-19　常用的氢键组装聚合物

4.4.1.3　配位键相互作用多层膜

利用小分子配体或聚合物阴离子与金属离子配位形成金属配合物聚合物的方法也可以构筑层层组装多层膜，最早是利用双磷酸盐与过渡金属离子交替沉积构筑多层膜。这种以配位作用为驱动力构筑的多层膜一般具有较好的稳定性和机械强度。过渡金属离子与配体（小分子或带有配位位点的聚阴离子）之间形成配位键，如联吡啶配体与 Ni（Ⅱ）的配位反应，间苯二酚配体与 Fe（Ⅱ）、Co（Ⅱ）、Cu（Ⅱ）、Zn（Ⅱ）、Cd（Ⅱ）之间的配位反应，可制备厚度可控的多功能金属-有机复合多层膜。例如以 Ce^{4+}、Sn^{4+}、Zr^{4+} 为桥联离子，草酸为桥联配体，可将具有光电转化功能的染料组装成多层膜。另外，以具有荧光的稀土离子 Tb^{3+} 为桥联离子，可将导电聚合物聚(3-噻吩)乙酸（PTAA）组装成超薄膜，由于膜的有序性高，其导电性优于直接旋涂膜的导电性。

值得一提的是，可应用这种方法将具有特殊功能的金属纳米粒子引入到有序多层膜中，从而拓展有序膜的功能，具有应用意义。

4.4.1.4　电荷转移自组装

这类组装的驱动力是固/液界面上缺电子的电子受体和富电子的电子给体之间发生电荷转移，生成电子转移复合物，从而获得多层膜。电子给体通常是富电子的烯烃、炔烃或芳环，或含有弱酸性质子的化合物。研究的比较多的电子受体是以 7,7,8,8-四氰基对醌二甲烷（7,7,8,8-tetra-cyanoquinodimethane，简称 TCNQ）及其衍生物。由于电荷转移作用的存在远没有氢键作用和静电作用具有广泛性，因此目前基于电荷转移作用构筑多层膜体系的报道还很有限。

4.4.1.5　主-客体相互作用自组装

主-客体间相互作用是超分子体系最为基本的相互作用之一，超分子的概念最初就是从主-客体化学发展起来的。其中环糊精是研究最多的分子识别主体，其主要通过疏水作用、尺寸效应等形成主-客体包合物。在水中，在疏水作用的驱动下，疏水的客体分子可以在适当的条件下进入环糊精的内腔，形成包合物。科研工作者在构筑层层组装多层膜时，把主体分子和客体分子分别修饰到需要组装的功能性分子上，利用主-客体之间的识别作用，形成表面带有多个活性点的构筑基元，然后通过交替沉积可以得到多层膜。这种基于主客体识别的构筑方法将对设计薄膜传感器具有启发意义。

有意思的是，在多层膜体系构筑过程中通过引入主-客体相互作用，还可以克服聚电解质之间的静电排斥力，实现单一聚电解质的多层组装。例如利用硫桥联环糊精作为联结剂使二茂铁接枝的聚丙烯胺（FcPAA）自组装成膜，二茂铁在主-客体识别作用下进入环糊精疏水空腔，通过修饰在环糊精上硫桥的连接作用，实现二茂铁接枝的聚丙烯胺多层膜的构筑。

4.4.1.6　层层组装技术制备微胶囊和纳米管状结构

层层组装技术除了常规的制备平面多层膜外，还可在不同基质上制备微胶囊和纳米管状结构。

（1）微胶囊

微胶囊通过囊壁将囊内空间包封起来形成封闭体系，使之与其外部空间隔离开。其形状以球形为主，也可为椭圆形、正方形或长方形、多边形以及各种不规则特定几何形状。因为与细胞相似，具有高度的仿生意义。微胶囊的囊壁将囊内空间与外部环境隔离，通常由天然或合成的高分子材料或无机材料组成，囊壁厚度通常在纳米至微米范围内。微胶囊内部可封装功能材料，其囊壁可保护被封装的物质，且通过调节囊壁的结构等调节其渗透性能，利用此种性质可以调控包埋物质的释放速率，达到智能响应和控制释放的作用。由于微胶囊所具备的独特功能，方便科研工作者们根据实际应用中的需要，将不同性质的物质包裹于内，或研究开发出不同的囊壁材料以增加通透性、生物相容性、智能响应性等，故此微胶囊广泛应用于日用、医药、工业等各个领域。

近年来，Möhward 等人[24]结合 LbL 技术与模板法，以胶体颗粒、无机粒子等（如 CaCO$_3$、有机染料、聚苯乙烯、聚乳酸等）为模板，在其上通过带相反电荷的聚电解质层层组装后形成多层膜，去除模板，即可得到几何结构均匀的聚合物微胶囊（图 4-20），这种方法将层层自组装技术从二维体系扩展到三维体系。利用层层组装技术成功制备聚合物中空微胶囊的关键条件是对模板粒子的选择，要求模板粒子可以通过简单处理便能被溶解、分解或氧化去除，另外粒子表面要能通过简单的处理带有电荷。例如，颗粒表面带有正电荷的微交联三聚氰胺-甲醛树脂（MF）粒子可用来作为模板粒子，再利用通常的 LbL 技术先组装上一层与颗粒表面电荷相反的聚合物如荷负电的 PSS，然后再沉积正电荷的聚阳离子如 PAH。当组装到所需层数后，通过改变外部环境使作为模板的胶体颗粒去除（如 MF 可在 pH < 1.7 的酸性条件下分解），就得到了中空的聚电解质微胶囊。在应用层层组装

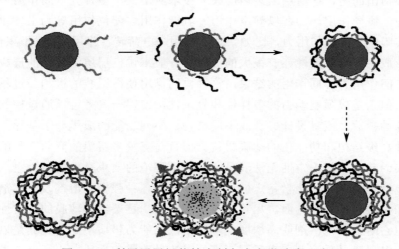

图 4-20　利用层层组装技术制备中空微胶囊示意图

技术制备微胶囊的过程中，每一层吸附聚电解质完成后，要注意必须完全去除存在于母液中的多余的原料聚电解质，否则会在下一层原料加入时相互吸附，在溶液中发生反应形成复合物，以致影响囊壁的成膜性能。

根据上面的描述可知，模板粒子的直径和形状可以控制微胶囊空腔的形状和尺寸；沉积次数、聚电解质种类和组装条件能实现壁厚与表面特性的调控；囊壁的通透性能和机械强度等可由其组成、壁厚和外部条件调控。除经典的静电作用外，氢键、主客体作用、动态共价键也是组装微胶囊的主要驱动力。各种合成和天然的聚电解质、带电纳米微粒、多价离子及有机小分子等均可作为囊壁组装材料。由于微胶囊囊壁在特定条件下具有可控的开-闭的特性，能够用于胶囊化不同大小的化合物分子，同时又能控制胶囊内外不同大小分子的扩散行为，因此在药物的可控传输及释放等方面具有潜在的应用价值。

（2）碳纳米管

相应的，如果将层层组装的聚电解质多层膜组装在可去除的棒状或管状结构上，经模板去除后，可制备聚电解质纳米管状结构。李俊柏课题组[25]通过在多孔氧化铝模板孔内壁交替沉积带有正电荷的聚丙烯氯化铵（PAH）和带有负电荷的聚苯乙烯磺酸钠（PSS）。PAH 与 PSS 之间通过静电作用能够在模板孔内形成具有一定厚度且分布均匀的多层膜，并通过碱性溶液溶解的方法去除氧化铝模板，便可得到尺寸均一、壁厚可控的聚电解质复合纳米管。随后这种方法被拓展到聚电解质分子，制备出具有各种所需功能的纳米管状材料，如生物兼容性的多糖类、蛋白质/磷脂复合纳米管等。

4.4.1.7　层层组装薄膜的稳定性提高

需要指出的是，在层层组装多层膜的技术应用上，多种分子间作用力往往会共同参与、协同作用，如在以静电作用、氢键作用、配位作用等为主要驱动力的层层组装膜中，其他作用力，比如亲疏水作用、电荷转移作用、π-π 堆积作用等，对膜的形成过程与稳定性亦有很大的贡献。一般来说，层层组装膜的形成往往是各种分子间作用力协同作用的结果，这种协同作用使得组装的机制与过程显得十分复杂，但正是成膜驱动力的多样性和复杂性，使得研究者可以通过控制成膜过程中的各种参数，或者设计、合成不同结构，不同功能的成膜分子基元，来制备具有各种高级结构和功能化的薄膜材料。但目前有关多层膜的商业产品的报道还非常有限，其中膜的稳定性无法满足实际应用环境的要求是重要原因之一。这种稳定性包括热稳定性、化学稳定性（强酸、碱，各种强极性溶剂及氧化剂和化学剂等）和机械稳定性等方面。尽管相对于 LB 膜，层层组装薄膜的稳定性大大提升了，但它耐强极性溶剂或高浓度电解质溶液的能力仍旧不高，尤其是以静电作用结合的多层膜易受溶剂、离子强度等的影响导致膜的性质发生变化，表面出现破裂甚至从基板上剥离。因此，提高膜的稳定性是研究中亟待解决的问题。

目前主要采用的解决方案是通过共价键使多层膜交联成网状来增强膜的稳定性，主要有两种方法：①后续交联多层膜。共价连接层与层之间的组分，增强自组装膜层层间的作用力；②每个沉积层形成共价网状结构。Laschewsky[26]首先尝试使用策略①构筑 LbL 多层膜，他们在 1997 年报道利用层层组装的方法首先组装形成多层膜，然后进行紫外光照，促进层层之间的交联。自此，重氮化合物、二苯甲酮、乙烯基苄基、乙烯基苯酚等光响应的基团被引入到层层组装薄膜中，并利用后续的光交联反应促进组装体的稳定性，同时硫醇反应也被广泛应用到层层组装后交联的过程中。1999 年 Harris 等人[27]利用热聚合共价交联了 PAH-PAA（聚丙烯酸）多层膜。在 2002～2003 年左右，生物相容的 1-乙基-3-(3-二甲氨基丙基)碳化二亚胺（EDC）和 N-羟基琥珀酰亚胺（NHS）也作为交联剂广泛使用。第二种策略应用较少，Ringsdorf 课题组[28]于 1996 年使用酰胺、尿素和尿烷键来获得共价交联膜。由于共价反应必须在每个沉积步骤中迅速发生，点击化学反应的策略适用于这一过程。例如，通过 Cu(Ⅰ)催化的带有炔键和叠氮化物 PAA 的 Huisgen 环加成反应可实现共价交联膜的组装。由于点击化学的快速和多样性，这些多层膜和胶囊构成了一个潜在的高度灵活的固定平台，用于在多层膜上固定"可点击"分子。

欧霄巍等人[29]提出了共价 LbL 的策略来实现氧化石墨烯（GO）层与层之间通过共价键作用力进行连接，得到的薄膜可以在纳米级上做到大面积厚度可控，解决薄膜稳定性和重复性的问题。实验步骤如图 4-21 所示：第一步，将浓硫酸双

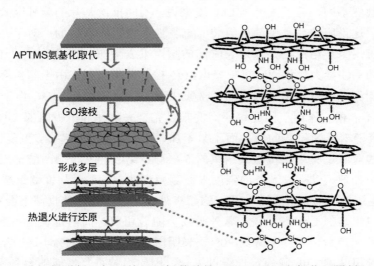

图 4-21　硅烷偶联剂三氨丙基三甲氧基硅烷（APTMS）和氧化石墨烯（GO）
通过共价键进行层层组装的示意图

APTMS 上的氨基和硅烷氧基分别与 GO 上的环氧以及羟基在常温常压下进行反应
形成共价键，交替组装，在相应基片上得到多层膜

氧水处理过的基片（硅片、石英片、氧化硅片等）浸入硅烷偶联剂氨丙基三甲氧基硅烷（APTMS）的乙醇/水混合溶剂中，得到共价键组装的 APTMS 层后，将基片取出，于水中超声清洗，将游离的以及非共价键吸附在基片上的 APTMS 清除；第二步，再将基片浸入 GO 的水溶液中，得到共价键组装的 GO 层，然后同样在水中超声清洗非共价键的 GO。交替进行上述步骤，得到相应层数的 LbL 膜，之后将 GO LbL 膜通过加热退火进行还原，由于共价键连接的关系，此薄膜的层状结构在加热后得到了很好的保留，RGO 膜的 AFM 和 XRD 结果同样证明了共价键连接没有在还原中发生变化：作者发现 1～5 个双层的 RGO 膜的 AFM 高度分别为 1.4nm、2.7nm、3.9nm、5.4nm 和 6.6nm，这些数值不仅与还原前 LbL 膜大致相同，而且呈现良好的线性关系，这说明薄膜的层状结构没有受到加热退火的破坏，XRD 的衍射峰在还原后依然存在，并且位置没有发生移动，薄膜层间距维持在 1.3nm，说明了薄膜结构的完整。得到的石墨烯薄膜称为还原氧化石墨烯（reduced graphene oxide，RGO）薄膜，它可以作为一种高效的电极材料，被应用在有机场效应晶体管（organic field-effect transistors，OFETs）中。

实验中以典型的静电组装 GO LbL 膜作为参比，直观地表述了共价键组装相对于传统 LbL 组装在稳定性和重复性上的优势。聚(二甲基二烯丙基氯化铵)（PDDA）是一种带正电的聚电解质，可以和带负电的 GO 进行静电层层自组装，之后同样在 180℃加热退火 6h 将静电组装的 GO LbL 膜还原成 RGO 膜。静电组装的不同批次的基片，组装得到的 LbL 膜的紫外吸收光谱重复性较差，这与共价键组装膜截然不同，对于共价键 LbL 膜来说，不同批次基片的紫外吸收光谱基本保持一致，这说明该体系中静电组装的重复性不佳。作者认为，对于共价键 LbL 膜来说，每层组装结束后是通过长时间的超声来去除非共价键结合的 GO，因此每层增加的 GO 量大致相同；对于静电组装 LbL 薄膜来说，由于超声会导致薄膜脱落，因此只能通过去离子水不断润洗来去除非静电吸附的 GO，由于 GO 之间有较强的 π-π 相互作用，因此每层润洗难以完全去除非静电吸附的 GO，而且吸附的 GO 会随着组装层数的增加而不断累加，导致组装层数越多，重复性越不佳。在稳定性的对照试验中，将组装结束的 5 层静电组装和共价键组装的石墨烯 LbL 膜进行超声处理，以吸收光谱的强度来监测稳定性，发现对共价键组装的 LbL 膜来说，无论还原前后，在经过 15min 的超声处理后，其紫外吸收都不会发生变化，而对于静电组装的 LbL 膜来说，紫外吸收会随着超声时间的延长而不断下降，经过 20min 的超声后，强度下降约 70%，表明薄膜损失超过 70%。这一结果直接表明，共价键组装的 LbL 膜稳定性得以提升，因此组装重复性能够得到保证。

此方法进一步拓展到制备共价键连接 π 体系化合物和氧化石墨烯层层组装膜，均可以成功地与 GO 形成共价键组装膜，组装得到的 LbL 膜在很大尺度上表现均匀，厚度可控，具备良好的重复性、均匀性和稳定性，并在加热还原后可以用于 OFETs 的电极材料使用，其性能优于传统的 Au 电极。当这种 LbL 薄膜电极的组装层数超过两层，厚度超过 2.7nm 后，其所在的 OFETs 的性能就能同比超过采用传统 40nm 金为电极的 OFETs。此外更重要的是，这种石墨烯薄膜电极与传统非共价键 LbL 法制备的石墨烯薄膜电极相比，其组装与应用过程中都具备非共价键膜所没有的重复性和稳定性。

4.4.1.8 新的 LbL 制备技术

与其他方法相比，LbL 组装是一种相对通用的制备层状纳米结构的技术。但是，利用传统的浸渍式层层吸附的 LbL 法形成致密多层膜的过程一般要耗时长达几个甚至十几个小时，步骤也较为复杂，因此 LbL 技术方法仍有很大的技术创新空间。下面介绍几种近年来涌现出的新的 LbL 制备技术。

（1）动态层层自组装技术（dynamic layer-by-layer technique）

动态成膜技术最早是 1966 年由 Marcinhowshy 等人[30]提出的，是指在特定的压力下，让包含有机材料或者无机材料的稀溶液在多孔支撑层的表面或孔内流动并留下成一层滤饼层，通过这层滤饼层制备出具有特定结构和功能的膜材料。动态层层自组装技术是把动态成膜技术和层层自组装技术结合起来，即在一定压力作用下，在基质膜表面进行交替动态过滤的聚阳离子溶液和聚阴离子溶液中的聚离子和聚离子复合物（即聚阴离子和聚阳离子反应的产物）留在了支撑膜表面，经后处理后形成多层复合膜。静电作用力是动态层层自组装的主要驱动力，其成膜过程如下所示：①在一定压力下，将聚阳离子溶液在荷电平板基膜上过滤 10～20min，具有正电性的吸附层在膜表面上形成；②为除去基质膜表面上游离的聚电解质，把膜在去离子水中浸润 5～20min，之后在一定温度下进行烘烤使之干燥；③在一定压力下，将带有聚阳离子吸附层的荷电平板基膜在带有相反电荷的聚阴离子溶液中过滤 10～20min，它和聚阳离子反应形成了一种复合物；④为除去复合膜表面游离的聚电解质，要将其在去离子水中浸润 5～20min 并烘烤使之干燥；将步骤①～④重复操作就能得到致密性很好的静电多层复合膜。动态层层自组装法的成膜过程是很灵活方便的，这不仅减少了制膜周期，更使制膜过程变得十分简便。动态层层自组装技术不仅利用动态压力作用增加了分离层的致密性，使动态成膜技术和 LbL 自组装技术的优势相互补充，而且还利用聚阴-阳离子对之间的相互作用，使单纯动态法分离层容易剥离的缺陷问题得到了解决，这有效发挥了动态成膜技术的优点。该成膜过程简单灵活，既可利用正压过滤，也可利用负压；既可用于平板基膜，也可用于其他基质的复合膜的组装。如戴利敏等人[31]采用动态负压 LbL 法，使用循环泵将一定浓度的 PEI 与戊二醛（GA）溶液反复交替地流过水解后的聚丙烯腈中空纤维，基于 PEI 分子的氨基和戊二醛的希夫碱反应，复合膜以化学键连接的方式在中空纤维膜内表面形成。通过红外光谱证明了所制备的复合膜间有共价键的生成，通过用原子力显微镜和扫描电子电镜对复合膜的形貌进行分析，结果表明复合多层膜的粗糙度随复合层数的增大而增大。在仅进行两层的复合组装后，它和传统的浸渍法复合组装的 50 层多层膜的渗透汽化效果相似，对于质量分数为 95%的乙醇/水体系，所得膜的渗透汽化分离因子可以达到 1881（即透过液中水含量为 99%），彰显了这种动态层层组装技术的优势。并且由于层层之间通过共价键进行交联，大大提升了复合膜的抗溶胀性能，直接在 0.5mol/L 氯化钠溶液或纯水中浸泡 600h 后，依然可以拥有很好的渗透汽化性能。

（2）旋涂自组装过程

另一种层层组装技术的改进方法被称之为旋涂自组装，由 Lee 等人[32]首次报道。即将聚阳离子溶液和聚阴离子溶液先后交替旋涂（spin coating）在支撑基质上，LbL 多层膜通过层层吸附来制备，过程如下：①首先在旋转的基片上垂直滴下聚阳离子制膜液，持续滴加一定时间；②其次为确保除掉余下的游离态聚电解质，把去离子水滴加到旋转膜的表面，进行一段时间的水洗；③之后持续垂直滴入具有相反电荷的聚阴离子溶液到旋转的基片上；④最后再在旋转膜的表面滴上去离子水，并水洗一段时间。重复过程①～④，多层聚电解质复合膜可经多次的上述过程来制备。旋涂自组装技术不仅可以使制备工艺简单、方便、快捷，还可以减少制膜的时间，同时让复合膜的表面更加均匀。

具有偶氮生色基团的聚电解质薄膜可以通过浸渍法和旋涂静电吸附自组装技术来制作。对这种聚合物薄膜进行表征，发现当制膜溶液的浓度一样时，和一般的浸渍法比较，通过旋涂法制作的聚电解质薄膜的生长速度要慢，这是因为在旋转剪切和快速干燥下聚电解质不能做到饱和吸附。但是将这两个方法所制备的薄膜通过原子力显微镜（AFM）进行表面形貌分析，其结果表明，浸渍法所制成的自组装薄膜表面的均匀性要差于旋涂法所制成的自组装膜表面均匀性。自组装薄膜的内部穿插可以通过偏振激光在膜表面进行的写光栅实验来表征，结果发现旋涂法所制备的自组装膜在自组装膜厚度较薄时能够写出明显的光栅，但是浸渍法却不能。表明旋涂法制备的自组装膜内分子穿插较少，而浸渍法制备的自组装膜内部的聚电解质分子层与层之间的穿插较多。当自组装膜的厚度变大时，利用旋涂法和浸渍法所制备的自组装膜都能够写出明显的光栅。

（3）喷涂自组装多层膜

喷涂组装的基本步骤：①一定的压力下，在竖直的多孔支撑基质表面上喷涂带有电荷的聚电解质溶液，并通过静电作用吸附在基质表面；②支撑体基质表面游离的聚电解质可以通过喷射去离子水来除掉；③在支撑体基质膜表面喷上带有相反电荷的聚电解质溶液，带有相反电荷的聚电解质静电吸附在膜表面的聚电解质上成膜；④膜表面过剩的聚电解质可以通过喷射上去离子水除掉，循环以上步骤，聚电解质多层膜可在支撑体表面制成。

和传统的浸渍法比较，喷涂自组装法既可略过吹干、烘干等步骤，又可减少带电表面和聚电解质的接触时间，因此在制备相同层数的聚合物膜时，喷涂自组装法可以大大缩短成膜时间，使制膜程序得以简化。

2000 年，Schlenoff 等人[33]第一次利用喷涂自组装法制成了聚二甲基二丙烯氯化铵（PDDA）和聚苯乙烯磺酸钠（PSS）聚合物复合膜。研究发现，喷涂自组装法制备的膜的形貌、结构、均一性以及化学组成和传统浸渍法制备的膜大致相同，而成膜时间却减少很多。

（4）同时喷涂自组装

2005 年，Porcel 等人[34]提出了一种同时向基底喷涂两个或两个以上具有相互作用的组分的同时喷涂自组装法（simultaneous spray coating of interacting species，SSCIS），如图 4-22 所示。在硅片上成功制备了聚谷氨酸（PGA）和聚丙烯胺（PAH）的聚电解质多层复合膜，研究发现复合膜厚度随喷涂时间呈线性增长。同时，Porcel 等人将喷涂法中制膜过程的水洗步骤去除，成膜时间进一步缩短。利用原位石英微天平（QCM）技术，可以监测聚丙烯酸（PAA）和聚丙烯胺（PAH）在基底上的生长过程，在此生长过程中发现每双层平均厚度为 2nm，并且膜厚度随着成膜层数的变化呈良好的线性增长。喷涂法的操作步骤也更加容易，在喷涂过程中，溶液中的聚电解质可以迅速转移并且吸附到支撑基底上，此时聚电解质的溶液由于雾化小液滴的存在，可以在支撑基质表面均匀分散而不会聚集在一起，因而使制膜性能稳定。经过

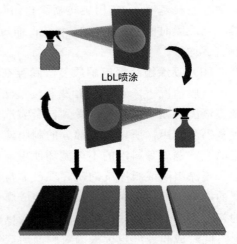

图 4-22 同时喷涂自组装制备薄膜示意图

近年来的研究，喷涂自组装技术不仅能应用在带相反电荷的聚电解质中，成膜材料也能扩展到聚电解质/纳米粒子及聚电解质/树枝状大分子等交替循环喷涂成膜中。

进一步的研究结果表明，SSCIS 方法不仅能在聚阳离子/聚阴离子体系中使用，还能在聚电解质纳米粒子体系、聚电解质/荷电小分子体系、甚至是两种无机溶液体系中使用。还可在 SSCIS 过程中添加喷雾溶液中的反应性成分来实现薄膜的化学交联。如戊二醛和 PAH-citrate（柠檬酸氢盐）可通过形成希夫碱构筑共价交联膜。这种喷涂的方法可能是获得大规模制备聚电解质和无机薄膜的工业相关方法。

结合连续离子层吸附和反应（successive ionic layer adsorption and reaction，

SILAR）与喷涂技术，交替喷洒无机盐溶液在目标表面，可形成厚度可控的无机薄膜，通过简单的改变喷涂次数，薄膜的厚度可从纳米级到几百微米。例如，200个喷雾循环，对应于小于 15min 的沉积时间，可以产生最终厚度超过 1μm 甚至几十微米的薄膜。将 $CaCl_2$ 和 NaF 溶液按照体积比 1∶1 的速率喷涂在支撑基底上，可制备 CaF_2 薄膜，$CaCl_2$ 和 $(NH_4)_2HPO_4$ 反应可得 $CaHPO_4$，$Ca(NO_3)_2$ 和 $Na_2C_2O_4$ 的交替喷涂可得 CaC_2O_4 等。利用这种方法还可构筑多聚糖薄膜，以壳聚糖（chitosan）溶液为聚阳离子，明质酸（HA）、海藻酸钠（alginate）、硫酸软骨素（chondroitin sulfate）溶液为聚阴离子，同时喷涂，薄膜厚度随着喷涂时间的增加而线性增加。

（5）旋转喷涂自组装

旋转喷涂自组装（spin-spray layer-by-layer，SSLbL）区别于一般喷涂组装的是，其基片固定在高速旋转的基底上，成膜料液喷涂至基片上以致成膜[35]。这种方法使用的料液浓度要比浸渍法的稀 10～50 倍，并且基本对成膜效果没有影响。例如在石英基底上，应用旋转喷涂自组装技术制作的碳纳米管和聚电解质复合膜，其一层成膜时间由浸渍法的 46min 缩短到喷涂法的 13s，且所制成的复合膜更加致密、均一。

（6）喷涂组装聚电解质多层膜存在的问题

一般情况下，动态 LbL 法和浸渍法的料液是可以循环利用的，但是喷涂法的制膜液因为在喷涂过程中受到自身喷洗后带来的杂质以及环境的影响还没能做到重复循环利用，所以绝大部分的制膜液会被浪费掉。因此导致喷涂法难以实现应用的大难题就是料液的不可循环使用，更不用提那些成本较高的料液体系。

喷涂组装成膜厚度的研究现已非常深入，可以根据喷涂时间和层数来控制膜层的厚度；但目前对于喷涂组装的成膜机理的认识还很不全面。目前对成膜机理的初步了解是，喷涂制膜液的小液滴以较快的速度吸附在带有相反电荷的膜表面上，同时成膜速度也因液滴对膜面所产生的冲击作用力而变快。但是喷涂过程中的一些问题还没有彻底解决，例如，在喷涂过程中存在聚合物的聚集，所以会有蠕虫状或者岛状的聚合物团聚物产生；膜的厚度随喷涂层数的增加呈指数型增长、线性增长以及指数与线性的混合型增长；膜结构是否会受到喷涂制膜液中雾滴的大小和分布的影响等一系列不确定因素。所以，我们依然要对喷涂自组装过程中的成膜机理进行更深入、透彻的研究。

4.4.2　两亲分子在固/液界面的聚集

两亲分子在固/液界面的自组装，是指在和固体表面直接的作用下，第一步两亲分子要主动地从溶液吸附到固体基片表面，之后再通过和已吸附分子的疏水相互作用来形成一个有序的结构。Fuerstenau 最早指出了产生在固/液界面上的两亲分子的缔合结构，这种缔合结构被称为半胶团（hemimicelle）[36]，半胶团可以解释吸附曲线中吸附量急剧增加的现象。之后的很多研究结果表明，这种半胶团可以是吸附单层、双层、球形以及半球形等，所以现在又被称为表面胶团（surface micelle）或者吸附胶团（admicelle）。

4.4.2.1 表面活性剂在固/液界面吸附的驱动力

（1）静电作用

固体表面在水中可以通过吸附某些物质而带电荷。在水溶液中电离的离子型表面活性剂，其电离的活性离子可以选择性地吸附在带有相反电荷的固体表面上。比如，具有正电荷的固体表面容易被具有负电荷的表面活性剂阴离子所吸附，而具有负电荷的固体表面容易被具有正电荷的表面活性剂阳离子所吸附。

（2）色散力的作用

由于非电离部分的表面活性剂离子和表面活性剂分子可以跟固体表面产生色散力，所以表面活性剂容易吸附在固体表面。表面活性剂分子量的大小会影响到因色散力而产生的固体表面吸附量的大小，并且当表面活性剂的分子量变小时，吸附量反而变大。

（3）氢键和 π 电子的极化作用

表面活性剂中的部分原子可以和固体表面的一些基团产生氢键而吸附在固体表面上。表面活性剂分子中的富电子芳环可以和固体表面强正电位产生相互作用而吸附在固体表面。

（4）疏水作用

由于表面活性剂的疏水基团具有远离水溶液的趋势，所以表面活性剂在达到一定浓度后会相互缔合并吸附形成胶团。胶团的产生以及在固/液界面、气/液界面吸附的重要因素就是疏水基团的疏水作用。

4.4.2.2 表面活性剂在固/液界面上的吸附等温线

表面活性剂的吸附等温线基本上未超过固体在稀溶液中吸附的四种类型，其中以 L 型和 S 型及其复合型（双平台型）最为多见。一般来说，当表面活性剂与固体表面作用强烈时常出现 L 型和 LS 型等温线，比如，在具有相反电荷的固体表面上会吸附离子型表面活性剂，而在一些极性固体表面上会吸附非离子型表面活性剂等。S 型等温线表明，如果固体表面和表面活性剂的相互作用力不大，在低浓度时很难看到明显的吸附。L 型等温线用 Langmuir 方程描述可得到满意的结果，用 BET 方程描述 S 型等温线大多只是形式上的应用，所得各个阶段的物理意义并不清楚。

（1）离子型表面活性剂在亲水基板的吸附

有关离子型表面活性剂在亲水基板表面的吸附研究由来已久，科学家们积累了大量的数据，提出了相对完善的吸附模型。典型的离子型表面活性剂在亲水基板上吸附曲线呈四段式，如图 4-23（a）所示。

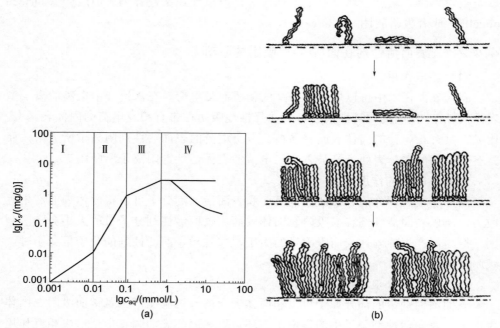

图 4-23　离子型表面活性剂在固/液界面的吸附等温线（a）和吸附模型（b）

第一段：在低浓度时，表面活性剂分子被吸附到带相反电荷的表面上，由于以单个的离子或分子状态存在的表面活性剂之间的相互作用非常小，所以不会生成表面活性剂的聚集体。吸附遵循亨利定律，吸附量随溶液中表面活性剂浓度线性增加，斜率约为 1。

第二段：这一区的特点是等温线斜率的增加十分迅速，这归因于已吸附分子之间的侧向相互作用导致表面聚集体的生成。此时的吸附驱动力是静电作用和已吸附分子间的侧向作用。形成的表面聚集体称之为"半胶团"。此时的浓度被称为"表面临界胶团浓度"（CAC）。表面胶团聚集数 n_{hm} 的经验计算公式如下

$$n_{hm} = \frac{\Gamma_\infty}{\Gamma_{hm}} \qquad (4\text{-}24)$$

式中，Γ_∞ 和 Γ_{hm} 分别是饱和吸附量和在临界表面胶团浓度时的吸附量。

第三段：此时，由于表面活性剂分子的吸附使表面呈电中性，由静电作用驱动的表面吸附消失，吸附的驱动力仅是分子间的侧向作用，因此相对于第二段，吸附速度降低，斜率降低。此区域内等温线斜率的变化是由于在空白表面上的竞

争吸附[37]或是吸附单层向吸附双层的转变[38]。

第四段：在临界胶束浓度（CMC）的附近发生了三区向四区的转变，在这个区域内吸附量接近一个恒定值。这是因为当溶液中表面活性剂浓度高于 CMC 时，表面活性剂分子就会形成胶束，单体分子的浓度不再变大，而一般来讲，表面活性剂分子只能以单体的形式被吸附到表面上，因而导致吸附量不再继续增加。 在此区域中，有的时候会观察到吸附量的下降，有人认为这是由表面活性剂的纯度导致的。

（2）非离子型表面活性剂在固体基板上的吸附

非离子型表面活性剂在固体基板上的吸附相对于离子型表面活性剂来说，研究得较少。它在固体基板表面的吸附是范德华力吸附，而不是静电吸附。表面活性剂分子在界面上的取向和堆积受到吸附质-吸附质、吸附质-溶剂等作用的强烈影响。图 4-24（a）给出了非离子型表面活性剂分子在基板上吸附时的取向和排列方式。表面活性剂的浓度在吸附的第一阶段是极小的，范德华作用力是固体表面和表面活性剂分子的主要作用力，由于吸附分子之间的相互距离很远，所以可以不考虑它们之间的分子作用力。固/液界面上吸附的表面活性剂一般是无规地平躺的。伴随表面活性剂的浓度不断增大，吸附转变到了第二阶段，这时表面活性剂分子基本以平躺的方式吸附在固/液界面上，吸附等温线出现转折

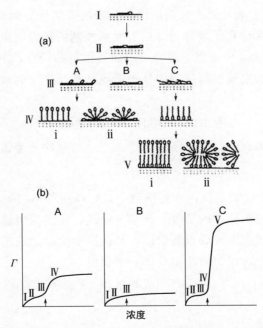

图 4-24　非离子型表面活性剂在固/液界面上的吸附模型（a）和吸附曲线（b）
（b）中箭头指示的是界面临界胶团浓度（CAC）

点。在吸附的第三阶段，伴随着表面活性剂分子浓度进一步增大，吸附量也会增大，吸附分子不仅仅以平躺的方式吸附在界面上。疏水基板主要与表面活性剂的疏水部分作用，疏水基团平躺在基板界面上而亲水基团指向溶液（ⅢA）。在亲水基板上会以相反的方式吸附（ⅢC）。ⅢB 是处于中间状态的过程，基板界面上的表面活性剂分子在这个过程会比第二阶段的排列更为紧密。随着表面活性剂浓度继续增大，吸附进入第四阶段，这时表面活性剂分子会采用定向排列的方式吸附在基板上。这种定向紧密的排列方式使吸附量快速增大。当表面活性剂浓度大于 CMC 后持续加入后，亲水基板上就可以产生双层定向排列又或是生成表面胶束，吸附量继续增加。图 4-24（b）给出相应的吸附曲线。

4.4.2.3 吸附理论

朱珬瑶和顾惕人在大量实验的基础上总结前人的理论工作，对两阶段吸附模型进行了拓展，第一步表面活性剂分子通过和固体表面的直接相互作用而被吸附在固体表面，然后再通过和已吸附分子间的疏水相互作用再次快速地增大吸附量，根据两阶段吸附模型和质量作用定律，适用于表面活性剂分子在固/液界面上吸附的通用等温线公式第一次被推导出，此公式不仅可以定量地分析不同类型的吸附等温线，还可以得到和表面活性剂吸附过程相关的很多有用信息[39]。现简单介绍如下：

基本假设是把固/液界面上表面活性剂分子的吸附划分为两个阶段。在第一阶段中，个别的表面活性离子或分子（由表面活性剂的类型决定）通过范德华吸引力或者/和静电吸引力（只适用于离子型表面活性剂的场合，并且固体表面和表面活性离子带有相反的电荷）直接与固体表面进行相互作用而被吸附在固体表面。平衡时

$$吸附位 + 单体 \Longleftrightarrow 吸附单体 \tag{4-25}$$

单体是指个别的表面活性分子或离子。上述过程的平衡常数是

$$k_1 = a_1 / a_s a \tag{4-26}$$

式中，a 是溶液中单体的活度，在稀溶液中，可以用单体的浓度来表示；a_1 和 a_s 分别是吸附单体和空吸附位的活度。在第二阶段，由于碳氢键间的疏水作用。表面活性剂分子或离子会聚集成表面胶团，从而吸附量会迅速增加，此时表面胶团的活性中心就是第一阶段中的吸附单体。平衡时，

$$(n-1) 单体 + 吸附单体 \Longleftrightarrow 表面胶团 \tag{4-27}$$

其平衡常数是

$$k_2 = a_{hm} / a_1 a^{n-1} \tag{4-28}$$

式中，a_{hm} 是表面胶团的活度；n 是表面胶团的聚集数。

近似的说，a_1、a_{hm} 和 a_s 可分别以单体的吸附量 Γ_1、表面胶团的吸附量 Γ_{hm} 和吸附位数目 Γ_s 代替，即可得吸附等温线的通用公式：

$$\Gamma = \frac{\Gamma_\infty k_1 C(\frac{1}{n} + k_2 C^{n-1})}{1 + k_1 C(\frac{1}{n} + k_2 C^{n-1})}$$ （4-29）

式（4-29）有几个重要的极限情形，当 $k_1 \to 0$，$n \to 1$ 时，式（4-29）还原为 Langmuir 公式：

$$\Gamma = \frac{\Gamma_\infty k_1 C}{1 + k_1 C}$$ （4-30）

若 $n > 1$，式（4-29）有两种极限情形，当 $k_2 C^{n-1} \ll 1/n$ 时，式（4-29）成

$$\Gamma = \frac{(\Gamma_\infty / n) k_1 C}{1 + k_1 C}$$ （4-31）

式（4-31）仍然是 Langmuir 型，但此时单分子极限吸附量是 Γ_∞ / n 而不是 Γ_∞。当 $k_2 C^{n-1} \gg 1$ 或 $k_1 C \ll 1$ 时，式（4-29）可转化为：

$$\Gamma = \frac{\Gamma_\infty k C^n}{1 + k C^n}$$ （4-32）

其中，$k = k_1 k_2$。当 $n > 1$ 时，它代表 S 型吸附等温线。当浓度越来越大时，无论式（4-29）或式（4-32）皆还原为 $\Gamma = \Gamma_\infty$，即所有的吸附位皆为表面胶团占据。

理论计算结果表明，只要 k_1、k_2 和 n 取适当的值，则通用公式（4-29）可以给出 L 型、S 型或 LS 型的吸附等温线。显然，若 k_1 很小，式（4-29）可化为式（4-32），即得 S 型等温线；当 k_1 大时，通常得 LS 型等温线，但 k_2 越大，第一平台到第二平台的转变过程就会越激烈，那么临界表面胶团浓度（即固/液界面最初产生表面胶团并且吸附随浓度快速上升时的浓度，用 CAC 表示）就会越低。当 n 越大时，LS 型等温线上的第二台阶就会越稳定，从而 CAC 就会越大。理论计算的结果与实验结果具有相当好的重合度，所以可得出结论，通常情况下得到的各种类型的等温线都可以用这个通用公式进行很好的分析。

4.4.2.4 在固/液界面的吸附聚集体形态

由吸附量和吸附曲线推测，两亲分子可以在固/液界面上形成表面聚集体，但直到原子力显微镜（AFM）的广泛应用，才得以看到两亲分子在固/液界面的吸附聚集体形态，证实了表面胶团的存在。1994 年，Mann 等人[40]利用液态环境下非接触模式原位原子力显微镜（non-contact mode in fluid AFM）研究了阳离子型表面活性剂十四烷基三甲基溴化铵（$C_{14}TAB$）在固/液界面的聚集形态，从而首次

给出了表面胶团存在的直接证据。他们发现 $C_{14}TAB$ 两亲分子在浓度为 7mmol/L（约为临界胶团浓度的 2 倍）时，在云母基片上形成了(5.3 ± 0.2)nm 宽的弯曲的柱状胶团，在高取向石墨表面形成半圆柱状胶团，在原子力显微镜下显示为间距为(4.2 ± 0.04)nm 的条纹状结构。在此聚集体中，底部的分子轴向键合在石墨表面上，其余的分子以疏水相互作用形成半胶团。而在相同条件下，$C_{14}TAB$ 在无定形二氧化硅表面则形成无规则的岛状结构。这表明表面胶团的形态结构与基底密切相关。

（1）固体基板的影响

目前，利用原子力显微镜观察表面活性剂在固/液界面的聚集主要集中在晶态基板上：云母和石墨。这些基质的广泛使用是由于其容易解离，容易得到干净的、原子级平整的表面，有助于在其表面上观察到微小的、精巧的聚集结构。

① 云母。在溶液中，云母解离，表面带有负电荷，因此与阳离子表面活性剂的静电相互作用是吸附驱动力，目前大多数的工作集中在研究卤代季铵盐离子在云母表面的聚集。例如，不同反离子能诱导季铵盐类阳离子两亲分子在云母表面形成球形、圆柱状及层状的聚集体。Ducker 和 Wanless 研究了 DTAB 在云母表面的聚集[41]，在没有无机盐的存在时，表面胶团的形貌总是圆柱状，这与在体相中形成的球状胶团不同，无机盐的存在促使形成稳定的平面双层聚集结构。

AFM 结果表明，和环境液相中胶团表面吸附聚集体的曲率相比，云母的阴离子解离面上的表面吸附聚集体的曲率更低。这是因为云母表面上高密度的横向伸展的反离子能减弱表面活性剂亲水基团间的静电排斥作用，从而使表面活性剂亲水基团在云母表面上的排列分布要比它在液相聚集体中的排列更为紧密。阳离子型表面活性剂分子吸附在云母表面上时，主要会生成柱状聚集体（浓度大于CMC），两性表面活性剂分子吸附在云母表面上时，主要会生成球状聚集体（浓度大于 CMC）。Gemini 表面活性剂在云母表面的吸附聚集体形貌主要由其分（离）子结构决定，随着临界排列参数 P 的增大，表面吸附聚集体从球状（高曲率）到半圆柱状（中等曲率）再到双层结构（低曲率）。例如，高度不对称的 n-3-1（$P < 1/3$），因为极强的亲水基排斥作用导致亲水基团排列疏松而形成球状胶团；12-4-12 和 12-6-12（$1/3 < P < 1/2$）形成半圆柱状胶团；12-2-12（最大的 P 值），由于表面活性剂亲水基团的排斥作用较小，从而变成曲率低的聚集体——双层结构。

在无机盐存在的条件下，表面活性剂胶团的曲率比其没有无机盐存在时低，这是由于无机盐的加入屏蔽了亲水头基的静电排斥作用，允许表面活性剂离子更紧密排列。

② 石墨。Manne 和其合作者观察了石墨表面上 $C_{16}TAB$ 的吸附[40]，在达到临界胶团浓度时，$C_{16}TAB$ 在溶液中为球状聚集结构，它在石墨表面上自聚集成半柱状聚集结构，这个结构是由很多平行交替分布的垄和沟形成的。$C_{16}TAB$ 分子的长

度大概是最近邻两个半圆柱状条垄的平均间距的一半。所以，Manne 等人推测，受石墨晶体结构的诱导，$C_{16}TAB$ 分子以"头对头、尾对尾"的方式平行躺在石墨表面并以此作为初始吸附层，之后把这个吸附单分子层当作模板，在溶液体相中的其他 $C_{16}TAB$ 分子逐渐在这个模板上进行吸附、组装，尽量减少碳氢链在溶剂中的暴露，最终很多具有周期性的半圆柱状的条垄结构出现。其他如 $C_{12}TAB$、$C_{14}TAB$、$C_{18}TAB$、$C_{20}TAB$，阴离子型表面活性剂十二烷基硫酸钠（SDS），两性表面活性剂十二烷基二甲基氨基酸丙基磺酸盐（DDAP）及非离子型聚氧乙烯表面活性剂等也都在石墨表面上吸附成半柱状聚集体。

③ 金。与在石墨上观察到的表面活性剂聚集结构相似，表面活性剂在金基底上也容易形成长的柱状和半圆柱状吸附结构特征。如 SDS 在 Au(111)面的吸附结构呈现出半圆柱形[42]，$C_{14}TAB$ 在金表面形成圆柱状的组装结构[42]。吸附机理与 Manne 等人提出的吸附模型类似，同样是表面活性剂受基底晶体结构的诱导，形成平行于平面的第一层，然后以此层为模板，继续组装成柱状聚集结构。

（2）表面电荷的影响

在影响表面活性剂分子在界面排列的因素中，带电表面活性剂和相反电荷的表面之间的静电作用力是十分关键的。表面活性剂分子与界面的带电基团的吸引作用力导致了表面活性剂在表面上的聚集，增加了尾链间相互作用的机会。同时，这种吸引作用也屏蔽了表面活性剂头基间的排斥作用，因此导致了表面聚集体曲率的降低。

Manne 研究了[43]pH 对 $C_{14}TAB$ 在氧化硅表面的吸附的影响。在 2 倍 CMC 时，当 pH 为 2.9、6.3、9.9 时，都观察到 $C_{14}TAB$ 形成了近似球状的聚集体。氧化硅在 pH = 2 时表面电荷最小，随着 pH 的增加，表面的负电荷越多，理论预测在吸附阳离子表面活性剂 $C_{14}TAB$ 时，随着 pH 的增加，能够出现表面聚集体曲率降低的现象，即从球状、柱状到双层聚集结构的转变。但是实验没有观察到这个现象，Ducker 等人[44]将溶液的 pH 范围增加到 11，仍然没有观察到柱状表面胶团的出现。他们推测，氧化硅表面过于亲水，即使是表面活性剂吸附到界面上，大多数表面还是被水分子所占据，这使得取代水分子较多的柱状结构难以形成。

为了证实这个推测，Ducker 等人研究了亲水性较差的云母表面上，一系列离子 H^+、Li^+、Na^+、K^+和 Cs^+对 CTA^+吸附胶团结构的影响[45]。在没有无机盐存在时，CTAB 于 2 倍 CMC 浓度时，在体相中形成球状胶团，在云母表面上形成平的（双层）片状聚集结构。云母表面上大量负离子的存在解释了体相和表面聚集形态的不同。当加入无机盐后，平坦的、连续的结构被打破形成了柱状或球状表面胶团，这与体相中无机离子对聚集形态的影响是相反的，因此这种曲率的变化应该是受云母表面控制的。无机离子与表面活性剂的阳离子头基在带负电荷的云母表面上发生竞争吸附，降低了可吸附表面活性剂分子的位点，导致头基间的排斥力增加，直接导致曲率更大的聚集结构（如球状、柱状）形成。Cs^+调控表面胶团由双层结构到球状或柱状的转变是最有效的，这可能是由于 Cs^+ 的水合能力较弱，在没有表面活性剂时，Cs^+对云母显示更强的亲和能力。

表面电荷对表面聚集结构的影响也在金基质上进行了考察。Burgess 等人[46]研究了电场控制下的 SDS 在金表面的吸附，没有外加电场时，SDS 形成半柱状表面胶团；应用负电压时，SDS 发生脱附；应用正电压时，会诱导表面半柱状胶团向平面结构转变。

（3）反离子的影响

在表面活性剂溶液中，反离子的浓度和类型往往影响溶液的表面活性，改变胶团的形状等。这是由于反离子降低头基的静电斥力，减少了头基的有效面积，因而降低了胶团的平均曲率。吸附在固/液界面的表面胶团也表现出同样的规律，但是与在溶液中相比，由于固态基板的控制作用，反离子对表面胶团的作用较小。例如，反离子对 SDS 在石墨表面的吸附研究表明，反离子能影响吸附的半胶团的宽度，但不会改变聚集体的形态，这是由于石墨基板具有强烈的诱导聚集体形成的性能。

因此，为了研究反离子对表面胶团的结构和形貌的影响，应选择一种对表面活性剂吸附诱导作用较弱的基板。氧化硅是个很好的选择，它能很好地保持溶液中表面活性剂的性质。Ducker 等人观察了各种反离子对 CTAB 在氧化硅表面的吸附胶团的影响。Br^-的加入引起了柱状（糯虫）状胶团的出现，而 Cl^- 则不能产生这样的转变。这与反离子对表面活性剂溶液的影响相似，都与反离子的极化率相关。Br^-对周围水的极化能力强于 Cl^-，与胶团表面的范德华力较大，从而在相同体相浓度时，更多聚集在胶团表面上，因而压缩表面活性剂离子头基的离子氛厚度，使它们之间的静电排斥作用减弱，从而减小表面胶团的曲率。

进一步研究各种阴离子的作用，发现阴离子的极化能力越大，越能引起在氧化硅表面上的表面胶团从球形到柱状的转变。表 4-4 中，传统的物理化学"软"和"硬"代表了分子的"高"和"低"极化率。软离子能引起球形到柱状的转变，而硬离子不能。特别是极化率大的 S 取代 O 后，也发现了表面胶团形状的转变。例如，在 $0.4mol/L$ CO_3^{2-} 溶液中，CTA^+在氧化硅表面形成球状表面胶团，而在 $0.01mol/L$ CO_3^{2-} 中则形成柱状胶团。但是硫酸根和硫氢酸根例外，尽管它们极化率相对较大，但它们不能产生由球形到柱状的转变。

4.4.2.5 表面胶团的稳定性

至目前为止，所有的表面胶团的形貌都是在高于 CMC 或近似于 CMC 浓度测量的（如 SDS 在 1/3 CMC 时在石墨上的聚集），还没有直接在理论预测的 CAC 浓度（1/10 CMC，1/100 CMC）时观察表面胶团的形貌，这是受表面胶团的稳定性

表 4-4　十六烷基季铵盐（C₁₆TA⁺）在氧化硅表面的吸附胶团的形状
与反离子（阴离子）极化率的关系

阴离子	极化率	胶团形状
Cl⁻	硬	扁球
Br⁻	中间	柱状
Ac⁻	硬	球形
HSO₃⁻	中间	球形
HS⁻	软	柱状
SO₄²⁻	硬	球形
S₂O₃²⁻	软	柱状或短棒
CO₃²⁻	硬	球形
CS₃²⁻	软	柱状
SO₃²⁻	中间	球形

所限制，也造成了理论预测和实验结构的偏差。这种表面胶团在固/液界面不能长时间稳定存在，如在云母表面上形成的柱状表面胶团随着吸附时间的延长，会逐渐演化成平整的二维吸附膜。当把吸附有柱状表面胶团的云母从溶液中取出，干燥后在室温再用离位敲击模式 AFM 观察，这种柱状表面胶团由于稳定性较差而崩溃形成无规岛状结构。

为了观察到稳定的表面结构，张希等人设计合成了含有偶氮苯和联苯等介晶基团的两亲分子[47]（如图 4-25），希望通过引入介晶基团和长的间隔基来增强分子间相互作用，得到相对稳定的表面胶团结构。当大于临界胶团浓度时，包含偶氮介晶基团的双头两亲分子 Azo-11，会在云母片表面上吸附并生成面积很大的 10nm 宽的条带结构。值得注意的是，这种大面积的纳米条带结构在干燥状态下仍能稳定存在。浓度、离子强度、间隔基长度等很多因素都会对这种纳米条带结构产生影响，比如具有很长间隔基的双头双亲分子可以因界面聚集而生成有序条带结构，但具有短的间隔基的双头双亲分子却不能产生此种有序条带结构。当溶液中高氯酸盐的浓度逐渐增大时，有序条带结构可以慢慢转变为弯曲结构，直到此结构

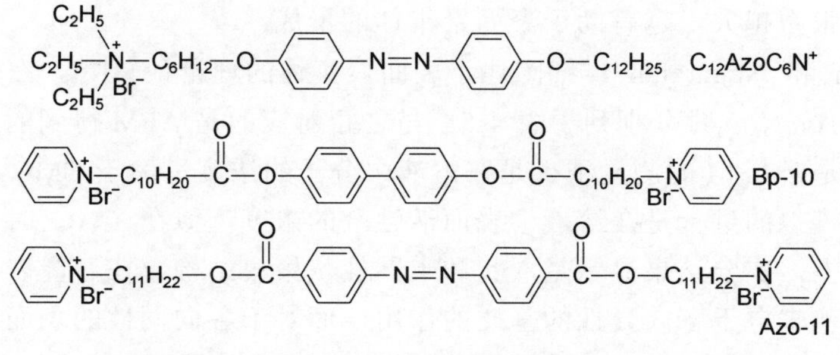

图 4-25　几种含有刚性基团的两亲分子的结构

全部消失。云母基片和双头基双亲分子之间的相互作用会因添加的电解质而发生变化。对于含有联苯介晶基团的两亲分子 Bp-10，可发现在云母表面上形成稳定的面条状表面胶团，结构非常均匀，平均宽度为 40nm，其长度长达几个微米。由此可见，可通过设计出不同化学结构的，带有介晶基团的两亲分子，得到稳定的表面胶团，并能对表面胶团的形貌进行调节。

4.4.2.6 两亲分子在固/液界面聚集的理论模拟

（1）在疏水固体表面的聚集

基于溶液中表面活性剂聚集的热力学[48]，考虑了表面活性剂表面聚集体与界面的相互作用，结合聚集体的尺寸分布方程和聚集体的几何外形，计算出体系的各种热力学性质。表面聚集体形成过程的标准化学势的变化如下：

$$\Delta\mu_g^o = (\Delta\mu_g^o)_{trans} + (\Delta\mu_g^o)_{def} + (\Delta\mu_g^o)_{inter} + (\Delta\mu_g^o)_{steric} +$$
$$(\Delta\mu_g^o)_{dipole} + (\Delta\mu_g^o)_{ionic} + (\Delta\mu_g^o)_{surf} \tag{4-33}$$

其中，$(\Delta\mu_g^o)_{trans}$、$(\Delta\mu_g^o)_{def}$、$(\Delta\mu_g^o)_{inter}$、$(\Delta\mu_g^o)_{steric}$、$(\Delta\mu_g^o)_{dipole}$、$(\Delta\mu_g^o)_{ionic}$ 分别指表面活性剂尾链的迁移能、表面活性剂尾链的变形自由能、聚集体的界面自由能、头基间的空间排斥相互作用能、头基间的偶极相互左右能和头基间的离子相互作用能，以上这些能量的贡献与体相中表面活性剂聚集体的形成的能量计算相同；最后一项能量贡献 $(\Delta\mu_g^o)_{surf}$，来自于液/固界面上疏水的聚集体内核对界面水分子的取代，为

$$\frac{(\Delta\mu_g^o)_{surf}}{kT} = -\frac{\gamma}{kT}a \tag{4-34}$$

其中，a 是每分子的聚集体内核与固体表面的接触面积；而 $\gamma = \gamma_{sur-w} - \gamma_{sur-agg}$，指的是固体/水被固体/聚集体取代后产生的置换张力，对于典型的碳氢化合物的表面来说，γ_{sur-w} 约为 50mN/m，而 $\gamma_{sur-agg}$ 为 0mN/m，因此 γ 的极限值是 50mN/m。一般来讲，γ 值为正，$(\Delta\mu_g^o)_{surf}$ 为负，说明这一项相互作用有助于表面聚集体的形成，且置换张力越大，越有助于表面聚集体的形成。

Johnson 和 Nagarajan 详细阐述了表面聚集体的理论计算[48]，在置换张力为 50mN/m 和 10mN/m 时分别列于表 4-5。与之相对应的是 AFM 得到的实验结果。值得注意的是，AFM 的测量结果是在溶液中分子的浓度远大于 CMC 浓度时得到的，而理论模拟的进行是在溶液中表面活性剂的浓度近似在 CAC 时。一般的，在疏水表面上，实验结果显示是层状和半圆柱状聚集结构，在石墨表面的半圆柱状结构的出现来自于各向异性的基质的作用，而对于各向同性的表面则不能存在半圆柱状的聚集结构。而在理论模拟中，只考虑了各向同性的表面，对不同的置

换张力值（50mN/m 和 10mN/m）得到的理论模拟结果存在相反的趋势，例如在置换张力为 50mN/m，离子型表面活性剂在表面上形成的聚集体要小于在体相中形成的，而对两性和非离子型表面活性剂来说，表面聚集体要大于体相中形成的聚集体。反之，在置换张力为 10mN/m 时，对所有的表面活性剂来说，表面聚集体都要小于体相聚集体。

表 4-5 疏水表面的两亲分子表面聚集行为

表面活性剂/表面	体系条件	表面微结构	文献
（a）实验结果			
CTAB/石墨	低浓度	单分子层	[40]
	高浓度	半圆柱状	[40,49]
SDS/石墨		半圆柱状	[50]
	十二醇	溶胀的半圆柱/层状	[50]
	NaCl	半圆柱状	[51]
DDAPS/石墨		半圆柱状	[51]
二糖/石墨		半圆柱状	[41]

表面活性剂	体系条件	体相微结构	表面微结构
（b）理论模拟，置换张力 = 50mN/m			
离子型表面活性剂	短链	球状	半球状
	长链	珠状/短棒	小的半圆柱
非离子型表面活性剂	短链	珠状	小的半圆柱
	长链	短棒	大的半圆柱
两性表面活性剂	短链	珠状	小的半圆柱
	长链	短棒	大的半圆柱
（c）理论模拟，置换张力 = 10mN/m			
离子型表面活性剂	短链	球状	半球状
	长链	珠状/短棒	半球状
非离子型表面活性剂	短链	珠状	盘状
	长链	短棒	小的半圆柱
两性表面活性剂	短链	珠状	小的半圆柱
	长链	短棒	单层膜

① 表面活性剂链长的影响。在 Johnson 和 Nagarajan 的文章中，对于 CAC 值的预测显示出，所有类型的表面活性剂，其 CAC 值至少要比 CMC 低一个数量级，当表面活性剂链比较长的时候，甚至可以低两个数量级。这表明，表面聚集的出现总是在体相聚集之前。与体相中表面活性剂链长的增加会导致 CMC 的降低相似，CAC 值也随表面活性剂链长的增加而降低。

② 表面活性剂浓度的影响。表面聚集体的形状会因表面活性剂浓度的增大而转变，所以当改变表面活性剂的浓度时，特定的固体表面会通过吸附并形成多

种不同的结构（图 4-26）。当表面活性剂的浓度大于 CAC 时，在固体表面上首先出现能量最有利的聚集结构。对于 SDS 来讲，半球状聚集体是能量最低的结构，因此在很低的浓度时即出现 [图 4-26（a）]。当单体浓度增加，但小于引起形状改变的浓度时，表面充满了半球状的聚集结构 [图 4-26（b）]。当浓度高达 CAC 的 67 倍时，计算显示能够越过能垒，形成半圆柱状的结构 [图 4-26（c）]。最后，进一步提高表面活性剂的浓度（403 倍），表面聚集结构从半圆柱状转变至平面状 [图 4-26（d）]。与离子型表面活性剂不同的是，非离子和两性表面活性剂的能量最低聚集结构是半圆柱状，随表面活性剂浓度增加，半圆柱状聚集体在表面上凝聚，最后融合，形成平面状的聚集结构。

（2）表面活性剂在亲水固体表面上的聚集

表面活性剂在亲水表面的聚集较之在疏水表面的聚集情况要复杂。热力学处理模式和在疏水表面的相似，只是其中 $(\Delta\mu_g^o)_{surf}$ 是两亲分子与表面的相互作用，分为两部分，一部分是带电头基和亲水基板间的静电相互作用，另一部分来自固体表面上的水分子被表面聚集体取代的自由能的变化。也就是说，

$$(\Delta\mu_g^o)_{surf,tot} = (\Delta\mu_g^o)_{sur,int} + (\Delta\mu_g^o)_{surf,el} \tag{4-35}$$

对于离子型表面活性剂，头基与亲水基板间的静电相互作用占主要地位；而对于非离子型表面活性剂，这部分贡献消失，只留下水分子被聚集体取代后的自由能变化。理论计算结果显示，离子型和非离子型表面活性剂都会在 CAC 浓度时，在亲水基板上形成均一的双层聚集体结构。对于碳链均为 12 的表面活性剂来说，C_{12}TAB 在云母和氧化硅表面的 CAC 与 CMC 的比值分别是 CAC/CMC = 0.00089，CAC/CMC = 0.012；对非离子型的葡萄糖 CAC/CMC = 0.16。与在疏水表面的聚集相比，非离子型表面活性剂的 CAC/CMC 比值高了几乎一个数量级。这是由于在疏水表面上，非离子型表面活性剂更容易在固体表面聚集以使固体表面尽可能少地与溶剂接触。而离子型表面活性剂的 CAC/CMC 比值远低于非离子型表面活性剂在亲水基板的 CAC/CMC 比值，是由于静电作用的贡献。同时，云母基板的表面电荷密度要高于氧化硅的表面电荷密度，因此，在云母表面的 CAC/CMC 比值要低于其在氧化硅表面的 CAC/CMC 比值。

与表面活性剂在疏水基板上的聚集相似，表面聚集结构也会受到表面活性剂浓度变化的影响，例如 C_{12}TAB 在云母基板上，在 CAC 浓度时形成半圆柱状聚集结构，表面活性剂浓度的微小变化（从 CAC 到 3.7×CAC，再到 14×CAC）都能引起表面聚集形貌由复合的半圆柱状到复合的半球状再到双层结构的转变，如果想得到完整的柱状结构和球状结构，表面活性剂分子在基板界面上的浓度一定要远超过其临界聚集浓度（4900 倍或 6600 倍）。见图 4-27。

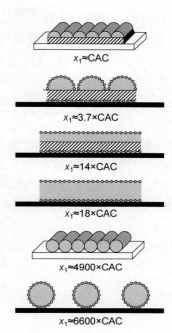

$x_1 \approx \text{CAC}$

$x_1 \approx 3.7 \times \text{CAC}$

$x_1 \approx 14 \times \text{CAC}$

$x_1 \approx 18 \times \text{CAC}$

$x_1 \approx 4900 \times \text{CAC}$

$x_1 \approx 6600 \times \text{CAC}$

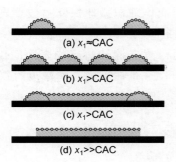

(a) $x_1 \approx \text{CAC}$

(b) $x_1 > \text{CAC}$

(c) $x_1 > \text{CAC}$

(d) $x_1 \gg \text{CAC}$

图 4-26 表面活性剂在疏水基板的聚集结构随浓度（x_1）的变化

图 4-27 表面活性剂在亲水基板的聚集结构随浓度的变化

4.4.2.7 小结

表面活性剂可在固/液界面形成各种聚集结构，典型的有球形、柱状、双层结构及相应的半微结构。影响溶液中表面活性剂聚集的因素也同样影响界面上表面活性剂的聚集，但是由于界面的引入，使得任何作用于界面结构的因素都会对表面聚集结构产生深刻的影响。最后的聚集结构受表面活性剂头基、尾链、其他吸附质和溶剂在表面上竞争吸附的协同控制。当使用疏水基板时，表面活性剂倾向于在界面上平躺以减少溶剂与疏水基板的作用，如果头基可以优先吸附在疏水表面上，它们可能重排尾链，形成双层结构。对于亲水表面，水分子占据了表面上的大部分吸附位点，因此吸附胶团处于和溶液中相似的环境中，当表面活性剂的头基与固体作用较强时，表面活性剂可以从界面上取代大量的水分子，形成单分子层，头基指向固体表面。第二层如同在疏水表面上吸附一样（但是不确定第二层仍然是平面的结构）。这种双层结构出现在与表面活性剂头基电荷相反的高表面电荷密度的固体表面上。

4.4.3 极性小分子在固/液界面的选择性吸附——氢键巨簇现象

液体在固/液界面上的选择性吸附，如极性小分子（乙醇、乙酸、丙烯酸等）

于非极性溶剂中在玻璃基板上的选择性吸附是一个古老的研究课题，但囿于研究手段，人们一直无法得到吸附层的精细结构。近年来，随着 AFM、ATR-FTIR、NMR 等先进技术的采用，特别是胶体探针原子力显微镜（colloid-probe AFM）的应用，人们得以深入探索这类小分子在固/液界面的聚集结构。Kurihara 等人[52] 详细研究了一系列能形成氢键的小分子在非极性溶剂中于二氧化硅基板上的选择性吸附。

胶体探针原子力显微镜一种新的表面科学研究仪器，通过测验底物表面和特制探针的作用力，从而在分子水平上判断表面结构和表面形貌。图 4-28 是用 AFM 测定在环己烷和微量乙醇的混合溶液中，负电玻璃微球探针与玻璃表面之间作用力的示意图。探针为半径 10～15μm 的玻璃微球。探针与表面间作用力用 F 表示，探针的半径为 R，F/R 称为标准力，改变探针与底物表面间距离 d 可得到 F/R 与 d 的关系曲线，称为力曲线。图 4-28 是在不同乙醇浓度时得到的力曲线。

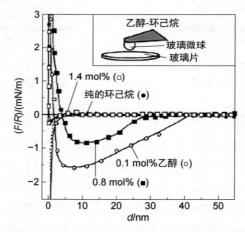

图 4-28　在不同乙醇浓度时 AFM 测出的玻璃微球探针与玻璃表面之间的力曲线

在纯的环己烷溶液中，在两个表面趋近到 2～4nm 处时，突然出现引力，这种短程作用力应是表面分子间的范德华力，所得力曲线可与理论模拟完好吻合。但是随着乙醇的加入，在两个表面趋近到远大于范德华引力出现的距离时，逐渐出现长程作用力，在乙醇的浓度为 0.1%（质量浓度）时，吸引力出现在 (35±3)nm，在 10nm 时达到最大（-1.6mN/m），而在两个表面间趋近到 (3.5±1.5)nm 时出现排斥力，此时，接触表面的黏附力为 (140±19)mN/m，也远大于其在纯环己烷体系中的黏附力 (10±7)mN/m。随着乙醇浓度的继续增加，这种长程引力逐渐消失，到乙醇浓度 1.4%（质量浓度）时，所得力曲线与在纯的环己烷体系中基本相似。这种长程引力和高黏附力的出现及与乙醇浓度的依赖关系无法用分子间范德华力解释，表明存在另一种新的长程作用力，这可能与乙醇的吸附相关。此外，在低乙醇浓度时，表面吸附层的厚度恰好与长程引力的一半距离相吻合，如图 4-29 所示。

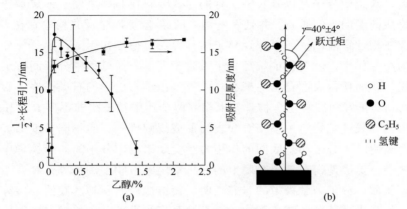

图 4-29 （a）长程引力和乙醇吸附层厚度与乙醇浓度的关系；
（b）氧化硅表面乙醇氢键巨簇的示意图

　　因此他们提出乙醇在二氧化硅基板上选择性吸附并彼此间通过氢键形成"氢键巨簇"（hydrogen-bonded macroclusters），这种的聚集体可扩展至 10～15nm，彼此间靠氢键结合［如图 4-29（b）］，它的形成导致了长程引力和高的黏附力。偏振红外光谱显示因为"氢键巨簇"的对称轴基本垂直于固体基板。除了乙醇，他们还研究了一系列可以形成氢键的小分子，如甲醇、异丙醇、苯酚等在非极性溶剂环己烷中于二氧化硅表面的组装，发现这是个普遍现象，即都可以形成"氢键巨簇"，但是聚集体的扩展长度和分子的固有性质有关。基于"氢键巨簇"的形成，可聚合的极性小分子，如丙烯酸能在固/液界面选择性吸附形成高度有序的组装结构，厚度可扩展至十几纳米，经光固化后，预期得到聚合物薄膜，将此结构固定下来。实验结果表明，设想可行，但薄膜的稳定性较差，这可能与基板的附着力较差及聚合物薄膜厚度较小有关。

4.4.4 有机单层吸附膜

　　在固体表面上，有机分子可以通过吸附并且自组装来形成一个二维有序的单分子层结构，为表面分子工程学提供了一种新的途径。在石墨表面组装长链烷烃分子是最早被研究的体系之一。当烷烃分子不断地吸附在石墨表面上时，其间既有分子和基底之间的范德华作用力，也有分子和分子之间的范德华作用力。

　　1991 年，Rabe 等人[53]最早在新解离的高取向石墨表面上不断地滴入溶有二十七烷的辛苯溶液，利用 STM 观察二十七烷在石墨表面上的物理吸附。STM 图像反映出二十七烷在石墨表面上产生了高度有序的二维结构，二十七烷分子的长链平行平躺在石墨表面而形成垄状结构，狭窄的沟槽把垄与垄隔开。二十七烷分子在石墨表面上排列的长垄的宽度（4.5nm）和其在三维晶体中的长度（4.3nm）大小相近，这说明分子是以其长轴平行的方式吸附在石墨表面上，烷基链的方向与分子排成的垄的方向垂直，并且烷基链中的碳-碳键以全反式构象存在。烷烃分子内不存在极性官能团，所以烷烃分子间只存在范德华作用力。为了使分子间具有很强的相互作用，就要保证烷烃分子吸附于石墨表面过程中分子间有足够大的接触面积，从而使得表面自由能减小。此外，由于六边形的石墨晶格中心的距离是 0.246nm，正好和碳氢化合物骨架上相邻两个亚甲基基团的距离 0.251nm 大小相近，可诱导长链烷烃衍生物在石墨表面形成规则排列。而不同长度的烷基链在石墨表面吸附时，分子和基底间的作用力会受到影响，分子间的范德华作用力大小也会改变，这会使得在石墨基底上的有机单层吸附膜中烷烃分子具有不同的排列结构。比如，分子力学模拟的研究表明，短链烷烃分子与基底的晶格有较好的匹配性，但是当烷基分子链长增加时，石墨基底和沿着分子长轴方向的烷基链的晶格会有极小的差异。很多 STM 实验结果也说明了这一点。例如，当烷烃链的碳原子个数 $n = 6$ 或 12 时，烷基链和低聚噻吩生成了主链垂直的稳定结构；而当烷烃链的碳原子个数 $n = 3$ 时，由于烷基链较短不能像 $n = 6$ 或 12 时那样形成主链垂直的稳定结构，而是形成了主链交叉的稳定结构。另一个就是广泛研究的烷基氰基联苯 nCB 分子（$n = 6\sim12$）[54]。当这个分子在石墨表面上吸附时，分子会用头（双苯氰基）对头，尾（烷基部分）对尾的双亲方式排列成一个结构单元，并且每两个相邻的结构单元之间包含一定的错位，从而分子会形成具有亮暗相间条带状的二维有序结构。当烷烃链长变化时，亮垄之间的距离发生相应的变化，处于结构单元中分子的数目也会改变。

其他的如醇、羧酸、卤代烷烃、硫醇、环烷烃和不饱和碳氢化合物都可在石墨表面形成二维吸附结构，官能团的大小、作用强弱和基底作用等因素都会影响不同官能团的衍生物在石墨表面形成不同的二维吸附结构。

除了长链烷烃衍生物，人们希望更多的官能团引入到固体表面上形成二维有序的单分子层，但有机分子是以物理方式吸附在惰性固体表面（石墨表面为主）上的，分子与基底相互作用较弱，稳定性较差，因此在有机官能团上增减烷基链或者是含长链化合物和有机分子共吸附都可增加分子在吸附表面的稳定性。

如白春礼等人[55]将长烷基链引入到卟啉和酞菁铜分子中，设计合成了四(十四烷基)取代卟啉（TTPP）和八辛基取代酞菁铜（CuPcOC$_8$），研究了这类具有特殊宫格平面结构的分子在石墨表面的吸附组装行为。发现由于 CuPcOC$_8$ 分子与基底的不同对称性而形成了四方和六方两种典型对称型的分子排列；而 TTPP 分子在石墨基底上形成四方排列。这些结果表明，选定合适的烷烃链，可以稳定平面有机分子在表面的吸附，从而为研究表面物理化学现象和组装分子器件提供一条新的途径。

人们希望利用在光照条件下偶氮类分子能发生顺反异构的性质来设计具有偶氮官能团的有机分子和超分子，在光照后这种分子的构型甚至结构都会发生改变，利用这种性质可以制备分子光电开关、分子存储器或分子马达等器件。白春礼等人合成了具有偶氮基团及氢键的刚性核心和柔性烷基侧链的化合物，在石墨表面组装得到有序单层膜，取代烷基的长链提供了较大的稳定能，稳定了刚性核心部分的平面构象。在紫外光的作用下，能部分发生顺反异构化反应，证实其作为光引发的分子开关的可能性。

4.4.5 基于去润湿现象的分子组装

一些小分子在固/液界面的自组装经常会形成一些纳米尺度上的有序结构，但很难观察到其在微米尺度上的有序形貌，且无法精确控制分子组装体与基板的取向，这来源于溶剂的非均匀挥发。溶剂的挥发导致了溶液的去湿，即原本均一的液体薄膜在固体表面上形成小孔，孔继续生长融合，液体将沿着这些孔的接触线形成带状结构，最终导致溶剂的完全挥发。基于去湿现象，人们寻求在微米尺度上有序结构的构筑。尽管从实验角度来讲，去湿仅是一个简单的溶剂挥发过程，但它实际上涉及了多相体系（固相、气相、液相及固/液界面）和多种相互作用力，因此需要精确控制各种作用力才能实现在固/液界面的有序组装。任意一种作用力占主导位置，都不利于大面积的界面分子有序组装体的形成。

① 如果溶质分子之间相互作用很强，溶质分子在溶剂中的溶解度将很差，不利于分子在固体基板上的组装，只能是在溶液中形成的小的有序组装体沉积到固体基板上。

② 如果溶质-固体基板之间的作用强，溶质分子能很快地被捕获到基板上，而无法有效的相互作用。当然，在这种情况下，界面可诱导界面有序组装体的产生。

③ 如果溶质-溶剂的分子间作用力较强，溶质分子间的作用力被有效屏蔽，导致在去润湿的过程中随溶剂而流动，最后大多形成多孔状结构。

因此，在去润湿的过程中，通过改变实验条件，如温度、湿度、蒸气压等，控制去润湿和分子间的平衡，可实现微米尺度上的界面有序结构的组装。Elemans等人[56]研究了三聚卟啉的组装（图4-30），将卟啉三聚体的溶液滴加到云母表面，随着溶剂的挥发得到单层的卟啉纳米线，长度可长达 1mm 左右，且纳米线平行于液体回退的方向，如图4-30所示。这种纳米线状结构是由溶剂蒸发过程中液体的不连续收缩造成的。液滴的边缘首先形成针孔结构，随之而来的是其不连续的跳跃式收缩。液滴的每一次收缩都会导致一薄层的溶液停留在界面上，经历迅速的去润湿过程，形成长达毫米级的平行于液滴收缩方向的线状结构。进一步可通过改变温度、液滴的大小等减缓蒸发过程的方法调控自组装过程。

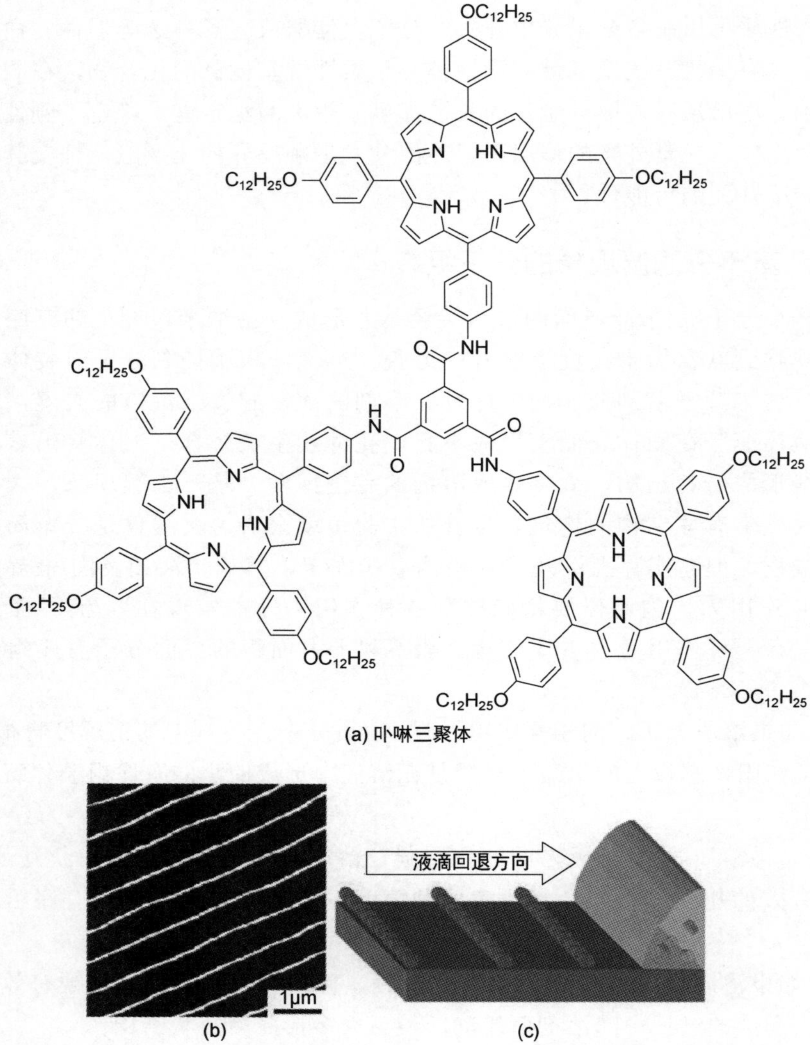

(a) 卟啉三聚体

图 4-30 卟啉三聚体的结构（a）及去润湿过程引发的微米尺度的分子组装：
（b）AFM 图像；（c）去润湿引起的图案化组装示意图

4.5 各种组装技术的比较

从前几节的介绍可以看到，固/液界面的组装，包括自组装单层膜技术、层层组装技术、表面活性剂在界面的吸附、有机单层吸附等成膜手段，都是在分子水平上控制超分子组装过程的有效方法，它们为超分子化学、光电化学、纳米化学、生物化学、分子电子学等基础学科的发展作出了各自杰出的贡献。它们之间既有区别，又存在一定的关联性，具有各自的优势和特点。为了便于读者理解，表 4-6 列出了其各种特征。

表 4-6　固/液界面组装技术的比较

组装类型	自组装单层膜	层层组装膜	有机吸附单层膜	表面活性剂的吸附
主要组装驱动力	非极性共价键、离子键、极性共价键等化学键作用	静电作用、氢键作用、配位作用、亲疏水作用、电荷转移作用、π-π堆积作用等各种分子间非共价键作用	亲疏水作用，分子间范德华力等	静电作用，亲疏水作用
主要适用研究对象	带有某种活性基团的小分子或聚合物、各种经过修饰的纳米结构等特定研究对象	各类化合物或纳米结构，具有较好的普适性	长链烷烃衍生物	表面活性剂分子
组装体的有序性	具有优良的横向有序性，纵向有序性随膜层数的增加而减弱	横向有序性不佳，各层膜间有一定程度的穿插，纵向有序性随膜层数的增加而减弱	具有优良的横向有序性	具有较好的横向有序性
膜的稳定性	优良	较好	较差	较差
膜的实用性	具有一定的实用性	具有一定的实用性	是建立理论模型和进行基础研究的优良手段，膜的实用性较差	具有一定的实用性
基板	金、银、硅等特定基板	无需特殊的基板	石墨等惰性基板	无需特殊的基板

4.6　固/液界面组装体的功能

4.6.1　固体表面改性

人们在各种生产活动中使用固体材料除了应用由体相结构而表现出的机械性质、力学性质、热性质等，由固体表面结构和物理、化学性质决定的表面性质也是人们关注的热点。在固体的表面性质中表面光泽、粗糙度等属于表面物理性质，可以通过机械加工或物理方法予以改变。而表面催化活性、耐腐蚀性、亲疏水性、摩擦性能及生物相容性等均属于表面化学性质。常常需要通过各种物理（机械）方法或化学方法改变固体的表面性质。

4.6.1.1 表面润湿性

润湿性是固体表面的重要特性之一，与表面的化学组成和微观几何结构密切相关。能使固体表面润湿性发生转变的最主要方法之一就是让表面活性剂吸附在固/液界面上。这主要是因为表面活性剂可以改变气/液表面张力和固/液表面张力，并且在固体表面上产生具有一定结构的吸附层。表面活性剂在固/液界面吸附层中的吸附量和定向方式会对润湿作用产生很大的影响。例如，当表面活性剂的亲水基团吸附在固体表面上，疏水基团会指向水溶液，那么水在固体表面上的润湿能力会减弱。当玻璃、纤维、云母等表面带有负电荷时，阳离子型表面活性剂的浓度在不够产生双层吸附时会出现这种情况。与上面情况相反，如果表面活性剂的疏水基团吸附在固体表面上，而亲水基团指向水溶液时，就会提高固体表面的亲水性。在低能表面或者有低能区域的表面上，就会出现此类吸附。

固体表面的润湿性可以通过表面活性剂在固体表面上的吸附来转变，这一性质促使表面活性剂在工业生产中得到了广阔的应用。例如在矿物浮选过程中，就加入表面活性剂作为捕集剂。因为含有 Mo、Cu 等金属的矿粉是亲水性的，沉于池底，当矿粉的表面上吸附有表面活性剂时，则矿物表面由亲水性变成疏水性。通入气体到大水池中，矿粉即吸附在气泡上，升至液面，用薄片刮走，而矿渣则仍然留在池底，这样就可以得到高品位的矿苗。

除了在固/液界面上吸附表面活性剂以外，自组装、层层组装等技术手段也可改变固体表面润湿性。SAMs 是将一层紧密并且有序排列的有机分子化学吸附到基底表面上，而基底表面的润湿性会随着有机分子的有序度和致密度的改变而改变。大量研究结果表明，液体在覆盖了单分子膜的高能表面上的铺展程度的大小和单分子层下的固体的性质没有关系[57]，但与表面基团的性质以及表面基团在表面排列的紧密程度有关。在金等金属或金属氧化物高能表面的基底上，液体容易铺展（此时接触角<90°）以减小表面自由能，而当基底表面覆盖一层有机物时，此时的接触角增大。所以可以通过改变有机分子在固/液界面的官能团排列以及在基底的组装程度来改变表面润湿性。比如，在空白金表面上水的接触角是 55°±4°，而在覆盖有 C_8AzoC_3 自组装单分子膜的表面上水的接触角是 109°，这个接触角大概是裸金表面接触角的 2 倍。

4.6.1.2 纳米摩擦

超精密机械和微机电系统的迅猛发展带动了纳米摩擦学的快速发展，摩擦表面上的纳米级尺度的表面膜可以通过化学、物理或者机械等方式来制备，这样机件间的摩擦可以被表面膜中活性剂分子层之间的剪切来代替。基于这一点，摩擦学研究者们希望能利用分子自组装技术，在摩擦表面上插入聚合物或者长链化合物的某一端，形成一层可以使摩擦磨损减小的"分子刷"。在纳米摩擦学中这个概念备受关注。也就是说，通过化学的方法，在机件的摩擦表面生成一层能够使微型机械的摩擦磨损降低的高度定向致密的超薄有机膜，利用这种具有较低摩擦阻力、较高承载能力的有机膜就可以建造出一个性能极好的摩擦学系统，从而延长机件的使用寿命。其中固/液界面形成的 SAMs 膜在润滑和抗磨损两方面由于结构致密度高、稳定性好而有十分广阔的应用前景，在纳米级尺度上对界面相互作用和摩擦黏着机理进行研究，不仅可以帮助解决微纳制造和超精密机械中的摩擦黏着现象，还对丰富和发展纳米摩擦学理论产生了深刻的理论意义。

例如 Bliznyuk 等人[58]用扫描探针显微镜（SPM）对各种有机膜的摩擦性能进行了研究，研究发现摩擦系数可以被无机基体上的单分子有机膜显著地减弱。张俊彦等人[59]制备了有机硅烷/纳米 TiO_2 复合膜，此复合膜要比硅烷自组装膜的摩擦系数低，并且复合膜的耐磨寿命也更长。为了使基底的抗摩擦磨损性加强，可以在单晶硅基底上生成包含硬脂酸和 3-环氧丙基三甲氧基硅烷的自组装双层膜。在铝金属薄膜上制备的 OTS 自组装分子膜具有较好的减摩润滑性能以及疏水性能，所以可以明显地减弱摩擦力，而且其结构均匀，有序性也很好。

SAMs 的摩擦学性能与其组成结构、分子链长、排列密度等有密切的关系。一般来说，形成 SAMs 的分子末端基团的表面能越大，则该自组装薄膜的黏附力就越大，摩擦力也越高。如-COOH 和-CH₃ 的 SAMs 修饰的探针和基底表面之间的黏附力及摩擦力有很大的差异，其大小顺序为：SAMs₋COOH/SAMs₋COOH > SAMs₋COOH/SAMs₋CH₃ > SAMs₋CH₃/SAMs₋CH₃，就是由于末端基团为-COOH 的 SAMs 表面具有较大的表面能。与此相似，末端为-OH 基团的 SAMs 的表面柔顺性较差，刚性较强，与末端为-CH₃ 基团的 SAMs 相比其表面能也较大，从而使其粘附力较大，因此前者的摩擦系数比后者的大 2 个数量级。

研究末端基团相同而链长不同（C_{17}，C_{25}）的 2 种 SAMs 的摩擦学性能时发现，它的摩擦学性能与膜的弹性（即柔韧性）有密切的联系（组成膜的分子种类、链长、结构及堆积密度等都会影响膜的柔韧性）。因 C_{17} 分子链较短、"柔韧性"较大、又容易变形，使得接触面积和黏附力增加，从而导致摩擦力增加。进一步的研究表明，当自组装膜分子链链长增加时，自组装膜的摩擦系数反而减小，但如果链长增加到很大时，摩擦系数就不再发生变化。由于相对较小的范德华作用能，短链分子 SAMs 会有较低的有序性及堆积密度。较低的有序性又使得耗能模式（如链的弯曲、倾斜、扭曲及扭转等）增加，从而使得摩擦力增大。当分子链链长增加时，"泊位能"（packing energy）因吸附的有序分子之间的相互作用而产生，泊位能的存在又能够封闭能量和振动的耗散渠道，所以使摩擦力降低。

此外，SAMs 的摩擦学性能与环境条件密切相关。Tsukruk 等人[60]用 SPM 技术研究了在不同 pH 值（pH 2~10）的水溶液中，分别以-CH₃、-NH₂ 及-SO₃H

为末端基团的有机硅烷类 SAMs 的摩擦学性能。发现各表面间的黏附力和摩擦力在 pH 4~8 时很大,但是其黏附力和摩擦力在 pH > 9 和 pH < 3 时却相对较小。由于表面间静电作用力和范德华作用力在水溶液中的共同作用,导致了这样的结果。在无机盐溶液(如 pH<3 或 pH>9)中,同一种离子会以一层或多层的形式吸附在表面而形成一个等电势面,静电排斥作用会因为表面之间的接触而产生,从而黏附力和摩擦力因排斥力而降低。当溶液接近中性(如 pH 4~8)时,溶液中的离子浓度显著降低,表面的电荷密度也会很低,静电排斥作用因此减小或着消失,在这时起主要作用的是范德华作用力,所以黏附力和摩擦力比较高。SAMs 的摩擦学性能也与空气湿度密切相关,在对以-OH 和-CH$_3$ 为末端基团的二烃基铵盐 SAMs 的摩擦学性能进行研究时发现,当空气湿度增加时,-OH 表面的摩擦系数会降低 3 倍,然而-CH$_3$ 表面的摩擦系数却会随之增加。当空气湿度增加时,水膜可以在亲水性表面(如-OH 表面)形成,从而起到很好的润滑效果。但是水膜却不能在疏水性表面(如-CH$_3$ 表面)形成,由于疏水性引起了毛细管作用及弯液面,使得探针与表面的接触面积增大从而使黏附力增大,最终导致摩擦力的增大。所以表面的亲水性可以决定摩擦系数随空气湿度的变化。

目前,关于 SAMs 微观摩擦学性能的研究中得到了一些规律性的实验结果,因此已经对自组装单分子膜的表面物理化学性质和摩擦学性能有了基本的认识,对影响摩擦力的主要因素也有了初步的认识。但我们对微观摩擦学性能的研究才刚开始,还不能很好地解释一些实验现象和结果,系统的微观摩擦学理论(如摩擦、磨损和润滑理论)等待建立和完善。因此还需要对 SAMs 的结构进行深入的研究,重要的是在滑动摩擦过程中,要研究 SAM 的结构及状态的变化、缺陷的生成和变形等因素对于摩擦学性能所产生的影响。为了能设计出类似聚合物和 SAMs 多层膜那样具有较低的缺陷含量并且有序性极高的超晶格复合多层膜,一种制备过程简单、性能稳定、摩擦学性能很好且工况条件宽的自组装单分子膜体系是必不可少的,通过这种自组装单分子膜制备出完美的边界润滑材料是很可能实现的。重要的是在分子和原子水平上研究表面分子结构的浸润性,以及更深入地研究摩擦学中 SAMs 界面摩擦的起因、黏滑现象的本质、磨损和失效的过程与机理和摩擦能量耗散模式等问题。

4.6.1.3 金属缓蚀自组装膜

腐蚀科学与防护技术对国民经济的发展有着十分重要的作用。很多高效缓蚀剂具有一定的毒性,这严重缩小了它们的使用范围,因此有机缓蚀剂是目前使用范围最广的缓蚀剂。金属基底材料的表面性质会因一层紧密排列的单分子膜缓蚀剂而产生明显的变化,同时在金属表面形成一层疏水的保护层,能有效地防止金属与水发生作用，从而缓蚀剂的使用范围得到扩展，缓蚀效率也有显著提高；此外，单分子膜分子在空间上排列紧密并且有序，所以有助于探索缓蚀剂的作用机理问题，在二维或三维领域对缓蚀剂的物理性质进行研究，甚至合成出新的高效缓蚀剂。

烷基硫醇类 SAMs、咪唑啉类 SAMs、希夫碱类 SAMs 都是目前研究比较广泛的金属缓蚀自组装薄膜。Laibinis 等人[61]首先发表了在铜基底上组装正烷基硫醇的实验结果，并对正烷基硫醇在 Au、Ag、Cu 基底上组装的差异进行了比较，由此他们提出了一个简单的机理。他们发现当正烷基硫醇的链长增加时，铜表面的氧化速度减慢。油酸咪唑啉自组装的研究工作主要集中在钢、铁表面上，更具有实际价值。如果在钢或铁表面上组装这种物质，那么侵蚀性物质的破坏作用会有很大的缓解。在 10%的 NaCl 溶液中，具有合适的烷基链长范围（$n = 12 \sim 19$）的自组装膜对铁的缓蚀效率为 60%～90%，最高时可达到 99%。

4.6.2 在电子和光学器件方面的应用

分子电子学是 20 世纪发展迅猛的学科,分子电子学就是使用有机功能材料的分子来制造电子线路的各种分子尺度的元器件（像分子整流器、分子储存器、分子开关、分子导线及分子场效应晶体管），之后再测量并分析这些元器件的光电特性。根据 Moore 定律，科学家们预测在 2020 年左右无机半导体集成电路将会发展到其极限。如果能够做到在一个有机分子的区域内控制电子的运动,那么 Moore 定律就很有可能被突破，从而由分子聚集体所组成的有特殊功能的器件（即分子器件）可以极大地提高线路的集成度以及计算机的速度。这个诱人的前景引发了科学家的兴趣，并且在最近 20 年获得了实质性的发展。

分子电子学的核心是制备出能完美协调并结合的分子材料和分子器件，这样就必须将少数几个甚至是单个功能有机分子连接在两个电极之间，从而形成电极-分子-电极的有效连接。目前，绝大部分的分子通过一种简单的机械接触与电极连接在一起，所以器件的性能和重复性严重地受到其接触电阻的影响。为了排除简单机械接触影响器件的性能和重复性的问题，可以把某些功能性基团通过自组装技术引入到功能材料的末端，使材料与电极的接触由原来的机械接触结合变为化学键结合，这样上述问题就会被解决。因此，近年来自组装技术受到了越来越多科学家的注意，并且在构筑分子器件上也获得了越来越多的重视。

Aviram[62]将半苯醌单分子薄膜组装在金电极上，并用 STM 测量了自组装单分子膜的 *I/V* 曲线，发现这个分子具有整流行为。Lenfant 等人[63]在 Si 基底上利用连续自组装过程，形成只含有一个 π 共轭基团和一个烷基主链的具有整流作用的结构，有望应用在分子整流器上。除了分子整流器，自组装薄膜在分子场效应晶体管、分子导线、分子存储器、分子开关等分子器件的制备上都有着潜在的应用。2000 年，英国科学家成功地利用有机分子形成的分子导线将金纳米粒子与金电极相连，此有机分子通过自组装技术在金纳米粒子和金电极表面形成了一层能够承载电流的纳米电路。硫醇类分子是纳米电路中有机分子形成的分子导线，一端与一个纳米微粒相连、另一端与金电极相连的纳米电路之间就是由数十根硫醇类分子所形成的细微导线构成的。Donhauser 等人[64]在十二硫醇 SAMs 上自组装一层聚苯乙炔分子来形成具有阵列结构的分子器件，这类分子器件因其构象变化而具备开关的功能，并且它的一个或一束分子能够保持几秒甚至几十个小时的开或关的状态。

除了在金属或半导体表面的自组装薄膜外，层层组装技术也可直接将具有光学、电学性质的分子或基团组装到基底上，形成具有光学和电学功能的自组装分子薄膜，进而组装成器件。

例如将聚苯乙炔（PPV）与表面荷负电的 CdSe 粒子进行前体组装[65]，可以获得具有电致发光性质的纳米 PPV/CdSe 薄膜，此薄膜发光的强度可随着电压的改变而连续调节，并且改变组分时可制备出颜色不同的发光薄膜。近年来，人们对有机小分子的电致发光的研究也更加关注。1988 年，在"photonics west"会议上展示了利用共价键将三芳胺和联苯类小分子在氯硅烷功能化的 ITO 玻璃上自组装的有机 EL 器件，所制备的器件发射出的蓝光和其他方法制备的器件发射的蓝光强度基本相同[66]。

此外，利用层状自组装方法组装 TiO_2 纳米微粒和片状石墨氧化物也可以得到具有整流作用的超薄膜二极管，而二极管的整流特性与分别作为电子和空穴材料的 TiO_2 纳米微粒和片状石墨氧化物在组装膜中的组装顺序密切相关，这为设计基于纳米微粒层状组装膜的二极管的功能特性提供了理论依据。除了在二极管中的应用以外，纳米微粒的层状自组装薄膜也可以应用在高电流密度锂充电电池中。实验结果证明[67]片状石墨氧化物与聚电解质交替形成的多层膜就有非常高的电容，因此，石墨氧化物/聚电解质多层膜覆盖阴极表面得到的锂电池体表现出非常高的充放电电流密度（1232mA/h），显示出巨大的应用潜力。

Hammond、Shao-Horn[68]和同事们利用 LbL 技术交替组装荷正电的碳纳米管和荷负电的碳纳米管，并在组装后的碳纳米管薄膜表面通过氧化还原沉积得到 MnO_2，制备得到碳纳米管-MnO_2 电极材料（如图 4-31）。

他们首先改性纳米管，得到表面荷负电的羧基修饰的多壁纳米管和荷正电的氨基修饰的纳米管，在 ITO 涂层玻璃基板利用 LbL 方法交替组装得到纳米管的复合薄膜。将此纳米管 LbL 薄膜热处理后，浸入 $KMnO_4$ 和 K_2SO_4 的混合溶液中，MnO_4^- 离子被还原为 MnO_2，沉积在碳纳米管的外表面上。纳米管 LbL 薄膜结构的多孔网络有利于保持电子和离子导电通道。另外，在纳米管表面涂覆 MnO_2 可提高电容，使其应用于电化学电容器应用的高性能电极成为可能。实验表明，由

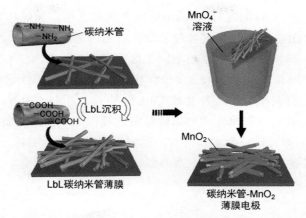

图 4-31　碳纳米管-MnO₂ 电极材料制备过程示意图

于 MnO₂ 纳米粒子与导电碳纳米管的连接，使复合电极即使在极高的扫描速率下也能保持高电容，有望应用于电池和传感器及电化学电容器等。

由于氧化石墨烯（GO）含有很多含氧官能团，因此不仅其自身可进行 LbL 组装，而且经功能化后的氧化石墨烯也可进行 LbL 组装。在 GO 的 LbL 组装方面，Müllen 课题组将静电力作为驱动力，驱动带正电的弱聚电解质——聚丙烯胺（PAH）与带负电的杂多酸——磷钨酸（PW）[69]及另一种带负电的 GO 进行三组分 LbL 自组装，获得了每单层组成为 PAH/GO/PAH/PW 的 LbL 自组装多层膜，这种方法可以在玻璃片、硅片及石英片等多种刚性或 PET 等柔性基板上制备 LbL 膜。因为磷钨酸在紫外光照下具有还原能力，所以该小组在紫外光照射下，利用磷钨酸将 LbL 膜中的 GO 组分还原为 RGO，再把这个 LbL 膜作为有机场效应晶体管（organic field-effect transistor，OFET）的活性层，然后在活性层上面镀上金电极并测试其场效应性质。研究结果表明，此 OFET 具有双极场效应性质，可以同时传输电子和空穴两种载流子，并且随着 LbL 层数的增加，传输载流子的能力也因此增加。此外在紫外光照射下，该小组利用光掩膜保护制备出的 GO 和 RGO 交替的电极电路基本和预制模板相同，然后再把一层感光涂层 P3HT/PCBM 旋涂在电极电路上，其应用到光开关的开关比能达到 3.0。

刘鸣华、陈鹏磊等人[70]将共价键连接的 RGO LbL 膜加工成电极材料，应用在有机场效应晶体管（OFETs）中，此 OFETs 以常用的 P 型半导体材料酞菁铜（CuPc）为有机半导体层，制备的石墨烯电极的尺寸规格如图 4-32（a）所示，OFET 上的转移曲线数据如图 4-32（b）所示，从图 4-32（b）中可以看到，当以 RGO LbL 膜为电极时，OFETs 表现出了明显的场效应行为，源电流随着门电压的增加而增加。

从图 4-32（b）中还可以看到，OFETs 的电学性能随着 RGO 电极组装层数的增加而增强，并且当 RGO LbL 膜的组装层数超过 2 层，厚度超过 2.7nm 时，以 RGO 为电极的 OFETs 的性能就超过了以传统金（厚度 40nm）为电极的 OFETs 的性能，OFETs 输出曲线的结果也证明了这一点，5 层 RGO 薄膜电极的 OFETs 的迁移率接近金电极 OFETs 的 2 倍，这一结果说明不但 RGO 薄膜可以作为有机电学器件的电极材料来应用，并且在 OFETs 中超过了 Au 电极；而且我们还可以通过调控 LbL 膜的层数来实现对器件性能的调控。只需要组装层数超过 2 层，RGO 电极的性能即可以符合实际需求。此项研究结果预示着这种 RGO 电极材料在有机电学器件尤其是需要透明电路的器件上广泛的应用前景。

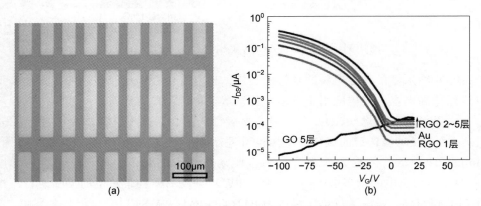

图 4-32　（a）(APTMS/RGO)₁ 膜加工成 OFETs 电极后的光学照片；（b）不同
层数 (APTMS/RGO)$_n$（$n = 1 \sim 5$）为电极的 OFETs 的转移曲线结果，
CuPc 作为 OFETs 的半导体活性材料，厚度为 40nm

　　在水中良好的对抗超声稳定性使得共价键 LbL 石墨烯膜能够很好地应对工业上所常见的多步加工和后处理的工序流程。为了进一步证明这一点，他们将 RGO 薄膜制备成电极后，再进行一次抗超声稳定性测试，然后镀上 CuPc 膜，制备成 OFETs 器件，作为对比，以非共价键组装的 RGO 膜（PDDA 和 GO 静电层层组装）为电极的 OFETs 也进行同步处理和性能测试。以共价键组装 RGO 膜为电极的 OFETs 的性能，在超声前后基本没有发生变化，而以静电作用力组装的 LbL 膜为电极的 OFETs，其转移和输出曲线均发生了大幅下降。这是因为作为电极的静电组装 RGO 膜在超声后大幅脱落或破损，导致了最终性能的不稳定。

　　此外，依此策略，制备了三种不同 π-共轭分子共价连接的 GO LbL 薄膜，分别为四氨基卟啉、对苯二胺和联苯二胺，并同样将三种新的共价键组装膜应用在 OFETs 的电极材料上。结果发现，在组装层数相同，厚度也在同一数量级的情况下，采用不同连接层的 RGO 薄膜的电极性能不同，其电导大小依次为四氨基卟啉＞对苯二胺＞联苯二胺≈APTMS＞金电极。究其原因，我们认为，对苯二胺与 APTMS 的连接层厚度十分接近，但对苯二胺性能优出 APTMS 约 40%，这是因为

对苯二胺带有 π 体系共轭电子云，因此可以更好地起到 RGO 层与层之间载流子传输的桥梁作用；相比之下，带有更大 π 体系的联苯二胺的性能只与 APTMS 相当，这是因为联苯二胺的两个苯环之间错开了较大的角度，阻碍了电子云的传输；四氨基卟啉的性能是最优秀的，优于其他几种 RGO 电极，这是因为虽然四氨基卟啉的四个苯环也错开了一定的角度，但是其卟啉环的 π 体系较之对苯二胺等要大得多，因此其电学性能最为优秀。最后得出的结论是，在选择更大共轭体系连接层的同时，尽可能选择苯环间没有错位角的化合物进行共价键连接，这为最好的发展方向。由于这种共价键 LbL 薄膜材料可以广泛地应用在器件领域，因此最终得到的研究结果不但对 OFETs，而且对其他纳米电学器件的制备，亦具有十分重大的科学意义。

Shao-Horn 和其同事[71]借助 LbL 组装策略制备了功能化的碳纳米管电极用于大功率锂离子电池。他们分别制备了羧酸化的多壁碳纳米管和氨基官能化的多壁碳纳米管，然后将粉末样品超声处理，均匀分散，纯水透析处理后，得到稳定的碳纳米管分散体。以 ITO 玻璃为组装基板，利用羧基和氨基的氢键进行层层组装，得到碳纳米管电极。这种几微米厚、无任何添加的、紧密堆积的碳纳米管电极对锂的存储量可以达到 200mA/g，传输质量（比）容量高达 100kW/kg，并能可逆使用几千次。这些纳米管电极可以用作正极，钛酸锂作为负极。在电池器件中，这种电池的重量能量大约是传统电容器的 5 倍，功率大约是传统锂离子电池的 10 倍。

此外，氧化石墨烯纳米片和多金属氧酸盐簇 $H_3PW_{12}O_{40}$，可通过 LbL 方法组装形成多层膜，继续利用多金属氧酸盐簇的光催化活性，在紫外线辐照下将 GO 转化为 RGO。此石墨烯复合 LbL 薄膜表现出典型的双极性特征以及良好的空穴和电子传输特性。并且可通过沉积层的数量来调整 FET 器件的开/关比和电荷载流子迁移率。进一步使用光掩膜，可以图案化 RGO，即在复合膜中同时存在 GO 和 RGO，图案化的 GO 将用于光电探测器装置的微电极。同时基于多金属氧簇的荧光响应和 RGO 的电化学响应，以荧光信号和电信号为双输出信号，有望构筑逻辑门。

因为 LbL 的基质选择范围广阔，使其可用来创建各种独特的材料。如在可自愈合的聚乙烯亚胺（bPEI）和聚丙烯酸透明质酸（PAA-HA）LbL 膜表面沉积一层透明的银纳米线，由此形成的复合膜的导电性比 ITO 玻璃高很多。有趣的是，将薄膜切断或裂开后，简单地将去离子水滴在切口等"伤口"上，就能实现材料的自愈合，实现电导率的"愈合"，此过程可多次循环。这种材料可应用于在恶劣的条件下运转的电子设备中。

再者，在微米尺寸的微球表面进行层层组装，可用来做表面增强拉曼散射（SERS）衬底。以碳酸钙微球为核，通过 LbL 技术在其表面包覆 PAH 和 astralen

纳米颗粒，继续利用银镜反应包覆一层纳米银（图 4-33），由于 astralen 的存在，这种包覆多面体银纳米粒子的核-壳结构的激光拉曼信号增强超过一个数量级。SERS 信号可以在功率范围低于 1mW 以下的激光下获得，对实际生物系统不会造成损害。制备的纳米结构可以作为稳定、灵敏和可重复使用的 SERS 衬底。

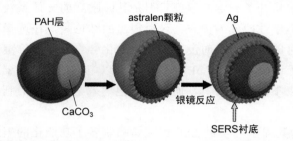

图 4-33　可作为表面增强拉曼散射（SERS）衬底的微米尺寸的微粒制备过程示意图

4.6.3　在分离和催化方面的应用

聚电解质在多孔底膜上进行静电层层自组装形成致密的多层膜，可用于渗透汽化、反渗透和气体分离方面。如：Krasemann 等人[72]在多孔膜上负载了一层 PAN/PET 支撑膜（PAN：聚丙烯腈；PET：聚对苯二酸乙二醇酯），继续在其上交替组装了聚烯丙基氯化铵（PAH）和聚苯乙烯磺酸钠（PSS）多层膜，以研究其对乙醇-水的全蒸发。当膜在 60℃ 以上进行退火处理后，其分离能力大大提高，通量也同时减小。组装层数影响分离能力，当 PAH/PSS 层数增加时分离能力提高。提高全蒸发温度则能同时提高通量和分离因数。在 62%（质量分数）的低进水量时可得到最高的分离因数 70，相应的通量为 230g/m^2 · h。其他聚阳离子，如聚乙烯亚胺（PEI）、聚二烯丙基二甲基氯化铵（PDADMAC）、聚 4-乙烯基吡啶（P4VP）和壳聚糖（CHI），都能与 PSS 进行静电组装形成聚电解质多层膜，用于气体、液体和离子的分离。Stroeve 等人[73]在多孔聚乙烯膜或固态二甲基硅氧烷上利用 PAH 和 PSS 交替沉积的技术，制备了用于选择性通透气体分子的非对称膜。通过对气体透过性和选择性的测试发现，温度升高有助于增加聚电解质多层膜对 N_2 和 CO_2 气体的选择性，并且通过改变聚电解质和调控组装层数等手段可以改善分离膜对气体的选择性。

与通常的中性高分子材料不同，聚电解质大分子主链或侧链中含有离子基团，存在着固定的电荷和不同的电荷密度。而交替组装的聚电解质薄膜呈现出一种以离子对为网链交联点的物理交联结构，交联产生的网孔大小在纳米范围内，其尺寸取决于聚电解质复合物的电荷密度 ρ。ρ 定义为聚离子复合物重复单元中所含的离子对数与重复单元中碳原子数的比值，因此 ρ 越大，交联密度也越大，则网孔尺寸越小，有利于水等小分子透过。随着电荷密度增加，通量降低，但分离因子却显著提高。如 Tieke 等人[74]通过研究不同聚电解质材料组装的复合膜分离乙醇-水（93.8∶6.2）体系时，通过改变电荷密度ρ考察了分离膜对乙醇和水分离性能的影响，发现如果忽略不同材料化学结构的差异，当它们的ρ从 0.06 增大至 0.25 时，水通量从大约 5000g/m² · h 降至 500g/m² · h，而透过液中水的含量从 5%急剧上升为 70%。

层层组装聚电解质薄膜之所以能应用在分离、渗透等工业领域，是与其组装技术特点密切相关的。层层组装技术则可以通过组装材料、组装层数、温度、溶液的离子强度、pH 值等条件调控静电自组装薄膜的厚度及膜的孔径尺寸。而膜的孔径决定了膜的分离特性，膜层厚度是决定膜通量的很重要的参数。因此，应用各种条件可以方便调控层层组装薄膜的分离性能。例如溶液的 pH 值、离子强度、聚电解的浓度等对所得聚电解质多层膜的分离性能影响颇大。这是由于溶液中的离子强度影响聚电解质分子链的构象，使其呈现舒展或无规线团结构，从而影响膜层的厚度、表面粗糙度和膜的孔径等，最终影响了组装薄膜的分离性能。而溶液的 pH 值可以控制弱聚电解质的电离度，从而调控多层膜的孔径和厚度，最终调控其分离性能。

4.6.4　在生物医药材料方面的应用

固/液界面的组装技术可以实现多种生物分子的表面固定，且生物大分子在固体表面的固定可避免其在溶液中构象的改变，达到保护生物大分子的二级结构和生物稳定性的特性，因此固/液界面的有序组装可在分子水平上实现具有识别信息、储存信息、转移信息和催化功能的新型功能材料的构筑，已成为生物医用材料表面功能设计的有效手段，在生物传感器、医用生物材料、微反应器等方面具有诱人的应用前景。

4.6.4.1　表面固定生物大分子及生物传感器

许多具有巯基官能团的生物分子通过形成自组装薄膜被固定在金表面上，可有效地构筑生物传感器和生物芯片。被固定于电极表面的生物分子（如核酸、抗体、酶甚至整个生物细胞）具有生物活性和高选择识别性，当与溶液中的受体分子产生作用时，再通过电化学技术等将信号转化并输出，即可实现高效灵敏的生物传感。由于在金表面形成的自组装膜具有很高的致密性和稳定性，参与反应的生物物质可在电极上产生响应，响应的大小与待测底物浓度成正比，因而可建立对底物进行定量分析的方法。巯基羧酸 SAMs 已用于在抗坏血酸存在下测定多巴胺，基本原理如下：在中性条件下，带负电的 SAMs 排斥抗坏血酸，而带正电的多巴胺则在负载 SAMs 的电极材料上有电化学响应，以此实现对溶液中多巴胺的检测。为了得到绝缘性更好、稳定性更高的传感器，研究者将口蹄疫病毒的衣壳蛋白 VP1 中的 135～154 氨基酸序列修饰在 ω-羟基十硫醇上，然后将其与 ω-羟基十硫醇混合共同自组装在金电极表面。所制备的传感器与单一硫醇分子所构建的传感器相比，大幅度提高了稳定性。此外，通过自组装乙酰化的半胱氨酸构建了 γ-干扰素电容性免疫传感器，将 γ-干扰素的检测限降至 10^{-18}mol/L（约 0.02pg/L）。

自组装单分子层可以在分子水平上控制表面性能，如利用烷基硫醇在金表面的自组装分子膜（SAMs），通过表面生物活性材料密度和距离的均匀排布可控制金表面的氧化还原隧道性质；还可以通过混合自组装单分子技术调节以生物配体为末端基组装分子的含量，调节生物配体密度。因此通过自组装单分子层在检测基材上制备的测试芯片，可以很好地与表面等离子共振技术（SPR，QCM，SAW）等结合，获得生物配体和相应受体特异性结合的信息，也可由此制备应用于各种生物检测、医疗诊断的生物传感器。

除了巯基化合物在金表面的自组装薄膜用于生物传感外，很多天然的生物大分子带有电荷，如 DNA、蛋白质、糖等其他生物分子，也可通过层层组装技术将这些生物大分子固定在材料表面，实现生物传感等功能。并且可以把球状的蛋白质分子置于固体基底的适当位置，构筑具有纳米尺度高度有序的蛋白质序列的多层膜。这种有序的蛋白质薄膜，在生物反应器和传感器等领域发挥了作用。利用层层组装技术可以在保留生物分子活性的基础上，将生物分子与媒介体共同固定到电极表面，得到纳米尺度的有序薄膜。这种固定在电极表面的酶的多层超薄膜不仅能对周围环境变化产生快速的响应，而且能为电极提供更多量的电活性，大大提高所修饰电极的检测限和灵敏度，广泛应用于电化学。例如在铂电极上利用层层组装形成的葡萄糖传感器，可在 $1\times10^{-5}\sim3\times10^{-2}$ β-D-葡萄糖（正常人与糖尿病人血糖浓度范围内）得到良好的响应[75]，为葡萄糖传感器的进一步研发提供了很好的基础。聚二烯丙基二甲基氯化铵（PDDA）和胆碱氧化酶（ChOx）交替沉积在修饰有多壁碳纳米管（MWCNTs）的电极上，可构建电流型胆碱生物传感器。研究发现，MWCNTs 的修饰使电极对 H_2O_2 的催化电流明显增大，制成的酶电极可以有效控制酶量的使用，酶的组装层数为 8 时最优，对胆碱的线性响应范围为 $5\times10^{-7}\sim1\times10^{-4}$mol/L，灵敏度为 12.53μA/mmol，响应时间为 7.60s，检出限为 2×10^{-7}mol/L（S/N=3）。传感器的抗干扰能力强，稳定性好，30d 时的响应电流值仍保持最初的 89.5%。

胥传来等人[76]将巯基修饰的互补的单链核酸 DNA-1 和 DNA-2 分别自组装到金纳米棒（AuNR）和金纳米颗粒（AuNP）表面上，精确控制 DNA 与 AuNR 和 AuNP 的摩尔比，使得 AuNR 表面修饰大量的 DNA-1（AuNR-DNA-1），而 AuNP 表面仅修饰一个 DNA-2（AuNP-DNA-2），利用 DNA 互补技术构建 AuNR 和 AuNP 的卫星式组装体，该组装体具有明显的等离子体手性信号。实验表明，CD 信号的强度强烈依赖于吸附到金纳米棒周围的金纳米颗粒的个数,吸附的金纳米颗粒个数越多,CD 信号的强度越高。具体表现在,随着自组装时间的延长,开始出现新的 CD 信号且强度逐渐增加。在 400~800nm 的可见光区,组装基元 AuNR-DNA-1 和 AuNP-DNA-2 在该区域没有出现手性信号峰,但形成的卫星式组装体的 CD 光谱表征显示,在 520nm 和 715nm 处出现明显的 CD 信号,推测 520nm 处的 CD 信号可能是金纳米棒的横向 LSPR 与金纳米颗粒的之间的相互耦合导致的,而 715nm 处的 CD 信号可能来自金纳米棒的纵向 LSPR。

作者推测这种卫星式组装体的手性信息是一种超分子手性,使位于 "hot-spots" ("热点") 位置的手性 DNA 分子的等离子体手性增强及组装基元在空间上形成了三维的手性构型,并由此导致了等离子体相互作用。考虑到这种手性信号主要来自于组装体的形成的三维手性构型,如果在核酸酶的作用下,水解连接在 AuNR 与 AuNP 之间的 DNA 分子的磷酸二酯键,从而该卫星式组装体发生解组装,CD 信号预期应减弱或消失。当存在核酸酶抑制剂时,由于其使核酸酶失活或者阻碍了核酸酶与 DNA 的作用位点,导致 DNA 不被水解,组装体保持原有的构型,CD 信号保持不变。基于此,可以利用该卫星式组装体判定溶液体系中是否存在核酸酶及核酸酶抑制剂。例如在卫星式组装体中加入脱氧核糖核酸酶 I,随着酶作用时间的增长,在 520nm 和 715nm 处的 CD 信号强度分别逐渐降低直至消失。这说明了酶解离的过程可以作为一种组装的反过程。DLS 结果也同样说明了随着核酸酶 Dnasei 作用时间的延长,组装体的水合粒径逐渐减小,因为围绕在金纳米棒周围的金纳米颗粒的数目逐渐减少。利用 DNA 将不同粒径的金纳米颗粒组装形成金字塔组装体,并将其用于检测 Dnasei 的活性,具有方便、快速、高灵敏的优点,对 Dnasei 的最低检测限为 0.0036U/mL。利用抗原抗体的特异性识别作用将不同粒径的金纳米颗粒组装得到手性组装体,并将其用于检测水环境中抗生素的含量。该检测系统的 CD 信号强度的变化与金纳米颗粒组装体的组成密切相关。组装体的含量越多,CD 信号的强度越高。对于抗生素磺胺二甲嘧啶 (SDM) 的最低检测限为 0.014ng/mL。

4.6.4.2 医用生物材料

利用固/液界面的自组装技术,对材料表面进行生物分子的自组装修饰,可实现各种生物大分子在各种基底 (包括生物材料表面) 的有效固定,能改善材料的生物相容性,降低非特异性作用等,在构建细胞相容性界面、抗细胞黏附的界面、促细胞黏附的界面、血液相容性界面等方向具有巨大的优势和广阔的应用价值。如蛋白质、酶、抗体等生物活性分子在金属、活性生物陶瓷表面的组装,对研究将植入金属转变成能从周围细胞/组织引起特异响应的基材、生物陶瓷与骨细胞之间相容性及骨细胞在生物陶瓷表面生长基等方面具有应用价值。

例如在设计生物惰性表面时，可采用白蛋白和聚阳离子，通过静电沉积技术，在医用不锈钢和医用聚氯乙烯等材料表面形成 PEI/白蛋白超薄多层膜，从而形成生物惰性表面，提高材料的血液相容性。这种通过静电组装的白蛋白超薄多层膜在模拟体液的缓冲溶液中 40 天内白蛋白的脱落率小于 10%，表现出良好的稳定性。在生物材料表面组装聚赖氨酸/海藻酸钠（ALG）聚电解质多层膜后，能获得生物惰性的表面，显著抑制细胞与材料表面的相互作用，使细胞难以在表面黏附并铺展。

刘宗军等人[77]以天然壳聚糖为聚阳离子，肝素为聚阴离子，通过层层组装方法将这两种含有相反电荷的大分子材料通过静电作用组装在支架表面，观察其对支架血栓形成的影响。研究表明通过静电作用构建的壳聚糖/肝素复合涂层克服了单组分分子易于流失、强度低的缺陷，提高了肝素的稳定性。在与以共价键结合的肝素涂层相比，由于利用非共价作用的组装能最大限度地保留肝素在水溶液中的天然构象，能更好地保存肝素的抗凝活性，因此具有极显著的抗血栓的作用。

谭庆刚等人利用 LbL 技术在不锈钢表面组装聚乙烯亚胺（PEI）/肝素、聚乙烯亚胺/白蛋白多层膜，静态血小板黏附及静态凝血时间测试表明，PEI/肝素、PEU/BSA 多层膜均能有效阻抗血小板黏附并延长凝血时间，提高材料表面的血液相容性[78]。在受损的猪动脉血管壁上组装壳聚糖（CHI）/透明质酸（HA）多层膜后[79]，能够有效地起到抗凝血作用，并且还可以通过在多层膜内负载生物活性分子进而控制血管修复的过程。这种层层自组装多层膜工艺简单，也无需考虑基底材料的形状，在心血管材料的表面改性及修饰应用方面有着良好的前景。

体内电化学检测技术在化学和脑科学都受到很大重视，通常是将碳纤维微电极（CFE）植入动物大脑，用来跟踪神经化学物质的变化。但电极表面不可避免地受到蛋白等生物分子的非特异吸附带来的生物污染，这阻碍或完全阻止了分析物到达电极表面，影响了电极的正常使用，因此发展抗生物分子吸附微的电极是体内监测神经化学物质的关键问题。毛兰群等人[80]用两性离子磷酸胆碱（EDOT-PC）电聚合到碳纳米管表面上制备的细胞模拟电极，不仅可以抵抗蛋白质吸附，还可以保持多巴胺（DA）监测的灵敏度和时间响应性，而且在水性介质中表现出优异的生物相容性和稳定性（图 4-34）。

4.6.4.3　药物传输与控制缓释

目前，关于人工合成载体的制备及其在药物载运与控释等方面的相关工作受到了广泛关注。与传统的直接给药方式相比，药物载体具有如下优势：

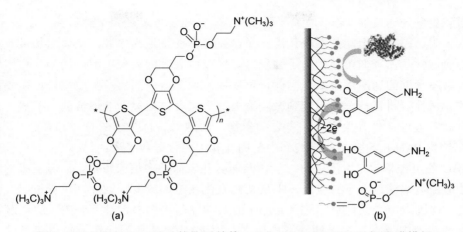

图 4-34 （a）PEDOT-PC 的分子结构；（b）PEDOT-PC/CFE 细胞膜模拟
电极示意图及其对多巴胺的检测

① 可控的药物释放速率，实现有效控制释放，使药物浓度始终保持在较为理想的范围内。

② 改变给药途径，增加给药方式，提高药物的生物利用度。通过可逆性改变人体局部生理机能，来提高药物的吸收率。

③ 扩大药物的使用范围，增强疗效，尤其是通过减少药物使用剂量来降低其毒性和不良反应。

④ 具有靶向性，可将药物定向释放到特定组织中，进而有效降低毒性和不良反应。

⑤ 改变药物的物理化学性质，以便于药效的发挥。对于体内半衰期较短的蛋白和多肽类药物，可使其在治疗过程中长时间保持有效性，避免失活。

借助层层组装技术开发的中空胶囊，其在多种刺激条件下具有可控的开-关行为，能够用于多种化合物分子的胶囊化，同时兼具控制囊壁内外不同分子扩散行为的能力，故而在药物的可控负载与释放等方面具有潜在的应用价值。

如 Sivakumar 课题组制备了基于二硫键交联聚甲基丙烯酸（PMA）的微胶囊[81]，并将两种抗肿瘤药物阿霉素（DOX）和 5-氟尿嘧啶（5-Fu）同时负载到微胶囊内部。研究表明，该微胶囊壁上的二硫键能够在细胞内降解，有利于 DOX 在细胞微环境中的释放。从体外细胞实验的数据可以看出，微胶囊化的 DOX 针对肿瘤细胞的有效性是游离态 DOX 的 $10^5 \sim 10^6$ 倍。而该微胶囊本身具有很好的生物兼容性和较低的毒性，微胶囊负载 DOX 体系在释放前并不表现出细胞毒性。因此，该微胶囊是一种良好的载药体系，具有潜在的应用价值。

渗透性是聚电解质微胶囊能否对其所包覆物质进行可控释放的关键性因素。环境因素如溶液的 pH 值、离子强度、溶剂性质以及微胶囊的陈化时间等均可影响微胶囊壁的通透性。若溶液离子强度较高，盐离子可屏蔽聚电解质的带电基团，降低聚阴、阳离子之间的静电作用，令微胶囊壁变得更为松散，从而增加微胶囊壁的通透性。而降低溶液的离子强度后，组成微胶囊壁的聚电解质间相互作用增强，微胶囊壁的通透性降低。因此，可以通过调节溶液的离子强度来调控微胶囊壁的通透性，将目标分子包埋到微胶囊内部。同理，通过调节溶液的 pH 值，也可令微胶囊壁在"开"和"关"之间转换，实现对目标分子的负载和释放。Zhu 等人[82]将 PAH/PSS 多层膜组装到中空的介孔二氧化硅粒子表面，实现了对目标药物 IBU 的可控释放。由于中空二氧化硅的微孔表面被多层膜覆盖，而多层膜的通透性能随着溶液的离子强度或 pH 值变化发生相应的改变，因此，可以按照实际需要，通过调节介质的离子强度或 pH 值来调控药物的释放速率。IBU 的溶解度在酸性溶液中很小，在碱性溶液中较大；而 PAH/PSS 多层膜在模拟胃液条件下（pH 4）的渗透性高，在模拟肠液条件下（pH 8）的渗透性低，这样就实现了通过 pH 响应性可控释放药物的目的。

崔巍等人[83]对 PDADMAC/PSS 微胶囊进行加热处理后，微胶囊囊壁变厚，直径缩小，可高效负载水溶性小分子药物盐酸普鲁卡因胺，并在超声作用下避免药物释放前期所出现的突然释放。他们还通过层层组装技术，将具有生物兼容性的材料海藻酸钠（ALG）和肿瘤坏死因子相关凋亡诱导配体（TRAIL）包覆在负载阿霉素（DOX）的碳酸钙（CaCO$_3$）纳米粒子表面，得到 TRAIL/ALG-DOX@CaCO$_3$ 复合纳米载药体系。首先将 DOX 负载到 CaCO$_3$ 纳米粒子内部，得到 DOX@CaCO$_3$ 复合纳米粒子，随后将 ALG 和 TRAIL 通过层层组装法，借助静电作用包覆在 DOX@CaCO$_3$ 表面，得到具有核壳结构的复合载药纳米体系。MTT 实验表明，将 TRAIL 组装到 CaCO$_3$ 纳米粒子表面，其保持一定的活性，并具有抑制肿瘤细胞增殖的能力。而所负载的 DOX 可进一步增强 TRAIL 诱导的细胞凋亡，表现出显著的肿瘤细胞杀伤效果。

另有研究报道将具有生物兼容性的微米尺寸壳聚糖/海藻酸钠（CHI/ALG）微胶囊负载 DOX 后直接注射到肿瘤组织中。与游离 DOX 相比，微胶囊化的 DOX 具有更明显的抑制肿瘤生长的效果。将 Fe$_3$O$_4$ 磁性纳米粒子组装到微胶囊壁中，可通过施加高频交变磁场诱导纳米粒子转动，对微胶囊壁的微结构造成影响，进而增加其针对大分子的渗透能力。该微胶囊可被 A549 细胞快速内吞[84]，其磁场敏感性使得载药体系能够实现在磁场存在下的靶向给药及可控释放。然而，高频磁场会导致所负载的药物和目标组织温度明显升高，产生不良影响。Shchukin 等人[85]采用热收缩法，同时将具有电化学刺激敏感性的聚己基紫精［poly(hexylviologen)，PHV］和荧光标记的葡聚糖两种大分子包埋到微胶囊内部，并将该微胶囊固定到聚吡咯修饰的电极上。通过外加电化学信号促使微胶囊壁的通透性增强，从而释放包埋到微胶囊内部的 PHV 和荧光标记的葡聚糖。

由于静脉注射后，实体肿瘤对直径在 500nm 以下的粒子具有高通透性和滞留效应（EPR），为了解决微米尺寸的胶囊不利于静脉注射的问题，研究者们开始致力于开发纳米胶囊。Lvov 等人[86]报道了借助超声辅助法和层层组装技术，在非水溶性药物纳米粒子表面包覆聚电解质薄膜。利用由下而上（bottom-Up）和自上而下（top-Down）两种手段，得到了粒径分布在 60～200nm 的胶体粒子。自上而下法是通过超声作用，令大颗粒的药物粉末吸附聚电解质；由下而上法则是将药物溶解于有机溶剂与水的混合溶液中，加入聚电解质水溶液后，通过超声作用促进药物的成核过程，并形成稳定的纳米颗粒。接下来，将该纳米颗粒于带相反电荷的聚电解质溶液中，继续施加超声作用，令其吸附聚电解质，即可得到载药微胶囊。

4.6.5 作为模板或纳米反应器

层层自组装薄膜可以作为微反应器原位制备金属簇和金属纳米粒子，可以通过控制薄膜的组装条件来调节纳米颗粒及纳米晶体的生长和大小，不需要预先对纳米颗粒进行改性，即可形成复合物和纳米颗粒的复合多层膜，使这种复合膜同时具有主体（LbL 膜）和客体（金属纳米颗粒和金属簇）的性质，赋予复合膜多种光电或催化性能等。因此，LbL 膜作为微反应器制备纳米粒子应具备以下两个条件：①含有能与金属离子络合的功能基团，如羧酸基团、吡啶基团、氨基等；②与金属离子结合后，薄膜仍能保持稳定。

如 Ruber 等人[87]使用 PAA 和 PAH（聚烯丙基胺盐酸盐）层层组装形成多层膜，用其负载金属离子，然后通过原位还原的方法得到金属纳米颗粒。多层膜中自由的羧酸基团可吸附溶液中的 Ag^+，经过 H_2 还原即可制备出银纳米颗粒。在此过程中，由于溶液的 pH 显著影响 PAA 中羧基的电离度，因此通过改变组装溶液的 pH 可以实现多层膜中羧酸基团浓度的调控。此外，由于在形成纳米颗粒的同时，原来结合金属离子的羧酸基团释放出金属离子，可被重复利用，因此这种方法可以重复多次用以结合更多的金属离子。当反复进行 5 次离子交换以及还原过程后，制得的银纳米颗粒的平均直径约为 9nm。该结果表明，在以 LbL 膜作为原位制备金属纳米粒子的纳米反应器中，通过调节自组装过程的条件，以实现对薄膜中金属离子浓度的控制，最终实现调控金属纳米颗粒的大小的目的。

考虑到静电层层自组装形成的聚电解质多层膜中，只有小部分的羧酸基团能够与金属离子结合，也限制了 LbL 多层薄膜作为纳米反应器的有效利用。因此，利用氢键组装形成的 LbL 多层膜因其羧酸的多利用度可用来尝试原位生长金属纳米粒子和纳米簇。但一般来讲，由于羧酸基团与金属离子的结合可能会影响薄膜的稳定性，因而利用 LbL 多层膜作为微反应器生长纳米粒子时，首先要解决结合金属离子后多层膜的稳定性问题。

在利用聚乙烯吡咯（PVPON）为氢键受体，PAA 为氢键给体通过氢键作用制备层层自组装 PVPON/PAA 膜后，将其浸泡在一定浓度 AgNO₃ 溶液中，以期实现 Ag⁺在多层膜中的负载。实验发现，原 AgNO₃ 溶液的 pH 随浸泡时间的延长逐渐降低，最后达到平衡，表明 Ag⁺取代了 PAA 羧酸基团中的 H 原子，使 PAA 羧酸基团中的 H 原子游离到溶液中造成溶液中氢离子的量增加，溶液的 pH 下降。交换达到平衡时，溶液的 pH 不再变化。由于与 Ag⁺交换的过程中，PAA 的羧酸基团的大部分氢原子被 Ag⁺取代，推测 PVPON 和 PAA 之间的氢键可能会遭到破坏，引起膜的破损。但是在实验中浸泡 Ag⁺的过程中并没有观察到成膜物质的损失，甚至比浸泡在水中的氢键层层自组装的 PVPON/PAA 膜的稳定性还要好。这种意外的稳定性可能来源于 Ag⁺不仅与 PAA 中的羧酸根以静电相互作用相结合，还存在着与 PVPON 中的羰基之间的配位作用，Ag⁺像"胶黏剂"一样把 PVPON 和 PAA 结合起来，因此当 PVPON 和 PAA 之间的氢键破坏掉之后膜并不发生解离。并且，由于 Ag⁺与 PVPON 之间的配位作用和 Ag⁺与 PAA 之间的静电作用都很强，所以经银离子交换后，多层膜的稳定性反而提高了。利用 PVPON/PAA 膜的未经交联就可在负载金属离子时保持高度稳定的性质，可通过化学还原或者光化学还原 Ag⁺的方法得到银纳米簇，或银纳米颗粒。在实验中，把上述含银离子的多层膜在 365nm 紫外灯下辐照，即可通过光致还原得到银原子，然后聚集成银纳米簇。该银纳米簇可发射荧光，且含有银纳米簇的多层膜的荧光强度随着光照时间的延长而增强，达到饱和后会逐渐减弱。作为制备荧光银纳米簇的纳米反应器，由于薄膜中的聚合物网络对嵌入其中的原子和纳米簇具有紧密的束缚作用，有效地控制了纳米簇的生长，且由于聚合物网络对银纳米簇的紧密限制，阻止其发生扩散或者聚集而使含有银纳米簇的复合膜的荧光不被猝灭，可长期稳定该复合膜的荧光。在较低的银离子浓度时，荧光银纳米簇进一步生长成较大的、无荧光的纳米颗粒的步骤就会被有效地阻止。再者，循环次数可控制层层组装多层膜的厚度，从而可以控制银纳米簇的荧光强度。当膜厚增加一倍时，最大荧光强度也增加一倍。基于此，层层组装多层膜作为纳米反应器制备金属簇，提供了一种将纳米簇加工成技术有用形式的简单方法。

此外，通过自组装技术对基板的改性，结合溶胶-凝胶技术、化学气相沉积（CVD）技术、化学液相沉积技术等，在单晶硅、玻璃等多种基底上生长出多种形态的非氧化物及氧化物无机膜，如功能陶瓷薄膜材料 SnO₂、TiO₂、CdS、ZnO、SrTiO₃ 等。Bunker 等人于 1994 年将自组装单层膜技术应用于仿生材料合成[88]，他们提出了异相成核观点，即在自组装单层膜表面成核比均相成核具有更低的热力学势垒能，从而能在过饱和溶液中产生异相成核并形成无机薄膜。通过自组装单层膜功能化修饰可以调控对无机薄膜的成核和生长，更低的成核能诱导产生异相成核，制备出的薄膜与基底的结合度强，更加致密、均匀、形态可控等。该小组在后来的研究中用乙烯基十七烷基三氯硅烷在单晶硅上制备的自组装单层膜诱导针状铁薄膜的生长，而且通过控制表面结晶的诱导时间以及前驱体溶液的过饱和度等来调控薄膜的性能。

博海洋等人利用对三氯十八烷基硅烷（OTS）在玻璃表面制备了自组装单层膜[89]，并利用紫外光辐照改变表面的润湿性质和表面形貌等特性。接触角和原子力显微镜（AFM）的结果显示，自组装单层膜在紫外光照射之前表面平整光滑，均匀平坦。而紫外光辐照后表面的粗糙度明显增加，呈现规律的锯齿条纹状，亲水性大大增强。这种亲水性的增强能使无机陶瓷薄膜前驱液在基板表面充分地润湿，有利于陶瓷前驱粒子在基板表面吸附与生长。利用功能化自组装膜层对前驱体溶液的诱导作用，以柠檬酸、$Fe(NO_3)_3 \cdot 9H_2O$、$Bi(NO_3)_3 \cdot 5H_2O$ 和冰醋酸为前驱液制备出了结晶良好的具有六方相晶型的铁酸铋（$BiFeO_3$）薄膜。薄膜表面平整，结构致密均一，与基底结合牢固。相同实验条件下，没有经过自组装薄膜修饰的普通玻璃表面，无法大面积沉积铁酸铋薄膜，而是零散地沉积上一些小颗粒，不能很好地接连成膜，基板表面上很大一部分区域都是空白，且颗粒大小分布不均。这些结果表明，铁酸铋薄膜在两种基底表面的生长模式不同。SAMs 修饰过的基底表面能很好地结合被沉积物，被沉积物通过与基底表面的基团键合，形成岛状结构，并在二维方向扩展开来，然后再结晶生长，形成空间薄膜的结构，得到的薄膜也就更加致密均匀。而在普通玻璃基底表面，由于被沉积物与表面的结合能力较弱，被沉积物更倾向与自身相互结合的方式而形成三维的岛状结构，并在三维空间不断发展，而后结晶长大，结合成膜。由于薄膜以这种方式生长，与基底表面不能充分发生键合作用，因此在普通玻璃基底上沉积的薄膜附着力差，也容易剥落。在 $BiFeO_3$ 成膜的最初阶段，在 SAMs 修饰的玻璃基板表面上 $BiFeO_3$ 薄膜的成核和生长速度比在普通玻璃表面上成膜速度要快很多，更进一步证明了 SAMs 功能化表面对成膜具有明显的诱导作用，对基底表面 $BiFeO_3$ 薄膜的沉积能够起到明显的促进作用。

4.7　小结

界面组装具有可控性强、操作简单、干扰因素小等特点，其独特的优势表现在以下几个方面。首先，界面提供了一个二维受限的组装环境，能在分子水平上限制分子的构型、排列等，因而很容易组装得到形貌和结构可控的有序超分子组装体。其次，可以通过控制分子在界面上的堆积密度，来调节二维方向分子间作用力的范围和强度，尽管单独来看这种分子间作用力是很弱的，但它们在二维方向上协同作用的结果往往能促使分子在界面上组装形成完美的超分子结构。再者，固/液界面的分子组装实现了超分子组装结构的固定,为其功能的实现打下坚实的基础。因此在 21 世纪的生命科学、分子电子学、信息科学、材料科学、生物技术及其功能材料等方面的开发和利用上具有广阔的应用前景。

参 考 文 献

[1] Parsegian, V. A.; Cingell, D. *Biophys. J.,* **1972**, *12*, 1192.

[2] Cappella, B.; Dietler, G. *Surf. Sci. Rep.,* **1999**, *34*, 1.

[3] Bigolow, W. C.; Picket, D. L.; Zisman, W. A. *J. Colloid Sci.,* **1946**, *1*, 513.

[4] Sagiv, J. *J. Am. Chem. Soc.,* **1980**, *102*, 92.

[5] Ulman, A. *Chem. Rev.,* **1996**, *96*, 1533.

[6] Mahan, G. D.; Lucas, A. A. *J. Chem. Phys.*, **1978**, *68*, 1344.

[7] Dubois, L. H.; Nuzzo, R. G. *Annu. Rep. Rev. Phys. Chem.,* **1992**, *43*, 437.

[8] Bain, C. D.; Troughton, E. B.; Tao, Y. T.; et al. *J. Am. Chem. Soc.,* **1989**, *111*, 321.

[9] Schlenoff, J. B.; Li, M.; Ly, H. *J. Am. Chem. Soc.,* **1995**, *117*, 12528.

[10] Han, B.; Zhu, Z. N.; Li, Z. T.; et al. *J. Am. Chem. Soc.,* **2014**, *136*, 16104.

[11] Hao, C. L.; Xu, L. G.; Ma, W.; et al. *Adv. Funct. Mater.,* **2015**, *25*, 5816.

[12] Hao, C. L.; Xu, L. G.; Ma, W. *Small*, **2014**, *10*, 1805.

[13] Crudden, C. M.; Horton, J. H.; Ebralidze, I. I.; et al. *Nat. Chem.,* **2014**, *6*, 409.

[14] Badia, A.; Lennox, R. B.; Reven. L. *Acc. Chem. Res.,* **2000**, *33*, 475.

[15] Tao, Y. T. *J. Am. Chem. Soc.,* **1993**, *115*, 4350.

[16] Netzer, L.; Sagiv, J. *J. Am. Chem. Soc.*, **1983**, *105*, 674.

[17] Mowery, M. D.; Menzel, H.; Cai, M.; et al. *Langmuir*, **1998**, *14*, 5594.

[18] Iler, R. K. *J. Colloid Interf. Sci.,* **1966**, *21*, 569.

[19] Decher, G. *Science*, **1997**, *277*, 1232.

[20] Jiang, S. G.; Chen, X. D.; Liu, M. H. *Thin Solid Films*, **2003**, *425*, 117.

[21] Linford, M. R.; Auch, M.; Mohwald, H.; et al. *J. Am. Chem. Soc.*, **1998**, *120*, 178.

[22] (a) Jiang, S. G.; Liu, M. H. *Chem. Mater.*, **2004**, *16*, 3985.
    (b) Jiang, S. G.; Liu, M. H. *J. Phys. Chem. B*, **2004**, *108*, 2880.

[23] Wang, L. Y.; Wang, Z. Q.; Zhang, X.; et al. *Macromol. Rapid Commun.,* **1997**, *18*, 509.

[24] Donath, E.; Sukhorukov, G. B.; Caruso, F.; et al. *Angew. Chem. Inter. Ed.,* **1998**, *37*, 2201.

[25] Ai, S. F.; Lu, G.; He, Q.; et al. *J. Am. Chem. Soc.*, **2003**, *125*, 11140.

[26] Delcorte, A.; Bertrand, P.; Wischerhoff, E.; et al. *Langmuir*, **1997**, *13*, 5125.

[27] Harris, J. J.; DeRose, P. M.; Bruening, M. L. *J. Am. Chem. Soc.*, **1999**, *121*, 1978.

[28] Beyer, D.; Bohanon, T. M.; Knoll, W.; et al. *Langmuir*, **1996**, *12*, 2514.

[29] 欧霄巍. 多种 π 体系和非 π 体系化合物与氧化石墨烯的共价键 LbL 组装膜的制备及其在有机场效应晶体管 OFETs 中的应用. 北京: 中国科学院大学, **2013**.

[30] Marcinkowsky, K. A.; Kraus, O.; Phillips, J. S. et al. *J. Am. Chem. Soc.,* **1966**, *88*, 5744.

[31] Zhang, G. J.; Dai, L. M.; Ji, S. L. *Aiche J.,* **2011**, *57*, 2746.

[32] Lee, S. S.; Hong, J. D.; Kim, C. H.; et al. *Macromolecules*, **2001**, *34*, 5358.

[33] Schlenoff, J. B.; Dubas, S. T.; Farhat, T. *Langmuir*, **2000**, *16*, 9968.

[34] Porcel, C. H.; Izquierdo, A.; Ball, V.; et al. *Langmuir*, **2005**, *21*, 800.

[35] Lefort, M.; Popa, G.; Seyrek, E.; et al. *Angew. Chem. Int. Ed.,* **2010**, *49*, 10110.

[36] Fuerstenau, D. W. *J. Phys. Chem.,* **1956**, 60, 981.

[37] Levitz, P.; Van Damme, H., *J. Phys. Chem.,* **1986**, *90*, 1302.

[38] Chandar, P.; Somasundaran, P.; Turro, N. J. *J. Colloid Interface Sci.,* **1987**, *117*, 31.

[39] Zhu, B. Y.; Gu, T. R. *J. Chem. Soc., Faraday Trans.,* **1989**, *85*, 3813.

[40] Manne S.; Cleveland, J. P.; Gaub, H. E.; et al. *Langmuir,* **1994**, *10* , 4409.

[41] Ducker, W. A.; Grant, L. M. *J. Phys. Chem.,* **1996**, *100*, 11507.

[42] Jaschke, M.; Butt, H . J.; Gaub, H. E.; et al. *Langmuir,* **1997**, *13*, 1381.

[43] Manne, S.; Gaub, H. E. *Science*, **1995**, *270* , 1480.

[44] Subramanian, V., Ducker, W. A. *Langmuir,* **1992**, *16*, 4447.

[45] Ducker, W. A.; Wanless, E. J. *Langmuir,* **1999**, *15*, 160.

[46] Burgess, I.; Jeffrey, C. A.; Cai, X.; et al. *Langmuir,* **1999**, *15*, 2607.

[47] Wang, M. F.; Qiu, D. I.; Zou, B.; et al. *Chem. Eur. J.,* **2003**, *9*, 1876.

[48] Johnson, R. A.; Nagarajan, R. *Colloids and Surf. A: Phys. Eng. Aspe.,* **2000,** *167*, 31.

[49] Manne, S. *Progr. Colloid Polym. Sci.* **1997**, *103*, 226.

[50] Wanless, E. J.; Davey, T. W.; Ducker, W. A. *Langmuir* **1997**, *13*, 4223.

[51] Wanless, E. J.; Ducker, W. A. *J. Phys. Chem.,* **1996**, 100, 3207.

[52] (a) Mizukami, M.; Moteki, M.; Kurihara, K. *J. Am. Chem. Soc.,* **2002**, *124*, 12889. (b) Yilmaz, N.; Mizukami, M.; Kurihara, K. *Langmuir,* **2007**, *23*, 6070.

[53] Rabe, J. P.; Buchholz, S. *Science,* **1991**, *253*, 424.

[54] Claypool, C. L.; Faglioni, F.; Goddard , W. A.; et al. *J. Phys. Chem. B,* **1997**, *101*, 5978.

[55] Xu, B.; Yin, S. X.; Wang, C.; et al. *J. Phys. Chem. B,* **2000**, *104*, 10502.

[56] (a) Hameren, R. V.; Schön, P.; Buul, A. M.; et al. *Science,* **2006**, *314*, 1433. (b) Palermo, V.; Samorì, P. *Angew. Chem. Int. Ed.,* **2007**, *46*, 4428.

[57] 顾惕人，马季铭等. 表面化学. **1994**, 368.

[58] Bliznyuk, V. N.; Everson, M. P.; Tsukruk, V. V. *J. Tribol.,* **1998**, *120*, 489.

[59] 张俊彦；杨生荣；薛群基. *摩擦学学报,* **2000**, *20*, 241.

[60] Tsukruk, V. V.; Blivnyuk, V. N. *Langmuir,* **1998**, 14, 446.

[61] Laibinis, P. E.; Whitesides, G. M.; Allara, D. L.; et al. *J. Am. Chem. Soc.,* **1991**, *113*, 7152.

[62] Aviram, A.; Joachim, C.; Pomepantz, M. *Chem. Phys. Lett.,* **1988**, *146*, 490.

[63] Lenfant, S.; Krzeminski, C.; Delerue, C.; et al. *Nano Lett.,* **2003**, *3*, 741.

[64] Donhauser, Z. J.; Mantooth, B. A.; Kelly, K. F. *Science,* **2001**, *292*, 2303.

[65] Gao, M. Y.; Richter, B.; Kirstein, S. *Adv. Mater.,* **1997**, *9*, 802.

[66] Service, R. F. *Science,* **1998**, *279*, 1135.

[67] Cassagneau, T.; Fendler, J. H. *Adv. Mater.,* **1998**, *10*, 877.

[68] Lee, S. W.; Kim, J.; Chen, S.; et al. *ACS Nano,* **2010**, *4*, 3889.

[69] Li, H. L.; Pang, S. P.; Wu, S; et al. *J. Am. Chem. Soc.,* **2011**, *133*, 9423.

[70] Ou, X. W.; Jiang , L.; Chen, P. L.; et al. *Adv. Funct. Mater.,* **2013**, *23*, 2422.

[71] Lee, S. W.; Yabuuchi, N.; Gallant, B. M.; et al. *Nat. Nanotechnol,* **2010**, *5*, 531.

[72] Krasemann, L.; Tieke, B. *J. Membrane Sci.,* **1998**, *150*, 23.

[73] Stroeve, P.; Vasquez, V.; Coelho , M.; et al. *Thin solid film,* **1996**, *284*, 708.

[74] Tieke, B.; Van Ackem, F.; Krasemann, L. *Eur. Phys. J.,* **2001**, *5*, 29.

[75] Anzai, J.; Kobayashi, Y. *Langmuir,* **2000**, *16*, 2851.

[76] 郝昌龙. 荧光与手性信号的纳米结构制备及食品危害因子生物传感检测 (博士学位论文). 无锡: 江南

大学, **2015**.

[77] 于文, 蒋金法, 孟晟, 等. 第二军医大学学报, **2008**, *29*, 1324.

[78] Tan, Q. G.; Ji, J.; Barbosa, M. A.; et al. *Biomaterials* , **2003**, *24*, 4699.

[79] Thierry, B.; Winnik, F. M.; Merhi, Y.; et al. *J. Am. Chem. Soc.,* **2003**, 125, 7494.

[80] Liu, X. M.; Xiao, T. F.; Wu, F.; et al. *Angew. Chem. Int. Ed.,* **2017**, *56*, 11802.

[81] Sivakumar, S.; Bansal, V.; Cortez, C.; et al. *Adv. Mater.,* **2009**, *21*, 1820.

[82] Zhu Y. F.; Shi, J. L.; Shen, W. H.; et al. *Angew. Chem. Int. Ed.,* **2005**, *44*, 5083.

[83] 崔巍. 蛋白质/多糖类复合纳米结构生物材料的组装与应用研究 (博士论文). 北京: 中国科学院大学, **2013**.

[84] Song, W. X.; He, Q.; Möhwald, H.; et al. *J. Control. Release*, **2009**, *139*, 160.

[85] Hu, S. H.; Tsai, C. H.; Liao, C. F.; et al. *Langmuir*, **2008**, *24*, 11811.

[86] Lvov, Y. M.; Pattekari, P.; Zhang, X. C.; et al. *Langmuir*, **2011**, *27*, 1212.

[87] Joly, S.; Kane, R.; Radzilowski, L.; et al. *Langmuir*, **1999**, *16*, 1354.

[88] Bunker, B. C.; Pieke, P. C.; Tarasevich, B. J.; et al. *Science*, **1994**, *264*, 48.

[89] 博海洋. $BiFeO_3$功能薄膜的液相自组装方法制备 (硕士论文). 西安: 陕西科技大学, **2010**.

第5章
液/液界面的分子组装

5.1 引言

　　液/液界面就是液体相互接触而形成的界面,是自然界广泛存在的一种界面形态。一般而言,构成液/液界面的液体可以是完全不互溶也可以是部分互溶。从广义上来说,任何两种性质不同的液体相互接触都可以生成液/液界面。比如生命体中的细胞膜是疏水的并且具有一定的流动性,其与水接触也构成了油/水界面。对于许多化学、物理以及生物运动过程来说,液/液界面上能量、物质和信息的进程都处于核心地位。在生命体中,一方面,蛋白质的折叠以及膜的形成等过程都依赖于疏水界面与水之间的相互作用;另一方面,跨越疏水/亲水界面的能量和物质转运过程则构成了生命运动的基本要素。在这一过程中,疏水/亲水界面固有的物理、化学性质又决定了转运过程和相互作用的特点。

　　性质完全不同、并且完全不互溶的有机溶剂和水相接触所形成的体系,是液/液界面的一种极端典型。在此体系中,有机溶剂和水所形成的二维界面的厚度大概有 1nm 左右。而实际存在的液/液界面体系,则多是由部分互溶的两种液体形成的,在这种情况下,尺寸为微米或纳米大小的液滴则可能在界面上形成[1]。液/液界面具有完全不同于气/液界面和固体表面的特性,因而物质在液/液界面上的自组装行为也不同于其在气/液界面和固体表面上的表现。

　　对于液/液界面的超分子组装的研究来说,认识聚集体在界面上的结构与功能特性是至关重要的。这些聚集体既可以是超分子聚集体,也可以是各种纳米材料的多层次自组装。液/液界面超分子组装的表征需要运用很多特殊的技术手段,比如,二次谐波光谱、和频振动光谱等等[2]。当然,液/液界面的超分子组装体也可以被转移到固体基片上,从而使用一些相对常规的物理手段来表征。

　　液/液界面的超分子组装体的功能特性也具有很丰富的内涵,其光化学特性、电化学特性、磁学特性等皆不同于相关体相以及气/液界面和固体表面的组装体。

这些特点对于开发新型的功能材料具有重要意义。比如，在某些情况下，液/液界面上功能化分子所形成的组装体对于非均相化学反应有显著的催化作用[3]，效果远远超过常规的相转移催化剂。在工农业生产与生活中，乃至在国防建设上，涉及液/液界面的应用更是无处不在。比如，萃取、乳化、破乳等工艺过程在工业上广泛应用。几乎所有的食物、化妆品等等都是典型的油水混合体系。而海洋中由于海水密度不同所形成的液/液界面被称为密度跃层，又叫"柔软的液体海底"[4]。密度跃层对潜艇的航行很有意义，跃层会使声波传播发生折射。当敌人的军舰发射探测潜艇的声波时，常被跃层挡了回去，这时潜艇躲在跃层下面就能避开敌人的耳目而不被发现。因而全球海洋中的液/液界面即"液体海底"都是各国海军的研究对象，领海中的液/液界面（液体海底）情况则是各国最高国防机密之一。

综上所述，无论是从宏观还是微观上来看，无论是从生命科学、材料科学还是从工农业生产与生活，乃至国防建设来说，对液/液界面进行深入的研究都具有重要意义。在这其中，构建、表征液/液界面的超分子组装体则更是超分子科学在液/液界面的体现，处于相关研究的核心地位。

5.2 液/液界面的基本特性[1,5-7]

液/液界面上的超分子自组装行为不仅仅受到分子构筑基元特点的影响，更取决于液/液界面的特性。在此，需要针对液/液界面的基本特性进行简单介绍。液/液界面的形成一般涉及三种方式：黏附、铺展与分散。黏附是指两种不同的液体相接触后，各自的表面消失，同时液/液界面形成的过程。铺展过程则是一种液体在另一种液体上展开，使 A 的气/液界面由 A 与 B 的液/液界面所代替，同时还形成 B 的气/液界面的过程。而分散则是指一种液体分散于另一种液体中的体系，比如乳状液。

5.2.1 液/液界面张力

液/液界面的张力是指作用于单位长度的液/液界面上，使界面积收缩的力，单位为 N/m。界面张力是由于分子间的作用力以及构成界面的两相物质的性质不同而引起的。界面张力反映了界面上分子受到两相分子作用力之差。界面张力一般随温度升高而下降。那么液/液界面张力的定量计算有什么特点，又是如何来完成呢？

（1）Antonoff 规则

最早由 Antonoff 提出估算液/液界面张力的最简公式，称为 Antonoff 规则。

$$\gamma_{AB} = \gamma_A - \gamma_B$$

式中，γ_A 与 γ_B 分别表示液体 A 和液体 B 相互饱和后的表面张力，而 γ_{AB} 为二者的界面张力。该经验规则非常简单，对很多体系适用，但有时偏差较大。

（2）Good-Girifalco 规则

Good 和 Girifalco 认为形成液体 A 和液体 B 的界面，其界面张力可看成是将 A 分子和 B 分子的气/液界面的表面张力之和减去越入界面时受到的相互作用界面张力。Good-Girifalco 假设这种相互作用界面张力是与液体 A 和 B 表面张力几何平均值成正比。A 分子由液相 A 迁入 AB 界面形成单位界面时所需做功为

$$W_A = \gamma_A - \Phi_{AB}\sqrt{\gamma_A\gamma_B}$$

同样，B 分子由液相 B 迁入 AB 界面形成单位界面时所需做功为

$$W_B = \gamma_A - \Phi_{AB}\sqrt{\gamma_A\gamma_B}$$

形成单位 AB 液/液界面的总功为 $W_A + W_B$，则界面张力为 γ_{AB}。

$$\gamma_{AB} = \gamma_A + \gamma_B - 2\Phi_{AB}\sqrt{\gamma_A\gamma_B}$$

式中，Φ_{AB} 为校正系数，是与两液体 A 和 B 的摩尔体积及分子间相互作用有关的参数。根据经验，Φ_{AB} 值约在 $0.5\sim1.5$ 之间。对于水与脂肪酸、醇、醚、酮体系，其值近似为 1，水与饱和烃体系的值约为 0.55，水与芳烃的值约为 0.7。

（3）Fowkes 规则

分子间相互作用力有多种类型，包括色散力（d）、氢键（h）、π 键（π）、偶极-偶极（dd）、金属键（m）、离子键（i）等。Fowkes 规则设想液/液界面张力是各种分子间作用力贡献之和。

$$\gamma = \gamma^d + \gamma^h + \gamma^\pi + \gamma^{dd} + \gamma^m + \cdots$$

并不是每种分子间都存在这些相互作用力，但是色散力是普遍存在的，相比之下，只有色散力的作用是远程的，是可越过界面起作用的，其余的作用力可能在液体 A 或液体 B 中分子间相互作用力起重要作用。于是 Fowkes 进一步假设 $\Phi_{AB}\sqrt{\gamma_A\gamma_B}$ 完全是色散相互作用力的贡献，并设 $\Phi_{AB} = 1$，因而

$$\gamma_{AB} = \gamma_A + \gamma_B - 2\sqrt{\gamma_A^d\gamma_B^d}$$

取几何平均是借鉴了非电解质溶液理论的 Van der Waals（范德华）方程中，两种分子的引力常数与同种分子引力常数间存在几何平均的关系。

要应用这一公式，首先要求知道液体的 γ^d 值。对于非极性液体 B，实验测得的表面张力 γ_B 就是 γ_B^d；对于极性液体 A，可由实验测出它与某非极性液体 C 的界面张力 γ_{AC}。

$$\gamma_{AB} = \gamma_A + \gamma_C - 2\sqrt{\gamma_A^d\gamma_C^d}$$

$$\gamma_{AB} = \gamma_A + \gamma_C^d - 2\sqrt{\gamma_A^d \gamma_C^d}$$

（4）吴氏倒数平均法

Wu[5,6]考察了不同分子间力的平均方法，指出几何平均法并不是唯一合理的加成方法。例如组分 A 和 B 的色散力系数为 C_{AA} 和 C_{BB} 分别为：

$$C_{AA} = \frac{3}{4} h \nu_A a_A^2$$

$$C_{BB} = \frac{3}{4} h \nu_B a_B^2$$

式中，h 为 Plank 常数；a 为分子极化率；ν 为分子的特征振动频率。

A 和 B 之间的色散力系数为：

当 $\nu_A = \nu_B$ 时，有 $C_{AB} = (C_{AA} C_{BB})/2$ 的几何平均关系；

而当 $a_A = a_B$ 时，有 $C_{AB} = \dfrac{2C_{AA}C_{BB}}{C_{AA} + C_{BB}}$ 的倒数平均关系。

对两种液体究竟采用何种平均应根据两者的极化率和特征频率值来决定。

5.2.2　液/液界面张力的测定

由以上内容可知，液/液界面的张力是由相关气/液界面张力推导出来的。也就是说，如果 A 液体和 B 液体形成 A/B 的液/液界面，则其液/液界面的张力可以由 A 液体和 B 液体各自的表面张力通过以上那些规则推算出来。

而液体表面张力的测定方法很多，已有很多专著或综述对这一问题进行了详尽的探讨[8-10]，本文在此不再详述。简单来说，液体表面张力的测定方法可分静态法和动态法两大类。其中，静态法包括毛细管上升法、最大气泡压力法、DuNouy 吊环法、Wilhelmy 吊片法、滴重法和滴体积法等等。而动态法则包括旋滴法、振荡射流法和悬滴法。

5.2.3　液/液界面的形成过程

（1）液/液界面形成中的黏附和内聚

液/液界面在形成过程中表面自由能（ΔG）会发生变化。与其他物理化学过程类似，如果 $\Delta G < 0$ 则这一过程可以自发进行，反之则不能自发进行。

如果两种性质完全不同的液体 1 和液体 2 相互作用，形成液体 1 和液体 2 之间的液/液界面，这一过程被称作黏附。在黏附过程中，单位面积自由能（ΔG）变化与表面张力相关。

$$\Delta G = \gamma_{12} - \gamma_1 - \gamma_2$$

其中，γ_1 和 γ_2 分别为液体 1 和液体 2 的表面张力；γ_{12} 是二者间液/液界面张力。

在两种性质完全不同的液体 1 和液体 2 之间形成液/液界面时，液/液界面张力通常小于液体 1 和液体 2 各自的表面张力之和，所以黏附过程可以自发进行。

如果液体 1 和液体 2 是同一液体，其相互作用导致界面消失。这一过程被称为内聚。在内聚过程中，单位面积自由能（ΔG）变化则变为

$$\Delta G = -2\gamma_1$$

内聚过程中自由能变化的大小反映了液体分子自身相互作用的强度，而黏附过程中自由能变化的大小反映了不同液体分子之间相互作用的大小。对于液体 1 为有机物而液体 2 为水的体系而言，在黏附过程中单位面积自由能（ΔG）的变化往往远大于其内聚过程中单位面积自由能（ΔG）的变化。

（2）液/液界面铺展的形态

液体 1 在和其性质完全不同的液体 2 上铺展时，可能有三种形态：①液体 1 分子之间的相互作用更强，使得其在液体 2 之上完全不铺展；②液体 1 分子在液体 2 之上形成多层膜；③液体 1 分子在液体 2 之上形成单分子膜。

与黏附和内聚过程相同，铺展的过程中单位面积自由能（ΔG）变化也与表面张力相关。但是，在铺展的过程，液体 1 在和其性质完全不同的液体 2 上铺展时，除形成液体 1 和 2 之间的液/液界面外，还形成了液体 1 的气/液界面。所以，其单位面积自由能（ΔG）变化可表示为

$$\Delta G = \gamma_{12} + \gamma_1 - \gamma_2 = -S$$

式中，S 被称为铺展系数。S 值越大，则铺展的过程越容易进行。

一般在实际应用中，即便是两种性质完全不同的液体 1 和液体 2 也可能会发生部分互溶，在这种情况下，其表面张力就会发生变化。所以，可用其彼此互溶达到饱和后的表面张力 γ' 来表征铺展系数，为最终铺展系数 S'。

5.2.4　乳状液

分散是液/液界面形成的方式之一，主要是指一种液体分散于另一种液体中的体系。乳状液则是一种典型的涉及液/液界面的分散体系。在生产、生活当中，乳状液有非常广泛的应用。比如，很多重要的食品和化妆品都是乳状液。而在工业生产中，乳化和破乳的工艺过程广泛被使用。在生命体系的运行中，无论是消化、吸收还是新陈代谢，乳状液都是无处不在，并且起到非常重要的作用。

在乳状液体系中，液体 1 以液珠形式分散在另一种与它性质不同的液体 2 中。其中液珠被称分散相（也称内相或不连续相），而液体 2 则被称分散介质（也称外相或连续相）。液珠直径一般为 $10\mu m \sim 100nm$ 之间，液珠的直径小于 $100nm$ 则被称为微乳液体系。

通常的乳状液都是由水和油所组成的，所谓油可泛指各种与水不互溶的有机

液体。对于乳状液而言，根据分散相和连续相的不同，可将乳状液分为水包油和油包水两种类型。所谓水包油，就是指油是分散相而水是连续相的乳状液，表示为油/水（O/W）。反之，油包水就是指水是分散相而油是连续相的乳状液，表示为水/油（W/O）。牛奶是油/水型乳状液，而含水的原油就是水/油型乳状液。无论是水包油还是油包水，都不是固定的，在一定条件下，它们也可以相互转化。此外，还有一些乳状液体系表现出更为复杂的结构，被称为多重乳状液，如油/水/油（O/W/O）或水/油/水（W/O/W）等等。

乳状液作为分散体系具有很大的液/液界面面积，因而具有很高的界面能，是热力学不稳定系统。其中分散相的液珠有自发合并的倾向，而乳状液的稳定性与分散相的液珠的大小有关，分散相的液珠越小，则乳状液的稳定性越强。为提高乳状液的稳定性，通常需要加入表面活性剂作为乳化剂。表面活性剂会吸附在液/液界面上，降低界面能从而提高乳状液的稳定性。

5.3 液/液界面组装体的表征

在液/液界面所形成的超分子组装体可能具有与体相和气/液界面完全不同的结构和功能特性。而功能特性又是由超分子组装体的结构所决定的。长期以来，液/液界面超分子组装体的表征一直都比较困难，这主要是由这些超分子体系包埋在两种液体之间的特性所决定的。大多数的光谱分析技术以及形貌表征技术都着眼于体相、固体表面乃至于气/液界面。对于液/液界面超分子组装体的表征则需要更特殊并且更具表面敏感的技术。而一些着眼于宏观的传统技术手段，如表面张力的测定等则不能对液/液界面超分子组装体的微观和分子水平的细节进行研究。从另一方面来讲，近年来，技术的进步促进了液/液界面超分子组装体研究的发展。一些新的物理手段可以直接探测、研究液/液界面超分子组装体，而一些经典的光谱分析技术和形貌表征技术，经过改进、调整之后也可以用来很好地表征液/液界面。此外，液/液界面超分子组装体还可以被转移出来，进行表征[2,11]。

本书在此主要是对液/液界面组装体表征的主要技术手段进行介绍，以期给出一个液/液界面组装体表征技术的整体图景。

5.3.1 基于非线性光学的光谱技术

所谓非线性光学现象就是指介质在强激光作用下产生的极化强度与入射辐射场强之间不再是线性关系，而是与场强的二次、三次以至于更高次项有关，这种光学特点被称为非线性光学现象。非线性光学一方面研究光在非线性介质中传播时由于和介质的非线性相互作用自身所受的影响，另一方面则研究介质本身在光作用下所表现出的特性[12]。基于非线性光学的光谱技术已经被广泛应用于液/液界面组装体的表征。这些光谱技术手段主要包括二次谐波（second harmonic generation，简称 SHG）[12]与和频光谱分析系统（sum-frequency generation，简称 SFG）。对于和频光谱分析系统而言，基于红外波段的和频振动光谱（vibrational sum-frequency spectroscopy，简称 SFG-VS）则是最重要的技术手段[13]。

二次谐波（SHG）是一种非线性光学过程。在这一过程中，入射光的两个光子和液/液界面上的组装体相互作用，然后可以生成二次谐波，也就是具有两倍能量的新的光子，即光的频率增加一倍，波长减小一半。二次谐波光谱就是通过观测光照所产生的二次谐波来对液/液界面进行表征的，而在这一过程观测到的二次谐波既可以是反射波，又可以是内反射波，还可以是透射波。二次谐波光谱可以提供液/液界面分子取向排列、分子堆积等方面的信息[14-16]。

与二次谐波光谱类似，和频振动光谱（SFG-VS）也是基于二次非线性光学的光谱技术。与二次谐波光谱技术的不同之处在于，和频光谱使用两束不同频率的光作为入射光，交叉入射到液/液界面上之后，所产生的和频光可以被用来对液/液界面上分子级别的结构和功能特性进行表征。而在入射光为红外波段的情况下，即是和频振动光谱[13]。

在这里，我们将对二次谐波与和频振动光谱的基本原理进行简要的介绍，并且结合实例说明其对液/液界面组装体的表征。

5.3.1.1 二次谐波光谱

（1）二次谐波光谱的基本原理

在二级非线性光学中，介质的二级非线性极化强度与光场的关系可以用以下公式表示：

$$P^{(2)}(2\omega) = \chi^{(2)}E(\omega)E(\omega)$$

式中，ω 为入射光的频率；E 为入射光的场强；$\chi^{(2)}$ 为二阶非线性极化率；$P^{(2)}$ 则为相关二阶非线性极化强度。作为二阶非线性极化率 $\chi^{(2)}$ 则与介质本身的特性相关。

在使用二次谐波光谱研究液/液界面的过程中，观测到的界面 SHG 信号的强度即 $I(2\omega)$ 与入射光的强度即 $I(\omega)$ 也是有相关性的。

$$I(2\omega) = \frac{32\pi^3\omega^2\sec^2\theta_{2\omega}}{C^3}\mid e(2\omega)\chi^{(2)}e(\omega)e(\omega)\mid^2 I^2(\omega)$$

式中，$\theta_{2\omega}$ 代表产生的 SHG 信号相对所研究的界面曲面法线的角度；而向量 $e(\omega)$ 和 $e(2\omega)$ 则分别是在界面上的线性和二级非线性光场[17]。

（2）二次谐波光谱的实验装置

由于界面上产生的 SHG 信号与入射光强的平方成正比，为有效检测到 SHG

信号，就必须使用能量较高的入射光源。一般的实验装置（图 5-1）都使用纳秒或皮秒级的高能量脉冲激光器（ultrafast laser）。入射激光在照射到相关界面之前还必须先被偏振片转化为偏振光以期消除干扰，而所产生的 SHG 信号也要先通过偏振片和滤镜。相对所研究的界面曲面法线而言，一般入射光的角度被设定到 30°～70° 之间[18]。

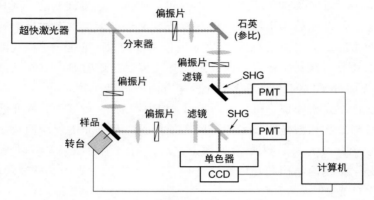

图 5-1 SHG 实验装置示意图

（http://www.albany.edu/OpticalPhysics/images/shgsetup.PNG）

（3）二次谐波光谱用于液/液界面表征的实例

二次谐波光谱是研究液/液界面超分子组装的强有力的技术手段，利用这一技术手段，可以对界面上分子级别的结构和功能特性进行详细表征。然而二次谐波光谱用于液/液界面表征的实例有很多，在此我们不可能一一列举。我们将比较详细地介绍一个近期的具有代表性的工作，以期对二次谐波光谱在液/液界面表征上的应用加以说明。还有其他一些重要的涉及二次谐波光谱的工作将在本书后面章节"液/液界面组装体的结构与功能"中加以介绍。

美国马里兰大学的 William H. Steel 和 Robert A. Walker 使用二次谐波光谱（SHG）技术研究了液/液界面区域的"宽度"，也就是这一区域的偶极宽度[19]。他们使用一系列两亲分子作为"分子尺子"配合二次谐波光谱来进行这一研究。这些两亲分子使用磺酸基作为亲水端，通过不同链长的烷基链与另一个对硝基茴香醚头基相连（图 5-2）。

这些"分子尺子"可以分散在水和其他有机溶剂所组成的液/液界面上，其亲水的磺酸基将位于水相而疏水的烷基链和硝基茴香醚发色团则倾向于分布在有机相中。由于烷基链长度的不同，这些"分子尺子"延伸入有机相的距离也不相同，从而造成发色团在相关有机相中的位置不同。Steel 和 Walker 通过使用 SHG 技术对这一液/液界面上的"分子尺子"进行了研究，他们发现硝基茴香醚发色团本身在不同环境中的激发波长是不同的，比如说在水溶液中为 318nm±2nm，而在

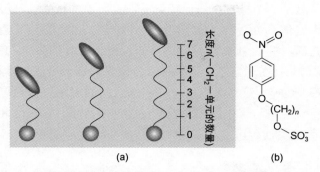

图 5-2　在液/液界面上吸附的作为"分子尺子"的表面活性剂分子的
示意图（a）及其分子结构式（b）

由于位于亲水的磺酸头基（球形表示）和疏水硝基茴香醚发色团（椭圆形表示）之间的烷基链的
延长（主要体现在亚甲基基团的数量），疏水的硝基茴香醚探针可以进一步延伸到有机相中。
利用烷基链的长度和发色团不同激发波长的相关性，就可以探测界面的长度

环己烷溶液中则为 295nm ± 2nm。而在液/液界面上，取决于"分子尺子"长度的
不同以及有机相的不同，同一发色团的激发波长会有很大的不同。基于这一结果，
他们就可以推测出水和其他有机溶剂所组成的液/液界面上的极性转变，即由强极
性的水转变为弱极性的有机溶剂的距离，也就是相关液/液界面的"宽度"。

环己烷/水的液/液界面是一种典型的完全不互溶并且相互之间作用力较弱
的体系。当使用"分子尺子"配合 SHG 技术研究环己烷/水的液/液界面时，SHG
的结果显示最大激发波长出现在 308nm，说明界面的极性恰恰是相关两种液相
极性的平均值。当"分子尺子"中的烷基链由两个亚甲基延长为 4 个乃至 6 个
亚甲基之后，相关 SHG 信号也逐渐短波长移动，即向环己烷溶液中的状态靠拢
（图 5-3），这一结果说明，不同长度的"分子尺子"是处在一个极性逐渐改变的
环境中。如果说带有 6 个亚甲基的"分子尺子"中的发色团是完全处于环己烷
的非极性环境中的话，则从强极性的水相到非极性的环己烷相的液/液界面的
宽度必然不会大于带有 6 个亚甲基的"分子尺子"的长度，也就是 0.9nm。这
一结果显示至少对环己烷/水而言，液/液界面的区域是非常小的，可以说是单
分子级的。

在以上工作的基础上，Steel 和 Walker 又运用同一思路和方法对辛醇/水的液/
液界面体系进行了研究。与环己烷/水体系颇为不同的是，辛醇与水之间有比较强
的氢键相互作用，这使得其液/液界面体系变得更为复杂。同样，硝基茴香醚发色
团本身在水溶液中的激发波长为 318nm，而在辛醇溶液中则为 303nm。非常有意
思的是，当带有两个亚甲基的"分子尺子"分散于辛醇/水的液/液界面上之后，
SHG 结果显示其发色团的激发波长是 285nm ± 2nm，既小于单纯的水体系也小于
单纯的辛醇体系（图 5-4）。这一结果说明位于辛醇/水界面的两个亚甲基的"分子

尺子"事实上是处于一个极性很弱的环境中，界面上的极性比辛醇或水体相中的极性都要小。在此体系中，当"分子尺子"中的烷基链逐渐延长为 4 个、6 个乃至 8 个亚甲基之后，相关 SHG 信号却逐渐向长波长方向移动。也就是说，当界面上"分子尺子"的长度延长之后，其头基所处位置的环境极性与体相的极性趋同。作者认为在辛醇/水的液/液界面上，辛醇和水之间的氢键可诱导单层辛醇分子的规则排列，使得其羟基与水作用，而烷基链朝向辛醇相，在辛醇和水之间造成一层高度疏水的液/液界面。

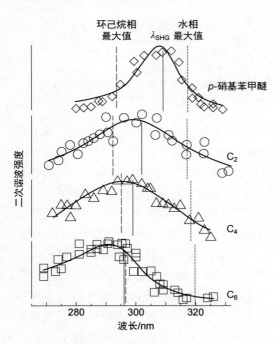
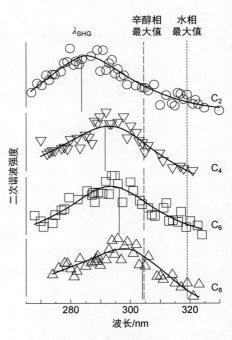

图 5-3　不同的"分子尺子"位于水/环己烷所组成的液/液界面体系上的二次谐波光谱（SHG）

虚竖线和点划竖线的位置分别代表这些分子位于水和环己烷的均相体系中所测得的 SHG 光谱的最大值，而实竖线的位置则代表从数据拟合得到的这些分子在水/环己烷界面上 SHG 光谱的最大值

图 5-4　不同的"分子尺子"位于水/正辛醇所组成的液/液界面体系上的二次谐波光谱（SHG）

虚竖线和点划竖线的位置分别代表这些分子位于水和正辛醇的均相体系中所测得的 SHG 光谱的最大值，而实竖线的位置则代表从数据拟合得到的这些分子在水/正辛醇界面上 SHG 光谱的最大值

5.3.1.2　和频振动光谱

与二次谐波光谱（SHG）类似，和频振动光谱（SFG-VS）也是基于二次非线性光学的光谱技术。与二次谐波光谱技术的不同之处在于，和频光谱使用两束不同频率的光作为入射光，交叉入射到液/液界面上之后，所产生的和频光可以被用

来对液/液界面上分子级别的结构和功能特性进行表征。而在其中一个入射光为红外波段的情况下，即是和频振动光谱（图 5-5）[13,20]。在红外光波长可变的条件下，改变波长扫描液/液界面可以得到类似红外光谱的谱图，进而可以研究界面组装体中化学键、氢键以及其他弱相互作用的情况。

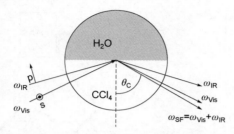

图 5-5　和频振动光谱（SFG-VS）方法在液/液界面上应用的示意图[20]

其中 p 和 s 分别代表光在平行于入射平面或垂直于入射平面的方向上的偏振

（1）和频振动光谱的基本原理

与二次谐波光谱(SHG)类似，介质的二级非线性极化强度与光场的关系也可以用以下公式表示，只不过其中的入射光有两个不同的频率：

$$P^{(2)}(\omega_1 + \omega_2) = \chi^{(2)}(\omega_1 + \omega_2)E(\omega_1)E(\omega_2)$$

同样，ω_1 和 ω_2 分别为入射光的频率；E 为入射光的场强；$\chi^{(2)}(\omega_1 + \omega_2)$ 为二阶非线性极化率；$P^{(2)}(\omega_1+\omega_2)$ 则为相关二阶非线性极化强度。

而 SFG-VS 信号的强度也同样与两道入射光强度的乘积成正比[17,20]。

$$I_{SFG} \propto |P_{SFG}|^2 \propto |\chi_{NR}^{(2)} + \sum^{\nu} |\chi_{R\nu}^{(2)}e^{i\gamma\nu}|^2 I_{Vis}I_{IR}$$

（2）和频振动光谱的实验装置

和频振动光谱的实验装置实际上也和二次谐波光谱的实验装置类似，如图 5-6 所示。主要零部件包括激光光源、放大器、光学参量放大器（TOPAS）以及光谱整形器。与二次谐波光谱的实验装置的不同之处在于，ω_{IR} 为波长在 2.3～4μm 的红外可调谐激光，ω_{vis} 为可见光波段固定波长的激光（图 5-6），而 ω_{SF} 为需要测量分析的和频光谱信号。和频振动光谱实际上就是探测对于一定的条件下的某种特定的界面上，ω_{SF} 的信号强度随 ω_{IR} 波长改变而变化的规律。在实际应用中，和频振动光谱的信号强度往往是非常弱的，除非入射光使用能量很高的皮秒或飞秒激光器。对于使用能量较低的纳秒激光器的和频振动光谱实验装置而言，则需要使用全内反射（total internal reflection）模式才可以获得强度较高的信号[20,21]。

界面组装化学

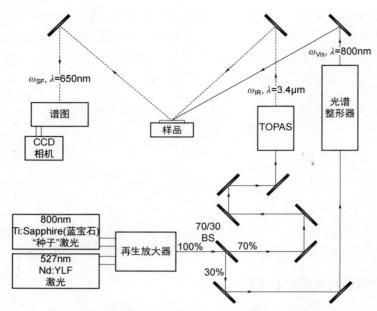

图 5-6　和频振动光谱的实验装置示意图
（http://www.physics.umaine.edu/FPALM_SFS/images/SFS/schematic.jpg）

（3）和频振动光谱用于液/液界面表征的实例

　　和频振动光谱事实上是研究界面上振动光谱的唯一技术手段，近年来被广泛应用到液/液界面组装体系的研究中。由于和频振动光谱的研究范围在红外波段，即主要是分子中化学键的伸缩、弯曲以及氢键的特性等。那么如果运用此项技术研究液/液界面体系中的分子自组装特性，则必须先消除相关环境中两种液体的影响，因为无论是水还是其他有机溶剂在红外波段都会有很强的和频振动光谱信号，特别是 OH 或 C–H 的振动信号会很强，足以掩盖样品的信号。一般来讲，解决这一问题的方法是使用重水（D_2O）来代替普通的水，同时使用其他氘代试剂充当有机相，还可以使用四氯化碳等不含 H 的有机溶剂[22]。

　　对于和频振动光谱对液/液界面组装体系的研究而言，很多工作是围绕研究在液/液界面的表面活性剂分子而展开的。比如，美国俄勒冈大学的 Richmond 和他的同事们使用内反射模式的和频振动光谱对四氯化碳/重水界面上的十二烷基磺酸钠表面活性剂的排列方式和构象进行了研究[23]。在此工作的基础上，他们进一步使用和频振动光谱对四氯化碳/重水界面上的两种表面活性剂组装行为进行了对比研究。这两种表面活性剂分别是十二烷基磺酸钠和十二烷基苯磺酸钠（结构式见图 5-7），它们都是重要的去污剂。研究结果表明，在四氯化碳/重水界面上，十二烷基苯磺酸钠中烷基链的排列方式要远比十二烷基磺酸钠中相应烷基链的排列更加无序化[24]。这说明，苯环的存在使得烷基链的排列和组装更加无序化，而苯环自身则被证明在液/液界面上交错排布。

除研究表面活性剂分子在液/液界面的排列与组装之外，Richmond 和他的同事们还运用和频振动光谱研究了在四氯化碳/水的液/液界面上水分子的超分子结构和构象[25]。因为对于 O—H 键或 C—H 键的振动光谱研究而言，四氯化碳可以说是不会带来任何噪声信号的。研究结果表明，位于液/液界面上的水分子的一个 O—H 键指向水相(键合的 OH)而另一个 O—H

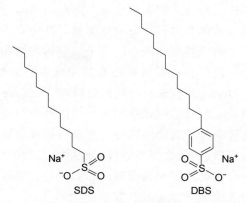

图 5-7　表面活性剂十二烷基磺酸钠（SDS）和十二烷基苯磺酸钠（DBS）的分子结构[23]

键指向四氯化碳相（自由的 OH）。而位于四氯化碳相中的 O—H 键不能形成氢键（自由的 OH），这使得这一 O—H 键具有较高的能量，比那些与其他水分子形成氢键的 O—H 键（强键合的）的能量要高。实验结果还表明，指向四氯化碳相中自由的 O—H 键的和频振动光谱信号相对于从气/液界面上所获得的信号而言，发生了一些红移，这说明水分子与四氯化碳之间有比较弱的相互作用，这些相互作用就决定了液/液界面的水分子构象（图 5-8）[25]。

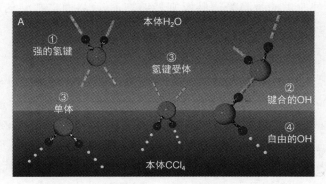

图 5-8　在 CCl_4/H_2O 构成的液/液界面上的水分子的形态[25]

5.3.2　拉曼光谱技术

当光照射到某种介质上时，会发生光散射。如果散射光的波长与激发光波长相同，就是普通的弹性散射。如果散射光的波长比激发光波长更长或者更短，则是非弹性散射。这种非弹性散射就是拉曼效应。拉曼散射遵守如下规律：散射光中在每条原始入射谱线（频率为 v_0）两侧对称地伴有频率为 $v_0 \pm v_i$（$i = 1, 2, 3, \cdots$）的谱线，长波一侧的谱线称红伴线或斯托克斯线，短波一侧的谱线称紫伴线或反斯托克斯线；频率差 ν_i 与入射光的频率 ν_0 无关，由散射物质的性质决定，每种散射物质都有自己特定的频率差，其中有些与介质的红外吸收频率相一致。拉曼散射为研究界面体系中的分子组装体的结构和性质提供了重要手段。

此外，拉曼散射还有两种重要的类型，即共振拉曼散射（resonance Raman scattering）和表面增强拉曼散射（surface-enhanced Raman scattering，SERS）。所谓共振拉曼散射就是指入射光的波长与样品的吸收光谱有某些重合时，由于电子跃迁和分子振动的耦合，使某些拉曼谱线的强度陡然增加，这个效应被称为共振拉曼散射。而表面增强拉曼散射则是指当一些有机分子被吸附到某些粗糙的金属，如金、银或铜的表面时，它们的拉曼散射强度会得到极大的增强，这种现象被称为表面增强拉曼散射效应。

就拉曼光谱而言，检测样品分子能级的跃迁既可以体现在转动能级上也可以体现在振动能级上。与分子红外光谱不同，极性分子和非极性分子都能产生拉曼光谱，因而拉曼光谱可用于非极性分子体系的研究。相对于红外光谱，拉曼光谱的另外一个重要优势则体现在用拉曼光谱研究水溶液比较方便，这也正有利于液/液界面的表征[26]。得益于近年来快速发展的激光技术和纳米技术，拉曼光谱近年来的发展非常快。一些新的技术比如非线性拉曼光谱、拉曼光谱显微镜以及针尖增强拉曼光谱等正在获得越来越多的应用[26]。

当然，普通的拉曼光谱就可以对液/液界面的自组装体系进行表征，而一些新的技术以及经过改进的拉曼光谱装置则能够在液/液界面自组装的研究中起到更加重要的作用。下面将重点介绍两个典型的例子。

5.3.2.1 离心液体膜共振拉曼光谱

日本大阪大学的 Hitoshi Watarai 和他的同事们开发了一种可以原位研究液/液界面拉曼光谱的装置，就是离心液体膜共振拉曼光谱（centrifugal liquid membrane-resonance Raman）（图 5-9）[27]。这种方法主要是使用两种不互溶的液体位于高速旋转的可透光的圆柱体池子中，利用离心力形成非常薄的两相液膜，进而可用来观测。

Hitoshi Watarai 和他的同事们使用这一实验装置研究了钯取代的吡啶偶氮苯衍生物（PdLCl）在液/液界面的吸附行为（图 5-10）。他们使用离心液体膜共振拉曼光谱装置分别研究了配合物 PdLCl 在体相和液/液界面中的共振拉曼光谱信号。结果显示，随着溶剂介电常数的增加，配合物 PdLCl 中偶氮信号强度减弱而亚胺信号强度增加，PdLCl 的偶极矩也从左向右减小（图 5-10）。此外，PdLCl 在庚烷/水和甲苯/水的液/液界面中的共振拉曼光谱信号与其在低介电常数的有机溶剂（如甲苯和氯仿）中有很大的不同，而与其在高介电常数的乙醇水混合物中的共振拉曼光谱信号则有很大的相似性。这一结果说明，当配合物 PdLCl 分布在庚烷/水和甲苯/水的液/液界面上时，PdLCl 的配体受到介电常数高的水相的强烈影响。

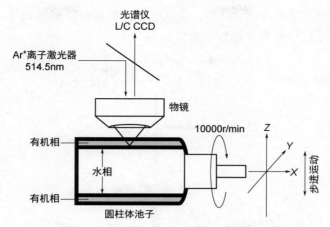

图 5-9　离心液体膜共振拉曼光谱试验装置示意图[27]

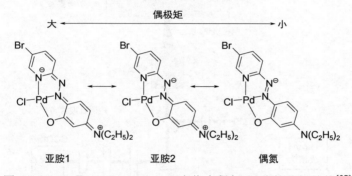

图 5-10　Pd(Ⅱ)-5-Br-PADAP 配合物中偶氮-亚胺的共振结构[27]

5.3.2.2　全内反射共振拉曼显微镜

拉曼显微镜可以很直观地给出基于拉曼光谱的图像,在液/液界面自组装体系的研究中有着重要的潜在用途。日本大阪大学的 Hitoshi Watarai 和他的同事们同样对于全内反射共振拉曼显微镜(total internal reflection resonant Raman scattering microscopy)及其在液/液界面自组装体系的研究中的应用做了很多工作[28]。

他们搭建了如图 5-11 所示的全内反射共振瑞利和拉曼显微镜,这种装置既可以拍摄液/液界面的瑞利散射图像,又可以拍摄液/液界面的拉曼散射图像。其设备包括激光光源、氙灯光源、紫外可见光谱仪、拉曼光谱仪以及用来放置液/液界面样品的两相玻璃池。他们使用这种全内反射共振瑞利和拉曼显微镜研究了十二烷/无机酸水溶液的液/液界面上质子化的四苯基卟啉(HTPP)的自组装特性。拉曼显微镜的结果显示,HTPP 的自组装形貌与无机酸中对离子种类和特性有很大的相关性。比如在十二烷/盐酸的体系中,HTPP 自组装形成片状结构,而在十二烷/高氯酸的体系中,HTPP 则自组装形成枝状结构,在十二烷/硫酸的体系中,HTPP

自组装形成棱锥状结构（图 5-12）。而这些不同的显微拉曼形貌与 HTPP 分子 *J* 聚集以及不同无机酸的对离子的疏水性相关。

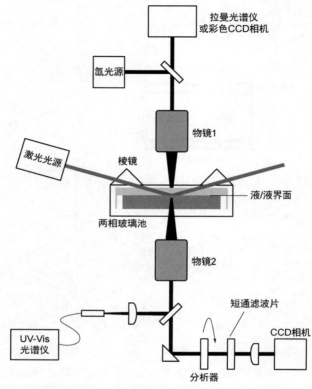

图 5-11　全内反射共振拉曼显微镜的实验装置，即用于在十二烷/水所组成的
液/液界面上测定光散射和光吸收的实验装置[28]

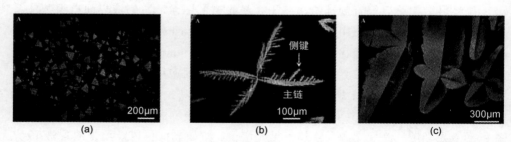

图 5-12　使用全内反射共振拉曼显微镜分别测定的在十二烷/盐酸（a）、十二烷/高氯酸（b）
以及十二烷/硫酸（c）液/液界面上四苯基卟啉（TPP）的超分子聚集体的图像[28]

5.3.3　全内反射荧光光谱

所谓荧光就是某些物质经某波长入射光照射后，分子被激发从 S_a 态跃迁到 S_b 态，并在很短时间内去激发从 S_b 态返回 S_a 态，并且发出波长高于入射光的再

发射光，这种再发射的光被称为荧光。

　　荧光光谱包括激发光谱和发射光谱两种。激发光谱是荧光物质在不同波长的激发光作用下测得的某一波长处的荧光强度的变化情况，也就是不同波长的激发光的相对效率；发射光谱则是在某一固定波长的激发光作用下荧光强度在不同波长处的分布情况，也就是荧光中不同波长的光的相对强度[29]。

　　荧光光谱也可以被用于对液/液界面进行表征，特别是全内反射荧光光谱（total internal reflection fluorescence spectroscopy，TIRFS），是一种新型的荧光光谱技术，可以对液/液界面的超分子组装体进行充分的表征（图 5-13）。全内反射荧光光谱的主要原理是基于相接触的两种液体对于光具有不同的折射率，从而可以形成内反射[30]。一般而言，入射光都是从有机相照射进去，在与水相的界面上实现内反射的。当然，入射光在到达界面之前，也必须首先通过偏振片转变成偏振光。

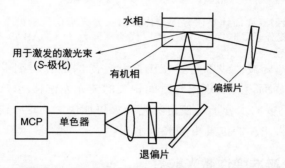

图 5-13　用于液/液界面体系研究的全内反射荧光光谱的实验装置示意图

　　如果使用全内反射荧光光谱（TIRFS）研究液/液界面的超分子自组装，那么一个重要的前提就是用于组装的分子必须具有较强的荧光量子产率，比如一些染料分子。此外，因为并非只有液/液界面上的染料分子可以发荧光，体相中的染料分子同样也可以发荧光，所以要研究液/液界面上的荧光还必须得消除体相中荧光的影响。

　　日本东北大学的寺前纪夫（Norio Teramae）和他的同事们使用时间分辨全内反射荧光光谱对液/液界面的两亲性染料分子的自组装特性进行了研究[31]。他们分别使用硬脂酸取代的蒽酸分子（12-AS）和丁酸取代的蒽酸分子（4-ABA），在庚烷/水的界面进行了研究（图 5-14）。

　　寺前纪夫和他的同事们发现在含有 3mol/L 乙醇的庚烷溶液中，12-AS 和4-ABA 的荧光光谱移动都与时间相关，而其荧光衰减曲线都可以用双态动力学模型来进行拟合。这一结果可以归结为两种溶剂组成的溶液中，乙醇分子可以在选择性富集在发色团周围，也就是所谓优先溶剂化作用。然而，对于庚烷/水的液/液界面而言，12-AS 和 4-ABA 则表现出完全不同的荧光特性。其中，12-AS 的荧

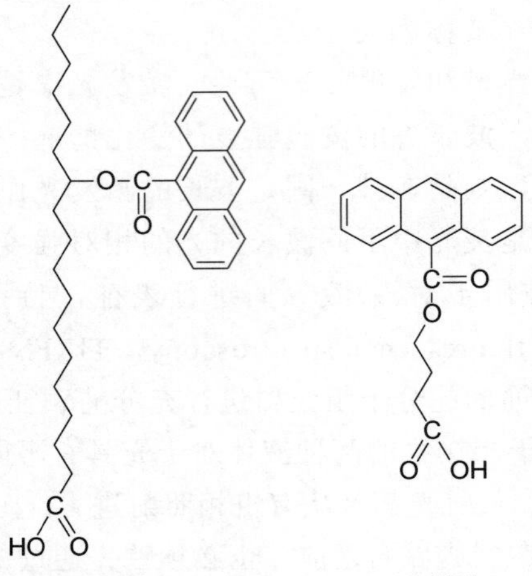

图 5-14　用于液/液界面体系研究的全内反射荧光光谱研究的模型化合物硬脂酸
取代的蒽酸分子（12-AS）和丁酸取代的蒽酸分子（4-ABA）的结构[31]

光光谱移动和荧光衰减曲线都与其在庚烷和乙醇的混合溶剂中的结果类似。而
4-ABA 在庚烷/水界面没有表现出与时间相关的荧光光谱移动，这说明 4-ABA 发
色团周围可能有更多的水分子，使得荧光猝灭更加快速。这一结果充分显示了相
对 12-AS 而言，4-ABA 的位置更加靠近水相。

5.3.4　时间分辨准弹性激光散射

时间分辨准弹性激光散射（time-resolved quasi-elastic laser scattering，简称
QELS）是一种基于激光光散射原理的重要光谱技术。对于液/液界面而言，时间
分辨准弹性激光散射可以原位研究分子的动态过程。这一技术主要是观测表面张
力波（capillary wave）的频率变化，而这一频率又是由于分子在液/液界面的热起
伏所同步产生的。

液/液界面表面张力波的频率是由其表面张力所决定的，而液/液界面的表面
张力的变化一般又是由这一界面上的表面活性剂的量和自组装特性所决定的。这
样一来，使用时间分辨准弹性激光散射来研究表面张力波的频率变化，就可以原
位研究液/液界面上的表面活性剂分子扩散、排列以及自组装的动态过程。

表面张力波的频率可以由如下公式表示：

$$f = \frac{1}{2\pi}\left(\frac{\gamma}{\rho_U + \rho_L}\right)^{1/2} k^{3/2}$$

式中，f 为表面张力波的频率；ρ_U 为上层液相的密度；ρ_L 为下层液相的密度；k 为
表面张力波的波数。

入射激光的波数与表面张力波的波数之间的关系可由以下公式来表示：

$$K \tan \theta = k$$

式中，k 是表面张力波的波数；K 是入射激光的波数；θ 取决于入射光程与衍射光栅[32]。

时间分辨准弹性激光散射的实验装置如图 5-15 所示，入射光使用激光，通过样品池，得到散射光。样品池中由水相和醇相构成液/液界面，并且具有液/液界面表面张力波。而所得到的散射信号则需要首先进行傅里叶变换。时间分辨准弹性激光散射可以很好地原位研究液/液界面上分子的动态过程，这是这一技术手段的最大特点。关于时间分辨准弹性激光散射在液/液界面研究上的应用，其中最重要的例子就是其对相转移催化体系的实时跟踪研究。在此，我们还是首先列举出一个最具代表性的例子加以说明。

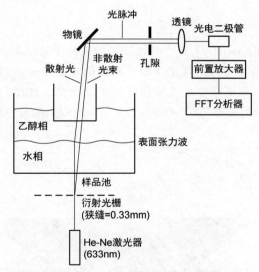

图 5-15　用于液/液界面研究的时间分辨准弹性激光散射的实验装置示意图[32]

日本东京大学的 Tsuguo Sawada 和他的同事们使用时间分辨准弹性激光散射研究了相转移催化剂四丁基溴化铵（tetrabutylammonium bromide，TBAB）在液/液界面上的浓度与其催化反应循环的速率之间的关系[33]。四丁基溴化铵（TBAB）在液/液界面上可以和苯酚钠形成离子对（$TBA^+C_6H_5O^-$），然后这一离子对可以从界面转移到有机相中，在有机相中与二苯基磷酰氯反应生成三苯基膦。在反应过程中，与产物三苯基膦同步生成的四丁基氯化铵将返回到水相中（图 5-16）。

Tsuguo Sawada 和他的同事们发现，增加相转移催化剂 TBAB 的浓度并不能加速这一反应循环。时间分辨准弹性激光散射的结果证明增加的相转移催化剂

TBAB 将会在液/液界面富集，从而阻碍、干扰了重要中间体离子对（TBA⁺C₆H₅O⁻）的跨界面运动。这一结果表明，在相转移催化的两相化学反应中，并非相转移催化剂的量越多催化效果也越好。多种因素必须综合考虑。

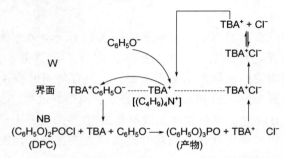

图 5-16   在水/硝基苯所组成的液/液界面上的相转移催化示意图[33]

5.3.5   椭圆偏光

椭圆偏光法（ellipsometry）是一种比较传统的光学方法，也是另外一种重要的可用于液/液界面自组装研究的技术手段。椭圆偏光法主要是通过测定入射激光在液/液界面反射之后其偏振状态的改变程度来实现的[34]。使用椭圆偏光法可以测定液/液界面的厚度、折射率等等[35]（图 5-17）。图中所示液/液界面为油/水界面。

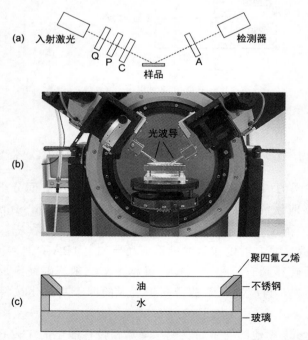

图 5-17   用于测定液/液界面体系的椭圆偏光实验装置[35]

　　对于椭圆偏光技术而言，入射光经过偏光片之后，被极化为线性偏振光，然后再通过补偿镜片后照射到液/液界面上。所得到的反射光同样通过补偿镜片、偏光片之后再进入检测器。椭圆偏振的入射角等于反射角，而入射光与反射光在同一平面上，被称为入射平面。而所谓椭圆偏振主要指入射光被分为与入射平面平行及垂直的光，被分别称之为"p"或"s"偏振光。在椭圆偏光技术应用中，基本上是测量椭圆偏振的两个参数，即 Ψ 和 Δ。而这两个参数则是由"p"和"s"偏振光的反射系数（分别是 r_s 和 r_p）所决定。

$$\frac{r_p}{r_s} = \rho = \tan\psi e^{i\Delta}$$

　　使用椭圆偏光技术可以对液/液界面的厚度进行表征。比如，表面活性剂十六烷基三甲基溴化铵（$C_{16}TAB$）在十四烷/水界面所形成表面冻结层就可以用椭圆偏光技术来表征，其厚度为单分子层[36]。

　　英国赫尔大学的 John H. Clint 和他的同事们使用椭圆偏光技术研究了疏水化的单分散二氧化硅纳米颗粒（直径 25nm）在甲苯/水的液/液界面的自组装特性[37]。他们首先试图使用椭圆偏光技术配合理论计算来测定这些疏水二氧化硅纳米颗粒在甲苯/水界面上的接触角，然而他们发现单纯使用椭圆偏光技术得到的结果却无法与理论模型吻合，这说明在此技术条件下，无法测定疏水二氧化硅纳米颗粒在甲苯/水界面上的接触角。他们的研究还表明，带有疏水二氧化硅纳米颗粒的甲苯/水界面是不平滑的，并且其厚度是三层左右（图 5-18）。当甲苯/水界面上疏水二氧化硅纳米颗粒量增加之后，椭圆偏振参数 Δ 发生了很大的变化，而椭圆偏振参数 Ψ 则没有什么变化（图 5-19）。当甲苯/水界面上疏水二氧化硅纳米颗粒的量低于形成单纳米粒子层的浓度时，理论计算得到椭圆偏振参数 Δ 与实际测定的结果能够很好地吻合。另一方面，当甲苯/水界面上疏水二氧化硅纳米颗粒的浓度很高

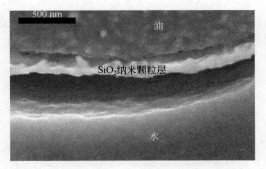

图 5-18　由直径 25nm 的表面疏水化的二氧化硅纳米颗粒稳定的 O/W 乳液体系
液滴的冷冻断裂扫描电镜（freeze-fracture SEM）图片，其中，电镜照片
显示的是穿越油/水界面的断面[37]

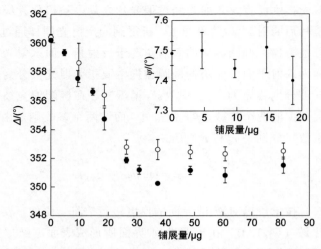

图 5-19　在甲苯/水所组成的液/液界面上，直径 25nm 的表面疏水化的二氧化硅
纳米颗粒的椭圆偏光参数 $\varDelta$ 相对于其铺展量的图[37]

其中，空心的圈（○）代表纳米颗粒从甲醇溶液中铺展；实心的圈（●）代表纳米颗粒从异丙醇溶液中铺展。插图代表在甲苯/水所组成的液/液界面上，直径 25nm 的表面疏水化的二氧化硅纳米颗粒的椭圆偏光参数 ψ 相对于其铺展量的图

时，实际测定的椭圆偏振参数 $\varDelta$ 与疏水二氧化硅纳米颗粒在甲苯/水界面形成非常紧密的单层膜的情况类似。

5.3.6　布儒斯特角显微镜

布儒斯特角显微镜（Brewster angle microscopy，BAM），是一种基于椭圆偏光的成像技术。根据布儒斯特定律，在理想界面上（即折射率为 n_1 和 n_2 介质间有明显的分界线），当一束 p 偏振光以 α 角入射时，如入射角满足 $\tan\alpha = n_2/n_1$，则反射光强度为零，此时的入射角称为布儒斯特角（图 5-20）。一直以来，布儒斯特角显微镜被广泛应用于气/液界面上自组装的研究。当表面活性剂在气/液界面上聚集时，可以改变其聚集位置上的界面折射率，进而获得整体上的聚集图像[38]。

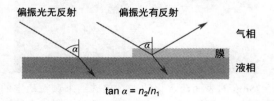

图 5-20　布儒斯特角显微镜工作原理示意图

　　近年来，经过改进的布儒斯特角显微镜也可以被用于液/液界面上自组装的研究（图 5-21）。如图所示，这种经过改进的布儒斯特角显微镜的样品池（比色皿）为液/液界面的测试进行了专门的设计。德国柏林工业大学的 Gerhard H. Findenegg 和他的同事们首次使用布儒斯特角显微镜对液/液界面上的自组装进行了研究[39]。他们使用布儒斯特角显微镜研究了正己烷/水的液/液界面上两种长链脂肪醇的自组装特性，这两种分别是长链脂肪醇分别是十八醇和 1,1,2,2-四氢化全氟代十二醇。Gerhard H. Findenegg 和他的同事们研究了这些化合物在正己烷/水的液/液界面上所形成的吉布斯单分子膜的温度诱导的相转变过程。

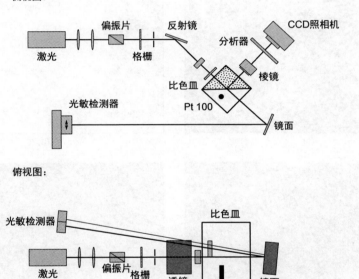

图 5-21　用于液/液界面研究的布儒斯特角显微镜实验装置[39]

　　对于 1,1,2,2-四氢化全氟代十二醇而言，布儒斯特角显微镜的照片表明其在 21℃时可在正己烷/水的液/液界面形成一些小区域的凝聚膜。而在温度变得更低的条件下，这些凝聚膜区域的大小和覆盖率将大大增加（图 5-22）。在温度较低的条件下，比如 12℃，凝聚相则可以覆盖整个界面。然而当温度从 12℃上升到 15℃时，布儒斯特角显微镜的照片显示相关凝聚膜中出现了很多黑色的小块。这些黑色的小块可以归属为膜上的孔洞，而这些孔洞是由于部分凝聚膜转变成气态膜造成的。尽管此时的温度仍然远远低于宏观相转变温度（24℃±1℃），气态膜却已经部分生成了。最有意思的是，当温度上升达到相转变温度之后，布儒斯特角显微镜的照片表明在正己烷/水的液/液界面仍然有小区域的凝聚相膜存在（图 5-22）。

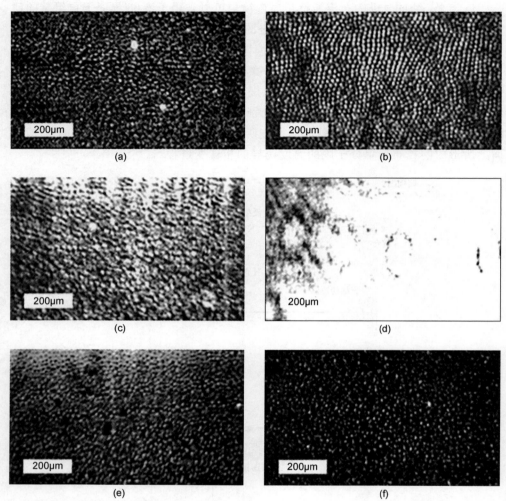

图 5-22　1,1,2,2-四氢化全氟代十二醇在不同温度下，在正己烷/水
的液/液界面的布儒斯特角显微镜的照片[39]

（a）21℃；（b）20℃；（c）15℃；（d）12℃；（e）15℃；（f）23℃

（a）→（d）温度逐步降低；（d）→（f）温度逐步升高

　　与 1,1,2,2-四氢化全氟代十二醇不同，十八醇在液/液界面上形成的凝聚相区域要更大，而其宏观相转变温度也是 24℃ 左右。在 15℃ 下，十八醇在液/液界面上形成很多圆形的区域 [图 5-23（a）]；在 12℃ 下，很多圆形的区域与凝聚相区域同时存在 [图 5-23（b）]；当温度下降到 10℃ 的时候，图像显示出连续的区域 [图 5-23（c）]。在温度保持恒定（10℃）的条件下，使用布鲁斯特角显微镜连续监测液/液界面，可以发现凝聚相的区域变成多边形，最终变成连续的凝聚相 [图 5-23（c）～（f）]。

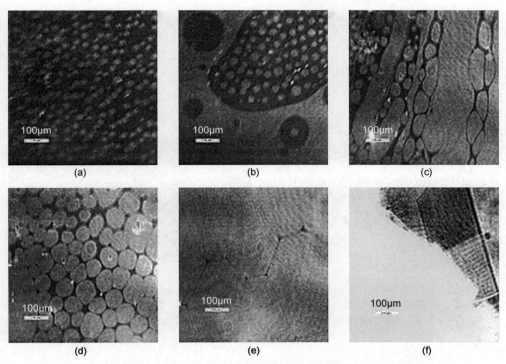

图 5-23　十八醇在正己烷/水界面上的布儒斯特角显微镜的照片，特别是在低于
相转变温度（24℃）的条件下，其畴结构随温度和时间的变化[39]

温度：（a）15℃；（b）12℃；（c）～（f）10℃；

时间：（c）45min；（d）100min；（e）108min；（f）11min

　　事实上，布儒斯特角显微镜一直是研究液/液界面上各种自组装体系的主要表征技术。在对多种功能化液/液界面体系的研究中，布儒斯特角显微镜更是不可或缺。比如，美国伊利诺伊大学芝加哥分校 Mark L. Schlossman 等人在研究液/液界面稀土离子萃取的问题时，就运用了布儒斯特角显微镜的表征。他们使用水和十二烷来构筑液/液界面体系，研究了在这其中双十六烷基磷酸表面活性剂与 $ErBr_3$ 和 $ErCl_3$ 的相互作用的特点。布儒斯特角显微镜的表征结果证实了液/液界面上表面活性剂与稀土离子形成的复合薄膜的存在，并且其变化明显受到温度的影响（图 5-24）[40]。如图 5-24（b）所示，这些布儒斯特角显微镜的照片分别拍摄于相变温度 $T_0 - 3.8℃$（A），相变温度 $T_0 - 0.8℃$（B），相变温度 $T_0 + 0.1℃$（C），以及相变温度 $T_0 + 1.7℃$（D）。我们能够看到其中的变化是非常明显的。

5.3.7　X 射线和中子散射

　　X 射线和中子散射技术（X-Ray and neutron scattering）是系列的、非破坏性并且可以精细到原子级别的分析技术。运用 X 射线和中子散射技术可以揭示物质

界面组装化学

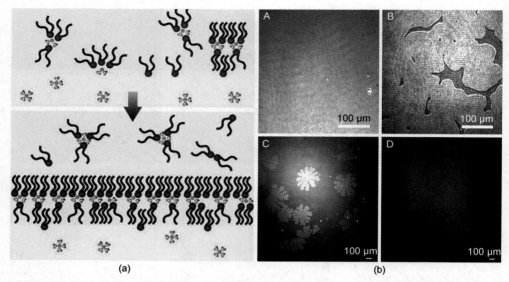

图 5-24 （a）水和十二烷所构成的液/液界面体系中，双十六烷基磷酸表面活性剂与
ErBr$_3$ 和 ErCl$_3$ 相互作用的特点的示意图；（b）水和十二烷所构成的液/液界面上
双十六烷基磷酸与稀土离子组装体的布儒斯特角显微镜图[40]

的晶体结构、化学组成以及物理性质。X 射线和中子散射技术是以检测 X 射线或中子穿过样品后的散射强度为基础，并根据散射角度、极化度和入射光波长对实验结果进行分析，以得到所需信息。

X 射线和中子散射技术是当前研究物质微观结构及其动力学过程最重要的工具之一。特别是中子散射技术，近年来获得越来越广泛的应用。一方面，中子波长与凝聚态物质中原子之间、团簇之间的距离相近，并且中子具有磁矩，可以量度小到以原子、大到以蛋白质为基本单元而构成的物质结构及其磁结构；另一方面，中子能量和凝聚态物质的动力学能量范围相符，可以探测小到纳电子伏特、大到电子伏特的分子振动，原子运动等动态过程[41]。

可使用 X 射线和中子散射技术研究的液/液界面的几种形式如图 5-25 所示[42]。首先是在大量的某种液体的表面带有另外一种液体的很薄的、纳米或微米级的液层［图 5-25（a）］，其次是两种大量的液体直接相互接触［图 5-25（b）］，而图 5-25（c）的情况与图 5-25（a）的情况类似，但是微纳米级液体层表面还带有不衰减 X 射线或中子束的单晶，比如硅或者石英的单晶。对于 X 射线和中子散射技术而言，涉及液/液界面体系的研究包括微乳液[43]系统、两亲性聚合物[44]、脂肪酸单层膜[45]、蛋白质单分子膜[46]等。

使用 X 射线和中子散射技术，科学家们研究了液/液界面的宽度、液/液界面上吸附的表面活性剂排列和组装形式、液/液界面表面活性单层膜的相变过程等。英国伦敦大学的 Ali Zarbakhsh 和他的同事们使用中子散射技术研究了十六烷/水

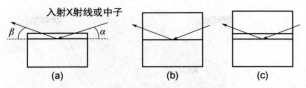

图 5-25　液/液界面上的散射形式[42]

的界面上的物理性质以及两亲性共聚物在其上的自组装行为[47]。这种两亲共聚物是基于聚丁二烯和聚乙二醇的嵌段共聚物［polybutadiene-poly(ethylene oxide)，简称 PB-PEO]。研究表明，十六烷/水的液/液界面比理论预测的结果更为粗糙。有意思的是，当 PB-PEO 分布于十六烷/水的液/液界面上之后，其可以形成两种不同的区域（图 5-26）。一种是比较薄的区域，厚度有大概 0.2nm，在这一区域中嵌段共聚物的浓度比较大，有 20%左右。另一种则是比较厚的区域，厚度有大概 0.5nm，而在这一区域中嵌段共聚物的浓度却比较小，低于 10%。

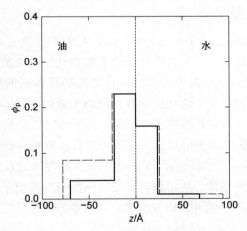

图 5-26　十六烷/水的液/液界面上嵌段共聚物分布体积率的剖面图[47]

印度萨哈核物理研究所的 Milan K. Sanyal 和他的合作者们使用同步加速 X 射线散射技术研究了甲苯/水所构成的液/液界面体系中，通过还原反应生成金纳米粒子的过程，以及这些金纳米粒子的进一步组装和排列情况[48]。X 射线反射和漫散射的研究结果表明金纳米粒子在甲苯/水的液/液界面上生成大小均一的团簇（作者称之为"magic clusters"），而这些团簇又生成单层膜（图 5-27）。

Sanyal 和他的合作者们的研究还表明，每一个大小均一的团簇都是由 13 个大约 1.2nm 的金纳米粒子组成的，这些 1.2nm 的金纳米粒子的大小与 Au55 金纳米簇的大小相同。甲苯/水的液/液界面上有机层的厚度大约是 1.1nm，位于同一平面的团簇之间的距离为 18nm。这些团簇单层膜的电子密度曲线表明，团簇是由三层金纳米粒子组成的。

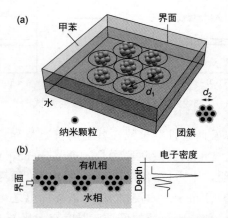

图 5-27 （a）在甲苯/水的液/液界面上，由 13 个金纳米粒子组成的团簇的 3D 示意图；（b）以上 3D 示意图的 2D 剖面模型，其金团簇在液/液界面上的深度通过 X 射线反射的数据拟合获得[48]

5.3.8 原子力显微镜

原子力显微镜（atomic force microscope，AFM）主要是通过检测原子之间的相互作用力（比如范德华力）来表征样品的表面特性。也就是说，原子力显微镜通过检测待测样品表面和一个微型力敏感元件之间的极微弱的原子间相互作用力来研究物质的表面结构及性质。这种仪器有一根纳米级的探针，被固定在可灵敏操控的微米级弹性悬臂上，当探针很靠近样品时，其顶端的原子与样品表面原子间的作用力会使悬臂弯曲，偏离原来的位置，从而可以直接测定探针与样品之间的相互作用力（图 5-28）。此外，当探针连续不断地扫描样品时，通过连续记录探针的偏离量或振动频率重建三维图像，从而获得样品表面的形貌或原子成分。原子力显微镜具有原子级的分辨率，不但可以研究形貌，还可以研究原子之间的力场[49]。

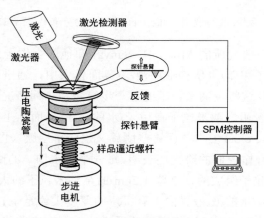

图 5-28 原子力显微镜的工作原理示意图
（http://www.spm.com.cn/node/2054）

在界面科学的研究中，原子力显微镜有非常重要的作用。相对于透射电镜和扫描电镜，原子力显微镜具有许多优点。比如，原子力显微镜可以测定高度，从而可提供真正的三维表面图像；AFM 不需要对样品进行任何特殊处理，不会对样品会造成不可逆转的伤害；原子力显微镜不需要高真空，在常压下甚至在液体环境下都可以良好工作，这样有利于其对液/液界面的研究。

原子力显微镜已经被广泛应用于液/液界面的研究中，除了可以原位或离位研究液/液界面上的分子和纳米材料的自组装行为之外，原子力显微镜还特别适用于直接测定液/液界面上的力场。液/液界面上的力场变化主要涉及一些液/液界面的形变过程，比如一些刚性的探针与液/液界面相互作用、水中两个油滴融合导致旧的液/液界面打破而新的液/液界面生成的过程、气泡的生成或破裂的过程。本文在此还是将结合实例对一些典型的工作进行介绍。

澳大利亚墨尔本大学的 Franz Grieser 和他的合作者们使用 AFM 研究了水溶液中两个油滴之间的相互作用（图 5-29）[50]。他们研究了烷烃油滴在水溶液中的相互作用力。油滴的直径很小，在这种情况下重力的影响可以被忽略，表面张力和其他弱相互作用将主要决定烷烃油滴在水溶液中的行为方式。Grieser 和他的合作者们研究了在阴离子型表面活性剂存在的条件下，油滴的表面双电层和表面张力变化情况，以及油滴在相互作用和形变条件下的力场变化情况。在试验条件下，水溶液中含有 1mmol/L 的 $NaNO_3$ 电解质，并且带有不同浓度的 SDS，分别为 1mmol/L（空心圆图）和 10mmol/L（实心圆图）。

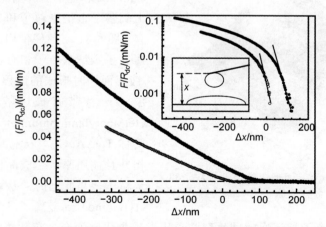

图 5-29　使用 AFM 测定的水溶液中两个癸烷油滴之间的相互作用[50]

荷兰屯特大学的 Filip 和他的合作者们借助原子力显微镜的"力-距离模式"研究了油包水乳状液中水滴的形变和浸润特性[51]。他们使用胶体粒子玻璃改造的原子力探针与水滴相接触研究表面张力和浸润特性。在制备油包水乳状液的过程中，他们还使用明胶来增加油包水乳状液的黏弹性。通过调整表面活性剂和明胶的用量，他们研究了不同条件下水滴的形变和浸润特性，探索了在此过程中表面张力、整体黏弹性以及水的斥力的影响（图 5-30）。

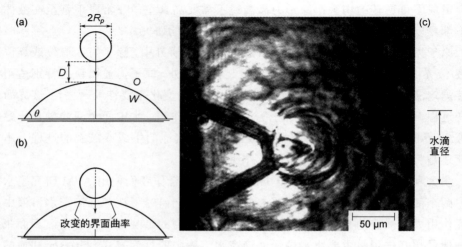

图 5-30　胶体粒子玻璃改造的原子力探针与水滴相接触的示意图：（a）探针远离油/界面的情况；（b）探针与界面相接触并且被变形的边缘包围；以及（c）原子力探针位于水滴上的显微镜照片 [51]

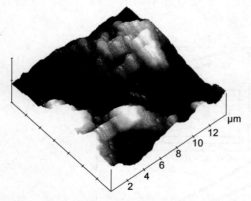

图 5-31　在液/液界面形成的金纳米粒子和有机聚合物复合物的原子力显微镜照片[52]

爱尔兰利默里克大学的 Vincent J. Cunnane 和他的合作者们在液/液界面上制备了金纳米粒子和聚合物的混合膜（图 5-31）。他们使用原子力显微镜研究了金纳米粒子和有机聚合物在液/液界面同时形成的过程[52]。在此过程中，一种带有长烷基链的金离子（tetraoctylammoniumtetracloroaurate，简称 TOAAuCl₄）从有机相转移到水相并且被还原、生成晶核最后生成纳米粒子。与此同时，从溶液中的酪胺（tyramine）到金离子发生快速的电子转移，于是金离子被还原的同时酪胺单质发生电化学聚合。在此情况下，生成的金纳米粒子可以作为内核以促进有机聚合物的生长和沉积，而金纳米粒子本身也由于有机聚合物的存在而变得更为稳定。金纳米粒子的大小可以通过改变溶液中的单体和聚合物的浓度来调控。

对于液/液界面自组装体系的研究而言，原子力显微镜（AFM）是非常有效的表征手段，甚至于可以利用原子力显微镜对液/液界面上的自组装体系进行原位的表征。比如欧洲同步辐射中心的 Luca Costa 和他的同事们就使用原子力显微镜对水/庚烷所构成的液/液界面上 SiO₂ 纳米颗粒自组装形成的单层膜进行了原位表征，得到了具有纳米尺度分辨率的图像（图 5-32）[53]。事实上，由

图 5-32　使用 AFM 对水/庚烷所构成的液/液界面上 SiO₂ 纳米颗粒自组装形成的单层膜进行原位表征[53]

于液/液界面所固有的柔软以及动态特性，AFM 在液/液界面上的原位表征并不简单。为此，Luca Costa 等人精细地制备了样品，并且对 AFM 的操作程序进行了优化。通过 AFM 原位表征，可以准确地探测到 SiO₂ 纳米颗粒的自组装形貌以及 SiO₂ 纳米颗粒堆积密度与表面活性剂浓度之间的关系。通过研究 AFM 针尖与界面之间的相互作用力，能够对液/液界面自组装体系的各种相互作用力有更深刻的认识。

5.3.9　电化学方法、双电层与电荷转移

对于液/液界面自组装体系的表征而言，电化学方法一直是一种非常重要的手段。特别是涉及界面双电层的存在，有跨界面的电荷转移发生的情况下。使用电化学手段，可以用来研究、表征液/液界面的结构，研究其上的电子转移和离子转移[11,54,55]。实际上，液/液界面的双电层本身就是一个很重要的研究方向。一方面，液/液界面的双电层实际上不仅是非常经典的电化学模型更是重要的且广泛存在的自然现象；另一方面，液/液界面双电层的研究对于开发高性能电池等技术层面的应用也有重要意义。已经有很多图书和综述详尽地讨论了液/液界面双电层的问题[11,54,55]。在这里，我们只举例说明与液/液界面超分子自组装体系表征相关的电化学方面的问题。两种互不相溶的电解质溶液实际上就已经组成了重要的液/液界面体系。此外，在更多情况下，液/液界面上的组装都包括电荷乃至离子的跨界面运动，所以电化学方法很重要。

循环伏安的方法是最为常用的电化学表征手段，其在电化学研究领域有着非常重要的应用。对于液/液界面的超分子组装体的表征而言，循环伏安的方法可以被用来研究各种与电化学相关的过程。这一方法的主要优势还在于其灵敏度较高，对于液/液界面的超分子组装体的实时跟踪效果较好，比较适合用于动力学方面的研究[56]。对于跨液/液界面而言，选择性的离子转移从来都具有非常重要的意义。美国匹兹堡大学的 Amemiya 和 Rodgers 运用循环伏安的方法研究了口径最小处只有几个微米的锥形微滴管电极中液/液界面上离子转移的动力学过程（图 5-33）[57]。结果表明，在基于钾离子和 18 冠 6 的体系中，离子的转移速率达到大约 1cm/s。

而在基于一种叫做鱼精蛋白的带电荷蛋白质体系中，离子的转移速率只有大约 3.5×10^{-5}cm/s。这些结果表明，取决于分子体系的不同，液/液界面上电荷转移速率可能会有很大的变化。

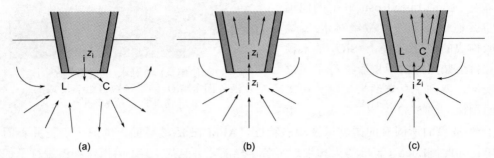

图 5-33　锥形微滴管电极中液/液界面上离子转移示意图（箭头代表离子转移的方向）[57]

就液/液界面上的离子转移研究而言，一种基于电流测定探针扫描的表征技术也是值得一提的。这种技术被称为扫描电化学显微镜（scanning electrochemical microscopy，SECM），其基本工作原理如图 5-34 所示，主要是通过测定电流与距离之间的关系来研究水/有机溶剂界面上的电荷转移。

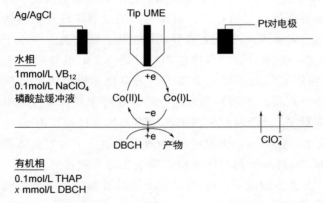

图 5-34　扫描电化学显微镜的基本工作原理示意图[58]

以色列耶路撒冷希伯来大学的 Daniel Mandler 和 Yoram Selzer 使用反馈模式扫描电化学显微镜（scanning electrochemical microscope，简称 SECM）来诱导和测量跨越液/液界面的两个离子转移（ion-transfer，简称 IT）中的电荷转移耦合（charge-transfer coupling，简称 CTC）[59]。这一耦合完全符合稳态条件下的一般模型，比如离子转移-电子转移模型或电子转移-电子转移模型。Daniel Mandler 和 Yoram Selzer 测定的反馈曲线证明了在电荷跨越液/液界面的过程中的传质限制作用。这些结果对于认识诸如生物膜体系或相转移催化体系的动力学过程有重要意义（图 5-35）。

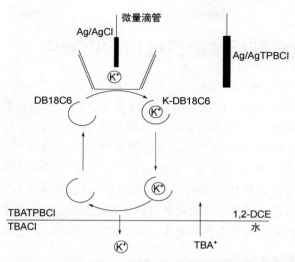

图 5-35 使用反馈模式扫描电化学显微镜来研究跨越液/液界面的
两个离子转移中的电荷转移耦合的试验装置[59]

美国纽约城市大学的 Mirkin 和 Liu 使用扫描电化学显微镜技术研究了液/液界面上的离子转移的动力学特点[60]。他们在基于水/有机溶剂的液/液界面上构建了氧化/还原体系，其中包括溶解在有机溶剂中的锌卟啉以及在水溶液中的 $Ru(CN)_6^{4-}$/$Ru(CN)_6^{3-}$ 或 $Fe(CN)_6^{4-}$/$Fe(CN)_6^{3-}$，还有可以跨界面转移的高氯酸根离子。他们发现在这一体系中，液/液界面上的电势、电解质的浓度对离子转移的速率有很大的影响（图 5-36）。

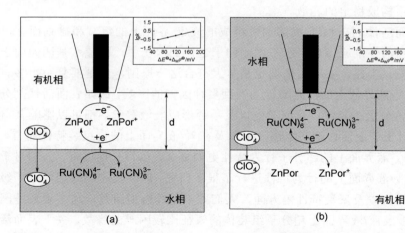

图 5-36 使用 SECM 对液/液界面上电荷转移动力学进行研究的原理示意图
（a）电荷在有机相中锌卟啉正离子和水相中 $Ru(CN)_6^{4-}$ 之间转移的情况；
（b）电荷在有机相中锌卟啉和水相中 $Ru(CN)_6^{3-}$ 之间转移的情况

5.4 液/液界面组装体的结构与功能化

有关液/液界面组装体的结构与功能化的研究可以说是方兴未艾,目前正引起科学家们越来越多的重视。在这其中,液/液界面上的超分子组装体的形态当然是多种多样的。根据参与液/液界面组装的基本构筑单元的特点,可将这些组装体大致分为有机小分子在液/液界面上的组装、纳米材料在液/液界面上的组装以及生物大分子在液/液界面上的组装等几个方面来讨论。对于有机小分子在液/液界面上的组装,将重点讨论表面活性剂和有机金属复合物在液/液界面上的超分子行为,因为这两种体系特点最为鲜明,从而最具有代表性。另外,因为乳状液是一种非常重要的分散体系,相关的研究工作非常多,所以对乳状液体系也会进行详细讨论。

5.4.1 表面活性剂在液/液界面的自组装

一般的表面活性剂都是典型的两亲分子,也就是在分子结构上同时具有亲水基团和疏水基团。在水溶液中,表面活性剂在自组装过程中一般倾向于疏水基团之间发生聚集,而亲水基团则倾向于与环境中大量的水分子相接触,进而形成各种各样的超分子纳米结构,比如胶束、囊泡等等。在液/液界面上,表面活性剂可以在很大程度上降低表面张力,而这一特性长期以来就得到了广泛的应用。比如使用洗涤剂去除水中的油污过程。表面活性剂在油/水混合体系中也可以自组装成为胶束、囊泡等超分子纳米结构,而表面活性剂降低表面张力的作用还可以使油/水混合体系构成稳定的乳液。

就表面活性剂在水/有机溶剂所组成的液/液界面上的组装和排列而言,可以想象,表面活性剂应该是亲水基团倾向于延伸到水相中,而疏水基团倾向于延伸到有机相中。当然,实际的情况也基本上符合这一原则,但是要复杂得多。表面活性剂在液/液界面上的自组装行为受到多种因素的影响,比如表面活性剂分子的结构、液/液界面的特性、环境温度以及是否形成乳液等等,都可以影响其自组装特性。相对于表面活性剂在水溶液中以及在气/液界面上的自组装特性而言,表面活性剂在液/液界面上的超分子行为特性更加复杂。尽管长期以来,人们对于表面活性剂在液/液界面上的行为特性进行了很多研究,但涉及这一课题中分子级别上的构象、排列以及聚集特性等方面,人们并不是搞得很清楚。这主要还是因为一直以来,涉及液/液界面上超分子组装体的表征比较困难的缘故。关于表面活性剂在油/水界面上形成胶束、囊泡等超分子纳米结构、降低表面张力等方面的研究,已经有很多优秀的著作进行了专题讨论[7]。在此,本文将不再赘述那些涉及表面活性剂在液/液界面上宏观特性方面的研究,而是着眼于超分子组装体的结构和功能来重点介绍一些更具有创新性且比较不寻常的工作。

自从 20 世纪 80 年代以来，就有人尝试通过使用计算机模拟的方法来研究两亲分子在液/液界面上的排列、分子的取向以及自组装特性。比如荷兰的 Smit 于 1988 年在 *Physical Review A* 杂志上发表了一篇论文，讨论了使用分子动态模拟的方法来研究两亲分子在液/液界面上的分布特性及其对界面张力的影响[61]。鉴于当时计算机性能上的诸多限制，作者将相互接触的液面 A 和液面 B 分别简化为带有不同的电荷并且可以相互作用的 256 个粒子，而两亲性分子则被简化为粒子 A 和粒子 B 的结合体，即粒子 C。在模拟参数的设定中，粒子 C 的数量要远远小于粒子 A 和 B 的数量。模拟计算的结果表明，表面活性剂分子确实是亲水端倾向于延伸到水相中，而疏水端倾向于延伸到有机相中。而液/液界面的界面张力则随着表面活性剂（即粒子 C）的浓度增加而呈线性地下降。值得一提的是，近年来随着计算机运算能力的飞速增长，液/液界面上超分子自组装的分子动力学模拟也取得了飞速进展。比如，纽约城市大学城市学院的 Kretzschmar 等人于 2014 年在 *Langmuir* 杂志上发表的专题性综述文章，就可以使我们对于现代界面体系的分子动力学模拟有一个大致的了解[62]。事实上，理论模拟不仅可以拓展人们的认知，对于理论预测进行验证，更可以对实验工作提供指引。对于液/液界面体系的分子动力学模拟，目前已经涌现出很多新的理论和方法。就其解决的问题而言，也已经拓展到很多非常细化的方面和体系。理论模拟早已成为不可或缺的工具。

当然，实验方面的工作总是最值得关注的。很多时候，为了对特定体系的某些方面进行研究，需要设计一些新的实验装置。比如，德国慕尼黑工业大学的 Nitsch 等人研究了表面活性剂对液/液界面上化学反应的影响。他们使用一种名为"搅拌池（stirred cell）"（图 5-37）的实验装置，制造出大范围宏观可见的液/液界面。这种装置还可以很好地分辨和控制流动过程对液/液界面传质以及界面反应动力学的影响。他们使用双硫腙作为有机相，与水溶液共同构筑成油/水界面。水溶液中的锌离子可以和双硫腙发生配位反应，这就是作者用来进行考察的模型反应[63]。

在没有表面活性剂存在的情况下，测得的体系传质速率的大小由界面的运输过程或界面反应来决定，也就是取决于锌离子浓度水平。在阴离子型表面活性剂存在的情况下，不但界面反应的速率发生改变，界面反应的机理也发生很大的变化。相关机理的变化涉及锌离子界面饱和浓度下的动力学、质子的敏感性消失、加入的电解质对反应速率的抑制作用等等。特别有意思的是，取决于锌离子不同的浓度，表面活性剂既可以加速液/液界面上的配位反应也可以抑制这一反应。总之，表面活性剂的存在对液/液界面上的反应动力学的影响是比较复杂的。在这一体系中，Nitsch 等人虽然提出了动力学方面的模型，但是却并不能合理解释全部的实验事实。

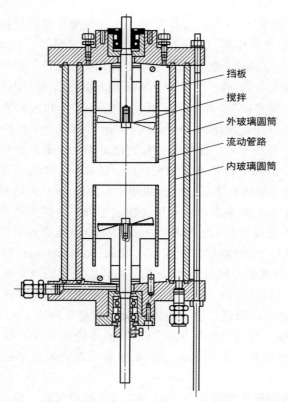

图 5-37　用于研究表面活性剂对液/液界面上化学反应的影响的"搅拌池"实验装置[63]

挡板
搅拌
外玻璃圆筒
流动管路
内玻璃圆筒

　　同样是关于油/水界面包含表面活性剂体系的研究，日本的 Yoshikawa 等人则关注油滴在水面上发生变形过程中，在油/水界面上生成小气泡的过程[64]。他们使用两种表面活性剂体系作为研究模型，包括脂肪酸和阳离子型表面活性剂。当油滴被放置于水溶液的表面上之后，油滴发生形变的过程中，在油/水界面发生挤压，从而形成油滴边泡（图 5-38）。研究表明，当体系中表面活性剂的浓度增加之后，生成的气泡体积会变小。根据这些实验观测和理论计算，Yoshikawa 等人认为气泡的生成是因为凝胶态中间体的形成和破坏过程所导致的。

5.4.2　乳状液

　　乳状液是一种非常重要的液/液界面分散体系，也就是一种液体以微小液滴形式分散在与它不相混溶的另一种液体中而形成的分散体系。在一般情况下，液滴直径大多在 100 nm~10 μm 之间。在这里，微小液滴被称为分散相，而另一种液体是连成一片的，则被称为分散介质或连续相。依据分散相和连续相的性质不同，乳状液可分为水包油（O/W）和油包水（W/O）两种类型。从热力学上来讲，乳状液一般是不稳定的。所以，乳状液的形成，在一般情况下，需要使用乳化剂来

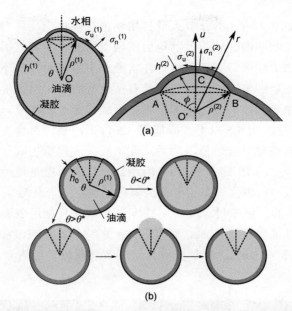

图 5-38 在油/水界面包含表面活性剂体系内，油滴在水面上发生变形过程中，
在油/水界面上生成小气泡的过程的理论模型[64]

（a）理论模型的几何构型； （b）微泡形成的机理

促进分散，维持体系的稳定，防止分散相之间的合并。这些乳化剂可以是表面活性剂、高分子材料甚至是固体粉末。在这其中，表面活性剂是最常用的乳化剂。值得一提的是，乳状液的形态，即表现为水包油（O/W）或油包水（W/O）是由多种因素决定的，这些因素包括乳化剂的类型、体系的温度条件等等。比如，使用表面活性剂作乳化剂，则表面活性剂亲水、亲油能力的相对大小则可以影响乳状液的形态。如果表面活性剂的亲水能力强，则它在水中的溶解度比在油中的大，就容易形成 O/W 型乳状液；反之，则易形成 W/O 型乳状液。当然，在一定条件下，乳状液的水包油（O/W）与油包水（W/O）还可以相互转化。

乳状液在工业、农业、医药和日常生活中都有极广泛的应用。近年来，作为液/液界面分散体系的一种重要形态，有关乳状液的研究也正引起科学家们越来越多的重视，也做了大量的工作。涉及乳状液的研究工作，无论是深度还是广度上都非常可观。另一方面，因为有关乳状液的形成过程、热力学、动力学等课题已经被充分研究和论述，在这方面也有很多优秀的学术著作[7,65,66]。所以，本书在此不准备详细讨论有关乳状液的一些较为经典课题，而是重点介绍与超分子自组装的结构和功能相关的一些最新的研究工作。

就形成乳状液本身而言，纳米颗粒在很多情况下就可以充当很好的乳化剂。使用纳米颗粒作为乳化剂的乳状液系统又叫做皮克林乳液，这是一种非常重要的乳状液体系[67]。有关这方面的研究工作也很多，在这里我们还是举几个有趣的近期工作来说明。加拿大的 Stöver 等人就使用纳米颗粒作为乳化剂，制备了基于水/二甲苯体系的 pH 响应的乳状液[68]。他们使用市售的表面氧化铝改性的二氧化硅纳米颗粒和邻苯二甲酸氢钾来构建这一乳状液。实验表明，在 pH 值为 3.5～5.5 的范围内，邻苯二甲酸氢钾可以和表面带有正电荷的氧化铝涂层二氧化硅纳米颗粒相结合，从而作为乳化剂使二甲苯在水中形成稳定的乳状液。如果改变体系的 pH 值，比如将其提高到 5.5 以上或降低到 3.5 以下，系统就会发生破乳作用，而当将体系的 pH 值调整到合适范围之后，乳状液又会重新生成。由此就获得了双向 pH 响应的乳状液。如图 5-39（a）所示，左边的小瓶是使用邻苯二甲酸氢钾（0.25%，质量分数）和表面带有正电荷的氧化铝涂层二氧化硅纳米颗粒（2%，质量分数）结合制备的二甲苯/水乳状液；中间的小瓶是只使用表面带有正电荷的氧化铝涂层二氧化硅纳米颗粒（2%，质量分数）来制备乳状液，右边的小瓶是只使用邻苯二甲酸氢钾（0.25%，质量分数）来制备乳状液，二者皆不成功，得到二甲苯/水分层体系。

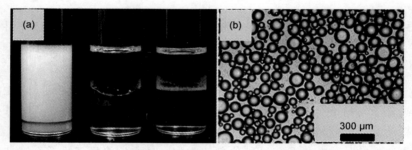

图 5-39 （a）皮克林乳液及其对照；（b）图（a）中左侧小瓶中稳定的乳状液体系的光学显微镜照片[68]

皮克林乳液的形成可以使用各种纳米颗粒作为乳化剂。新加坡南洋理工大学的 Sierin Lim 和 Nikodem Tomczak 等人近期报道了一个非常有趣的工作。他们使用蛋白质纳米笼（protein nanocage）作为稳定皮克林乳液的纳米颗粒，其所构成的皮克林乳液也表现出 pH 响应的特性，即在中性和碱性条件下稳定存在，在酸性条件下分相。蛋白质纳米笼是由从嗜热杆菌中提取的丙酮酸脱氢酶复合物来构成，具有十二面体的结构（图 5-40）。这一皮克林乳液体系可以在 50℃ 条件下稳定存在 10 天以上，并且其流变特性表现出类似凝胶的特点[69]。

因为乳状液是巨大的分散体系，在其中的液/液界面具有很大的比表面积，所以位于其中液/液界面上的超分子组装体如果用来催化化学反应就有很大的优势。最重要的是，因为这些超分子组装体是动态分散而又不固定的，其用于非均相的催化的过程就会有很多特点。近年来，对于利用乳状液进行催化的研究也正引起科学家们越来越多的重视。中国科学院大连化学物理研究所的李灿等科学家就对

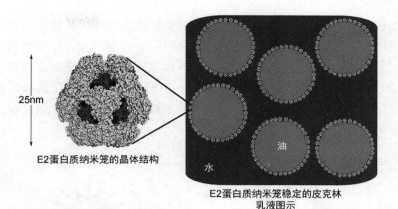

E2蛋白质纳米笼的晶体结构

E2蛋白质纳米笼稳定的皮克林
乳液图示

图 5-40 基于蛋白质纳米笼的皮克林乳液体系[69]

运用乳状液体系中某些液/液界面超分子自组装体系催化化学反应进行了研究[70]。他们使用带有铱离子的两亲性高分子作为乳化剂来构建乳液体系，这些乳化剂在驱动和稳定乳状液的同时也可以催化连续相中的某些化学反应。这些反应主要是一些芳香醛催化加氢生成醇的反应。结果表明，基于乳状液体系的催化非常高效，在使用很少量催化剂的情况下，催化加氢反应在 10min 内实现了93%的转化率。作者认为，乳状液催化系统的高效能主要是由于以下两个原因：首先，液/液界面具有很大的比表面积，使得反应底物之间以及底物和催化剂之间能够充分接触；其次，由于催化剂位于乳状液体系中的液/液界面上，在其附近反应底物的局部浓度可能会很高，这样也加速了反应的进行（图 5-41）。

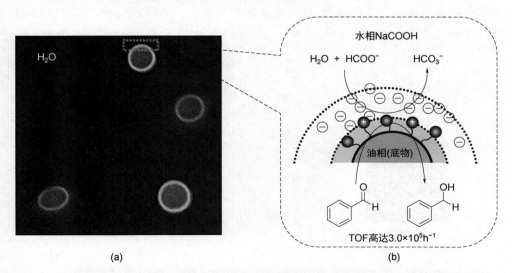

图 5-41 使用带有铱离子的两亲性高分子作为乳化剂构建的乳状液体系的荧光显微镜照片（a），以及基于乳状液体系的催化芳香醛加氢反应的机理图（b）[70]

李灿课题组还合成了含有 $EuW_{10}O_{36}$ 杂多酸以及长链两亲分子的乳化剂，该乳化剂也可催化过氧化氢对于醇的氧化作用[71]。有意思的是，这些乳化剂还可以发荧光，所以使用这些乳化剂构建的乳状液体系可以使用荧光显微镜直接观察。结果表明，使用含有 $EuW_{10}O_{36}$ 杂多酸以及长链两亲分子的乳化剂制备的乳状液体系具有很高的催化效能。此外，这些催化剂很容易通过破乳作用沉淀出来，在洗涤之后可以被反复利用（图 5-42）。

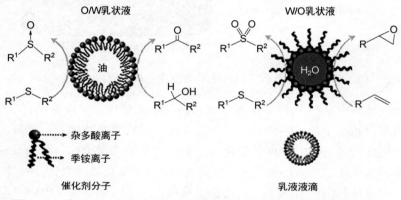

图 5-42 基于 $EuW_{10}O_{36}$ 杂多酸以及长链两亲分子的乳液催化体系，包含油包水（W/O）和水包油（O/W）两种情况[71]

在另外一项工作中，他们揭示了在水包油乳液中的两亲性咪唑/吡咯烷自组装体系能够作为超分子催化剂实现高效的手性催化（图 5-43）[72]。结果表明，超分子催化剂位于乳液液滴的表面，能够催化酮酸与醛的一种级联反应，实现高达 94% 的产率以及 99% 的 ee 值。

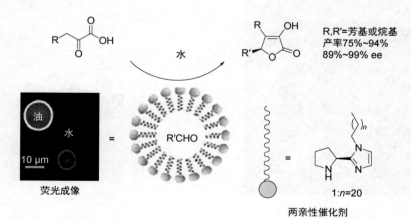

图 5-43 在水包油乳液中的两亲性咪唑/吡咯烷自组装体系能够作为超分子催化剂实现高效的手性催化[72]

谈到乳状液体系中的化学反应，那么乳液聚合则是一个非常重要的课题。乳液聚合（emulsion polymerization）是高分子合成过程中常用的一种合成方法。乳液聚合一般使用水作为连续相，在乳化剂的作用下并借助机械搅拌，使单体在水中分散成乳状液，再由引发剂引发而进行的聚合反应[73]。

近年来，科学家们对乳液聚合进行了广泛而又深入的研究，这一手段已成为合成具有多种复杂结构与功能的高分子材料的有力工具[74]。比如，美国的 Matyjaszewski 等人将原子转移自由基聚合（ATRP）的合成方法成功地扩展到乳液聚合体系之中。他们通过两步合成的方法，即在乳液聚合的过程之中加入第二单体，在原位成功制备出嵌段共聚物。结果表明，使用这种方法制备出的嵌段共聚物结构比较均一，分布范围较窄；最后合成的高分子颗粒的大小为 120nm 左右（图 5-44）。

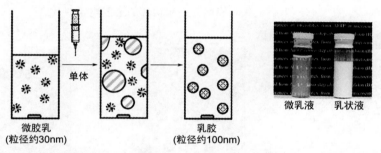

图 5-44　在普通乳液聚合体系之中的原子转移自由基聚合（ATRP）反应，
涉及两步合成的方法[74]

同样使用乳液聚合的手段，德国的 Mecking 等人合成了线型聚乙烯颗粒。有意思的是，透射电镜和原子力显微镜的研究表明，这些线型聚乙烯颗粒并不是球形的。相反，这些通过催化乙烯单体乳液聚合获得的线型聚乙烯颗粒是像小扁豆一样的椭圆形[75]。这些颗粒的纵横比都在 10 左右，直径则从 30～300nm 不等。进一步的研究还表明，这种特殊的小扁豆一样的椭圆形结构是由于线型聚乙烯所组成的片层结构沿着短轴方向堆叠所造成的。而线型聚乙烯所组成的片层结构既可以是多层的也可以是单层的。透射电镜的研究还表明，取决于聚合反应的温度，单层的线型聚乙烯片层的厚度在 9～11nm 之间（图 5-45）。

借助乳液聚合的思想，在引入模板或改变其他外界条件的情况下，可以在基于乳状液体系的液/液界面合成出具有更复杂纳米结构以及多种功能的新型纳米材料。比如，中国科学技术大学葛学武等人就是依据这种思路在乳液中制备出中空且壁上带有很多孔洞，像笼子一样的高分子纳米球[76]。这一过程如图 5-46 所示。他们首先合成了表面磺酸化从而具有一定亲水性的聚苯乙烯（PS）纳米颗粒，然后使用这些纳米颗粒和水以及用来进行乳液聚合的单体（甲基丙烯酸甲酯或醋酸

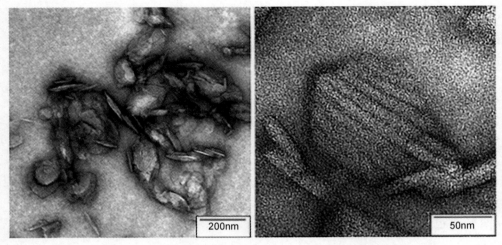

图 5-45　小扁豆状乳液聚合颗粒切片的透射电镜照片[75]

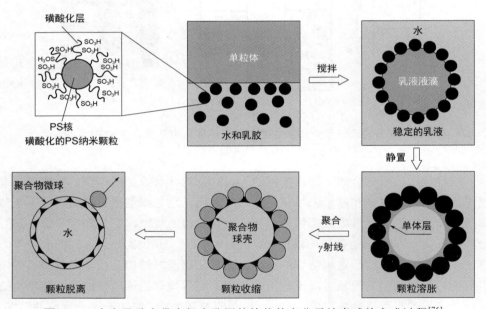

图 5-46　中空且壁上带有很多孔洞的笼状的高分子纳米球的合成过程[76]

乙烯酯）共同来制备乳状液。在这一过程中，生成的乳状液是水包油型的，在单体油滴的表面就会吸附上很多表面磺酸化的聚苯乙烯纳米颗粒。而整个乳状液体系被放置一段时间之后，单体会扩散，聚苯乙烯纳米颗粒会因为吸收单体而溶胀。随着聚苯乙烯纳米颗粒的溶胀，这些颗粒所包裹的液滴也会相应地改变大小。研究表明，这些聚苯乙烯纳米颗粒包裹的油滴的体积会显著增大，而其中所包含的单体的物质的量则有所减少，从而形成空心的结构。在γ射线照射的情况下，单体

（甲基丙烯酸甲酯或醋酸乙烯酯）可以发生聚合，从而形成球壳。由于聚合后球壳体积的进一步收缩，使得原来附着的聚苯乙烯纳米颗粒脱离，形成了像笼子一样的纳米结构（图 5-46）。

瑞士苏黎世联邦理工学院的 André R. Studart 等人研究了使用乳液体系来合成具有多孔结构的微胶囊。他们使用微流控系统，得到水/油/水双乳液体系，在光照条件下实现聚合并形成相分离，进而得到具有多孔结构的微胶囊（图 5-47）[77]。

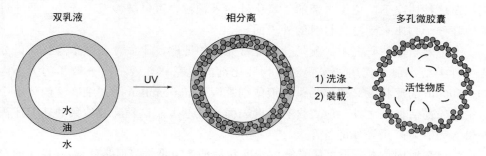

图 5-47 基于水/油/水双乳液体系以及相分离来合成多孔微胶囊[77]

同样使用纳米颗粒而非表面活性剂作为乳化剂，英国的 Bon 等人利用乳液聚合制备出了具有多层结构的高分子纳米复合材料[78]。这些合成的高分子聚合物颗粒表面带有体积更小的固体颗粒（图 5-48）。具体而言，他们使用直径 25nm 左右的二氧化硅纳米颗粒作为乳化剂，使用过硫酸钾作为引发剂，以甲基丙烯酸甲酯作为单体在 65℃ pH 等于 5.5 的条件下进行聚合反应，得到了尺寸较为均一、表面稳定带有二氧化硅纳米颗粒的聚合物微球。在此基础上，作者还使用这些聚

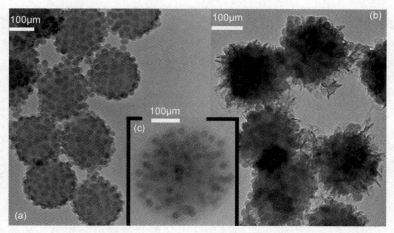

图 5-48 （a）由皮克林乳液聚合得到的表面稳定带有二氧化硅纳米颗粒的聚甲基丙烯酸甲酯微球；（b）具有"头发"状结构的聚丙烯腈多层纳米复合材料；（c）具有软的外壳的聚丙烯酸正丁酯多层纳米复合材料[78]

合物复合微球作为种子，使用其他类型的单体，进一步进行乳液聚合反应。比如，在表面带有二氧化硅纳米颗粒的聚甲基丙烯酸甲酯微球作为种子的条件下，使用十二烷基磺酸钠作为乳化剂，以丙烯腈为单体合成出了具有"头发"状结构的纳米复合材料。而在同样条件下，以甲基丙烯酸乙酯作为单体，则得到具有坚硬、平整高分子外壳而将二氧化硅纳米颗粒包裹其中的纳米复合材料。最为有意思的是，如果使用对丙烯酸正丁酯作为单体进行乳液聚合，则可以合成出一个软的外壳。在这种情况下，位于内部的二氧化硅纳米颗粒则可以缓慢发生迁移，即通过软的高分子物质来到复合材料的外表面。

关于乳状液的研究本身就是一个非常庞大的课题，比如乳状液本身就可以分为多种类型，前述使用纳米颗粒作为乳化剂的皮克林乳液；而分散相的大小为50～500nm 的乳状液又被称为微乳液或细乳液（miniemulsion），细乳液的体系中除主要表面活性剂之外一般还含有辅助表面活性剂，而这种乳液体系的获得还需要引入超声、高压等外部条件。

受篇幅所限，本书不可能详细讨论乳状液的方方面面，但是就液/液界面的自组装体系而言，乳状液是非常重要且是最为常见的模型。深入开展关于乳状液的研究，不仅能够使人们对于液/液界面体系的认识得到进一步的深化，更能够开发出很多合成新型纳米材料和高分子材料的方法。

5.4.3　液/液界面的金属离子与有机物复合物

就有机小分子在液/液界面的自组装而言，从理论上来看，运用多组分的体系，往往可以获得拥有更加复杂的结构和功能的超分子组装体。在这其中，使用有机小分子和金属离子在液/液界面上进行配位组装则是最为典型的例子。有机小分子在有机相中会有较好的溶解性，而金属离子则一般较好地溶解于水中。在这种情况下，液/液界面就成为非常好的介质，从而使得有机小分子和金属离子发生相互作用。此外，由于有机小分子可以带有多个不同的结合位点，而金属离子又可以有多种不同的配位价位，这样在一定条件下，就有可能在液/液界面合成出具有复杂结构的超分子组装体。而通过适当的分子设计与合成，功能性基团则可以被引入到有机小分子中，从而制备出功能化的超分子组装体。

卟啉（porphyrin）是一种带有平面大环 π 共轭体系的化合物，其中 4 个吡咯通过 CH 连接起来，从而形成范围很大的单双键交替的共轭结构。以卟啉为核心的超分子组装体在自然界广泛存在并且具有重要的功能。比如，在植物中广泛存在的光合作用中心，还有动物体中的血红蛋白，都含有卟啉结构的分子，并且发挥着重要的作用[79]。卟啉类分子的结构特点使得其能够对特定波长的光有很好的吸收作用，而在吸光之后在某些特定的体系中还可以发生各种如电子转移、能量转移等涉及离子或自由基的反应[79]。而通过改变卟啉中间配位的金属离子或其周围的取代基又可以调控这些化合物的光学和电学性质。通过构建基于卟啉的超分子组装体，则可以获得功能性纳米材料，这些纳米材料不仅可能在光合作用的模拟及太阳能转换方面有重要潜在用途，而且还可以被应用于分子识别、传感器、催化、光动力治疗药物等方面[79]。

就卟啉类分子所可能实现的种种功能而言，这些分子通过超分子自组装所形成的特定的纳米结构总是至关重要的。无论是自然界存在的体系还是人工开发出来的体系，功能都是由结构来决定的。多个卟啉分子和金属离子通过非共价相互作用结合，进而可以形成多卟啉的聚集体，比如条带、阵列或立方体等等。虽然这些结构和光合作用中心等自然界存在的超分子组装体比较起来要简单得多，但是这些结构作为模型可以为进一步的研究打下很好的基础[80]。

复旦大学钱东金等人研究了卟啉和金属离子在液/液界面上形成阵列的自组装体系。这项研究主要是在水/三氯甲烷的界面上进行的，金属离子通常溶解在水相中，而卟啉或其他配体则溶解在有机相中。在液/液界面上，卟啉和金属离子之间的配位反应可以在常温常压下自发地进行。由于在界面形成的配位阵列结构的颜色与溶液相中的配体有明显的区别，可容易地观察到多卟啉阵列的形成。在此基础上，利用 LB 膜技术，层间的多卟啉阵列或其他配位结构还可以转移到固体基片的表面。在水/三氯甲烷组成的液/液界面上，他们使用四吡啶基卟啉（TPyP）与分别具有正四面体和正八面体电子轨道特征的金属离子或配离子进行配位反应。结果表明，具有不同电子轨道特征的金属离子分别与四吡啶基卟啉（TPyP）相互作用形成不同的超分子纳米结构。这些组装体又被称为多卟啉纳米晶[81]。有意思的是，具有正四面体电子轨道特征的金属离子（如 Ag^+、Hg^{2+}、$PtCl_4^{2-}$ 等）在液/液界面上与四吡啶基卟啉自组装总是形成纳米棒或纳米线的结构，而具有正八面体电子轨道特征的金属离子（如 Cd^{2+}、$PtCl_6^{2-}$ 等）则与四吡啶基卟啉自组装形成四方体的纳米粒子。紫外光谱研究表明，与卟啉单体相比，这些纳米晶中卟啉 Soret 带的吸收峰发生红移，与多卟啉阵列结构的吸收光谱类似。这说明这些纳米晶可能就是多卟啉阵列结构。

接下来，他们还使用透射电镜对这一液/液界面自组装体系的演化过程进行了跟踪研究。结果表明，就 Cd^{2+} 与四吡啶基卟啉的反应而言，刚开始生成的 Cd-TPyP 纳米晶为圆形或不规则的纳米粒子，随反应时间的增加，纳米粒子逐渐长成四方体晶体。而银离子和汞离子与四吡啶基卟啉在液/液界面上发生相互作用，在反应一开始就可以形成纳米棒或纳米线，而随反应时间的增加，这些纳米棒或纳米线的长度逐渐增加但宽度几乎不变（图 5-49）。

在以上工作的基础上，钱东金等人在这一体系中引入另外一个配体，从而进一步研究了更为复杂的三组分液/液界面自组装体系[82]。还是在水和三氯甲烷所组成的液/液界面之上，他们把四吡啶基卟啉（TPyP）和三(4-吡啶基)-1,3,5-三嗪

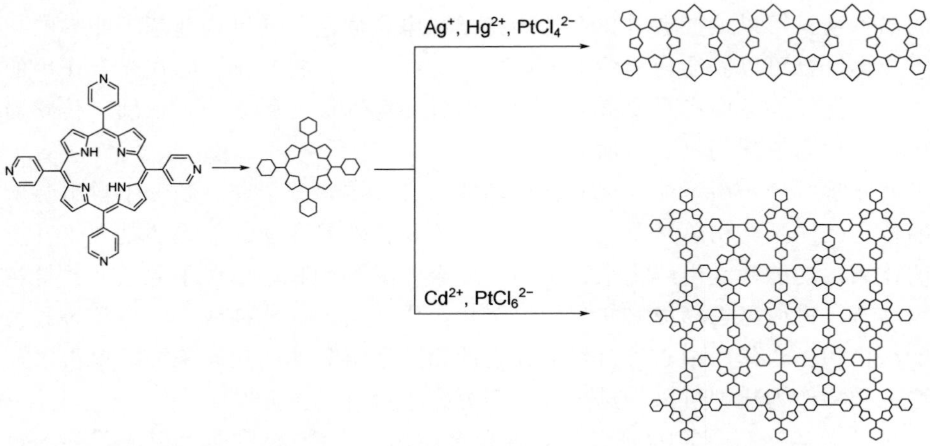

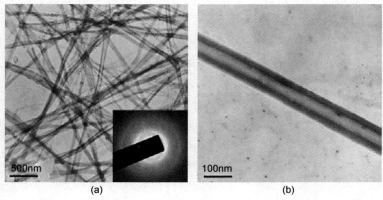

图 5-49　四吡啶基卟啉（TPyP）与多种不同金属离子相互作用形成的
不同多卟啉阵列的框架结构[81]

（TPyTa）两种配体按照一定的摩尔比混溶于有机相中，与水溶液中的汞离子发生液/液界面自组装反应。结果表明，当 TPyP 与 TPyTa 的摩尔比为（1∶3）～（1∶4）的时候，在液/液界面可以得到管径为 80nm 左右，壁厚为 15～25nm，而长度在微米级的 Hg-TPyP/Hg-TPyTa 配位聚合物纳米管。实验结果还显示，如果单独使用两种有机配体中的任何一个，无论是卟啉还是三嗪与汞离子在液/液界面上相互作用，都不可能得到这种管状纳米结构。此外，紫外光谱、荧光光谱以及电子衍射等表征手段进一步证明了该纳米管的生成源于 Hg-TPyP 和 Hg-TPyTa 的复合配位。在此基础上，作者提出了管状结构可能的形成机理。他们认为，在界面反应中可能生成了分子结构为 TPyP-Hg-TPyTa 的复合配位单元，而这一复合配位单元的空间结构则是非平面而弯曲成一定角度的，当很多这种非平面且弯曲成一定角度的复合配位单元发生相互作用，进行拼接和生长之后，则有可能生成管状纳米结构（图 5-50）。

图 5-50　Hg-TPyP/Hg-TPyTa 配位聚合物纳米管的透射电镜图[82]

5.4.4 纳米材料在液/液界面的合成与自组装

长久以来，人们对于固体颗粒在液/液界面上的吸附、分散等问题已经有了一定的认识，因为这些知识对于矿物浮选、流体/固体摩擦研究等方面有着重要的用途。但是，当位于液/液界面上的固体颗粒尺寸非常之小，达到纳米级别的时候，情况就会发生很大的变化。因为纳米颗粒在液/液界面上组装体系的稳定性依赖于整个体系自由能的降低，而纳米尺寸颗粒的热运动能量与界面能的大小是相差不多的。进一步来说，对于整个体系而言，影响因素还包括纳米材料/油界面的能量参数、纳米材料/水界面的能量参数、水/甲苯界面的能量参数以及纳米材料的大小。所以，纳米材料的表面特性和大小都会对液/液界面的自组装产生重要影响[83]。

前述的皮克林乳液就是一种最为常见的纳米颗粒位于液/液界面的超分子自组装体系。就皮克林乳液而言，纳米颗粒能否在乳化过程中作为乳化剂从而稳定乳液与它们在相应界面上的吸附能力有关。此外，纳米颗粒在油相和水相以及在界面上的分配系数也是关键因素。对于生成的皮克林乳液的特性而言，作为乳化剂的纳米颗粒的类型与制备的乳状液类型之间也存在对应关系。也就是生成的乳状液类型取决于纳米颗粒的润湿特性，比如，若固体颗粒更易被油相润湿，就会产生 W/O 型乳状液；反之，若水相易于润湿固体颗粒，就会产生 O/W型乳状液[84]。虽然皮克林乳液非常重要，但是对其详细的讨论已经超出了本书的范围。本节将重点探讨纳米材料在液/液界面的合成与自组装，而对于皮克林乳液的形成机理或相关性质等内容则不做深入论述。

近年来，除微米大小的胶体颗粒之外，更小的纳米级的颗粒在液/液界面的合成与自组装正引起人们越来越多的关注和研究。科学的发展使得人们已经能够合成各种尺寸的功能性的纳米材料，比如某些带有磁性的纳米粒子、具有光电功能的纳米粒子等等。使用这些功能性纳米材料在液/液界面进行自组装，则有可能制备出种种纳米器件。

就纳米材料在液/液界面的合成而言，特别应该指出的是一种被称为 Janus 的纳米颗粒，可以利用乳状液等涉及液/液界面的手段来比较方便地合成出来。所谓 Janus，实际是指古罗马的一位同时具有两种不同面孔的神。在这里，科学家们借助这一名称来形容某些纳米粒子具备两种截然不同的半球或者面区域，比如在同一纳米颗粒上同时拥有极性或非极性的部分。对于此类纳米粒子而言，同一颗粒可以用两种不同的接触角来表征，比如，θ_p 为该粒子极性区域的接触角，而 θ_a 则为该粒子非极性区域的接触角。Janus 型的纳米颗粒非常重要。在生命科学、材料科学乃至工农业生产等诸多领域都具有重要的应用前景；另外，还可以作为一种很重要的模型来帮助人们充分认识具有复杂结构的纳米颗粒的合成和性质[85]。

借助乳状液等液/液界面体系，人们可以比较方便地合成 Janus 型的纳米颗粒。

可以想象，在两种极性完全不同的液体环境中，可以生成两种性质完全不同的纳米材料。因此在液/液界面之上，同一纳米粒子具备两种截然不同的半球区域就有可能很好地生成。因为乳状液体系往往具备很大的比表面积，所以是非常适合用来合成 Janus 型的纳米颗粒的体系。在利用液/液界面体系来合成 Janus 型纳米颗粒的过程中，有一个很重要问题必须要充分考虑。那就是，纳米颗粒在液/液两相中可能会发生移动或转动。这就要求在反应中，纳米颗粒的两个不同性质的界面能够尽可能快地同时生成，否则很难得到界限分明的两种不同界面。

中国科学院化学研究所杨振忠等人研究了利用皮克林乳液制备 Janus 二氧化硅纳米颗粒的过程[86]。他们对吸附在皮克林乳液界面上二氧化硅胶体在油/水两相同时进行聚合，同时实现了亲油和亲水聚合物的接枝反应，从而抑制了胶体在界面的旋转，同时得到了有机/无机复合的 Janus 胶体。他们使用直径为 450 nm 的单分散的二氧化硅纳米颗粒作为起始物，然后使用[4-(氯甲基)苯基]三氯硅烷（CMPTS）对这些纳米粒子的表面进行改性，从而使其表面具有更好的疏水性。这些表面改性的二氧化硅纳米颗粒可以作为乳化剂来制备 W/O 型皮克林乳液。而整个皮克林乳液的体系则是比较复杂的，作为分散相的水中包含丙烯酰胺单体、在水中稳定的配体 2,2'-联吡啶（bpy），而作为连续相的甲苯中则包含苯乙烯单体、在甲苯相中稳定的配体 4,4'-二-5-壬烷基-2,2'-联吡啶（dNBpy）。在乳液中，油滴的大小为几十个微米，而二氧化硅纳米颗粒则主要分布在油滴的表面。

此外，在多数情况下，二氧化硅纳米颗粒的表面改性并不完全，有一些 CH_2Cl 官能团的残基（XPS 表征的结构表明 Cl 的含量大约 2.735mol%），而这些残基可以被用来进一步进行原子转移自由基聚合反应（ATRP）。在体系中加入 CuCl 引发剂之后，在液/液界面上的二氧化硅纳米颗粒表面就会发生 ATRP 反应。因此，在同一个颗粒中，与水相接触的表面会生成聚丙烯酰胺，而与甲苯相接触的表面则会生成聚苯乙烯。而无论是聚丙烯酰胺还是聚苯乙烯，一旦生成之后，就会进一步增加这一部分表面的亲水性或疏水性，从而能防止纳米颗粒的移动或转动，更有利于进一步的反应。随着反应的进行，同时具备亲水和疏水表面的 Janus 型二氧化硅纳米颗粒就会被合成出来（图 5-51）。

在以上工作基础上，他们还利用获得的 Janus 型二氧化硅纳米颗粒的区域选择性，进一步制备了复合功能纳米粒子。比如，他们尝试使用柠檬酸保护的金纳米粒子与 Janus 型二氧化硅纳米颗粒进行混合，发现柠檬酸保护的金纳米粒子可以选择性地富集于 Janus 型二氧化硅纳米颗粒中的聚丙烯酰胺区域上。透射电镜的结果清楚地表明，Janus 型二氧化硅纳米颗粒中带有金纳米粒子的区域，而每一个 Janus 型颗粒只有一处连续的聚丙烯酰胺亲水区域。

南开大学的赵汉英等人也使用乳状液体系合成了具有不同高分子材料改性的 Janus 型二氧化硅纳米颗粒[87]。这种 Janus 型二氧化硅纳米颗粒的两个半球表面分

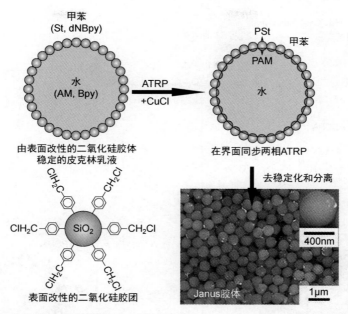

图 5-51　使用皮克林乳液体系，通过两步法合成 Janus 型二氧化硅纳米颗粒[86]

别带有疏水的聚苯乙烯（PS）和亲水的聚甲基丙烯酸钠（PSMA）分子刷。合成这种 Janus 型二氧化硅纳米颗粒的过程包含多个步骤。他们首先从直径为 150nm 的二氧化硅纳米颗粒出发，通过表面改性，使之变成表面带有很多氨基的二氧化硅纳米颗粒。然后这种表面氨基改性的二氧化硅纳米颗粒再和已经转变成活性酯的一种自由基引发剂 [4*S*,4′*S*-Bis(*N*-hydroxysuccinimidyl)-4,4′-(*E*-diazene-1,2-diyl)bis(4-cyanopentanoate)，NHSACPA] 反应，从而制备出表面带有自由基引发剂改性的二氧化硅纳米颗粒。接下来，作者把这种自由基引发剂改性的二氧化硅纳米颗粒加入到甲基丙烯酸钠的水溶液和苯乙烯所组成的乳液中，二氧化硅纳米粒子就会被吸附在液/液界面之上。在这种情况下，二氧化硅纳米粒子的一个半球就会沉浸在水相中，而另一个半球就会位于苯乙烯相中。在高温条件下，反应被引发之后，聚苯乙烯（PS）就可以在二氧化硅纳米粒子的一个半球表面生长，从而构成 Janus 型二氧化硅纳米颗粒的疏水表面，而聚甲基丙烯酸钠（PSMA）则在二氧化硅纳米粒子的另一个半球表面生长，生成 Janus 型二氧化硅纳米颗粒的亲水表面。热重分析和红外光谱的研究结果也证实了二氧化硅纳米颗粒表面上生成了这种基于接枝聚合物的分子刷。他们还进一步使用透射电镜研究了这种不对称的 Janus 型二氧化硅纳米颗粒的表面结构和聚集特性（图 5-52）。

　　除 Janus 型纳米颗粒之外，利用液/液界面所固有的特性，还可以合成出很多在其他条件下很难获得的特异性纳米结构，比如大面积的金的片层结构。日本的福冈大学的 Kida 使用两亲性的杂多酸/表面活性剂的复合光催化剂，在液/

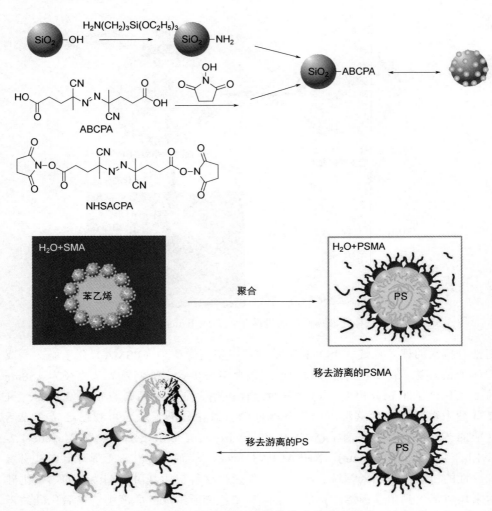

图 5-52　通过在液/液界面使用表面诱导的自由基聚合反应，来合成一个
半球表面带有 PS 疏水分子刷，而另一个半球表面带有 PSMA
亲水分子刷的 Janus 型二氧化硅纳米粒子[87]

液界面上通过光催化的方法从氯金酸制备出大面积的金的片层结构[88]。Kida 选择水/三氯甲烷所形成的宏观液/液界面来进行这项工作。氯金酸盐被溶解在水相中，而表面活性剂（双十八烷基二甲基氯化铵）以及杂多酸（$SiW_{12}O_{40}{}^{4-}$）则通过静电作用相互结合，成为两亲性的复合光催化剂，并可以富集于液/液界面之上。在紫外光照条件下，杂多酸首先被光还原，进一步还原氯金酸盐成为金单质。由于相关反应是在液/液界面上进行的，所以生成的金单质就会有片层状的特异结构（图 5-53）。最有意思的是，研究表明片层结构中的金单质是以单晶的形式存在的。此外，值得一提的是，这些金片层结构的体积非常巨大，普遍的厚度可以到 150nm

左右，而长度最长可以到 20μm 左右。考虑到这种基于液/液界面自组装的合成方法非常简单，而其所得到的巨大金片层结构用其他方法却很难获得。可以认为液/液界面体系对于功能性纳米材料的合成而言非常重要也非常有效。

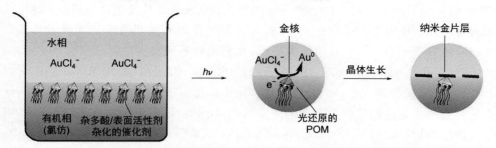

图 5-53　使用两亲性的杂多酸/表面活性剂的复合光催化剂，在液/液界面上通过光催化的方法从氯金酸制备大面积的金的片层结构的过程[88]

对于构建纳米尺寸的具有独特的光学、磁学或电学特性的器件而言，使用纳米材料进行可控自组装，是一个非常简单高效而又独特的方法[89]。纳米材料的表面特性将影响其在液/液界面上的自组装特性。比如，具有疏水表面的纳米材料与具有亲水表面的纳米材料有很大的不同，而 Janus 型的纳米颗粒也将不同于具有均一表面特性的纳米粒子。除此之外，纳米材料的形状在很大程度上也会影响其在液/液界面上的自组装特性。比如，圆柱形的纳米材料在液/液的自组装特性就不同于球形的纳米材料[90]。

对于体积和质量很小的纳米级别的固体特别是纳米颗粒在液/液界面上的自组装，一个很重要的特点就在于这些颗粒的热运动能量与界面能的大小相似，从而使得这些纳米颗粒可以分布在液/液界面上，并且能够进行跨越界面的运动。美国马萨诸塞州州立大学的 Russell 和他的同事们就详细研究了纳米颗粒在液/液界面上的分布、运动和转换的过程[91]。他们合成了表面带有三正辛基氧膦（TOPO）保护的硒化镉（CdSe）纳米颗粒，这些纳米颗粒可以溶解并分散在甲苯之中。他们使用了水和甲苯所组成的乳状液体系，甲苯作为连续相，水作为分散相，TOPO 保护的 CdSe 纳米颗粒可以在其中充当乳化剂。在这一体系中，水滴的直径一般为 20μm 左右，所使用的 TOPO 保护的 CdSe 纳米颗粒可以是不同尺寸的。不同尺寸的 TOPO 保护的 CdSe 纳米颗粒能够发出不同波长的荧光，并且其作为乳化剂的特性也是不同的。在典型的体系中，CdSe 纳米颗粒的直径为 2.8nm，这种纳米颗粒在 488nm 光激发条件下能够发出 525nm 的荧光。在这一条件下，直径为 2.8nm 的 CdSe 纳米颗粒可以很好地稳定水/甲苯乳液体系。

作者使用激光共聚焦显微镜对这一乳液体系中 CdSe 纳米粒子的分布和发光

特性进行了研究。他们还使用 X 射线衍射、原子力显微镜、透射电镜等手段对干燥后的带有 CdSe 纳米粒子的水滴进行了研究。结果表明，CdSe 纳米粒子确实吸附在甲苯相中的水滴表面，并且其分布是单层的。而就水滴表面的二维范围而言，CdSe 纳米粒子的分布则类似一种液体的形式，也就是说其分布是随机的，没有特别的有序性。使用 TOPO 保护的 CdSe 纳米颗粒作为乳化剂的水/甲苯乳液体系，其稳定性依赖于整个体系自由能的降低。而整个体系的自由能则分别取决于 CdSe 纳米颗粒/甲苯界面的能量、CdSe 纳米颗粒/水界面的能量、水/甲苯界面的能量以及 CdSe 纳米颗粒的大小。当其他条件都固定的情况下，CdSe 纳米颗粒的大小就会对乳液的稳定性起到至关重要的决定作用。CdSe 纳米颗粒的直径越小，水/甲苯乳液的稳定性就越差。实验证明，当 CdSe 纳米颗粒的直径小于 1.6nm 的情况下，水/甲苯乳液就不可能稳定存在。

实验还证明，CdSe 纳米颗粒在水/甲苯的液/液界面能够发生热运动而产生一种逃离的趋势，并且直径越小其纳米颗粒逃离的趋势也越强烈。在这一情况下，如果在使用直径为 2.8nm 的 CdSe 纳米粒子作为乳化剂的体系中加入直径为 4.6nm 的 CdSe 纳米粒子，则大的纳米粒子就会在液/液界面逐步替换小的纳米粒子。因为直径为 2.8nm 的 CdSe 纳米颗粒在 488nm 光激发条件下能够发出 525nm 的荧光，而直径为 4.6nm 的 CdSe 纳米颗粒在 488nm 光激发条件下能够发出 610nm 的荧光。激光共聚焦显微镜的实验结果充分证明了小的纳米颗粒被大的纳米颗粒替换的过程。

当在体系中引入水溶性染料磺酰罗丹明 B 之后，激光共聚焦显微镜的结果首先显示这些水溶性的染料只分布于 CdSe 纳米颗粒包裹的水滴之中。在光照条件下，磺酰罗丹明 B 可以发生光漂白作用，也就是荧光强度逐渐下降。最有意思的是，在磺酰罗丹明 B 发生光漂白作用的同时，体系中的 CdSe 纳米颗粒则发生由疏水到亲水的转化。作者认为，这一转化的机理涉及纳米颗粒表面诱导的光氧化反应（图 5-54）。具体而言，图 5-54（a）显示在 488nm 光激发条件下观察到的甲苯相中的硒化镉（CdSe）纳米颗粒包围的水滴共聚焦荧光显微镜照片。其中，左边通道 1 代表 525nm 观察到的纳米粒子的荧光在 488nm 激发光连续照射下随时间变化的过程，而右边通道 2 则代表 585nm 观察到的位于水中的磺酰罗丹明 B 的荧光在 488nm 激发光连续照射下随时间变化的过程。在光照条件下，随时间推移，磺酰罗丹明 B 发生光漂白作用，而纳米粒子从界面上迁移到水滴中。而图 5-54（b）则显示了水滴中的荧光强度随时间变化的过程。图 5-54（c）展示了 488nm 激发光长时间照射的水滴（上层）的共聚焦荧光显微镜照片与未经照射的水滴（下层）的共聚焦荧光显微镜照片对比。其中，左上方为 525nm 观察到的荧光，而右下方为 585nm 观察到的荧光[91]。

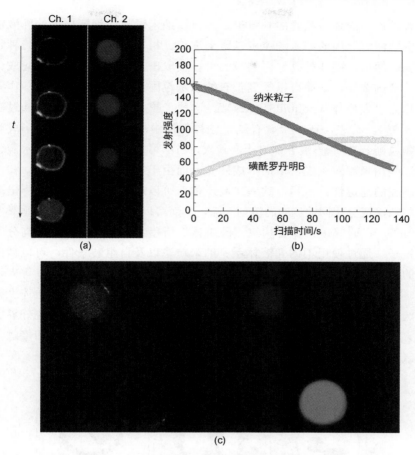

图 5-54 硒化镉（CdSe）纳米颗粒发生由疏水到亲水的转化过程[91]

他们进一步研究了 CdSe 纳米颗粒在液/液界面上的扩散特性，包括径向扩散和水平方向的扩散。结果表明，在液/液界面上，纳米粒子的扩散特性与均相溶液中相比，至少背离了 4 个数量级[92]。

Russell 和他的同事们还从 CdSe 纳米颗粒的自组装体系出发，进一步构筑了包含 CdSe 纳米颗粒的机械稳定的有机无机复合膜乃至胶囊。他们首先在 CdSe 纳米颗粒的表面引入了苯乙烯配体，然后使用这种苯乙烯改性的 CdSe 纳米颗粒作为乳化剂来制备水/甲苯乳液。然后在水溶液中加入自由基引发剂，进行自由基聚合反应，从而使得硒化镉（CdSe）纳米颗粒表面之间发生交联，进而得到稳定的复合膜。这一复合膜非常结实，甚至可以被从体系中直接取出来。其弹性很好，在水中有很好的稳定性，非常密实甚至于可以在某种程度上阻挡染料小分子的通透[93]。

Dinsmore 和他的同事们以液/液界面自组装的纳米颗粒为基础，制备出了固体微胶囊，这些固体微胶囊的尺寸、通透性、机械强度和相容性都可以被精确控制。

具体而言，这些固体微胶囊的制备也是源自以纳米颗粒作为乳化剂的乳液体系。在乳液中，液滴周围的纳米颗粒可以紧密堆积、相互结合，从而形成一种带有弹性的外壳。然后，固体外壳包围的液滴可以被取出来，然后使用与液滴成分相同的流动的溶剂洗涤，从而可以得到带有纳米颗粒固体外壳的空心结构。作者将这种结构称为"胶质体（colloidosomes）"。这种"胶质体"的形成需要通过三个步骤（图 5-55）。首先，在一个含有纳米颗粒的油中加入水溶液，从而形成乳液，而纳米颗粒则分布于液/液界面之上；其次，当尽可能多的纳米颗粒将水滴包裹之后，将这些纳米颗粒锁定，从而形成硬壳，而由于纳米颗粒是球形的，其堆积就造成了硬壳的通透性；最后，这些"胶质体"可以通过离心的方法分离出来，然后使用与液滴成分相同的流动的溶剂洗涤，从而可以得到带有纳米颗粒固体外壳的空心结构[94]。在研究中，作者构筑"胶质体"所用纳米颗粒多为基于高分子材料的纳米粒子。通过使用不同乳液体系、纳米粒子以及自组装条件，可以精确控制所制备的固体微胶囊的尺寸、通透性、机械强度和相容性。Dinsmore 等人还尝试将这种"胶质体"用于活细胞免疫隔离的研究，这主要是基于"胶质体"外壳刚性以及选择性的通透性。活的细胞可以被置于胶质体之中，从而避免外界免疫系统的伤害，像蛋白等大分子不可能透过硬壳与胶质体中的活的细胞相接触，而培养液和气体等物质则可以不受阻碍地穿透硬壳，从而支持细胞的生长。

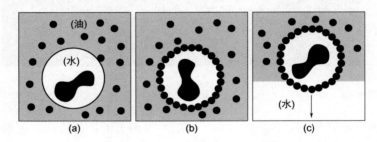

图 5-55　胶质体的制备过程[94]

除乳液体系之外，宏观的普通液/液界面，也可以作为环境用来对纳米颗粒进行自组装。比如，德国波茨坦的 Möhawald 和汪大洋等科学家报道了液/液界面上纳米颗粒的可控自组装。他们将直径为 2nm 左右的金纳米颗粒分散于水相中，随后在体系中加入正己烷，从而形成水/正己烷的液/液界面。有意思的是，当体系中加入少量既可以溶于水又可以溶于正己烷的溶剂，如乙醇的情况下，大量的金纳米颗粒向液/液界面处迁移，从而在液/液界面处形成一层非常致密的膜。这种由金纳米颗粒组成的膜非常稳定、平整，在上层有机相被挥发的情况下，金纳米颗粒膜可以被转移到固体基片上。反复使用这一方法，则可以得到纳米颗粒的多层膜。而与其他物质相配合，还可以得到复合纳米材料[95]。

比如，Möhawald 和汪大洋等人制备了表面带有金刚烷酸基团（ACA）保护的直径为 6nm 的 CoPt$_3$ 纳米颗粒，这些纳米颗粒可以溶解在甲苯中。在水/甲苯组成的液/液界面体系中，ACA 保护的 CoPt$_3$ 纳米颗粒位于甲苯中，而水中则溶解有少量的环糊精（β-CD）分子。这样，在进行液/液界面上纳米颗粒可控自组装的过程中，CoPt$_3$ 纳米颗粒会在液/液界面上形成致密的膜，而环糊精分子由于和金刚烷酸基团相互作用，从而也会附着到 CoPt$_3$ 纳米颗粒所形成的膜上。反复运用液/液界面可控自组装的方法，由甲苯相引入油溶性的银纳米颗粒（AgNCs），从而从甲苯相进一步组装到液/液界面上 CoPt$_3$ 纳米颗粒的膜上；然后由水相引入水溶性的金纳米颗粒，从水相进一步组装到液/液界面上 CoPt$_3$ 纳米颗粒的膜上（图 5-56）。这样就得到了复合纳米材料的膜，其中包括 CoPt$_3$ 纳米颗粒、银纳米颗粒、金纳米颗粒以及环糊精[96]。

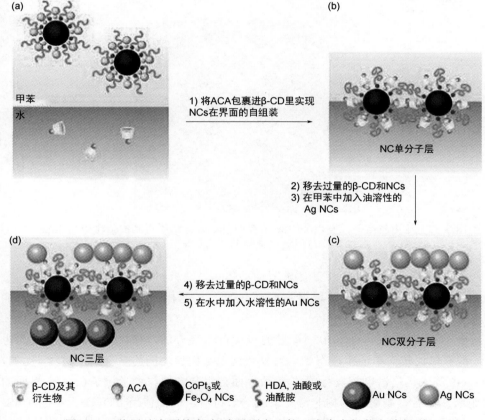

图 5-56　使用纳米颗粒在液/液界面上可控、多步自组装方法得到
多种复合纳米材料的膜[96]

　　这一例子进一步证明了对于合成具有复杂结构的纳米材料而言，液/液界面体系是非常强有力的工具。

　　利用液/液界面自组装的方法，借助溶剂挥发，可以使用纳米材料在固体表面构建有用的形貌。美国马萨诸塞州州立大学的 Russell 和他的同事们合成了表面带有 TOPO 保护的 CdSe 纳米棒。他们首先在固体基片上构筑了液/液界面的体系，也就是固体基片上的水滴与分散有纳米棒的甲苯溶液相接触。在这种情况下，很多 TOPO 保护的 CdSe 纳米棒就会吸附在水滴的表面。此时没有被吸附而分散在甲苯相中的纳米棒就可以用甲苯洗涤走，之后挥发掉甲苯，只留下表面镶嵌 CdSe 纳米棒的水滴与空气接触。然后，水再被自然蒸发掉，而水挥发的过程伴随液滴的表面积减少以及面内压缩，这样 CdSe 纳米棒就会出现一个再组装的过程，其二维结构会重新排布（图 5-57）。这些形貌主要表现在越靠近中间的位置 CdSe 纳米棒的组装越紧密，甚至于接近结晶相；而越靠近边缘的位置则 CdSe 纳米棒的组装越疏松[97]。

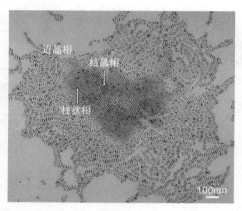

图 5-57　运用与溶剂挥发相关的液/液界面自组装方法所得到的硒化镉（CdSe）
纳米棒自组装二维阵列的透射电镜图[97]

　　使用这种方法，通过改变液/液界面的体系、纳米材料的特性、固体基片的特性以及溶剂的挥发速度，可以得到不同的基于纳米材料的自组装形貌，并且可能具备不同的功能。

　　结合基于液/液界面和溶剂挥发的多种自组装方法，使用多层次自组装的思想，能够以比较简单的手段得到具有复杂纳米结构和功能的复合纳米材料。比如，Russell 等人运用溶剂挥发相关的液/液界面自组装方法与纳米粒子在液/液界面的自组装相结合，制备了结构非常复杂的纳米材料。他们使用 TOPO 保护的 CdSe 纳米颗粒作为乳化剂，使水分散在聚苯乙烯的三氯甲烷溶液中形成非常小的水滴，而 CdSe 纳米颗粒则吸附在油/水界面上。在这种情况下，当三氯甲烷和水相继挥发之后，就可以形成带有圆形孔洞的聚苯乙烯膜，而 CdSe 纳米颗粒镶嵌在这些孔洞的内壁周围（图 5-58）[98]。

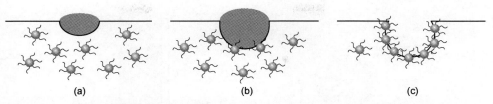

图 5-58   与溶剂挥发相关的液/液界面自组装方法和纳米粒子在液/液界面的自组装相
结合，制备内壁周围 CdSe 纳米颗粒镶嵌的带有圆形孔洞的聚苯乙烯膜的过程[98]

除球形的纳米颗粒之外，其他形状的纳米材料在液/液界面上的行为特性也是
非常重要的。从理论上来说，无论纳米材料的形状如何，其在液/液上的分布和排
列方式也一定遵循能量最低化的原则，也就是说，因为纳米材料在液/液界面上组
装体系的稳定性依赖于整个体系自由能的降低。在这种情况下，如果作为构筑单
元的纳米材料的形状不是各向同性的球形，而是各向异性的其他形状，比如圆柱
形，那么在液/液界面组装过程中这些纳米材料在界面上的姿态就会对整体能量产
生很大的影响。

对于圆柱形的纳米材料在液/液界面组装过程中的姿态，可以考虑两种最为极
端的情况。一种是圆柱形的纳米材料平行于液/液界面，另一种是垂直于液/液界
面分布（图 5-59）。究竟采取哪种姿态则是由多种因素决定的，这其中包括纳米
材料的表面特性、纳米材料/油界面的能量参数、纳米材料/水界面的能量参数、
水/甲苯界面的能量参数、圆柱体的长度和直径等。

不同组装姿态的自由能变化可以由以下公式来表示：

$$\Delta E_{\parallel} = 2\pi RL[\pi(\gamma_{P \atop O} - \gamma_{P \atop W}) + \theta(\gamma_{P \atop O} - \gamma_{P \atop W}) + \gamma_{O/W}\sin\theta]$$

$$\Delta E_{\perp} = \left(\gamma_{P \atop W} - \gamma_{O \atop W} - \gamma_{P \atop O}\right)\pi R^2 + \left(\gamma_{P \atop W} - \gamma_{P \atop O}\right)2\pi Rh$$

式中， $\Delta E_{\parallel}$ 为圆柱形纳米材料平行于液/液界面分布时的体系能量变化； $\Delta E_{\perp}$ 为
圆柱形纳米材料垂直于液/液界面分布时的体系能量变化；Rh 和 L 分别为圆柱体
的有效半径、高度和长度；γ 代表界面能；θ 代表纳米材料在界面上的接触角；下
角标 P，O，W 则分别代表纳米材料、油、水[99-101]。试验证明，在多数情况下，
圆柱形纳米材料平行于液/液界面分布是能量更低且更为稳定的情况。比如，
Khanal 和 Zubarev 等人研究了在水作为分散相，二氯甲烷作为连续相的乳液体系
中，低浓度的聚苯乙烯包裹的金纳米棒在液/液界面上的分布和排列情况。他们
发现聚苯乙烯包裹的金纳米棒装饰在水滴的周围，并且以一种"头对尾"的方
式平行于液/液界面排列。当溶剂挥发的情况下，金纳米棒以一种"头对尾"的
方式平行排列于基片上[102]。

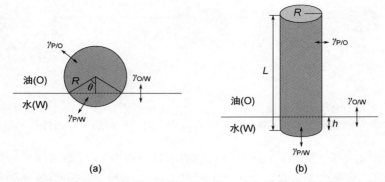

图 5-59　圆柱形的纳米材料在液/液界面的姿态：（a）圆柱形的纳米材料平行于
液/液界面；（b）圆柱形的纳米材料垂直于液/液界面[97]

　　除形状之外，纳米材料的表面特征对于其在液/液界面上的吸附和自组装行为
也有很大的影响。前述的 Janus 型纳米颗粒，因同时具有疏水和亲水的部分呈现
出一种两亲性的特征。Janus 型纳米颗粒在不互溶的两种液体所组成的液/液界面
上的分布、排列和姿态具有很多很独特的性质，其在液/液界面上的自组装行为也
很值得研究。德国拜罗伊特大学的 Krausch 和 Böker 等人首次报道了关于 Janus
型纳米颗粒在液/液界面上的吸附和自组装行为的研究结果[103]。他们首先合成了
一半为金而另一半为四氧化三铁的 Janus 型纳米颗粒，然后通过与带有长烷基链
的巯基化合物反应，使得 Janus 型纳米颗粒的金单质部分表面被长烷基链所保护
而具有疏水性。而 Janus 型纳米颗粒的四氧化三铁部分则是亲水的，这样 Janus 型纳米颗粒就具有两亲性的特征。

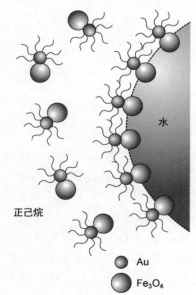

图 5-60　Janus 型纳米粒子在正己烷/
水界面上可能的排列方式[103]

　　他们把这种 Janus 型纳米颗粒置于液/液界面上（图 5-60），然后通过测定相关界面张力来研究 Janus 型纳米颗粒的自组装特性。结果表明，相对于常规的、性质均匀的纳米粒子，Janus 型纳米颗粒能够极大地增强表面活性。比如在正己烷/水所组成的液/液界面上，这种 Janus 型纳米颗粒能够极大地降低其界面张力。在以上工作的基础上，Krausch 和 Böker 等人还尝试通过改变 Janus 型纳米颗粒的两亲性特征来调控液/液界面体系的表面活性。具体而言，他们是通过配体交换的方法来改变金单质部分表面的烷基链长度，从而调控整个 Janus 型纳米颗粒两亲性特征。比如，当金表面的配

体由十二烷基换成十八烷基之后，Janus 型纳米颗粒能够更显著地降低正己烷/水体系的界面张力。

5.4.5 生物大分子在液/液界面的自组装

无论是从生命科学研究的角度，还是从医药、食品等技术应用领域来看，涉及生物大分子在油/水界面上的研究都是有重要意义的。搞清楚生物大分子在液/液界面上的行为特性，进而利用生物大分子在液/液界面的自组装特性开发出新型的功能材料，正引起科学家们越来越广泛的重视。

其实蛋白质等生物大分子在液/液界面上的某些行为特性已经被人们所充分利用，比如蛋白质在液/液界面上的吸附作用使得蛋白质可以作为乳化剂来稳定油水混合体系所形成的乳液。事实上，蛋白质的这一特点长期以来已经被比较广泛地应用到工业上，特别是食品工业[104]。比如，无论是冰淇淋还是黄油都可以是蛋白质稳定的乳液体系。由于在这里本书主要论述的是与化学相关的内容，不准备过深地涉及生命科学的领域。所以，我们在这里所谈到的液/液界面主要是常规意义上的液/液界面，比如宏观的油水混合分相体系、乳状液等等。当然，广义上的液/液界面，比如生物体系中的相分离等等内容其实是非常重要的。已经有研究证明，对于生物体系中复杂的多层次纳米结构的形成而言，与液/液界面有关的相分离实际上是起到决定性作用的驱动力[105]。很多广义上的液/液界面，比如涉及生物膜的表面等情况，不属于现阶段界面化学主要关心的液/液界面体系。而且，涉及生物膜的表面等广义的液/液界面体系的表征的技术手段也并不完备和有效。所以，本文不予以讨论。

生物大分子体系有很多特殊性，要讨论生物大分子在液/液界面的自组装，就要先明确生物大分子的某些特点：

① 生物大分子首先是有机分子，其具有常规有机分子所具备的种种特性，比如亲疏水、共轭体系、构象变化等等。可以想象，生物大分子在液/液界面的自组装特性从一定程度上来说，与一般的有机分子，比如聚合物和两亲分子，有很多相似之处。

② 生物大分子普遍分子量较大，从而体积也比较大。在这种情况下，生物大分子在液/液界面的自组装特性又有可能与某些纳米颗粒类似。

③ 很多生物大分子体系本身就已经是超分子组装体，其在液/液界面上的行为特性可以更多地参照超分子体系的特点。

④ 生物体系中，绝大部分的分子都是带有手性的，所以对于生物大分子在液/液界面的自组装而言，与手性相关的问题也是一个非常重要且很值得关注的方面。

⑤ 由于生物大分子的分子量很大，那么其涉及多级超分子结构的构型、构象变化就较为复杂。对于生物大分子在液/液界面的自组装而言，对其在液/液界面

上构型、构象的变化的研究是一个很重要的课题。

虽然生物体系本身所拥有的化合物的类型很多，但不是所有这些化合物都是我们所关心的生物大分子。因为很多分子量较小的生物分子实际上就是一般的有机小分子，其在液/液界面的自组装特性完全等同于一般的有机小分子，比如氨基酸、糖、胆固醇等等。事实上，我们所关心的真正意义上的生物大分子，基本上就是蛋白质和核酸两类化合物。而核酸无论是 DNA 还是 RNA 都具有比较好的水溶性，不易在油/水界面等液/液界面上稳定分布，因而有关核酸在液/液界面的自组装行为的研究比较少，主要涉及一些核酸的复合物。讨论生物大分子在液/液界面的自组装，主要还是讨论以蛋白质或多肽为构筑单元的情况。因为多级结构的存在，很多蛋白质具有较大的疏水面，因而具有较好的两亲性特征。蛋白质在油/水界面等液/液界面上分布、排列以及自组装的特性也一直是界面科学的研究热点之一。

在早期人们进行有关生物大分子与液/液界面相关的研究主要是出于对这些生物大分子体系自身研究的需要。比如，这些生物大分子的分离、提纯等过程都有可能涉及液/液界面的问题。萃取的过程就是不互溶两相液体相互接触的过程，因为从生物体中分离、提纯的生物大分子的量一般很少，在萃取的过程中就需要非常关注这些生物大分子在液/液界面上的情况。在很多情况下，对于蛋白质的萃取还需要使用基于表面活性剂的胶束体系[106,107]。在生物大分子结晶的过程中，利用液/液界面的帮助，运用二维结晶的方法，很多时候可以得到高质量的晶体[108-110]。

在以上这些研究的基础上，人们逐渐开始关注生物大分子在液/液界面上的浓度、分布方式、构象以及自组装特性，并且开始尝试利用液/液界面自组装的方法来构筑基于生物大分子的复合纳米材料。对此而言，以蛋白质作为研究对象的情况还是最为典型的例子。对于不同的蛋白质在油/水界面吸附的热力学和动力学研究，人们做过很多工作。

英国利兹大学的 Horne 和 Dickinson 等人使用中子反射光谱研究了正己烷/水界面上吸附的蛋白质的浓度。结果显示界面上蛋白质浓度依据蛋白质种类的不同而有所区别，对于 β-酪蛋白，浓度为 $2\sim3mg/m^3$，而球蛋白的浓度为 $1\sim2mg/m^3$。此外，这两种不同的蛋白质在正己烷/水界面上吸附所形成的膜的黏度有很大的不同。球蛋白所形成膜的黏度比 β-酪蛋白形成膜的黏度要大几个数量级。作者将 β-酪蛋白膜的低黏度归结于其分子的柔性造成在液/液界面上多级结构的混乱以及在界面上排列的散乱。他们还使用中子反射光谱研究了正己烷/水界面上吸附的蛋白质膜的厚度。结果表明，β-酪蛋白在正己烷/水界面形成了类似双层膜的结构，首先是接近有机相的界面上有一层厚度为 2nm 左右非常紧密的膜，然后在此之上有一层厚度为 $5\sim7nm$ 的疏松的膜延伸到水相之中[46]。

作为具有手性、拥有很多官能团且分子量较大的分子，蛋白质吸附在液/液界面之上往往能够形成具有黏弹性的膜。Dickinson 等人最早对这一特性进行了研究[111]。他们发现在初始情况下，不同蛋白质在油/水界面所形成的膜的黏弹性都比较小。而随着时间的延长，有的蛋白质比如溶菌酶形成的膜的黏弹性获得了极大的增强，而某些其他蛋白质所形成的膜的黏弹性则几乎没有变化[111]。

　　美国加州大学伯克利分校的 Blanch 等人研究了蛋白质在液/液界面吸附的动力学过程。他们通过测定吸附有蛋白质的庚烷/水缓冲溶液界面上的动态界面张力随时间变化的过程，来研究这一动力学过程[112]。结果表明，动态界面张力随时间变化的曲线基本上可以分为三个区域，对应于蛋白质的庚烷/水缓冲溶液界面上吸附过程的三个阶段：①刚开始，在浓度很低的情况下，蛋白质在液/液界面上扩散和吸附伴随着界面张力很小的下降；②随着蛋白质在液/液界面上浓度的增加，蛋白质分子在液/液界面上相互作用产生自组装，此时伴随着界面张力快速而又强烈的下降；③第三阶段则出现在蛋白质在液/液界面上形成单层膜之后，此时吸附层会有弛豫作用，而在某些情况下会有多层膜的生成。此时对应动态界面张力的下降速度相比第二阶段会变得缓慢得多（图 5-61）。

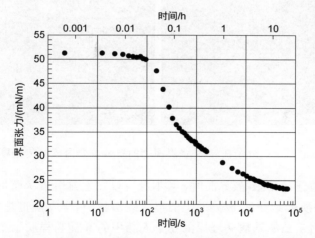

图 5-61　牛血清白蛋白吸附在庚烷/水缓冲溶液的液/液界面上，
动态界面张力随时间的变化关系[112]

蛋白质的浓度为 10μg/mL，pH 为 7.1，使用 100mmol/L 的磷酸钠缓冲溶液

　　对于蛋白质在油/水界面上吸附、分配和聚集的过程，人们还尝试使用数学模拟的方法来研究。比如，德国亚琛的 Leonhard 等人就运用点阵式蒙特卡罗模拟法研究了像蛋白质一样的长链杂聚物在油/水界面的吸附情况[113]。他们分别设计了带有 27 个和 64 个氨基酸单元的长链蛋白质模型，使用计算机模拟其在油/水界面上吸附的情况以及其在此界面上蛋白质长链的聚集行为。在模拟过程中，固定水相的相关参数，改变油相的参数，他们得到了蛋白质在油/水界面上不吸附、可逆

吸附以及不可逆吸附等多种不同行为特性。

对于蛋白质在液/液界面上吸附的热力学和动力学，近年来技术的进步使得人们可以直接在液/液界面上观察到蛋白质分子的分布、运动和变化的过程。比如，美国科罗拉多大学的 Robert Walder 和 Daniel K. Schwartz 使用单分子全内反射荧光显微镜技术来研究分布在硅油/水界面上数量大于 4000 个的牛血清白蛋白分子的动态排布和运动过程[114]。结果表明，在牛血清白蛋白分布于液/液界面上的情况，依据其行为特性可以分为三种类型群体。每一种类型群体都对应着特定的表面停留时间分布、荧光强度以及明显不同的界面扩散行为。另外，对于不同类型群体而言，较大的荧光强度都对应着较长的表面停留时间以及较为缓慢的界面扩散行为。依据这些结果，作者认为牛血清白蛋白分布于液/液界面上所形成的三种类型群体分别对应着单体、非共价结合的二聚体和三聚体（图 5-62）。

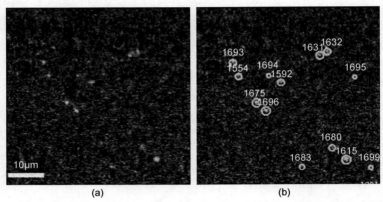

图 5-62　牛血清白蛋白分子在硅油/水界面上的单分子全内反射荧光显微镜照片[114]

当蛋白质分子位于液/液界面时，其本身可以发生自组装从而生成不同的纳米结构，对于蛋白质分子在液/液界面上的自组装形貌，科学家们也是非常感兴趣的。我们都知道，阿尔兹海默病病理原因在于人脑中的 β-淀粉样肽聚集成线状结构并产生沉淀。体外的研究表明，带有 40～42 个氨基酸的某种 Aβ 型多肽可以在水溶液中自组装成稳定的且在水中不溶解的线状结构。美国佛罗里达梅奥医学院的 Nichols 等人研究了这些多肽在三氯甲烷/水缓冲溶液所组成的液/液界面上的自组装过程[115]。结果表明，带有 40 个氨基酸的 Aβ 型多肽在三氯甲烷/水界面上的自组装速率至少比其在水溶液中的自组装速率快 1~2 个数量级，并且 CD 光谱的结果证明这些自组装产物主要是具有 β-折叠的二级结构。最有意思的是，40 个氨基酸的 Aβ 型多肽在三氯甲烷/水界面上的自组装产物的稳定性要比其在水溶液中的自组装产物的稳定性差很多。AFM 结果表明，液/液界面自组装的产物除线状结构之外，沿着这些线还有很多微球状结构。

　　除蛋白质在液/液界面上吸附、聚集的热力学和动力学过程之外，人们也关心这些位于液/液界面上的生物大分子的功能性特征。在这方面，科学家们也做了不少工作。比如，英国伦敦学院的 Williams 利用电化学手段研究了葡糖氧化酶在催化反应的过程中对液/液界面上电子转移的影响[116]。结果表明，葡糖氧化酶能够帮助跨越油/水界面的电子转移。事实上，吸附在油/水界面上的蛋白质往往具有一些特征的电化学特性[117]，这就可以为生物分析的需要提供更多的技术手段。

　　在对蛋白质位于液/液界面之上的特点进行研究的基础上，人们又尝试在液/液界面上将蛋白质和其他有机分子或纳米材料相复合以研究其在液/液界面上相互作用的特点，进而试图利用液/液界面自组装的方法制备出包含生物大分子的复合纳米材料。中国科学院化学研究所的李峻柏等人研究了在三氯甲烷/水的界面上，β-乳球蛋白与各种磷脂共吸附进而形成稳定的复合膜的过程[118]。他们使用悬垂液滴的方法来构筑三氯甲烷/水的液/液界面。具体来说，就是通过使用计算机控制的汉密尔顿泵（Halmiton pump）向蛋白质的水缓冲溶液中泵入一个可控而又微小的三氯甲烷油滴，从而生成一个不断变化的液/液界面（图 5-63）[119]。他们运用悬垂液滴的技术，对 β-乳球蛋白与各种磷脂在液/液界面上的共吸附进行了研究。结果表明，β-乳球蛋白与磷脂复合在液/液界面上生成了像皮肤一样褶皱的膜，而磷脂分子不同的结构，特别是头基的不同则影响了这些膜的生成速率[118]。

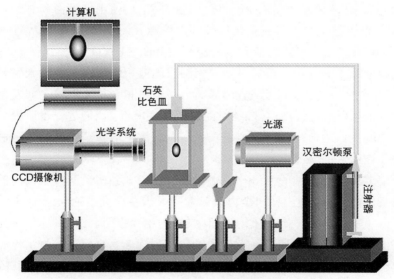

图 5-63　悬垂液滴方法研究液/液界面自组装的实验装置[119]

　　使用磷脂与蛋白质在液/液界面上复合，可以模拟细胞膜的结构和功能。有一种蛋白质叫做成纤维细胞因子（FGF），这种蛋白质在调控生物体的胚胎发育和血管再生方面有重要的功能。美国缅因州大学的 Neivandt 等人在液/液界面上构筑了混有成纤维细胞因子蛋白的磷脂膜，使用和频振动光谱研究在引入外界压力和刺激的条件下，成纤维细胞因子蛋白诱使磷脂膜发生形变的情况。结果表明，当温度上升到 60℃的时候，磷脂膜中 1nmol/L 的成纤维细胞因子蛋白质就足以使原本结构规整的磷脂膜发生很大的形变[120]。

除磷脂之外，其他小分子与蛋白质在液/液界面上的相互作用也有研究的报道。比如，厦门大学的李耀群等人使用了全内反射同步荧光光谱研究了在甲苯/水界面上吸附的 4-磺酸基-四苯基卟啉（TPPS）与牛血清白蛋白所生成的复合物[121]。结果表明，这一复合吸附的过程遵循 Langmuir 等温吸附模型，并且 4-磺酸基-四苯基卟啉（TPPS）与牛血清白蛋白以 1∶1 的方式复合。

日本大阪大学的 Watarai 等人研究了在液/液界面上蛋白质和胆红素以及亚酞菁等化合物相互作用的特点[122,123]。最有意思的是，当他们研究庚烷/水的界面上胆红素与牛血清白蛋白复合物的超分子手性特征时，他们发现这些复合物的 CD信号的方向与构成液/液界面的有机相的种类关系密切。当三氯甲烷被逐渐加入庚烷中时，胆红素与牛血清白蛋白复合物的 CD 信号发生反转[123]。

除有机小分子之外，各种纳米材料与蛋白质在液/液界面上的相互作用、自组装行为乃至多种不同的生物大分子在液/液界面上的相互作用与复合的过程也引起人们越来越多的关注。

比如，美国马萨诸塞大学的 Rotello 和他的同事们使用酶蛋白和金纳米颗粒在油/水界面上自组装来制备具有催化活性的微胶囊（图 5-64）。他们先在水中使用 β-半乳糖苷酶与表面带有正电荷和生物相容性基团（PEG）的长链保护基的 7nm大小的金纳米颗粒复合，然后再引入油相制成乳液，酶蛋白和金纳米颗粒的复合物就在油/水界面上生成微胶囊。作者认为，酶蛋白和金纳米颗粒之间发生自组装的驱动力为纳米颗粒-蛋白质复合物表面电荷密度降低。他们进一步研究了这一微胶囊体系中酶蛋白的催化活性。结果表明，微胶囊中的酶活性能达到自由存在的酶蛋白的催化活性的 76%[124]。

美国密歇根州立大学的 Ofoli 等人研究了在油/水界面上两种蛋白质的相互作用和吸附平衡的问题。他们使用全内反射荧光显微镜研究了油/水界面上人血浆纤维连接蛋白（HFN）和人血清白蛋白（HAS）的相互作用。结果表明，HFN 在油/水界面上的吸附是非常迅速而又不可逆的。相对而言，HAS 在油/水界面上的吸附是比较缓慢而又可逆的。所以，当这两种蛋白质的混合体系位于油/水界面之后，HFN 总是选择性地被优先吸附。甚至当 HSA 单独在油/水界面上吸附 2h 之后，还可以很容易地被 HFN 所替换。然而，当时间进一步延长的情况下，并非所有界面上的 HAS 都会被 HFN 所替换[125]。

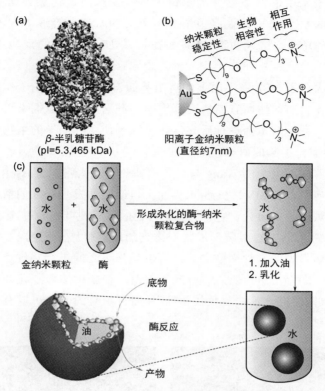

图 5-64 使用酶蛋白和带有正电荷的金纳米颗粒在油/水界面上
自组装来制备具有催化活性的微胶囊的过程[124]

除蛋白质之外，核酸也是非常重要的生物大分子，核酸复合物在液/液界面上的自组装特性也引起了科学家们的兴趣。比如日本东京大学的 Yui 等人研究了脂质体和 DNA 的复合物在位于油/水界面上的磷脂膜上的吸附和通透特征。这一磷脂膜实际上就是生物体中细胞膜的模型。他们发现，脂质体和 DNA 的复合物在与细胞膜外侧的结构类似的磷脂膜上的吸附速率要比其在与细胞膜内侧的结构类似的磷脂膜上的吸附速率快 2.6 倍，而单独的 DNA 在两种磷脂膜上的吸附速率则几乎相同。这就解释了为什么脂质体可以帮助 DNA 通过生物膜，进而实现脂质体转染[126]。

对于 DNA 分子在液/液界面上的自组装而言，非常重要的课题在于核苷酸上碱基对互补的单链 DNA 在液/液界面上杂化生成双链 DNA 的过程。比如来自于日本北海道大学的 Kitamura 等人研究了两条互补的单链 DNA 在油/水界面杂化形成双链 DNA 的过程。他们使用皮秒级的时间分辨全内反射荧光光谱在水/四氯化碳构成的液/液界面上来研究这一过程。研究发现，在四氯化碳相中存在十八胺的情况下，溶于水中的两条互补的单链 DNA 在水/四氯化碳界面能够发生杂化形成双链的 DNA[127]；而这两条互补的单链 DNA 在水溶液中却不能够相互作用形成双链的 DNA。这说明液/液界面在涉及 DNA 配对的反应中也起到重要的作用。

对于生物大分子在液/液界面上的自组装而言，最有意思的工作还是来自于与病毒相关的工作。与前述所有的情况都不同，在这里科学家们不再使用有机分子或纳米材料等"死"的东西进行研究，而是直接使用"活"的生物体作为构筑单元用于液/液界面自组装的研究。

美国南卡罗来纳大学的 Wang 与马萨诸塞州州立大学的 Russell 等人合作，研究了豇豆花叶病毒（CPMV）在油/水界面上自组装并发生交联的情况。他们使用激光共聚焦显微镜进行研究，发现了荧光标记的豇豆花叶病毒在全氟萘烷/水所形成的乳液的液/液界面上自组装形成紧密排列的单层膜。在使用戊二醛交联剂对这一单层膜中的病毒表面进行交联之后，可以使病毒之间进行共价连接，从而得到非常结实的膜（图 5-65）。他们的研究还表明，在膜中的豇豆花叶病毒的完整性良好[128]。这一例子充分证明，使用液/液界面自组装的方法可以有效构筑基于生物体系的功能材料。

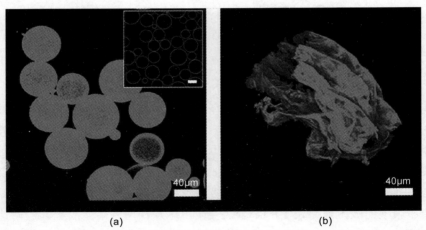

图 5-65　豇豆花叶病毒（CPMV）在油/水界面上自组装并发生交联后，（a）表面带有
交联的豇豆花叶病毒的全氟萘烷液滴的共聚焦荧光显微镜照片；（b）豇豆花叶
病毒所形成的非常结实的膜在干燥、再水化之后形成褶皱

Wang 与 Russell 等人还针对芜菁黄花叶病毒在油/水界面上的自组装，详细研究了各种条件对液/液界面病毒自组装的影响，发现 pH、离子强度以及黏度是最关键的因素[129]。

5.5 结论与展望

本章主要讨论了液/液界面的分子组装。在简要论述了液/液界面的基本特性的基础上，通过一些具体的实例介绍了主要的针对液/液界面超分子组装体的表征手段，然后重点讨论在液/液界面生成的各种形态的超分子组装体的结构和功能的特点，主要包括有机小分子、纳米材料和生物大分子在液/液界面上的超分子组装体。

对于构筑具有各种结构和功能的超分子组装体以及功能性纳米材料而言，基于液/液界面的自组装具有简单、灵活、高效以及多样性的特点，是非常有用的手段。虽然从长期以来，对于液/液界面的表征一直比较困难，影响了这一自组装方法的使用。但是随着技术的进步，各种新的物理表征方法不断地被投入使用，人们对于液/液界面自组装体系的研究也越来越广泛和深入。可以预见，液/液界面自组装在未来的超分子科学和纳米科学的研究中必将扮演越来越重要的角色。

参 考 文 献

[1] Adamson, A. W.; Gast, A. P. Physical Chemistry of Surfaces. 6th ed. New York: Wiley, **1997**.

[2] Watarai, H.; Teramae, N.; Sawada, T. Interfacial Nanochemistry: Molecular Science and Engineering at Liquid-Liquid Interfaces. //From the series: *Nanostructure Science and Technology*. Edited by David J. Lockwood. New York: Kluwer Academic/Plenum Publishers, **2005**.

[3] Cornils, B.; Herrmann, W. A. *Aqueous-Phase Organometallic Catalysis*. **1998**. 233-240. Weinheim: Wiley-VCH.

[4] 祝建国, 王骥鹏, 陈希. 解放军理工大学学报(自然科学版), **2005**, 6(5): 497.

[5] 颜肖慈, 罗明道. 界面化学. 北京: 化学工业出版社, **2005**.

[6] 沈钟, 王果庭. 胶体与表面化学, 北京: 化学工业出版社, **1997**.

[7] 赵国玺, 朱珧瑶. 表面活性剂作用原理. 北京: 中国轻工业出版社, **2003**.

[8] 尹东霞, 马沛生, 夏淑倩. 科技通报, **2007**, *23*, 424.

[9] 李艳红, 王升宝, 常丽萍. 日用化学工业, **2007**, *37*, 102.

[10] 于军胜, 唐季安. 化学通报, **1997**, *60*, 11.

[11] Volkov, A. G.; Deamer, D. W. Liquid-Liquid Interfaces, Theory and Methods. California: CRC Press, **1996**.

[12] Shen, Y. R. The principles of nonlinear optics. New York: Wiley-Interscience, **2003**.

[13] Shen, Y. R. *Nature*, **1989**, *337*, 519.

[14] Grubb, S. G.; Kim, M. W.; Rasing, T.; Shen, Y. R. *Langmuir*, **1988**, *4*, 452.

[15] Conboy, J. C.; Richmond, G. L. *Electrochim. Acta*, **1995**, *40*, 2881.

[16] Uchida, T.; Yamaguchi, A.; Ina, T.; Teramae, N. *J. Phys. Chem. B*, **2000**, *104*, 12091.

[17] Liebsch, A. *Surface Science*, **1994**, *307-309*, 1007-1016.

[18] Eisenthal, K. B. *Chem. Rev.*, **1996**, *96*, 1343.

[19] Steel, W. H.; Walker, R. A. *Nature*, **2003**, *424*, 296.

[20] Richmond, G. L. *Chem. Rev.*, **2002**, *102*, 2693.

[21] Moore, F. G.; Richmond, G. L. *Acc. Chem. Res.*, **2008**, *41*, 739.

[22] Leich, M. A.; Richmond, G. L., *Faraday Discussions*, **2005**, *129*, 1.

[23] Messmer, M. C.; Conboy, J. C.; Richmond, G. L. *J. Am. Chem. Soc.*, **1995**, *117*, 8039.

[24] Watry, M. R.; Richmond, G. L. *J. Am. Chem. Soc.*, **2000**, *122*, 875.

[25] Scatena, L. F.; Brown, M. G.; Richmond, G. L. *Science* **2001**, *292*, 908.

[26] 杨序纲, 吴琪琳. 拉曼光谱的分析与应用. 北京: 国防工业出版社, **2008**.

[27] Ohashi, A.; Watarai, H., *Langmuir*, **2002**, *18*, 10292.

[28] Yamamoto, S.; Watarai, H., *J. Phys. Chem. C* **2008**, *112*, 12417.

[29] 刘密新. 仪器分析. 第 2 版. 北京: 清华大学出版社, **2002**.

[30] Ishizaka, S.; Kim, H. -B.; Kitamura, N. *Anal. Chem.*, **2001**, *73 (11)*, 2421.

[31] Yamashita, T.; Uchida, T.; Fukushima, T.; Teramae, N. *J. Phys. Chem. B*, **2003**, *107* (20), 4786.

[32] Tsuyumoto, I.; Noguchi, N.; Kitamori, T.; Sawada, T. *J. Phys. Chem. B*, **1998**, *102 (15)*, 2684.

[33] Uchiyama, Y.; Kitamori, T.; Sawada, T.; Tsuyumoto, I. *Langmuir*, **2000**, *16 (16)*, 6597.

[34] 丁天怀, 李庆祥等. 测量控制与仪器仪表现代系统集成技术. 北京: 清华大学出版社, **2005**.

[35] Benjamins, J. -W.; Jönsson, B.; Thuresson, K.; Nylander, T. *Langmuir*, **2002**, *18* (16), 6437.

[36] Lei, Q.; C. Bain, D., *Phys. Rev. Lett.*, **2004**, *92*, 176103

[37] Binks, B. P.; Clint, J. H.; Dyab, A. K. F.; Fletcher, P. D. I.; Kirkland, M.; Whitby, C. P. *Langmuir*, **2003**, *19* (21), 8888.

[38] 唐季安, 李兴长, 袁金锁, 江龙. 功能材料, **1993**, *24*, 282.

[39] Uredat, S.; Findenegg, G. H. *Langmuir*, **1999**, *15* (4), 1108.

[40] Bu, W.; Yu, H.; Luo, G.; Bera, M. K.; Hou, B.; Schuman, A. W.; Lin, B.; Meron, M.; Kuzmenko, I.; Antonio, M. R.; Soderholm, L.; Schlossman, M. L. *J. Phys. Chem. B*, **2014**, *118* (36), 10662.

[41] Penfold, J. X-ray and neutron scattering. Amsterdam: Elsevier, **2009**.

[42] Schlossman, Mark L. Liquid-liquid interfaces: studied by X-ray and neutron scattering, Current Opinion in Colloid & Interface Science 7. **2002**, 235.

[43] McClain, B. R.; Lee, D. D.; Carvalho, B. L.; Mochrie, S. G. J.; Chen, S. H.; Litster, J. D. *Phys. Rev. Lett.*, **1994**, *72* (2), 246-249.

[44] Phipps, J. S.; Richardson, R. M.; Cosgrove, T.; Eaglesham, A., *Langmuir*, **1993**, *9* (12), 3530.

[45] Cosgrove, T.; Phipps, J. S.; Richardson, R. M. *Colloids Surf.*, **1992**, *62* (3), 199.

[46] Dickinson, E.; Horne, D. S.; Phipps, J. S.; Richardson, R. M. *Langmuir*, **1993**, *9* (1), 242.

[47] Bowers, J.; Zarbakhsh, A.; Webster, J. R. P.; Hutchings, L. R.; Richards, R. W. *Langmuir*, **2001**, *17* (1), 140.

[48] Sanyal, M. K.; Agrawal, V. V.; Bera, M. K.; Kalyanikutty, K. P.; Daillant, J.; Blot, C.; Kubowicz, S.; Konovalov, O.; Rao, C. N. R. *J. Phys. Chem. C*, **2008**, *112* (6), 1739.

[49] Braga, P. C.; Ricci, D. Atomic Force Microscopy Biomedical Methods and Applications. New Jersey, USA: Humana Press, **2004**.

[50] Dagastine, R. R.; Stevens, G. W.; Chan, D. Y. C.; Grieser, F. *J. Colloid Interf. Sci.*, **2004**, *273* (1), 339-342.

[51] Filip, D.; Uricanu, V. I.; Duits, M. H. G.; Agterof, W. G. M.; Mellema, J. *Langmuir*, **2005**, *21* (1), 115.

[52] Knake, R.; Fahmi, A. W.; Tofail, S. A. M.; Clohessy, J.; Mihov, M.; Cunnane, V. J. *Langmuir*, **2005**, *21* (3), 1001.

[53] Costa, L.; Li-Destri, G.; Thomson, N. H.; Konovalov, O.; Pontoni, D. *Nano Lett.*, **2016**, *16* (9), 5463.

[54] Bockris, J. O'M.; Conway, B. E.; White, R. E. Modern Aspects of Electrochemistry. New York: Springer Nature, **1993**, Vol, 25: 1.

[55] Gerischer, H.; Tobias, C. W. Advances in Electrochemical Science and Engineering. Weinheim: Wiley-VCH, **1995**, Vol. 4: 297.

[56] Girault, H. H.; Schiffrin, D. J. in *"Electroanalytical Chemistry"*, Ed. Bard, A. J. New York: Marcel Dekker, **1989**, Vol. 15: 1.

[57] Rodgers, P. J.; Amemiya, S. *Anal. Chem.*, **2007**, *79* (24), 9276.

[58] Shao, Y.; Mirkin, M. V.; Rusling, J. F. *J. Phys. Chem. B*, **1997**, *101* (16), 3202.

[59] Selzer, Y.; Mandler, D. *J. Phys. Chem. B*, **2000**, *104* (20), 4903.

[60] Liu, B.; Mirkin, M. V. *J. Phys. Chem. B*, **2002**, *106* (15), 3933.

[61] Smit, B. *Phys. Rev. A*, **1988**, *37*, 3431.

[62] Razavi, S.; Koplik, J.; Kretzschmar, I. *Langmuir*, **2014**, *30 (38)*, 11272.

[63] Nitsch, W.; Weigl, M. *Langmuir*, **1998**, *14* (23), 6709.

[64] Sumino, Y.; Kitahata, H.; Seto, H.; Yoshikawa, K., *Phys. Rev. E*, **2007**, *76 (5)*, 055202.

[65] Sjöblom, J. *Emulsions and emulsion stability*. Taylor & Francis, **2006**.

[66] Leal-Calderon, F.; Schmitt, V.; Bibette, J. Tracts in Modern Physics. 2nd ed. Volume 181. Emulsion Science Basic Principles Originally published as Berlin: Springer, **2007**.

[67] Velikov, K. P.; Velev, O. D. "Stabilization of thin films, foams, emulsions and bifluid gels with surface-active solid particles" *In* Colloid Stability and Application in Pharmacy. Tadros, T. F. Ed., Weinheim: Wiley-VCH, **2007**, 277.

[68] Li, J.; Stöver, H. D. H., *Langmuir*, **2008**, *24* (23), 13237.

[69] Sarker, M.; Tomczak, N.; Lim, S., *ACS Appl. Mater. Interf.*, **2017**, *9* (12), 11193.

[70] Li, J.; Zhang, Y.; Han, D.; Jia, G.; Gao, J.; Zhong, L.; Li, C. *Green Chem.*, **2008**, *10* (6), 608.

[71] Gao, J.; Zhang, Y.; Jia, G.; Jiang, Z.; Wang, S.; Lu, H.; Song, B.; Li, C. *Chem. Commun.*, **2008** (3), 332.

[72] Zhang, B.; Jiang, Z.; Zhou, X.; Lu, S.; Li, J.; Liu, Y.; Li, C. *Angew. Chem. Inter. Ed.*, **2012**, *51* (52), 13159.

[73] 张洪涛, 黄锦霞. 乳液聚合新技术及应用. 北京: 化学工业出版社, **2007**.

[74] Min, K.; Gao, H.; Matyjaszewski, K. *J. Am. Chem. Soc.*, **2006**, *128* (32), 10521.

[75] Bauers, F. M.; Thomann, R.; Mecking, S. *J. Am. Chem. Soc.*, **2003**, *125* (29), 8838.

[76] He X.; Ge; Liu; Wang; Zhang. *Chemistry of Materials*, **2005**, *17 (24)*, 5891.

[77] Loiseau, E.; Niedermair, F.; Albrecht, G.; Frey, M.; Hauser, A.; Rühs, P. A.; Studart, A. R. *Langmuir*, **2017**, *33* (9), 2402.

[78] Colver, P. J.; Colard, C. A. L.; Bon, S. A. F. *J. Am. Chem. Soc.*, **2008**, *130* (50), 16850.

[79] Guilard, R.; Smith, K. M. The Porphyrin. Amsterdam: Elsevier, **2003**.

[80] Alessio, E. Non-covalent multi-porphyrin assemblies: synthesis and properties. Berlin: Springer, **2006**.

[81] Liu, B.; Qian, D.-J.; Huang, H.-X.; Wakayama, T.; Hara, S.; Huang, W.; Nakamura, C.; Miyake, J. *Langmuir*, **2005**, *21* (11), 5079.

[82] Liu, B.; Qian, D. -J.; Chen, M.; Wakayama, T.; Nakamura, C.; Miyake, J. *Chem. Commun.* **2006** (30), 3175.

[83] Binks, B. P. and Horozov, T. S. Colloidal Particles at Liquid Interfaces. Cambridge: Cambridge University Press, **2006**.

[84] Tadros, T. F. Emulsion Science and Technology. Weinheim Wiley-VCH, **2009.**

[85] Khosravi, E.; Yagci, Y.; Savelyev, Y. New Smart Materials Via Metal Mediated Macromolecular Engineering. Berlin: Springer, **2009**.

[86] Liu, B.; Wei, W.; Qu, X.; Yang, Z. *Angew. Chem. Int. Ed.*, **2008**, *47* (21), 3973.

[87] Zhang, J.; Jin, J.; Zhao, H. *Langmuir*, **2009**, *25* (11), 6431.

[88] Kida, T. *Langmuir*, **2008**, *24* (15), 7648.

[89] Breachignac, C.; Houdy, P.; Lahmani, M. Nanomaterials and Nanochemistry. Berlin: Springer, **2006**.

[90] Böker, A.; He, J.; Emrick, T.; Russell, T. P. *Soft Matter*, **2007**, *3* (10), 1231.

[91] Lin, Y.; Skaff, H.; Emrick, T.; Dinsmore, A. D.; Russell, T. P. *Science*, **2003**, *299* (5604), 226.

[92] Lin, Y.; Böker, A.; Skaff, H.; Cookson, D.; Dinsmore, A. D.; Emrick, T.; Russell, T. P. *Langmuir*, **2005**, *21* (1), 191.

[93] Lin, Y.; Skaff, H.; Böker, A.; Dinsmore, A. D.; Emrick, T.; Russell, T. P. *J. Am. Chem. Soc.*, **2003**, *125 (42)*, 12690.

[94] Dinsmore, A. D.; Hsu, M. F.; Nikolaides, M. G.; Marquez, M.; Bausch, A. R.; Weitz, D. A. *Science*, **2002**, *298* (5595), 1006.

[95] Duan, H.; Wang, D.; Kurth, D. G.; Möhwald, H. *Angew. Chem. Int. Ed.*, **2004**, *43* (42), 5639.

[96] Wang, J.; Wang, D.; Sobal, N. S.; Giersig, M.; Jiang, M.; Möhwald, H. *Angew. Chem. Int. Ed.*, **2006**, *45* (47), 7963.

[97] He, J.; Zhang, Q.; Gupta, S.; Emrick, T.; Russell, T. P.; Thiyagarajan, P. *Small*, **2007**, *3* (7), 1214.

[98] Böker, A.; Lin, Y.; Chiapperini, K.; Horowitz, R.; Thompson, M.; Carreon, V.; Xu, T.; Abetz, C.; Skaff, H.; Dinsmore, A. D.; Emrick, T.; Russell, T. P. *Nature Materials*, **2004**, *3* (5), 302.

[99] Basavaraj, M. G.; Fuller, G. G.; Fransaer, J.; Vermant, J. *Langmuir*, **2006**, *22* (15), 6605.

[100] Dong, L.; Johnson, D. T. *Langmuir*, **2005**, 21 (9), 3838.

[101] Lewandowski, E. P.; Searson, P. C.; Stebe, K. J. *J. Phys. Chem. B,* **2006**, *110 (9)*, 4283.

[102] Khanal, B. P. and Zubarev, E. R. *Angew. Chem. Int. Ed.*, **2007**, *46*, 2195.

[103] Glaser, N.; Adams, D. J.; Böker, A.; Krausch, G. *Langmuir*, **2006**, *22* (12), 5227.

[104] McClements, D. J. Food Emulsions: Principles, practice and techniques. Boca Raton, USA. CRC Press, **1999**.

[105] Case, L. B.; Zhang, X.; Ditlev, J. A.; Rosen, M. K. *Science*, **2019**, *363* (6431), 1093.

[106] Kinugasa, T.; Tanahashi, S. I.; Takeuchi, H., *Ind. Eng. Chem. Res.*, **1991**, *30* (11), 2470.

[107] Sarmento, M. J.; Pires, M. J.; Cabral, J. M. S.; AiresBarros, M. R. *Bioprocess Eng.*, **1997**, *16* (5), 295.

[108] Aoyama, K. *J. Crystal Growth*, **1996**, *168* (1-4), 198.

[109] Aoyama, K.; Zuhl, F.; Tamura, T.; Baumeister, W. *J. Struct. Biol.* **1996**, *116,* (3), 438.

[110] Rosenberger, F. *Theoretical and Technological Aspects of Crystal Growth*, **1998**, *276* (2), 241.

[111] Dickinson, E.; Murray, B. S.; Stainsby, G. *J. Chem. Soc.*, *Faraday Trans, I* **1988**, *84* (3), 871.

[112] Beverung, C. J.; Radke, C. J.; Blanch, H. W. *Biophys. Chem.*, **1999**, *81* (1), 59.

[113] Leonhard, K.; Prausnitz, J. M.; Radke, C. J. *Langmuir*, **2006**, *22* (7), 3265.

[114] Walder, R.; Schwartz, D. K. *Langmuir*, **2010**, *26* (16), 13364.

[115] Nichols, M. R.; Moss, M. A.; Reed, D. K.; Hoh, J. H.; Rosenberry, T. L. *Biochemistry* **2005**, *44* (1), 165.

[116] Georganopoulou, D. G.; Caruana, D. J.; Strutwolf, J.; Williams, D. E., *Faraday Discussions*, **2000** (116), 109.

[117] Kivlehan, F.; Lanyon, Y. H.; Arrigan, D. W. M. *Langmuir,* **2008**, *24* (17), 9876.

[118] Zhang, Y.; An, Z.; Cui, G.; Li, J. *Colloids and Surfaces A: Physicochem. Eng. Aspects,* **2003**, *223* (1), 11.

[119] Lu, G.; Chen, H.; Li, J. *Colloids and Surfaces A: Physicochem. Eng. Aspects,* **2003**, *215* (1), 25.

[120] Doyle, A. W.; Fick, J.; Himmelhaus, M.; Eck, W.; Graziani, I.; Prudovsky, I.; Grunze, M.; Maciag, T.; Neivandt, D. J. *Langmuir*, **2004**, *20* (21), 8961.

[121] Tang, Y.-J.; Chen, Y.; Chen, Z.; Xie, T.-T.; Li, Y. -Q. *Anal. Chim. Acta,* **2008**, *614* (1), 71.

[122] Adachi, K.; Watarai, H. *Anal. Chem.,* **2006**, *78* (19), 6840.

[123] Yin, J.-H.; Watarai, H. *J. Colloid Interf. Sci.*, **2009**, *329* (2), 325.

[124] Samanta, B.; Yang, X.-C.; Ofir, Y.; Park, M.-H.; Patra, D.; Agasti, S. S.; Miranda, O. R.; Mo, Z. -H.; Rotello, V. M. *Angew. Chem. Inter. Ed.*, **2009**, *48* (29), 5341.

[125] Vaidya, S. S.; Ofoli, R. Y. *Langmuir*, **2005**, *21* (13), 5852-5858.

[126] Uchiyama, Y.; Yui, H.; Sawada, T. *Anal. Sci.*, **2004**, *20* (11), 1537.

[127] Ishizaka, S.; Ueda, Y.; Kitamura, N. *Anal. Chem.*, **2004**, *76* (17), 5075.

[128] Russell, J. T.; Lin, Y.; Böker, A.; Su, L.; Carl, P.; Zettl, H.; He, J.; Sill, K.; Tangirala, R.; Emrick, T.; Littrell, K.; Thiyagarajan, P.; Cookson, D.; Fery, A.; Wang, Q.; Russell, T. P. *Angew. Chem. Inter. Ed.*, **2005**, *44* (16), 2420.

[129] Kaur, G.; He, J. B.; Xu, J.; Pingali, S. V.; Jutz, G.; Boker, A.; Niu, Z. W.; Li, T.; Rawlinson, D.; Emrick, T.; Lee, B.; Thiyagarajan, P.; Russell, T. P.; Wang, Q. *Langmuir*, **2009**, *25*(9), 5168.

第6章

纳米材料在界面的有序组装

　　过去的几十年，纳米材料的合成方面取得了重大进展，人们已经能够大量、可控地合成具有特定尺寸、形貌和晶型的纳米材料，如零维纳米量子点、纳米球、纳米立方，一维纳米棒、纳米线、纳米管和二维的纳米片层如石墨烯等等。纳米材料因其具有特定的量子效应、小尺寸效应以及表面效应等而具有独特的物理和化学性质，从而在材料、能源、信息以及生物医学等领域具有重要应用前景。同时也能在单电子设备或纳米电子、传感、生物诊断和催化等方面有着潜在的应用价值[1]。

　　有序排布或自组装的纳米阵列，展现了不同于单个纳米颗粒所展现出来的性质，具有新的集体性的物理性质，如金纳米颗粒组装体具有表面等离子效应，而这一性质取决于颗粒的尺寸、粒子间隔及有序度[2]。目前，纳米材料的应用面临的主要挑战一方面是如何精准地合成纳米材料，另一方面是如何多维度地组装纳米结构形成高度有序的、形貌可控的纳米阵列，以实现其在材料和器件中新的应用。因此，采用不同的、新的和创新性的方法来构筑周期组装的纳米结构引起了研究者的关注。

　　总体上，纳米组装可以通过"自上而下"（top-down）和"自下而上"（bottom-up）的方法获得。"自上而下"法包括化学气相沉淀、原子层沉淀、分子束外延生长和光刻蚀等[2]，这些需要在高度可控环境和在专门的仪器设备条件下进行，因而操作成本高。相比而言，"自下而上"方法，即基于溶液中自组装的方法，则提供了低成本且有效的方法来构筑纳米结构超阵列。"自下而上"方法通常包含两步：①合成特定维度和材质的纳米结构，部分情况下还需要将合成的颗粒再进行特殊表面修饰，如颗粒表面配体交换能单分散在油相中；②通过自组装方法将纳米颗粒组装或排布成高度有序的纳米阵列并转移到所需的基底上。个别的能通过一步法得到，在合成纳米材料的同时实现其有序组装。常见的自组装方法有：界面组装，包括 Langmuir-Blodgett（LB）、油/水界面组装，溶液中自组装的单层或多层组装，溶剂蒸发法，层层自组装，自旋喷涂，静电纺丝，模板组装，外界磁场，机械力，微流控，共价吸附等。

本章中，我们首先将主要介绍纳米结构，包括零维的纳米颗粒、一维纳米棒/线/管和二维纳米片层在气/液界面的自组装，按照其组装原理的不同，将其分成三个部分：①基于 Langmuir 的自组装方法；②溶液中自组装单层及多层纳米阵列膜；③气/液界面溶剂蒸发诱导的组装。其次，概括总结所形成的纳米阵列膜在光、电、磁和催化等方面的性质及应用。最后，将对纳米结构的组装及应用进行展望。

6.1　基于 Langmuir 的自组装方法

LB 技术最初用于构筑两亲分子薄膜，具体操作过程是将两亲分子溶于易挥发的与水不互溶的有机相中（作为铺展液），然后将溶液铺展在水相界面（通常情况下称之为亚相）形成单分子层，称作 Langmuir 膜。通过挡板压缩或扩张，使两亲分子在气/液界面形成的单分子层内组装形成一定排列结构。漂浮 Langmuir 单分子层内存在的二维表面压力通常约为几十兆帕，因此，单层内组分的定向能直接和强烈地受到所受表面压力的影响。获得的单层通过垂直提拉（LB）或者水平提拉（Langmuir-Schaefer）的方法转移到固体基底上，通过多次的提升还可以获得层层组装体。这在第 3 章中已经详细叙述。传统上，LB 技术用来构筑有机物薄膜，包括长链两亲分子、芳香化合物、卟啉、染料分子和大的生物分子[3]。同样，这一技术也可以用来排布组装无机纳米材料以获得大面积有序排布组装体。无机纳米材料表面经修饰一层有机分子，通常情况下用的是表面活性剂分子，使得纳米材料能漂浮在亚相界面，同样可以用 LB 的方法来实现大面积可控组装排布。图 6-1 为用 LB 方法排布纳米胶体颗粒，形成多层次条纹图案组装体。

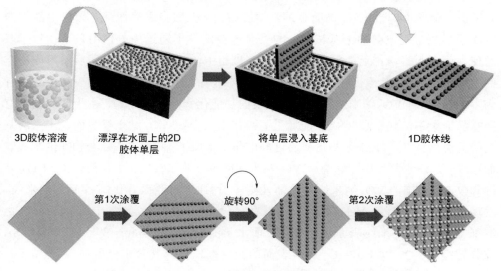

3D胶体溶液　　漂浮在水面上的2D　　　　将单层浸入基底　　　　1D胶体线
　　　　　　　胶体单层

第1次涂覆　　　　旋转90°　　　　　　第2次涂覆

图 6-1　LB 方法组装纳米颗粒形成多层次的线型组装体[4]

340

界面组装化学

6.1.1　纳米材料表面修饰对其在气/液界面组装的影响

纳米材料表面化学、纳米颗粒尺寸和配体动态对调节纳米颗粒的组装起了重要的作用。表面配位层对调控纳米材料的浸湿行为和纳米颗粒之间的相互作用极其重要，这里我们主要讨论表层修饰对纳米材料在气/液界面组装的影响。

（1）表面疏水化

采用 LB 技术组装纳米材料，首先要求纳米材料能稳定地单分散在易挥发油相中，这要求其表面配体分子层具有疏水性。此外，纳米材料还需要能在气/液界面组装分散，而太强的疏水作用只会导致聚集，配体修饰的纳米颗粒应具有两亲分子的两亲性才能稳定地单分散在界面。两相法直接原位合成和表面活性剂修饰纳米材料法是表面疏水修饰常见的方法[5]。Rafailovich 等[6]报道在单相中在十二烷基硫醇存在下还原氯金酸合成金纳米粒子，这一过程使得纳米粒子生成和修饰同步进行。修饰后的粒子不能在水面上铺展，原因在于硫醇密度大，疏水性强。而通过两相法，在溶液中加入氯金酸和四辛基溴化铵甲苯，有机相中加入十二烷基硫醇和还原试剂，通过两相方法合成的纳米颗粒密度稍低或者粒子表面上有少量的季铵盐，可以铺展在气/液界面。

溶于水相的纳米颗粒，可以通过修饰一层表面活性剂分子，增加其在有机相的溶解性和分散性。其修饰可以通过非共价键的作用如静电、氢键和配位等，也可以通过共价键作用实现。常用的用于修饰的表面活性剂分子有十八胺（ODA）、十二烷基磺酸钠（SDS）、十二烷基磺酸锂（LDS）、硬脂酸（SA）、油酸（OA）、十二烷基硫醇（DDT）等。Sastry 等[7]报道将吸附了十八胺（ODA）的基底浸入4-羧基苯硫酚（4-CTP）修饰的金纳米溶胶中，十八胺自基底脱离，结合溶液中的氢离子形成带正电荷的十八铵盐，与带负电荷的粒子通过静电作用包裹在粒子表面使表面疏水。修饰后的粒子能溶解在有机相中，分散在气/液界面后能形成稳定的 Langmuir 膜，其原因在于部分 ODA 在气/液界面上解离而使粒子表现出双亲行为。Mai 等[8]对 VO$_2$ 纳米线采用微乳化表面功能化修饰（图 6-2），由于其表面带有羟基易于聚集，硬脂酸（SA）能通过氢键作用结合到 VO$_2$ 纳米线表面，十六烷基三甲基溴化铵（C$_{16}$TAB）与 SA 通过静电作用形成 C$_{16}$TAB-SA 复合物在纳米线表面形成一层疏水复合层。修饰后 VO$_2$ 纳米线能单分散在有机相中，而仅 C$_{16}$TAB 修饰和仅 SA 修饰的 VO$_2$ 纳米线单分散性则较差。通过对照微乳化制备 VO$_2$ 纳米线，发现微乳化法得到的 VO$_2$ 纳米线能容易地单分散在有机溶剂中，这是因为微乳化法制备的 VO$_2$ 纳米线表面有有机分子而水热法没有。Fujimori 等[9]通过采用 SA 部分置换 Fe$_3$O$_4$ 和 CoFe$_2$O$_4$ 颗粒表面的稳定剂，实现其稳定分散在气/液界面。Krstic 等[10]用 LDS 修饰碳纳米管。Kim 等[11]报道采用 ODA 修饰碳纳米管。

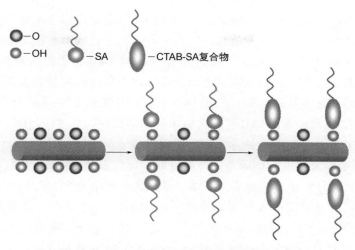

图 6-2 VO₂ 纳米线表面功能化的过程图示

通过共价键作用修饰比较常见的方法是采用巯基化表面活性剂通过与水溶性金属纳米颗粒之间强的金属-硫键键合作用，表面修饰纳米颗粒，或者借助纳米颗粒表面羟基可以形成酯键。Serrano-Montes 等[12]报道聚乙二醇（PEG-SH）稳定的纳米颗粒通过与油相中十二烷基硫醇（DDT）作用，使其从水溶液中快速转移到氯仿相中，该方法能实现对多种不同尺寸和形貌（包括球、棒和纳米星）的金纳米颗粒和银纳米颗粒进行转移，这一方法得益于 PEG-SH 和 DDT 的共同作用，并能保持长时间的稳定性，如图 6-3 所示。

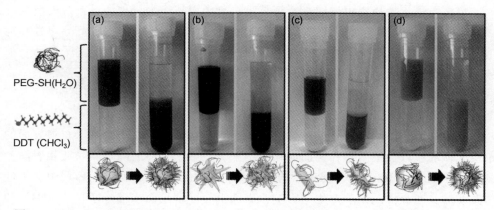

图 6-3 PEGylated Au 50nm（a）、mAuNSs（b）、AuNRs（c）和 Ag 100nm（d）从水相（上层）转移到氯仿相（下层），左侧为转移前，右侧为转移后，时间间隔均为 1h

其次，通过聚合物修饰也能实现纳米材料表面疏水化。通常采用具有两亲性质的均聚物或者嵌段共聚物。聚乙烯吡咯烷酮（PVP）其吡咯烷酮环中含有极性的酰胺、非极性亚甲基和次甲基以及非极性的聚合物骨架，因而能结合到不同的表面上，能溶解在水相和非水相溶剂中。PVP 通过吡咯烷酮中的羰基能稳定金属纳米颗粒的［100］和［111］晶面，作为常用的功能修饰剂。报道的有修饰银量子点[13]、纳米颗粒[14]、纳米棒[15]和纳米线[16,17]。CTAB 稳定的纳米 Au 颗粒不能直接分散在有机溶剂中，CTAB 在表面形成了双电层使得颗粒表面带正电荷，如果不经表面功能化直接转移到有机相中会导致不可逆的聚集。Lee 等[18a]报道通过一步法将 PVP 溶液滴入 CTAB 稳定金纳米棱水溶液中，快速（15min 内）实现用 PVP 功能化 CTAB 稳定的金纳米棱颗粒并分散在乙醇-己烷中用于界面组装。这归根于 PVP 在金纳米棱表面形成薄层，导致部分替代表面 CTAB，降低表面电荷量至零，使得其能分散在有机相中。Li 等[18b]用聚(m-亚苯基亚乙烯基-共-2,5-辛氧基-p-亚苯基亚乙烯基)（PmPV）来修饰单壁碳纳米管（SWCT），经超声、超离心和过滤后得到 SWNT 主要成单分散状态。这是由于 PmPV 对碳纳米管有很高的亲和力，通过其共轭骨架与碳纳米管 π-π 堆积作用，增大纳米管在有机溶剂中的溶解性。

Genson 等[19]将金纳米颗粒表面羟基与含羧酸的 V 形两亲聚合物 PS-PEO 通过形成酯键修饰在金纳米颗粒表面，并能达到很高的密度，最后形成金纳米颗粒-两亲聚合物核-壳结构，能有效地诱导其在界面组装。Mahmoud 等[20]采用巯基化的聚乙二醇（PEG）修饰 CTAB 保护的金纳米棒，使用不同分子量的 2K PEG 和 6K PEG 修饰金纳米棒，发现 PEG 分子链的长度影响金纳米棒的界面自组装，短链 PEG 修饰的金纳米棒易形成肩并肩组装，长链 PEG 修饰的金纳米棒则存在肩并肩和头碰头组装。

再次，离子液体也可以用来修饰颗粒。离子液体作为一种环境友好的溶剂，因其独特的物理和化学性质，如高的化学和热稳定性，低蒸气压、高导电性和能溶解多种有机和无机化合物，受到了工业和学术界的极大兴趣[21]。离子液体目前被应用于有机合成、催化、电化学和纳米颗粒合成。Chen 等[22]报道在水溶液中合成离子液体稳定的铂纳米颗粒，并能在气/液界面自组装形成二维纳米结构。

（2）表面修饰分子链长度的影响

表面修饰分子亲疏水性改变影响颗粒在气/液界面组装行为。纳米材料表面的单层配体通过改变纳米颗粒界面能和浸湿来调控纳米材料之间及其与亚相表面分子间的作用。Bradford 等[23]报道混合配体修饰的 4nm 金纳米颗粒配体层中亲水性的改变对其在界面的组装产生了影响。表面混合配体层由末端羟基化（-OH）和甲基化（-CH₃）的烷基硫醇组成，通过改变末端羟基量（0～25%），研究金纳米颗粒的疏水性改变及在界面的组装行为。颗粒表面全由甲基修饰（CH₃-AuNP），纳米颗粒铺展在液面时形成了典型的紧密堆积排布，颗粒是独立组装的。当压缩膜时，缺陷变少，颗粒排布变得更为均匀。当表面压接近膜崩塌压时，随着膜起褶皱形成了多层排布。而表面分别含 10% -OH 和 25% -OH 时，颗粒在气/液界面形成了两种聚集体：①大的无定形貌的聚集体，由小的颗粒组成；②横向联合的纳米颗粒聚集体。10% –OH 膜中前者占多数，而 25% –OH 膜则后者占多数。当膜压接近崩塌压时，10% –OH 在界面形成了更多的聚集体没有膜褶皱的出现，而 25% –OH 则出现了褶皱。当增加羟基含量至 50%时，压缩膜中纳米颗粒聚集体数量最少，颗粒排布间隔均一。见图 6-4。

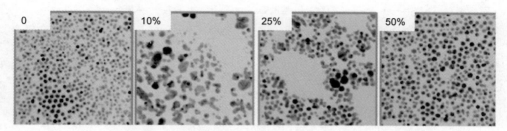

图 6-4 表面压力为 0 时金纳米颗粒表面修饰羟基含量的变化对颗粒界面组装的影响

　　表面修饰分子链的长度影响颗粒的组装。烷基硫醇修饰的纳米颗粒，烷基直链长度，即含碳数多少，影响纳米颗粒在气/液界面的崩塌压。Thomas 等[24]研究一系列不同碳链长度烷基硫醇修饰的不同尺寸钯纳米晶的组装结果，用透射电子显微镜（TEM）研究所形成的 2D 组装体的排布，并结合电脑编码计算其晶格参数，得出纳米颗粒直径（d）与硫醇分子长度（l，假定烷基链均采用全反式构型）的比值 d/l 与纳米颗粒组装体形成密堆积排布的联系。他们发现，当 d/l 在 1.5～3.8 内时形成密堆积的六方阵列，认为大直径纳米晶（$d/l>3$）有高的稳定能，形成崩塌的结构，而长烷基硫醇修饰的颗粒（$d/l<1.5$）稳定性较差，展示较低的有序性。他们这一实验观察基于软球模型的经验计算，说明纳米颗粒尺寸和修饰硫醇分子中烷基链长度对纳米结构组装起了作用。

　　Norgaard 等[25]报道了由 $C_5H_{11}SH$ 和 $C_{12}H_{25}SH$ 单独修饰的金纳米颗粒，发现形成的两种金纳米颗粒在气/液界面组装形成的纳米颗粒展示了不同崩塌压力，短链具有更高的崩塌压，说明短链修饰的金纳米颗粒具有更高的抗压能力。当用 $C_5H_{11}SH$ 和 $HSC_{11}H_{22}OH$ 共同修饰金纳米颗粒时，发现修饰后的纳米颗粒在界面组装后展示了适应的调整组装，末端羟基与水作用，短链伸展在空中，决定粒子间距离。当 $C_5H_{11}SH$ 和 $C_{12}H_{25}SH$ 共同修饰金纳米颗粒时，发现长链决定膜的厚度，短链决定颗粒之间的距离，如图 6-5 所示。

　　鉴于 d/l 模型中没有考虑到温度变化对烷基链相行为影响，Badia 等[26]指出金纳米颗粒核直径在 2～3nm 时，其从有序到无序相过渡温度（T_m）取决于烷基骨架中的碳个数。这一相过渡温度范围宽，通常横跨大约 25℃，表明相过渡是一个渐进的过程，从没有键合的烷基链端开始逐步向链的中部推进。Comeau 等[27]研究了一系列不同烷基链长度硫醇修饰的金纳米颗粒在界面的组装，同时研究了不

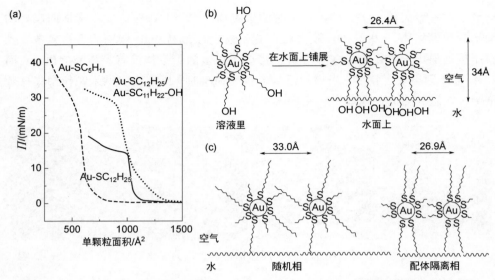

图 6-5 （a）$C_5H_{11}SH$、$C_{12}H_{25}SH$ 及 $C_5H_{11}SH$ 和 $HSC_{11}H_{22}OH$ 修饰的金纳米颗粒在气/液界面的 π-A 曲线；（b）$C_5H_{11}SH$ 和 $HSC_{11}H_{22}OH$ 共同修饰金的纳米颗粒在溶液中的状态和界面适应性的组装；（c）$C_5H_{11}SH$ 和 $C_{12}H_{25}SH$ 共同修饰金纳米颗粒在溶液中的状态和界面组装

同温度下烷基硫醇所形成界面膜崩塌压的影响。研究发现硫醇修饰层的相行为对膜抗压及崩塌压起了关键作用。如图 6-6 所示，饱和烷基链硫醇（$C_nH_{2n+1}SH$）碳个数 n 从 5 连续到 18，其中金纳米颗粒尺寸为 2～3nm。从所获得 22℃下的 π-A 曲线发现，碳个数 n 大于 12 的硫醇修饰的金纳米颗粒膜崩塌压显著增大，说明在此温度下，碳链长度大于 12 个碳的烷基硫醇修饰的纳米颗粒部分处于无序相状态。当改变亚相温度时，发现崩塌压和压缩功随之改变，当温差 ΔT 大于 T_m 时，金纳米颗粒膜的压缩性质可以通过温度来高度调控。当形成的硫醇中烷基已处于完全的无序状态时，此时的颗粒膜崩塌压随温度升高降低很少，而当硫醇中烷基处于规整有序状态时，颗粒膜具有温度依赖性。此外，压缩功的大小与硫醇中烷基链长度和所处的状态有关。例如硫醇在颗粒表面自组装层（SAM）在 22℃处于有序状态，崩塌 $C_{18}H_{37}SH$ 包裹的金颗粒膜比 $C_{16}H_{33}SH$ 包裹的金颗粒膜需要额外的 50kJ/mol 纳米颗粒。在 13℃时，崩塌 $C_{18}H_{37}SH$ 包裹的金颗粒膜比 $C_{14}H_{29}SH$ 包裹的金颗粒膜需要额外的 50kJ/mol 纳米颗粒。基本上需要近似 19kJ/mol 亚甲基单位能量来压缩膜，烷基硫醇 SAM 处于规整、有序状态。

金纳米棒在气/液界面的组装受到修饰分子链长度的影响。各向异性等离子纳米颗粒含有超过一种表面等离子共振光谱峰，金纳米棒具有各向异性，存在两种等离子模式；一种为纵向电子过渡（低能量），另一种为横向电子震荡（高能量）。金纳米棒组装也存在两种，肩并肩（SS）的组装和头碰头（EE）的组装。

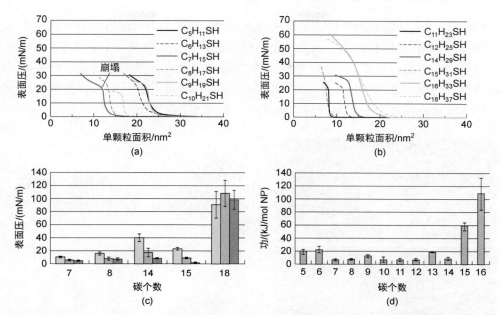

图 6-6 （a），（b）$C_nH_{2n+1}SH$ 包裹的金纳米颗粒在气/液界面组装的 π-A 等温曲线，其中亚相温度为 22℃；（c）烷基硫醇中碳链个数和亚相温度对所形成的颗粒膜崩塌压的影响：13℃（左），22℃（中）和 40℃（右）；（d）22℃下压缩不同碳链长度硫醇修饰的金纳米颗粒薄膜形成的单层膜至崩塌所需做的功

Mahmoud 等[28]报道不同 PEG 链长度修饰的金纳米棒在气/液界面的 LB 组装形成高度堆积的二维阵列，二维阵列里金纳米棒的定向受 PEG 链长度的影响。2k PEG（$M_n = 2000$）修饰的金纳米颗粒与 6k PEG（$M_n = 6000$）修饰的金纳米颗粒在水界面观察到了 4 个不同的现象：①2k PEG 修饰的金纳米棒间分离距离更小；②形成的二维阵列膜里，2k PEG 修饰的金纳米棒更倾向于肩并肩排列，而不是头碰头的排列；③由于 2k PEG 修饰的金纳米棒更倾向于肩并肩排列，阵列空隙边界更为粗糙；④6k PEG 修饰的金纳米棒在 LB 界面排布的定向角度对表面压力变化敏感，而 2k PEG 修饰的金纳米棒定向则不受表面压力的影响。为探究组装机理及预测 6k PEG 和 2k PEG 修饰的金纳米棒在二维阵列中的最佳定向，作者计算了一对 SS 和 EE 排布的金纳米棒整个相互作用的势能 vdW，其为如下各相互之间 vdW 势能之和：金表面 PEG 链、PEG 修饰的金纳米棒和毗邻金、金表面和水、PEG 和水。计算表明 6k PEG 修饰的金棒在 SS 和 EE 相互作用下均能稳定，而 2k PEG 修饰的金棒在分离距离为 2～3nm 时有助于 SS 构型。

（3）表面局部去修饰的影响

表面修饰纳米材料当腐蚀掉局部表面修饰后，粒子的表面局部作用力会发生改变，因而影响粒子的组装。Kim 等报道，四癸基膦酸（TDPA）稳定的 CdSe 纳米棒在 $AuCl_3$ 和双癸基甲基溴化铵（DDAB）作用下能腐蚀掉纳米棒头部修饰的

TDPA。头部去修饰的纳米棒在甲苯中纳米浸湿，使得其自发地吸附在气/液界面。CdSe 纳米棒的结构和表面各向异性使得邻近的纳米棒头部发生毛细吸引，导致纳米棒头对头组装，形成高度均一的大面积二维链状膜。此外，通过调控垂直提拉转移膜的速度，能有效地控制膜中纳米棒的组装体密度。相反，头部没有腐蚀掉的纳米棒则在溶液中形成肩并肩的组装体。如图 6-7 所示。

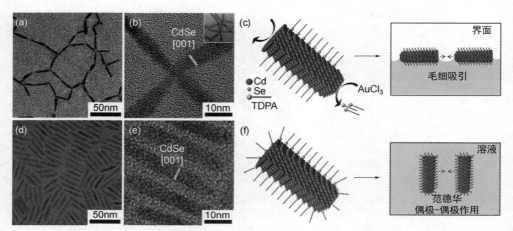

图 6-7 （a）～（c）头部去修饰的纳米棒在界面的头对头组装及（d）～（f）没去修饰的纳米棒在溶液中的肩并肩组装

（4）表面压力的影响

正如 Langmuir 单分子层中，两亲分子在气/液界面组装受表面压力大小的影响。随着表面压力的增大，分子单层经历的相变有二维气相（G）、气/液相共存过渡相、液态扩展相（LE）、液态凝聚相（LC）到最后的二维固相（S）。纳米材料在气/液界面的粒子间距也受到表面压力的影响，但又有其特殊的地方，下面依据纳米材料的维度的不同分情况讨论。

6.1.2 零维纳米颗粒

当颗粒有机溶液滴铺展到气/液界面和随着溶剂蒸发，溶剂表面张力使得形成无数小的纳米颗粒阵列，同时由于颗粒浓度较大，颗粒阵列间距小的阵列由于相互吸引能合并，形成岛屿状的膜块区。由于阵列间调节能力差，膜块内存在许多粒子空隙。随表面压力的增大膜的空隙减少，而粒子间距在低表面压力下不发生改变。表面压力进一步增大，部分纳米粒子间距始终保持不变，而部分颗粒当表面压力达到某一阈值时，表面压力足以克服粒子间的立体空间排斥力，粒子间距随表面压力增大而减少，形成紧密堆积膜。Guo 等[29]发现将油酸稳定的 γ-Fe_3O 纳米颗粒单分散溶液铺展在界面后，低表面压力下，没有形成类似两亲分子随机的单分散状态，而是自组装形成高度有序的六方密堆积的补丁块（patches），块与块之间随机排布且间隔较大。随着表面压力增大，补丁块之间空隙变小逐渐形成大面积颗粒密堆积膜块（domains）。当表面压力达到大约 65mN/m 时，形成紧密堆积的颗粒膜，如图 6-8 所示。

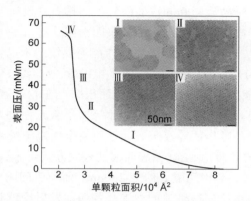

图 6-8　单分散 γ-Fe$_3$O$_4$ 纳米颗粒（约 11nm）在气/液界面的等温 π-A 曲线

插图为不同压力下膜的 TEM 图片：Ⅰ—15mN/m；Ⅱ—30mN/m；Ⅲ—45mN/m；Ⅳ—62mN/m

Huang 等[30]研究十二烷基硫醇修饰金纳米颗粒（直径为 8.5nm）在气/水界面 LB 组装时，当颗粒浓度处于 0.06～0.3mg/mL 低浓度时，同样发现在表面压力为 0 时，纳米颗粒组装形成孤岛状的膜块，块区内纳米颗粒高度有序排列，膜块与膜块之间存在空隙。当颗粒浓度增大至 0.6mg/mL 时，块区之间同样存在空隙。他们认为当溶剂蒸发时，表面张力诱导粒子间相互吸引导致块区的形成。当表面压力增大至 15mN/m 时，空隙仍然存在，直至 20mN/m 时大部分的空隙才消失，形成密堆积的单层膜（如图 6-9 所示）。从所得 SEM 照片中统计空隙率随表面压力的变化关系如下：从 0mN/m 到 15mN/m，孔隙率下降很少；当表面压力增至

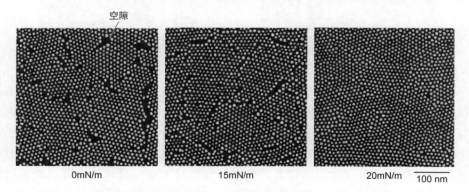

图 6-9　在不同表面压下转移的十二烷基硫醇修饰的金颗粒膜 SEM 照片，
显示岛屿状膜区内金纳米阵列

20mN/m 时，空隙率从 6.5%下降至 0.1%。而且从 SEM 估算得出从 0mN/m 至 25mN/m 内粒子间的中心点距离恒定为 2.2nm，即近似金表面十二烷基硫醇自组装单层膜厚度的两倍，说明烷基链并没穿插，粒子流动保留。另外，在表面压力为 20mN/m 时，已经观察到在块区边界存在轻微颗粒重叠的现象，表面压力增至 25mN/m 时，重叠带变宽至 400nm，然而粒子间排布并没有改善，他们认为表面压力并不能改变粒子间距，而仅仅减小膜块间空隙。

杨培东课题组[31]报道通过改变表面压力能调控银纳米晶粒子间隔、密度和堆积的对称性（图 6-10）。面心银纳米晶表面由 PVP（M_w 约 55000）修饰，将其铺展在气/液界面，发现纳米晶界面组装随表面压缩存在相过渡：气相、气/液过渡相、浓聚液相、固相。其通过检测膜的集体等离子激元性质来反应纳米晶的组装排布状态，由于纳米晶膜集体等离子激元性质完全取决于纳米晶的排布。在表面压力为 0mN/m 时，转移膜的 SEM 图表明银纳米立方八面体晶自组装成六方晶格，粒子的间隔约为 40nm，晶格间隔 a 约为 230nm，而粒子间隔 40nm 近似两层 PVP 回转半径，PVP 空间本质使得毗邻的纳米晶颗粒能发射硬球状的相互作用，堆积成拘役二维晶格。当表面压力为 1mN/m 时，形成 1～10 个低聚晶颗粒，平均为 4 个纳米晶宽度。在这一阈值表面压力，压缩力足够克服纳米晶表面 PVP 的空间阻碍，这一阻碍使得在低表面压力下阻止粒子聚集。当表面压力达到最大 14mN/m 时，纳米晶的密度也达到了最大值，邻近粒子间距小于 5nm，考虑到 PVP 在银表面的长度估计间距约为 2nm。

图 6-10　银纳米晶颗粒在 LB 界面组装时表面压力增大，粒子间距变小

此外，随着表面压缩持续进行，形成的单层膜将发生折叠形成褶皱获得多层颗粒膜组装。Lin 课题组[32]发现十二烷基硫醇修饰的金纳米颗粒在气/液界面组装形成六方堆积对称结构，粒子间距离取决于硫醇浓度，而压力对粒子间距几乎没有影响。高压下，由多层颗粒形成褶皱。此外，由高浓度的硫醇修饰的纳米颗粒形成的褶皱结构经去压缩后能恢复，这是配体诱导的空间排斥作用及其颗粒间的范德华吸引力作用的结果。后来他们采用 X 射线液体表面散射技术原位研究金纳米颗粒气/液界面膜应力下的结构和机械响应，发现随着压缩进行，首先形成单层

膜，然后形成一个单层膜和三层膜共存的中间相——哈希相，最后形成三层膜结构，然而并没有介绍膜褶皱形成的机理[33]。随后他们采用掠入射 X 射线非镜面散射（GIXOS）技术快速追踪高度单分散金颗粒（d 约 5.5nm）在气/液界面压缩下膜折叠过程，提出纳米颗粒在界面压缩下膜褶皱形成机制，这一过程不同于之前推测的 S 形折叠形成三层结构的机制[34]。如图 6-11（a）所示，随着界面压缩，在界面上观察到不同的相态：单层膜相、中间相和哈希相（单层膜和三层膜共存相），这与之前的观察是一致的。随着表面积减少，纳米颗粒形成的孤立的膜块渐渐融合成均质的单层膜（表面积约 280cm^2），随后表面压力提升，形成哈希相与单层膜相的一个过渡区，X 射线表征表明在这里中间相中存在非均质的三层膜相。仅当表面压力仅仅接近过渡点时（表面积约 120cm^2），才能观察到发育成熟的哈希相。此时，所形成的仍为非均质的三层结构，观察到单层和三层结构的共存。当表面压力超过这一临界点时，形成均一的三层膜。通过提取压缩过程中所形成的金颗粒膜的电子密度分布，提出不同于以往但动力学上受欢迎的折叠机制，如图 6-11（b）所示。在水平压力作用下，膜从部分的单层膜演变成均质的单层膜，然后形成部分覆盖的双层膜，接着形成部分三层膜结构；随着三层膜孤岛的扩张，最后形成均质的三层膜结构。电子密度分布显示双层膜和三层膜只有部分覆盖，覆盖率可以通过相应层密度峰值与底层密度峰值的比率计算出。如图 6-11（c）所示，随着压缩，粒子间局域起皱力使得粒子进入第 3 个维度（Z），膜褶皱一个特征粒子尺寸的长度，这可以看作双层的成核（第 1 步），双层孤岛可以经由成核更多的附件的双层颗粒得以扩展，也可以通过折叠双层中的单元形成三层孤岛（第 2~8 步），这一过程中不存在颗粒在 x-y 平面的剪切。三层膜由于具有比单层和双层膜中更多颗粒-颗粒接触，结构能量上更稳定。相反，对于多分散的更小的颗粒，形成双层孤岛更受欢迎，这是由于不同尺寸粒子间作用力小。这一褶皱机理的提出基于起皱运动动力模型，为了论证粒子褶皱折叠机理，将颗粒连接看作可以自助滑动没有相关的弯曲能。整个的相互作用力是邻近粒子对的短程吸引力 u，以及将粒子拉入水相中的更弱的吸引力 v。表面压力增加一个额外的正比于表面层压缩能量，将其移动一个粒子宽度能量贡献为 s。为简化，将单层膜简化为二维中的颗粒线。单层膜和最初的双层折叠间的过渡导致新的粒子间接触通过压缩一个颗粒的宽度（第 1 步）。颗粒 3 获得新的粒子接触，而颗粒 2 失去了颗粒-水接触，整个自由能的变化为 $-u-s+v$，当 s 足够大时，这一移动在能量上是受欢迎的。然而，既然弯曲运动是通过成核发生被观察到的，那么从单层到弯曲的状态必须施加激活能垒，此时 v 消失而 u 还没有获得，将这一激活能作为 b，决定着双层膜折叠的速率。一旦最初的折叠形成，随后的过程将可能降低能量。在第 2 步中，颗粒 2 向左移动，带动颗粒 3 和 4，颗粒 1 和 2 分别获得新的接触 1-4 和 2-0，而颗粒 3 失去与水的接触，整个净能量是 $-2u-s+v$。跟之前的一样，这一滑动和最

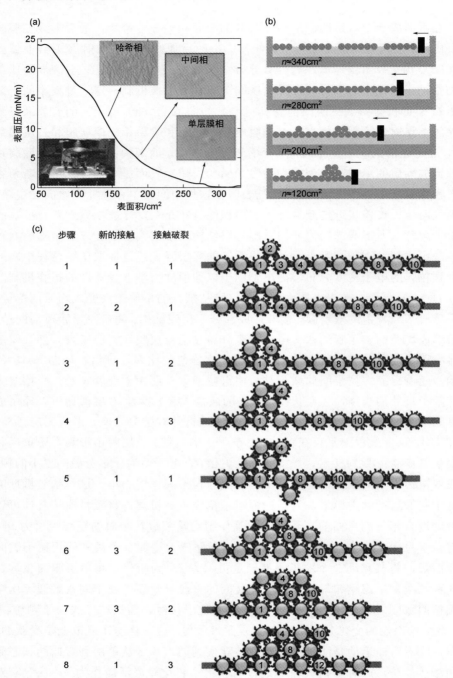

图 6-11 （a）金纳米颗粒膜在气/水界面等温 π-A 曲线及光学显微照片在不同的相状态下；
（b）金纳米颗粒膜在不同演变阶段的示意图；（c）假设起皱折叠机理中的步骤，
第一行为单层膜中一个起皱发生的横截示图，水平方向为压缩方向，竖直
方向为垂直于液体界面；第 2～8 行为接下来的三层的形成

初双层起皱都需要新的激活能。假设这一不完整的或"破碎的"接触所消耗的能是接触能 u 的 a 倍。所有滑到其他颗粒上的粒子都要经历接触破裂能，其正比于滑动的颗粒数。所以，从能量上看运动颗粒数越少越好。滑动颗粒 2 和 3 所消耗的能量是 $a(u+b)$，由于颗粒 3 失去与水和颗粒 1 的接触。随后这种形式的颗粒再进一步移动，就可以在没有大的激活能垒的情况下形成三层。正如第 3～8 步所证明的，在这一情景中，压缩一个颗粒宽度给予一个 s 能量，而且每一步将增加颗粒接触数量，增加接触能 u，所有这些步骤需要滑动，因而导致接触能破裂。这些新增的接触能和破裂能都陈列在图 6-11 中。从图中可见，当这些作用能量改变时，动力学优势的形态就会发生改变，比如当接触破裂能增大，三层的形成就会受阻而双层的形成成为优势。当然实际的动力学模型比这更为复杂，这只能用来支持形成三层通过起皱运动。从能量上讲，扩宽三层孤岛比提升粒子进入四层更具有能量优势。观察发现颗粒尺寸、尺寸分布、配体类型及密度对褶皱层数起了重要作用，这是因为颗粒尺寸和配体性质决定颗粒间的作用力。

6.1.3　一维纳米材料组装

（1）纳米棒

不同于球形纳米颗粒在气/液界面组装形成六方密堆积，由于其受到的各向同性的粒子间作用力。也不同于 Onsager 理论所证明当其浓度足够高时无限长的硬粒子能形成定向有序的相[35]。纳米棒由于其各向异性及长径比值大小的不同，其在气/液界面二维组装，短程内存在肩并肩和头碰头组装，长程内存在无序和定向有序的组装。Frenkel 等[36]通过 Monte Carlo 拟合局限在二维系统中的硬球棒相行为与硬棒中长方形长度 L 和顶端半球的直径 D 的比值 L/D 关系，并假定两个极限：硬盘（$L/D = 0$）和薄硬针（$L/D = \infty$）。通过模拟 L/D=1, 2, 3, 4, 5, 7, 9, 15 时的组装行为，发现当长径比大于 7 时，存在各向同性流体相向二维向列相过渡；而对于短的棒，则可能只存在由固态向各向同性相过渡，没有显示二维向列相。这一理论拟合没有考虑到棒与棒之间的定向作用力，如毛细力和范德华吸引力，同时也没将表面能的影响考虑进去。

杨培东课题组研究均一尺寸 $BaCrO_4$ 纳米棒（20nm 长，约 5nm 宽）在气/液界面的组装，随表面压力增大，提出纳米棒在界面组装从无序相向有序相过渡组装机制，经历各向同性、二维向列相、二维近晶相到最后三维向列相。如图 6-12 所示，通过 TEM 研究不同压缩阶段转移膜的组装状态，发现在低表面压力下，单个纳米棒通过肩并肩组装形成竹筏状的聚集体，这些聚集体随机分布在界面，属于各向同性状态；进一步压缩表面，密度增大使得随机定向分布变得困难，倾向于过渡形成了一个有单轴对称的更为有序的相——向列相或近晶相；纳米棒开始形成膜。当膜压力达到约 30mN/m 时形成了部分向列排列，定向参数 S 值为 0.83，这一阶段压力范围较窄；当压力达到 35mN/m 时，形成近晶相排布，由层层带状纳米棒超结构组成；表面压力增至 38mN/m 时，观察到单层膜到多层膜的过渡，纳米棒近晶排布消失，最终形成类似无序的三维向列相排布。

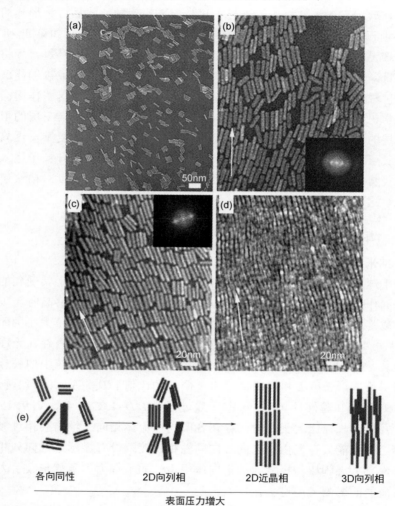

图 6-12　BaCrO$_4$ 纳米棒在气/液界面不同压缩阶段的 TEM 照片

（a）低压下的各向同性分布；（b）具有部分向列相排布的单层膜；（c）形成的具有近晶相排布的单层膜；（d）向列相排布的多层膜；（e）随表面压力增大的相变组装机理示意图

（2）纳米线

对于表面修饰半导体和金属纳米线在气/液界面的组装，杨培东课题组提出了类似"河流上的伐木"组装机理，由于它们均为一维结构，有着较高的长径比值，相对于它们的长度，直径显得很不起眼，且均能铺满整个界面，形成大面积组装。半导体和金属纳米线分散在气/液界面通过水平压缩能有效地控制纳米线间的间距及其定向。Whang 等[36]利用 LB 技术排布十八胺修饰的硅纳米线，发现铺展后纳米硅首先形成随机定向的分布，经压缩后，纳米线沿着它们的长轴方向与挡板平行定向排布，形成类似液晶的向列相排布。通过压缩能调控纳米线间的间距从 2μm 到 200nm，当压缩间隔低于 200nm 时，由于纳米线间的吸引力导致纳米线聚集，形成密堆积的单层结构。此外，通过以正交角度转移连续单层膜获得十字交叉的双层纳米线膜，如图 6-13 所示。杨培东课题组[38]在组装直径大约 50nm 长度 2～3μm 的表面由十六烷基硫醇替换 PVP 包裹的银纳米线时，观察到了相似的自组装现象，在零压力下形成了随机组装体，当压力超过一个临界表面压（14mN/m），单层膜经历从莫特绝缘体向金属过渡，表明单层膜表面出现了金属光泽。随着压缩银纳米线肩并肩排布，形成向列相二维有序性，转移得到的膜展示了偏振的紫外-可见光吸收。

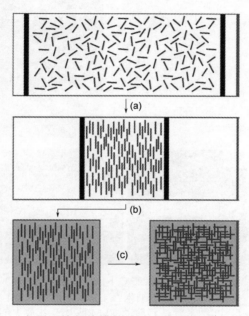

图 6-13　表面活性剂修饰的硅纳米线在气/液界面的组装
（a）通过压缩形成特定间距的定向组装体；（b）通过转移到基底上形成均一排布的平行阵列；
（c）以垂直于第一层的角度转移第二层膜，获得十字交叉的双层膜

俞书宏课题组在组装超长 Te 纳米线时观察到了不同的组装行为[39]。Te 纳米线长径比超过 10^4，表面由 PVP 包裹，分散在 DMF 和 $CHCl_3$ 混合液中，实验发现 DMF 量对纳米线在气/液界面的分散发挥了重要作用。如图 6-14 所示，在最初阶段（Ⅰ），Te 纳米线铺展在界面上首先随机分布并相互缠绕，混合溶剂蒸发后，由于毛细作用和范德华力，纳米线在小面积范围内相互靠近形成紧密堆积结构，类似孤岛状。在第Ⅱ阶段，随着表面压力增加和表面面积减少，形成了浓聚的纳米线膜。在第Ⅲ阶段，表面压力恒定不变而表面面积减小，表面松散分布的纳米

线变得更紧致。从第Ⅱ阶段（0mN/m）到第Ⅳ阶段（23mN/m），*π-A* 曲线斜率递减，表明压力改变速率也会发生改变，表明纳米线具有不同的组装行为。单向压缩，使得纳米线长轴定向平行于挡板。为形成高度定向阵列，这一过程需要至少10h。此外，改变第二层膜与第一层膜的转移角度，获得交叉角度分别为45°、60°、65°、70°和 85°双层膜。该方法还能用来组装排布其他超细纳米结构，如 Ag$_2$Te 纳米线和 Pt 纳米管及其多层组装。

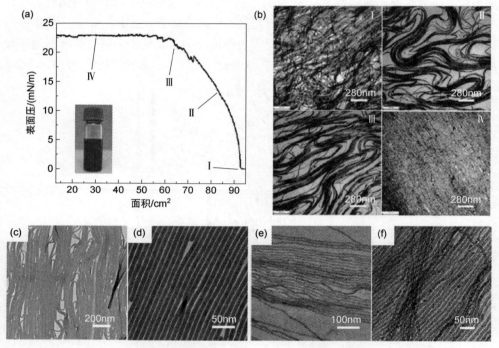

图 6-14 （a）超长 Te 纳米线在气/液界面25℃下的 *π-A* 曲线及（b）在不同阶段（Ⅰ～Ⅳ）转移膜的 TEM 照片；（c），（d）Ag$_2$Te 纳米线 LB 转移膜的 TEM 照片及其放大照片；（e），（f）Pt 纳米管转移膜的 TEM 照片及其放大的照片

（3）纳米管

表面压力的大小影响手性有机纳米管在界面的排布定向，增大压力能有效诱导纳米管定向排布[40]。这主要通过压缩过程来减小纳米管间距，使得纳米管通过相互作用形成肩并肩排布，首先形成竹筏状的自组装结构，然后竹筏结构进一步汇合形成大面积的有序组装体结构。

6.1.4 二维纳米材料

氧化石墨烯（GO）纳米材料是一种新型的 2D 材料，因其在水溶液中展示了较好的胶体稳定性而被认为是亲水性的。Kim 等[41]认为 GO 是一种两亲物质，具有亲水的边缘和更为疏水的面，在水溶液中能自发地组装到界面上。GO 纳米片层能通过 LB 组装，组装过程如图 6-15 所示。相互作用的 GO 片层存在两种基本的构型：边缘对边缘和面对面。Cote 等[42]研究发现单层 GO 胶体的稳定性取决于这两种构型产生的相互作用力。当两单层 GO 以边缘对边缘的方式相互靠近，静电排斥起主导作用。将单层 GO 铺展在水界面，GO 能在水表面漂浮，不需要表面活性剂或稳定剂的存在。待溶剂蒸发后移动挡板，单层膜的面积逐渐减小，GO 片层间距离缩小，膜从气态相向液态、固态相转变；当压力超过一定值之后，单层膜崩塌，形成多层膜。另外，在多次的压缩-扩张循环过程中膜均展示出好的稳定性，得到重叠的 $\pi\text{-}A$ 曲线。SEM 研究表明在压缩过程中，GO 边缘存在折叠、起皱和部分的重叠，当释放压缩后，这些现象都随之消失。而这些行为往往能导致部分的面对面相互作用，其消失说明这一作用力较弱。边缘间的排斥力对形成单层膜起了决定作用，导致膜压缩循环的可逆性。

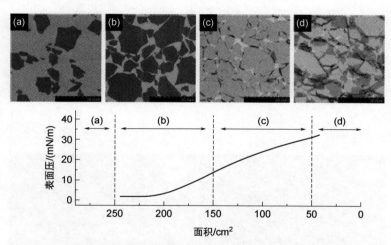

图 6-15　LB 组装氧化石墨烯的等温 $\pi\text{-}A$ 曲线与 SEM 照片
SEM 照片对应于 $\pi\text{-}A$ 曲线中（a）～（d）相应阶段的转移膜

　　表面压缩能使纳米棒、纳米线形成定向有序排布，多次压缩-扩张循环可提高一维纳米材料的定向及大面积密堆积。Mai 等[43]研究了挡板压缩-扩展对 VO₂ 纳米线在空气/水界面的影响，VO₂ 纳米线表面由硬脂酸 SA 和 CTAB 共同修饰。在压缩过程中，发现 VO₂ 纳米线经历了五个阶段的组装，在研究单次的压缩（阶段Ⅰ～Ⅴ）和扩张（阶段Ⅴ～Ⅶ）的界面 $\pi\text{-}A$ 等温曲线时，发现界面压力 π 随挡板的压缩推进，表面压力增加速度由平缓过渡到缓慢增加，再到最后快速增加。一开始为表面压力平缓区（阶段Ⅰ～Ⅱ）；随着压缩，纳米线在小面积内相互接近，尺寸均一且长径比值小，通过毛细作用和范德华力肩并肩组装形成竹筏状的聚集体。进一步压缩，表面压力缓慢增大，从 0mN/m（Ⅱ）到 13mN/m（Ⅲ）聚集体进一步融合；随后表面压力陡增，从 13mN/m（Ⅲ）到 40mN/m（Ⅳ），表明形成了紧致的单层膜；最后的阶段（Ⅳ～Ⅴ），出现了小的肩峰，为典型的崩塌，压力为 40mN/m。在扩展过程中，表面压最初迅速下降（从Ⅴ到Ⅵ），之后经过弛豫单层膜面积显著减少（从Ⅵ到Ⅶ）。压缩之后的扩张过程中，在所形成的 π-A 曲线中观察到一个相当大的滞后，这解释成最初压缩导致的定向经扩张后形成的竹筏状聚集回不到完全分散的起点，同时表明压缩能有效地调控纳米线的定向组装。

Li 等[44]采用多次压缩-扩张循环来有效地排布单壁碳纳米管。通过逐次增加表面压力，直至达到表面压力为 20mN/m，能实现大面积定向有序的碳纳米管排列（图 6-16）。相比直接压缩至高表面压力，他们发现这一逐级过程能显著地减少滞后，避免单壁碳纳米管快速的黏附和聚集，使得纳米管能更好地堆积和排布。

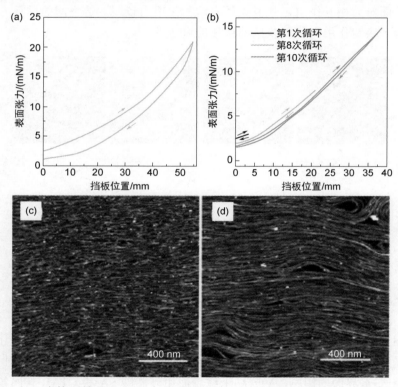

图 6-16 （a）直接压缩至 20mN/m 后扩张形成大的滞后区；（b）经多次压缩-扩张，逐级增加表面压力至 20mN/m；（c），（d）分别为排布后 Hipco SWNTs 和激光剥离 SWNTs 的原子力照片（AFM）

刘鸣华课题组通过 3 次的界面压缩-扩张过程能有效地提高有机纳米管在气/液界面的定向有序组装。循环中压缩至 30mN/m，然后扩张至 5mN/m，室温下的 π-A 曲线显示经初次的压缩后扩张形成了较大滞后区，且纳米管在界面的面积明显减小，表明压缩导致的间距缩小和定向是不可逆的过程。之后的压缩-扩张循环的滞后区明显减少，说明其已具有较好的定向紧密排布（见图 6-17）。

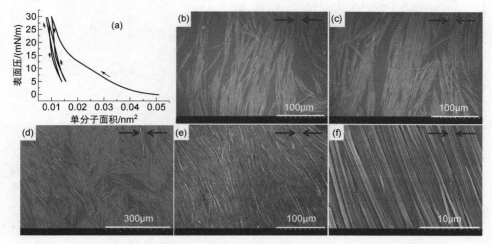

图 6-17 界面压缩-扩张循环次数对有机纳米管 TMGE 气/液界面排布的影响

（a）界面 π-A 室温下的曲线；（b）一次压缩，（c）一次循环+压缩和（d）两次循环+
压缩后的转移膜 SEM 图片；（e）和（f）为（d）的放大照片

6.1.5 纳米材料结构对组装结构的影响

纳米材料的结构直接影响纳米结构之间的作用力，进而影响纳米材料在界面的组装。球状纳米颗粒包括金纳米颗粒、氧化铁纳米颗粒[30]和二氧化硅纳米球[45,46]，在界面不施加表面压力下能自发组装形成六方密堆积结构。这是由于表面具有各向同性而受力均衡，且当颗粒尺度和形貌高度均一时，粒子间的相互作用增大，形成密堆积六方纳米膜。在崩塌压力之下粒子间距由表面修饰分子自组装层厚度控制[31]。纳米立方、削去顶角纳米立方（truncated cubes）、纳米十四面体和纳米八面体能在界面压力作用下形成紧密排布的纳米结构[32,47]，纳米颗粒间距受表面压力大小的影响。金纳米星[48]和金纳米三角棱颗粒在界面压力作用下形成二维颗粒膜，所形成的膜中存在空隙，相比球形颗粒、纳米立方和八面体，其排布组装有序性明显下降，这是由于颗粒对称性下降及各向异性增强所致。纳米颗粒的组装不同见图 6-18。

一维纳米棒，由于直径和长度的差异及头基和柱体间修饰分子的差异，使其在界面组装通过颗粒间作用力或压缩形成肩并肩和头碰头的组装。Frenkel 等[49]通过 Monte Carlo 拟合局限在二维系统中的硬球棒相行为与硬棒中长方形长度 L 和顶端半球的直径 D 的比值 L/D 关系，指出纳米棒的长径比值不同影响其在气/液界面的组装相行为。理论计算对于长径比值较大（＞7）的纳米棒压缩能有效地诱导其形成定向有序组装，形成各向同性向二维向列排布组装。实际上，杨培东组报道长径比值为 4 的纳米棒能形成向列排布。纳米线和纳米管具有极大的长径比值，线与线间的毛细力作用增强，在界面压力的作用下定向组装形成二维有序膜。

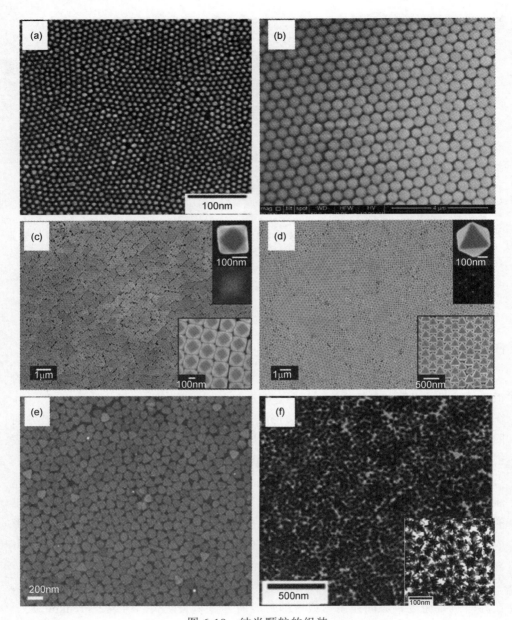

图 6-18　纳米颗粒的组装

（a）金纳米颗粒；（b）硅纳米球；（c）银十四面体；（d）银纳米
八面体；（e）金纳米棱；（f）金纳米星

　　二维纳米结构，包括无机氧化钛片层，石墨烯片层结构、氧化石墨烯（GO）、还原氧化石墨烯（rGO）和磷烯纳米片层等，也能通过 LB 技术组装且实现较高的表面覆盖率，这是由于片层面与气/液界面平行组装所致。然而，单个纳米片层的空间排布则较难控制。此外，纳米片层的形貌在合成过程中也是较难控制的，特别是单层无机纳米片层，其往往是通过剥离相应大块的层状体得到。Maramatsu 等[50,51]在无表面活性剂的条件下，研究了 $Ti_{0.9}O_2$、$Ca_2Nb_3O_{10}$、$Ti_{0.8}M_{0.2}O_2$（M = Co，Ni）和 $Ti_{0.6}Fe_{0.4}O_2$ 纳米片层在气/液界面的组装（图 6-19）。纳米片层经剥离形成胶体溶液作为亚相，静置，片层吸附到气/液界面，然后进行挡板压缩组装。界面组装的关键是纳米片层能吸附到界面。将单层膜转移到基底上，发现表面覆盖率接近 95%，且重叠较小。当在亚相中加入四丁基溴化铵后，$Ti_{0.9}O_2$ 在气/液界面的吸附增加。黑磷作为一种新生的 2D 有机材料，片层的大面积组装为其应用创造了条件。Kaur 等[52]初次采用 LB 组装技术在界面大面积组装黑磷片层，以 *N*-甲基-2-吡咯烷酮和水混合液作为亚相，经 LB 组装形成紧密排布、晶向超薄的原始黑磷膜，水平维度达到几百微米且保留其原电学性质。

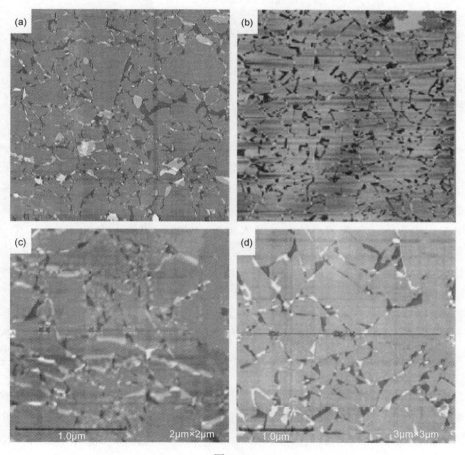

图 6-19

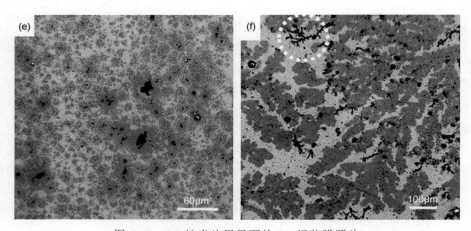

图 6-19　2D 纳米片层界面的 LB 组装膜照片

（a）～（d）为 AFM 照片：（a）Ti$_{0.9}$O$_2$，（b）Ca$_2$Nb$_3$O$_{10}$，（c）Ti$_{0.8}$Co$_{0.2}$O$_2$，（d）Ti$_{0.8}$Ni$_{0.2}$O$_2$；
（e），（f）分别为小的和大的黑磷纳米片层形成膜的 SEM 照片

6.1.6　浸涂

　　气/液形成的纳米颗粒膜通过垂直提拉基底将膜转移到基底上，即浸涂（dip-coating），颗粒在气/液/固三相界面的去湿化作用，将在基底上形成一个周期性颗粒排布。去湿化是一个不需要模板的一般过程，这使其成为在小尺寸分析设备上宏观图案化排布纳米颗粒的理想选择。Huang 等[14]研究金纳米颗粒（约100nm）和银纳米颗粒（约 50nm）LB 膜在 SiO$_2$/Si 基底上（接触角小于 20°）的去润湿组装。在水平基底上颗粒去湿化组装形成星形的图案，这是由于颗粒在干燥过程中的重排组装所致。具体过程是在去湿化的最初阶段，气/液/固三相接触线处形成的纳米颗粒聚集体在基底上沉淀，并作为成核中心，随着湿的颗粒膜向水退却边缘靠近，收集膜中的其他纳米颗粒，导致形成星形的条纹图案。在 LB 膜界面，当垂直提拉基底时，三相线处半月板单向退却，颗粒在三相界面处从膜中黏附到基底上，并在基底上干燥，这一过程使得气/液界面形成一个从溶液向基底运动的对流，带动表面的颗粒向三相处移动，使得颗粒在基底上形成高度定向的条纹图案，条纹方向与三相接触线垂直。研究发现，通过改变转移膜的界面压力大小，可以改变条纹的密集程度，压力越大，图案越密集。另外，通过改变提拉速度，也能调控条纹图案的形貌。当以相对较低的速度（＜2mm/min）提拉膜时，条纹的周期性随速度的减小而增加。

　　当基底的润湿性较差（接触角大于 20°）时，三相接触线处的颗粒的“黏-跳”现象组装将形成与接触线平行的周期排布图案[53]。Tkacz 等[54]采用浸涂方法组装还原氧化石墨烯（rGO），获得高度定向的 rGO 膜，展示出好的偏振现象（图 6-20）。这一过程不同于传统的依赖于对流及剪切力的浸涂方法，它采用扩散控制和毛细作用协助的浸涂方法，在气/液/固三相界面组装，经历从各向同性相向各向异

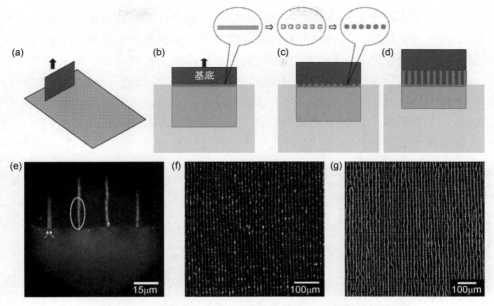

图 6-20 通过浸涂方法在基底上形成拉长的条纹图案

（a）～（d）为金纳米颗粒通过垂直转移在基底上形成条纹组装体的过程；
（e）光学显微镜直接观察到水前线纳米颗粒向润湿的条纹尖端移动（图中箭头），
形成定向排布的条纹图案（f）和（g）

性相的转变，随着三相线在基底上的迁移，rGO 膜沿着膜生长的方向排布转移到基底上。通过双折射和双衰减成像技术研究所形成的膜的各向异性，定量分析成膜过程中对流作用（如液体蒸发快慢）和扩散作用的影响，发现增加对流作用将降低所成膜的有序度，而扩散作用促进膜的有序度。当对流作用/扩散作用比值为 0.02 时，所形成的 rGO 膜定向角标准偏差为 5°，定向参数 S 约为 1。其导电性相比其他方法得到的结构增强了 8 倍。此方法通过调控对流作用和扩散传质速率可以形成不同有序度的组装体排布。

Ng 等[55]发现亚相温度对金纳米棒在气/液界面的排布和定向有很大的影响。用巯基化的聚苯乙烯（PS）配体替代金棒原表面的 CTAB，得到油溶性的且不聚集的金棒。将金纳米棒的氯仿液分散在水面上，形成金棒膜，通过水平提拉能将膜转移到不同的基底。室温下形成的膜上同时观察到水平排布（H-sheet）和垂直排布（V-sheet）金棒组装阵列（图 6-21）。高分辨 SEM 表征发现在垂直排布区，金棒以六方密堆积排布，而在水平排布区，金棒以向列相排布，且在垂直排布区的边缘金棒通常是水平排布。在 23℃下，形成的膜中水平排布区占主要部分，在 60℃下陈化 2h 得到的膜中主要是垂直的排布。局限于二维气/液界面排布形成金棒超晶格是一个熵驱动的过程。在足够低浓度的金棒溶液中，其在界面的排布和位置是任意的已达到最大熵。当浓度增大，金棒牺牲部分定向自由来交换获得水平自由的增加，形成了水平排布占主要面积。当温度升高时，金棒的排布可以用 Tirado 模型[56]来解释，即圆柱形物体在溶液中的定向和水平扩散常数与温度对剪切黏度的比值成正比。而剪切黏度随温度升高而降低，扩散常数也展示了相同的依赖性，因而升温为体系赢得了更多时间来纠正因动力学控制而导致的无序结构，以获得最大的热力学稳定状态，即形成垂直排布。此外，水平排布的金棒展示了横向等离子共振峰（TSPR）和纵向等离子共振峰（LSPR），而垂直排布的阵列膜则只有横向等离子共振峰，因为纵向等离子并没有被激发。

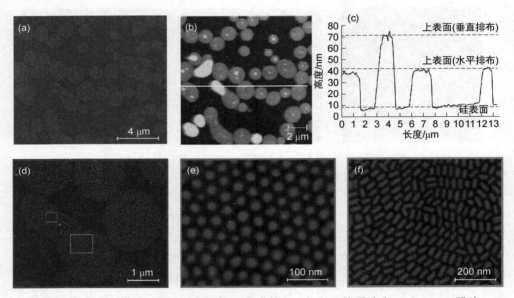

图 6-21　PS-GNR 在气/液界面自组装形成膜的（a）SEM 的照片和（b）AMF 照片，
（c）为（b）图中线的高度曲线，（d）为（a）图放大的 SEM 照片，（e）和（f）
分别为（d）中垂直排布的金棒区和水平排布的金棒区的放大 SEM 照片

其他影响因素包括亚相介质的影响，例如 Chokprasombat 等[57]报道 Fe-Pt 磁性纳米颗粒分别在二甘醇、乙二醇和水界面组装，发现在二甘醇中的组装最好。纳米材料的有序组装往往是各种因素相互作用的结果，研究的时候需要将各种因素综合起来考虑。

6.1.7　非传统 LB 组装

（1）卷对卷（roll-to-roll）LB 技术

Parchine 等[58]在 LB 槽上搭建了自制的滚轮传送装置，采用聚对苯二甲酸（PET）膜作为转移传送基底膜，用 roll-to-roll 传送带转移所形成的界面膜，发现这一传送转移能近乎 100%的沉淀由 250nm 和 550nm 二氧化硅颗粒界面自组装形成的膜，能实现大面积二维二氧化硅颗粒排布，如图 6-22（上）所示。

（2）旋转 Langmuir 膜组装技术

Zhu 等[59]采用表面活性剂增强的旋转 Langmuir 膜组装技术组装纳米线，自制一套漏斗状的组装装置，如图 6-22（下）所示，整过旋转组装过程分为 5 步：铺膜、压缩、剪切、膜转移和表面活性剂除去。表面活性剂能增加界面黏度，而高黏度使得在剪切时能产生有效的剪切应力。首先，表面活性剂与纳米线悬浮液铺展在装置气/水界面，然后，通过底部排水导致中心对称压缩表面活性剂分子和纳米线膜，通过排水量的大小来控制纳米线在膜中的密度。随后旋转中心 PTFE 棒产生一个定向剪切流，由于纳米线尺寸小且表面具有较高的黏度使得纳米线能追踪流向，渐渐沿着剪切流的方向排布。旋转停止后采用 Langmuir-Schaefer 方法将形成的膜转移到基底上，当基底尺寸远小于漏斗时能得到近似单向排布的纳米线阵列。最后，通过将基底置于热板上能将表面活性剂分子去掉。整个过程不需要LB 技术中的挡板压缩，通过改变水位下降的高度来调控纳米线的密度。需要注意的是加入的表面活性剂的量要超过一个临界值时，表面黏度才能有效地诱导纳米线的组装。此外这一技术还能用来排布有机纳米管。

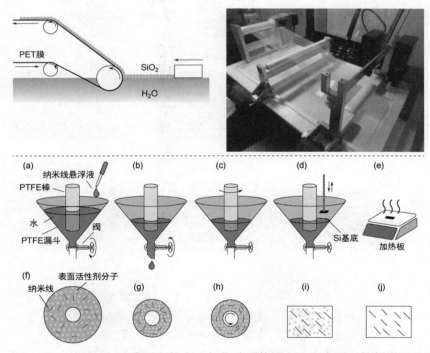

图 6-22　Roll-to-roll 大面积排布二氧化硅颗粒（上）和表面活性剂增强的
旋转 Langmuir 膜五步组装纳米线过程示意图（下）

（3）LB sequential dip-coating（LBSDC）和 LB scooping（LBS）

传统 LB 技术需要通过施加机械力，通常是界面定向压缩使得无序的纳米材料在气/液能形成有序组装。Kim 等[60]报道采用 LBSDC 和 LBS 技术能有效大面积有序排布二氧化硅纳米颗粒及多层排布颗粒和多壁碳纳米管。LBSDC 技术中首先将二氧化硅纳米颗粒悬浮液铺展在界面，等溶剂挥发后再在界面加入表面活性剂溶液，加入的表面活性剂降低界面张力导致漂浮在界面的颗粒受到均一单向力的

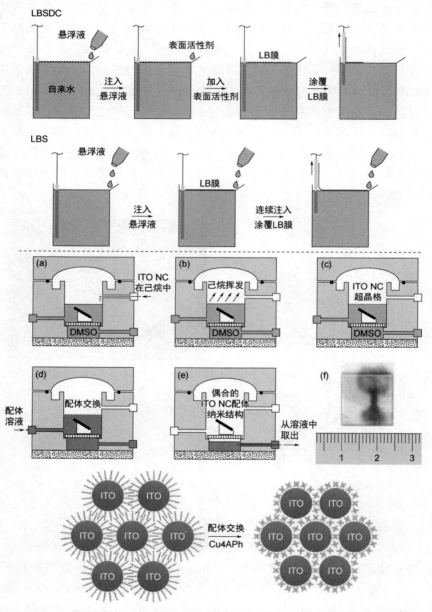

图 6-23 LBSDC 和 LBS 技术组装过程示意图（上）和原位配体置换的
ITO 纳米晶膜的组装过程示意图（下）

作用，最大的表面张力达到 34mN/m，使得颗粒形成密堆积的结构。使用这一方法需要注意表面单层膜的面积不能太小，否则界面张力过大会破坏颗粒组装。LBSDC 技术中各步骤是不连续、分先后的过程，而 LBS 技术则是一个持续的过程。在转移膜的过程中持续地加入颗粒悬浮液，颗粒的铺展和溶剂与水的混合使得悬浮的颗粒密集排布并转移到基底上。LBS 方法使得直径小于 200nm 的颗粒在不需要表面活性剂造成的界面张力梯度下能涂抹到移动的基底上，比 BSDC 更为灵活。此外，LBSDC 和 LBS 技术操作可以在任意容器界面进行，适应性强。

Khoshkhoo 等[62]在自制的四氟乙烯容器中，首先将锡掺杂氧化铟纳米晶（ITO NC）分散在己烷溶剂中，铺展在 DMSO 界面，此时基底淹没在亚相中，待溶剂挥发后颗粒自组装形成 ITO NC 超晶格。然后在亚相中注入需要替换的配体溶液，其与纳米晶表面配体发生原位置换。最后放掉溶剂，使得膜沉淀在基底上（见图 6-23 下）。

6.2 蒸发诱导气/液界面组装

6.2.1 纳米颗粒

当纳米颗粒的胶体溶液滴在表面蒸发时，会形成咖啡环图案，其由颗粒组装成花边状图案或者颗粒聚集在中心构成。这些非均一的质量分布证明溶剂在蒸发的时候存在远离平衡的效应。溶剂蒸发诱导纳米颗粒在气/液界面的组装受到蒸发的动力学和粒子在气/液相互作用力的影响。Bigioni 等[62]研究了十二烷基硫醇修饰的 6nm 金纳米颗粒甲苯液滴在高度非平衡条件蒸发的界面组装动力学，结果如图 6-24 所示，在蒸发初级阶段，粒子与界面的相互作用导致颗粒被吸引到气/液界面，然后形成颗粒孤岛状组装体，这些孤岛组装体最后汇集形成连续的单层膜横跨整个气/液界面。他们发现蒸发的动力学和溶液中过剩表面配体的量对单层膜的形成具有重要作用，缓慢的蒸发和没有表面活性剂存在的溶液不能在界面形成单层膜，因此总结提出了界面组装机理两个关键因素：①快速蒸发，以隔离气/液界面的颗粒；②气/液界面对颗粒吸引作用力使得颗粒能定域到界面。

为了解动力学机制，研究了液滴在 $3mm \times 4mm$ Si_3N_4 基底上的蒸发，发现液滴中心高度在 10min 内降低 1mm，随后由于蒸发导致的平流运动使得高度进一步损失。而同时颗粒垂直扩散的距离约为 0.3mm，其扩散常数由 $D = k_B T / 6\pi\eta r \approx 73\mu m^2 \cdot s^{-1}$ 计算得到，其中 $\eta = 0.6mPa \cdot s$ 为甲苯溶液的黏度，$r = 5nm$ 为颗粒的水合半径。由此可见，界面速度大于颗粒扩散速度，因此当纳米晶体朝向基底移动时，纳米晶体撞击在下降的界面上。表面溶剂分子的蒸发必然由下面的分子来补偿，因此纳米晶撞击界面的流速 $f = -cv$，其中 c 为颗粒浓度，v 为界面移动速

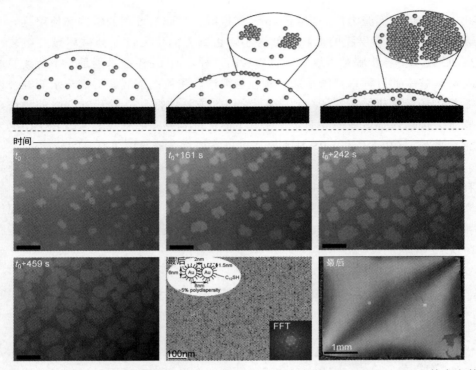

图 6-24　十二烷基硫醇修饰的 6nm 金纳米颗粒甲苯液滴在 3mm × 4mm Si₃N₄ 基底上的
蒸发组装过程示意图（上）及不同时段的光学显微照片和最后形成的覆盖
整个基底的膜的 TEM 照片及光学照片（下）

度。在一个有限的颗粒-界面作用力下，颗粒撞击表面在时间 τ 内向界面移动，覆盖的界面扩散长度 $\delta = (4D_{int}\tau)^{1/2}$，$D_{int}$ 为气/液界面扩散常数。当颗粒撞击表面且距离孤岛于 δ 距离之内，总体来说，其能扩散到孤岛的周边进而进入孤岛，否则其将掉入溶液中。另外，如果颗粒直接撞击在孤岛上，其将通过扩散进入孤岛中心，并入孤岛缺陷或周边。为能够成核，f 必须超过一个临界值 f_0，达到临界颗粒密度 $\rho_0 = f_0\tau$，因而预测 $f_0 = 4\rho_0 D_{int}/\delta^2$。在这一值之下，不能形成单层膜的生长。对于这一模型，孤岛的生长定律取决于其聚集面积。对于扩散至孤岛周边的情况，孤岛的收集面积就是孤岛周边带宽为 δ 的面积，孤岛平均直径为 R，则这一收集面积 $A_{diff} = 2\pi R\delta + \pi\delta^2$。对于直接并入的情况，收集面积为孤岛面积即 $A = 2\pi R^2$。孤岛的生长速率 $dA/dt = k(A + A_{diff}) = k\pi(R + \delta)^2$，其中 $k = fak$，为速率常数，a 为单个颗粒的面积。当 $\delta/R << 1$ 时，出现孤岛指数性质的生长，成核后 $\delta/R >> 1$，最初形成的孤岛将线性生长。当 $\delta + R$ 接近半个孤岛和孤岛间隔时，孤岛将不再是孤立的，因为它会与邻近的孤岛竞争颗粒。孤岛的聚集面积，总体上来说局限于更接近孤岛附近的点。这就是 Voronoi 晶胞现象，其面积为 A_{vor}，半径为 R_{vor}，孤岛的生长速率仅仅取决于纳米晶流向其晶胞的速率。因此，当 $\delta + R > R_{vor}$，$dA/dt =$

kA_{vor} 时，产生线性的面积生长。这一模型中仅有两个参数，颗粒流速和界面扩散长度，用来计算动力与能量及蒸发调节的组装所必要的物理量。液滴相图表明由蒸发和颗粒浓度控制的足够的高流速和界面-颗粒相互作用是在液滴界面形成二维岛状聚集体所必需的。

Xiong 等[63]研究高度有序的二维纳米颗粒/聚合物单层或双层阵列组装在气/液界面，通过将烷基硫醇修饰的纳米颗粒和疏水聚合物（PMMA）溶解在甲苯溶液，将其液滴分散在水表面，液滴快速扩散形成放射性扩张的三相（聚合物-气-水）接触线，颗粒与聚合物发生相分离及扩散到聚合物/气界面，形成液晶相的纳米颗粒相。然后，界线被钉住，甲苯的蒸发进一步导致膜从边界向中心退却，形成抛物线状的干燥前线。随着前线的快速向内推进，原先在二维液晶相的二维纳米颗粒界面相进一步在三相边界紧密堆积。整个组装过程采用掠入射小角 X 射线散射（GISAXS）检测，X 射线横跨整个界面膜，方向与膜的边界和干燥线近似垂直，为颗粒的组装机理提供了重要依据。如图 6-25 所示。实验发现最初的液晶二维纳米颗粒中粒子间距大约为 78～80Å，小于金颗粒核和表面修饰的十二烷基硫醇链的两倍长度和（91Å），表面邻近烷基链相互交错。

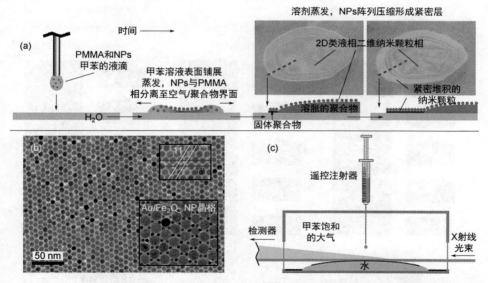

图 6-25　（a）十二烷基硫醇修饰的 Au NP/PMMA 膜在水界面组装的过程示意图；（b）Au NP/
　　PMMA 膜 TEM 照片，上插图为膜的晶面，下插图为双元颗粒 Au/Fe$_2$O$_3$/PMMA 膜的 TEM
　　照片（金颗粒直径 5.5nm，Fe$_2$O$_3$ 15nm）；（c）采用 GISAXS 实时检测实验的装置示意图

6.2.2　纳米棒组装

Li 等[65]报道了金纳米棒液滴在 Si 基底和 Si/SiO$_2$（表面为 SiO$_2$ 层）上的组装，形成金纳米棒垂直堆积 3D 阵列，发现了反转咖啡环效应。金纳米棒 Au NR（长

58.0nm ± 6.0nm，宽 16.3nm ± 2.0nm）表面为双层 CTAB 修饰的金棒，CTAB-Au NRs（ζ = +36.0mV ± 2.0mV）和烷基硫醇衍生物（MUDOL）替换的 MUDOL-Au NRs（ζ = −15.0mV ± 1.5mV）的液滴分别滴到 Si 基底和 Si/SiO₂ 基底上。由于悬浮液和基底性质的不同，产生了不同的沉积行为。CTAB-Au NRs 在 Si/SiO₂ 基底上形成咖啡环组装图案，MUDOL-Au NRs 在 Si 基底上形成基层组装体，MUDOL-Au NRs 在 Si/SiO₂ 基底上形成了反转的咖啡环现象，在中心形成三维有序组装体。CTAB-Au NRs 在 Si 基底上随着液滴的蒸发，三相接触线固定产生水流从内部流向边缘，补偿表面蒸发的溶剂，产生的边缘流向带动金棒向边缘流动并沉积在接触线的附近，形成咖啡环状的图案。CTAB-Au NRs 液滴在 Si 基底上接触线的固定和退却与其接触角滞后（$\Delta\theta$），这一角度通常通过接触角前进和后退的差异来表达（$\Delta\theta = \theta_a - \theta_r$），接触角的滞后伴随着液滴在退缩过程中接触线的固定。由于

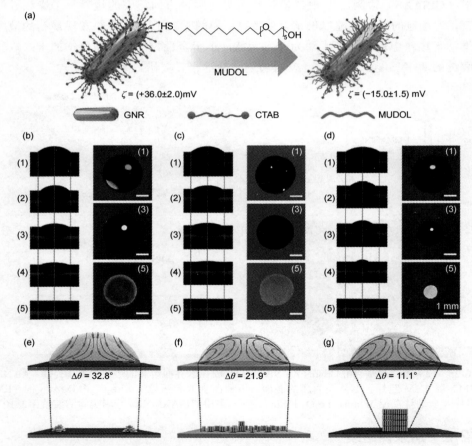

图 6-26 （a）图示 MODUL 配体交换的 CTAT-Au NR 及 MODUL-Au NR；（b），（e）CTAT-Au NR 液滴在 Si/SiO₂ 基底上金棒沉积行为示意图；（c），（f）MODUL-AuNRs 在 Si 基底上蒸发沉积行为；（d），（g）MODUL-Au NR 在 Si/SiO₂ 基底上蒸发沉积行为

接触线的固定，接触随着液滴体积的减少而变小，最终接触角达到 θ_r，接触线开始退却。因此，基底上液体的接触角滞后的程度影响接触线后退的程度。CTAB-Au NRs 液滴在 Si 基底上接触角滞后为 32.8°，而 MUDOL-Au NRs 在 Si 和 Si/SiO$_2$ 基底上的接触角滞后分别为 21.9° 和 11.1°，液滴上诱导 Marangoni 效应，放射性的外向流带动颗粒相接触线流动，因而增加局域浓度和降低接近液滴边缘处的表面张力。液/气界面张力的梯度导致 Marangoni 流，从边缘流向液滴的顶点。这一表面流推动金棒原理滞留接触线，再次返回分布到中心区域，导致咖啡环的抑制现象（如图 6-26 所示）。

6.2.3　纳米线组装

俞书宏课题组[66]报道在油/水/气三相界面组装亲水性、具有超长长径比值银纳米线（Ag NW）方法（图 6-27）。将 Ag NW 水溶液滴入氯仿界面，形成油/水/气三相界面。首先，氯仿在油/气界面的蒸发，相比水/油界面压力，油/气界面压力下降，这一压力梯度产生一个移动的相，其由油（氯仿）和 Ag NW 组成，从水/油界面和油相向油/气界面移动。油/气面氯仿蒸发的补偿带动银纳米线从水/油界面经由水/气/油界面转移到水/气界面，转移后的银纳米线由水溶液中的纳米

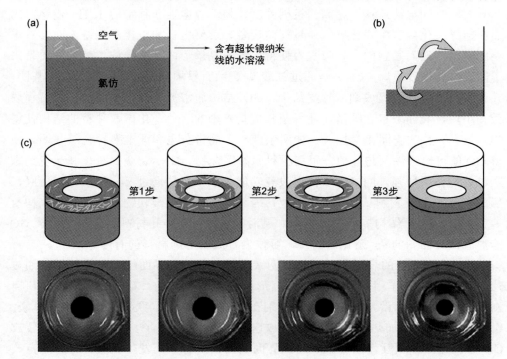

图 6-27　银纳米线组装示意图：（a）氯仿/水/气界面；（b）氯仿蒸发导致纳米银线移动；（c）银纳米线三相界面组装过程（上）和相应过程的实验光学照片（下）

线得到补偿。随后，随着越来越多的银纳米线转移到水/气界面，银纳米线的组装最初在水/气/基底的接触线发生，而毛细力可能是主要的组装驱动力。接着银纳米线从水/气/基底界面生长到整个水/气界面，纳米线的亲水作用和各向异性相互作用使得纳米线能肩并肩排布。当纳米线被转移到水/气界面，导致半月板的变形，纳米线导致界面变形越大线之间的水平毛细力越大，而随着纳米线的组装进行接触线出的界面张力变小进一步促进纳米线的组装。

他们研究发现银纳米线表面修饰的 PVP 提高纳米线的相互结合和平行排布，当 PVP 被还原和除去后，银纳米排布不能发生，由于其不能在水相中分散。此外还发现，水、氯仿和空气三相的存在是组装必需的，两相存在不能发生组装。当油相替换为四氯甲烷时，副产物纳米颗粒导致纳米线阵列间隔不均匀，而替换为二氯甲烷和氯仿时，则排布较好。这源于二氯甲烷和氯仿含有较高的饱和蒸气压和极性，能在三相界面形成流动相，诱导纳米线组装。这一方法还能用来组装 $Ag_6Mo_{10}O_{33}$、Te 纳米线和 Bi_2S_3 纳米带。

6.2.4 二维材料组装

石墨烯是一个原子厚度、密堆积的二维碳杂化（sp^2）形成蜂窝状晶格的材料，其具有较高的电荷迁移、超高的机械强度、超温导电性和独特的 Klein 遂穿，因而在超导、化学和生物传感、能量存储设备、透明电极和电化学系统方面有着重要的应用。然而其强的 π-π 吸引力使得二维石墨烯形成堆积结构，为其应用带来了阻碍。氧化石墨烯（GO）是通过强酸/碱腐蚀石墨烯晶在其面上引入含氧基团，并将氧化的固体剥离成纳米片层结构。GO 结构通常被认为是平面的类似石墨烯芳香小块，其面上包含羟基、环氧基和羧基修饰的 sp^3 杂化碳。独特的结构使得 GO 具有独特的表面化学性质，如两亲性、表面带负电和面上多种含氧基团，使得 GO 的可修饰性及与其他分子和材料（如聚合物、DNA、金属氧化和无机纳米颗粒等）作用增强。同时 GO 面上没有功能化的部分能通过 π-π 作用相互桥联，形成宏观的 GO 材料。因此，GO 被认为是非传统的二维软物质材料，用来构筑多种基于 GO 且结构多样的材料，如灵活的膜材料和多孔材料。此外，还原 GO 能形成部分回归的 sp^2 杂化碳网格，可作为合成石墨烯材料的有用方法[67]。

GO 表面独特的表面化学活性和两亲本质使得 GO 界面组装在界面组装通过片层间的非共价作用发生片层自浓缩形成宏观的膜结构。Chen 等[68]发现超声剥离分散的 GO 水溶液经加热蒸发溶剂在气/液界面形成半透明的自支撑 GO 膜。组装过程为通过加热 GO 水溶液，加速 GO 的布朗运动，同时液面降低导致GO 撞击界面并相互作用增强，达到界面的 GO 沿着界面发生聚集，并通过范德华力作用捕获新到达的 GO，因此在垂直于界面的方向形成堆积的 GO 膜。如图 6-28 所示。

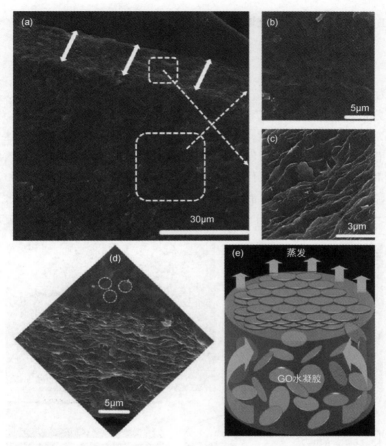

图6-28　（a）～（c）蒸发自组装界面 GO 膜 SEM 照片；（d）SEM 照片展示膜内层
层自组装结构；（e）推测的 GO 在气/液自组装的过程示意图

　　Shim 等[69]在气/液界面 2min 内快速形成原始石墨烯片层膜，通过在暂时悬浮
石墨烯片层的水溶液中加入乙酸乙酯（图6-29）。这一组装过程由两部分组成：
①石墨烯自发地迁移到液体界面；②水平地自组装成石墨烯基膜。石墨烯厚度为
1～3 分子层，以 100～200nm 的直径分散在 N-甲基-2-吡咯烷酮（NMP），然后与
二次去离子水混合，此时，石墨烯只能暂时稳定几分钟。由于其与 NMP 溶剂化
的保留，几分钟后，NMP 从石墨烯表面解离导致石墨烯的聚合。当乙酸乙酯在解
稳定之前加入到溶液中，能快速地迁移石墨烯到液体界面形成高度均一的膜。石
墨自发地迁移到界面归功于 Rayleigh-Bénard 对流作用[70]，这是由于表面乙酸乙
酯不溶于水且易蒸发，造成表面层温度低溶液底部，造成 Rayleigh-Bénard 不稳定，
产生对流作用。乙酸乙酯部分溶解在水中（体积比 6%～8%），加入 10%（体积比）
乙酸乙酯到水-NMP 悬浮液，其在界面形成薄的液体层。随着乙酸乙酯的快速蒸
发，乙酸乙酯温度与水相产生差异（红外成像测量温差为 2℃），导致溶液因

Rayleigh-Bénard 对流而不稳定。Rayleigh 数 R_a 通过如下方程[71]:

$$R_a = \frac{g\alpha\Delta T_h}{\eta k} h^3$$

其中，g 为重力加速度；α 为溶液热扩张系数；η 为黏度；k 为热扩散数。设定这些量的值分别为 $\alpha = 6.9\times10^{-5}°C^{-1}$，$\eta = 0.001Pa\cdot s$，$k = 3.34\times10^{-10}m^2/s$，高度 $h = 20mm$，$\Delta T_h = 2°C$，计算得到 R_a 为 7.5×10^4，远超过临界值 1100.65[72]。这一对流作用持续将石墨烯从底部抬升到界面，温差的造成来于乙酸乙酯高的蒸气压，低蒸气压的溶剂则不行。在空气条件下，实验测试多种溶剂只有乙酸乙酯和乙醚能产生强的对流。随后需要石墨烯能在界面快速地水平组装，这需要一个水平力的诱导作用。当两种不互溶或部分互溶的含有表面活性的材料液体相失去其平等参

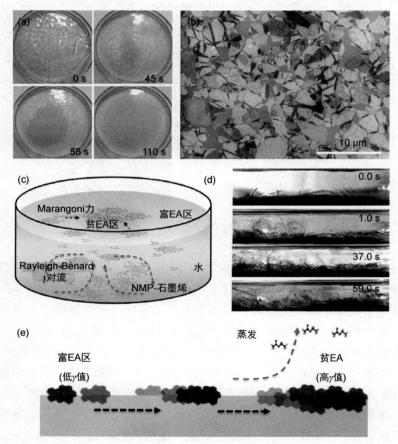

图 6-29　Rayleigh-Bénard 对流原始石墨烯片层到液体界面

（a）不同时刻界面组装的照片；（b）均匀组装的石墨烯膜的 SEM 照片；（c）图示说明石墨烯的组装，石墨烯片通过 Rayleigh-Bénard 对流抬升大界面，通过 Marangoni 力水平组装；（d）注入乙酸乙酯后 Rayleigh-Bénard 对流侧视照片；（e）说明石墨烯片层在液体表面的运输和自组装图示

与，界面将产生不稳定性，而这一不稳定可以通过界面化学反应、蒸发和压缩发生，最后将导致平行于界面的 Marangoni 力。乙酸乙酯极易挥发，在界面分布不均衡，产生一个界面张力梯度，导致界面的不稳定性。气/液界面上石墨烯片从低表面张力区（富 EA 区）向高表面张力区（富水区）移动。石墨烯片一达到界面就发生自组装，膜生长在贫 EA 的高界面张力区被观察到，片层撞击、重叠最终通过 π-π 作用相互结合。在这水平组装的过程中，组装的石墨烯片层种子或膜块持续地受到界面张力不稳定带来的扰动，结合的片层解组和重组，直到形成足够强的结合能够抵抗表面流的干扰。最终形成的膜形状取决于容器的形状。这一组装过程直到乙酸乙酯被完全耗尽。进一步加入乙酸乙酯组装还能再接着进行。此外，通过控制乙酸乙酯的挥发速度来控制形成膜的形貌，高速挥发形成无孔膜，低速形成多空膜。

6.3　其他界面组装

纳米材料的界面组装已经越来越广泛，尤其是利用各类界面效应合成纳米材料。这些界面不局限于气/液界面，固/液界面、液/液界面在纳米材料的合成上也有很多优势。

层层自组装生长概念可用于制备 MOF 膜。在涂覆 MOF 材料之前，先用有机物对基底进行预处理，例如用 3-氨基丙基三乙氧基硅烷对玻璃基底进行预处理，用 Au-S 键将功能化的有机物预处理到金的表面。这种预处理可以显著提高 MOF 的密度和结合强度，从而促进 MOF 材料在溶剂热反应下的成核和生长。例如，Shekhah 等[73]在金基底上展示了均匀、结构明确的 HKUST-1（$[Cu_3(btc)_2]$）结构。Nan 等[74]报道了在多孔 α-氧化铝载体上制备的 HKUST-1 的基于 LbL 的膜法。在这种情况下，首先将裸基质浸入溶液中。然后，将连接物功能化基板进一步浸入金属前体溶液中，随后浸入经溶剂热处理的有机配体溶液中，从而形成第一层。金属离子和有机配体的重复涂层可以形成多层 MOF 膜，如图 6-30 所示。分步沉积 MOF 薄膜或膜的优点是可以控制 MOF 在每一层中的组成，这可能导致不同的多孔结构以提高其在气体吸附等方面的性能。

在界面可以组装或者合成更加复杂的结构，例如核壳结构。Yamauchi 等人提出了一个新的合成概念，这其中包括一步一步的配位聚合物的晶体生长和随后的刻蚀处理，以制备各种类型的壳中壳、壳中蛋黄、蛋黄-双壳的各种空心结构（图 6-31）[75]。

LbL 策略也应用于其他很多纳米材料的制备，例如一般材料和层状双氢氧化物（LDH）的复合，Gunjakar 等[76]报道了用于可见光催化的层状金属氧化物与 LDH 介孔形成的 LbL 材料。采用 ZnCrLDH 和层状氧化钛两种相反电荷的纳米片进行

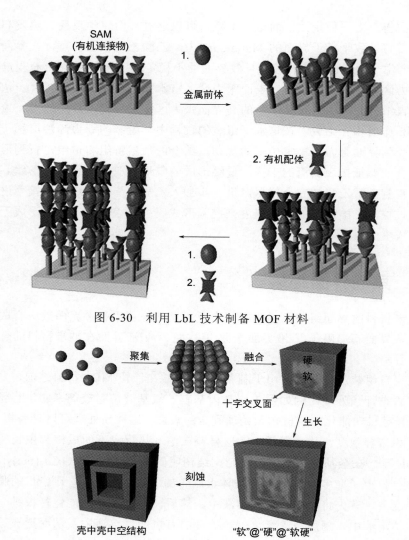

图 6-30　利用 LbL 技术制备 MOF 材料

图 6-31　通过 LbL 技术合成核壳纳米材料

LbL 组装，所制备的材料对可见光有很强的吸附作用，光致发光信号明显减弱，表明两组分纳米片之间存在有效的电子耦合。Tao 等[77]利用 LbL 技术组装介孔 TiO_2 基厚膜，通过这种方法，介孔 TiO_2 薄膜的厚度可以很容易地从几百个纳米到超过 $10\mu m$ 精确控制。这种多层介孔 TiO_2 膜的厚度为研究薄膜厚度与光电子效率提供了一个很好的模型。

　　此外，液/液界面也是一个很好的组装纳米材料的地方，这在上一章已经提到，这里不再赘述。

6.4 自组装纳米材料阵列或膜的性质及应用

纳米材料的组装，其最终的目的在于形成具有一定物理、化学和生物性质的组装体阵列或膜，以实现其在材料和设备等方面的实际应用价值。依据纳米组装体的物理、化学性质的不同而具有不同应用[78]。

6.4.1 表面增强拉曼散射（SERS）和偏振

贵金属纳米颗粒与光有着独特的相互作用，在光的振荡电磁场存在下，贵金属纳米颗粒表面自由电子与入射发生局域共振，这一过程发生在光的特定频率，定义为局域表面等离子共振（LSPR）[79-82]。当一个光子局限在小尺寸纳米结构，在颗粒的周围形成强的电场，这一电子振荡就能可视化。表面等离子振荡通过放射其能量产生光散射而衰变，或通过非放射性衰变将吸收的光转变成热[83]。电场强度、散射和吸收截面在 LSPR 频率区都大幅增强，对于金、银和铜来说，LSPR 在可见光区域。由于铜表面易被氧化，因而金颗粒和银颗粒成为利用 SERS 检测分子的优秀基底。LSPR 使得颗粒表面电磁场增强导致表面增强拉曼散射（SERS）。当拉曼活性分吸附到或接近纳米贵金属纳米颗粒（10~100nm）表面，分子的拉曼散射极大地增强。金的高极性纳米结构如纳米棒、纳米线和纳米壳都能支撑强的电场，因而也能增强 SERS（10^5~10^6 倍）。当贵金属纳米结构自组装形成有序组装体，通过颗粒间的等离子耦合能形成更强电场，能极大地增强 SERS，提高表面吸附分子检测灵敏性，对于高度有序的阵列组装体，SERS 信号具有高度的均一性、重复性和明确性。

Lee[18a]以 Langmuir-Schaefer 方法组装好的纳米金棱膜为 SERS 基底，2-萘硫醇作为非共振拉曼探针，研究了 2-萘硫醇在纳米金棱膜上的 SERS 效应。2-萘硫醇自组装层在蒸发沉淀的 50nm 厚度的金膜上没有展示 SERS 效应，是由于表面金层处于多晶相状态。纳米金棱膜转移到 Si 基底上然后自组装一层 2-萘硫醇，和将纳米金棱膜转移到 2-萘硫醇修饰的金膜上，在 1065cm^{-1}（C-H 弯曲振动）和在 1370~1620cm^{-1}（苯环拉伸模式）信号明显增强，计算得出拉曼增强因子分别为 $(1.4 \pm 0.6) \times 10^3$ 和 $(1.6 \pm 0.5) \times 10^4$。纳米金棱膜上 SERS 增强，源于密堆积膜上存在热点（纳米棱组装中存在的尖端对尖端和棱对棱排布），将膜转移到金属膜上，在单层膜与金膜间的空隙（距离为 1.4nm）能够再形成新的热点，使得金属膜作为"镜子"，在纳米金棱膜的电荷分布上形成了共轭的镜像，带来强的 SERS 效应。

Li 等[65]通过溶剂蒸发法组装的金纳米棒阵列——咖啡环状、几层棒组装体和 3D 超级晶格（前面所提到的），检测其 SERS 来决定其离子性质。SERS 检测采用孔雀石绿（MG）作为模型分析剂。金纳米棒组装均展示出较高的 SERS 活性，清楚地展示了孔雀石绿的特征拉曼峰，但组装体的不同展示了不同的 SERS 灵敏度和均一性。咖啡环状的组装体在环的外围展示了强的 SERS，比中心区的高过两个数量级，说明金纳米棒在咖啡环中的非均质分布导致 SERS 信号的不均一性。几层阵列的组装体和 3D 超阵列均形成盘状形貌，3D 超晶格阵列的 SERS 信号在相同的孔雀石绿条件下是几层阵列的 10 倍以上。此外，在激光激发过程中分别在两阵列上对 $70\mu m \times 70\mu m$ 面积进行点对点扫描，每步尺寸为 $5\mu m$（15×15 点），统计测量的 225 个点，分别得到在 $1615cm^{-1}$ 处的平均信号强度，3D 超级晶格为 31043 计数，相对标准偏差为 7.2%，而几层阵列的平均强度为 3073 计数，相对标准偏差则大至 83.4%。结果显示 3D 晶格阵列具有更高的 SERS 敏感性和信号重复性，这归功于其中金棒的均质、紧密和有序的垂直晶格排布。而几层阵列则由于金棒松散分布和空缺的存在，信号均一性较差。当用 3D 晶格阵列超敏感检测孔雀石绿时，发现其检测浓度低至 1.0×10^{-10}mol/L，意味着其检测限低于欧盟委员会和美国食品和药物管理局要求的技术性能限制（2.0μg/L）。

Tao 等[16]通过 LB 技术组装银纳米线，形成的 LB 膜中银纳米线以向列相有序排布。当用银纳米线膜作为基底用于 1-十六烷基硫醇、罗丹明 6G 和 2,4-二硝基苯分子的 SERS 检测时，发现对于 1-十六烷基硫醇分子，用可见光 532nm 激发，计算得出其在 $1295cm^{-1}$ 的增强因子为 2×10^5。另外，用近红外光 785nm 激发均能形成可观的 SERS 强度。对于吸附在膜表面的罗丹明 6G 分子，SERS 结果显示尽管银纳米线表面存在硫醇包覆，银纳米线膜仍能吸附和鉴定其他分子。计算估计其对罗丹明 6G 分子的表面增强因子可达到 2×10^9。对于 2,4-二硝基苯，检测限为 0.7×10^{-12}g。相比胶体金、银和粗糙金属表面作为 SERS 基底的优势为：①相比其他体系，单层膜表面具有高度的重复性和明确性；②由于纳米银线独特特征（尖锐顶点、五角形横截面、线间耦合）能导致更大的场增强，因而具有更高的灵敏性和宽泛的激发源选择性；③能在空气和溶液中检测分析。

此外，LB 膜中银纳米线定向有序排布，通过十字偏振光学显微镜观察发现，随着样品每旋转 45°会出现交替消光现象。偏振 UV-Vis 吸收光谱显示银纳米线膜有 3 处吸收峰：350nm、380nm 和 500～700nm。当入射光偏振方向垂直于线轴，横向模式的表面等离子激发，在 380nm 吸收最强；当偏振方向从垂直于线轴向平行于线轴转变时，在 500～600nm 吸收增强，由于纵向的等离子激活。

Patla 等[84]通过 LB 技术组装超细 PbS 纳米线（1.8nm 宽，100～200nm 长）形成 2D 超高密度、肩并肩排布的阵列，面积超过 $15\mu m^2$。2DPbS 纳米线膜转展示了各向异性的光学性质。由于纳米线的量子局限效应，PbS 纳米线吸收光谱存在 3 个吸收带：290nm、325nm 和 520nm；荧光发射在 480nm 最强，500nm 次之，另外还有一个弱的低能峰位于 665nm。LB 膜（5 层）荧光光谱展示了强的偏振依赖性。荧光仪采用激发和检测偏振片作为输入和输出路径。每个数据均采用两套测量方法来提炼偏振比例（r）。第一套，激发光偏振光从 0°向 180°（从平行纳米线到平行纳米线）旋转。第二套，激发偏振光从 90°旋转到 270°（从垂直到垂直纳米线方向）。每个测量过程中，检测偏振从 0°到 180°（平行发射）。这样操作使得在每个点都能有十字偏振激发和相应的检测。结果显示在大约 480nm 和 500nm 的发射带，在平行于长轴的方向具有强的偏振，低能的 665nm 处在相同的方向也展示了偏振性质。偏振比例通过以相对于 LB 膜的方向旋转一系列角度，同时自发检测发射角度，通过采用正玄函数拟合强度强度 $r = (I_\parallel - I_\perp)/(I_\parallel + I_\perp)$（$I_\parallel$ 和 $I_\perp$ 分别为平行和垂直于长轴方向）与角度的关系，得到偏振比值为 0.76 ± 0.02。

6.4.2　电导性质

Bourgoin 等[85]研究用 LB 技术组装的十二烷基硫醇修饰金纳米颗粒（2.9nm），发现在表面压力为 8mN/m 时获得的纳米颗粒单层膜缺陷最少。将膜转移到表面覆盖一层 SiO_2（1000Å）的 Si 基底上，将膜浸入到 2,5″-二(乙酰硫基)-5,2′,5′,2″-三噻吩（T3）的溶液中进行配体交换，形成颗粒间相互连接的阵列膜。扫描隧穿光谱（STS）研究 T3 交换后的膜，发现其曲线与纯金基底上的 STS 曲线差异显著，其在低偏压区体现了清楚的电流抑制现象，这与室温下单电子隧穿效应一致。相互交联颗粒膜 $I\text{-}V$ 曲线与基于单电子隧穿正统理论模型 $I\text{-}V$ 曲线对比，在低偏压区，拟合较为一致，而高偏压区则拟合性较差。分别研究交换前后的膜的 $I\text{-}V$ 曲线（从 300K 到 77K），77K 的 $I\text{-}V$ 曲线显示不同的低场线性和高场非线性区域[图 6-32（a）]，交换前后电导分别为 5×10^{-6}S/cm 和 5×10^{-3}S/cm，交换后的膜导电增加了 3 个数量级。

Chen[86]研究了不同烷基链长度（$C_4 \sim C_{10}$）的硫醇修饰的金纳米颗粒（2nm）Langmuir 膜在气/水界面的导电性质，发现颗粒膜的导电行为受烷基链长度的影响。对于 C_4 和 C_5 修饰的金颗粒膜，导电性对颗粒间的距离很敏感，$I\text{-}V$ 曲线展示了线性的欧姆行为 [图 6-32（b）]，小的颗粒间距具有高的导电性，但导电性比固体金小好几个数量级。当碳链长度超过 C_6 时，即使在低电极电势，颗粒膜展示了整流电荷转移特征。随着碳链长度的增长，$I\text{-}V$ 曲线从欧姆行为向类似二极管响应过渡，归因于邻近粒子间的电子耦合，而这一耦合与纳米颗粒的结构组成包括颗粒核心、表面分子结构、粒子间的环境和有序性相关。因而通过调控颗粒表面分子和颗粒间的化学环境就能调控颗粒膜的电导行为。

随后，其研究苯乙基硫醇修饰的 Au 纳米粒子（PET-Au），发现中邻近颗粒之间 π-π 作用（PET）对颗粒之间的电荷转移起了重要作用，并通过调控，使邻近颗粒苯环部分达到全部重叠时，粒子间电导达到最大值[87]。

Kim 等[88]研究烷基二硫醇（C_nDT；$HS(CH_2)_nSH$；$n = 5, 6, 8, 9$）修饰的金纳米颗粒，在气/液界面构筑单层膜，其中纳米颗粒具有确定的单电子充电峰，因

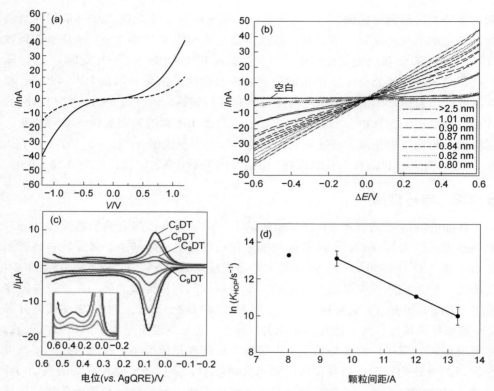

图 6-32　金纳米颗粒膜的导电研究：（a）C$_{12}$-Au 膜（----）和 T3 替换后膜（—）的平面内 *I-V* 曲线（77K）；（b）C$_4$ 金颗粒膜不同颗粒间距的 *I-V* 曲线；（c）方波伏安法测量不同双巯基硫醇交联 Au$_{38}$(SC$_6$)$_{24}$ 颗粒膜的 *I-V* 曲线（插图为局部放大图）；（d）为其电子跳跃速率常数（K_{HOP}）的对数与颗粒间距的关系

而可以确定电子跳跃速率；其次，粒子间由于存在确定的烷基二硫醇分子桥联，粒子间距可知，且能通过压缩调控组装颗粒的聚集，使得颗粒之间的距离变得可控。所研究的颗粒组成为 Au$_{38}$(SC$_6$)$_{24}$（SC$_6$ = 巯基化己烷，核心 TEM 直径 = 11Å ± 2Å）颗粒膜，颗粒与 C$_5$DT、C$_6$DT、C$_8$DT 和 C$_9$DT 在界面成膜，粒子间距分别为 8.0Å、9.5Å、12.0Å 和 13.3Å。通过三电极对膜进行方波伏安法扫描研究单层膜中的电子跳动（electron hopping）动态，研究发现纳米颗粒溶液展示了特征性质的两个带电荷偶对 Au$_{38}^{+/0}$ 和 Au$_{38}^{2+/1+}$ 的形式电位电流峰，且两峰不均匀间隔，反映出 Au$_{38}$ 核电子能级的离散化性和间隔化 [图 6-32（c）]。Au$_{38}$ 单层膜伏安曲线同样观察到了那两电流峰，初次氧化峰电流（Au$_{38}^{+/0}$）具有很好的可重复性，且随着粒子间距的减少而显著增加，而第二次氧化峰因有限的反离子的并入，电流则较弱。通过伏安法可以估算 Au$_{38}$ 核间电子跳跃速率，并结合膜结构参数来纠正。电子跳跃过程时各扩散类似的过程，峰电流与表观扩散系数 D_{APP}（由 Osteryoung 方程得出），其为物理扩散系数 D_{PHYS} 和电子跳跃扩散系数 D_E 之和。为计算一阶电子跳跃速率常数（K_{HOP}），假定 $D_E \gg D_{PHYS}$，得到 $D_{APP} = K_{HOP}\delta^2/4$（$\delta$ 为核间平衡距离），速率常数随着间距的减小而呈指数增加。通过线性拟合得到隧穿衰变常数为 0.82Å^{-1}［图 6-32（d）］。这一结果与金电极表面硫醇单层内电子隧穿路径与单层膜长度精确可控相匹配。证明电子转移动力学可以通过原位伏安法测量纳米颗粒膜而量化，其中膜的结构通过 Langmuir 技术和明确的连接基团来控制。

Khoshkhoo 等[89]用 4,4′,4″,4‴-四氨基酞菁铜（Cu_4APc）原位替换在气/液界面组装的 ITO 纳米晶表面修饰分子并交联邻近颗粒后，膜的电导提高 9 个数量级，表明 Cu_4APc 与邻近 ITO 纳米晶发生有效的电子耦合。

6.4.3 透明导电电极

通过 LB 技术能获得单层的 GO 膜，经还原成石墨烯后，鉴于石墨烯优良的导电性能，可以应用于透明导电电极。Kim 等[90]用 LB 技术在玻璃片上制备了单层 GO 膜，在氩气环境下经 500℃的热还原形成石墨烯，发现单层石墨烯膜在可见光区对光的透过率平均达到 95%，薄层电阻为 $4M\Omega/m^2$，与还原 GO 膜的电阻相当。而低电阻和高光透过率是透明导电电极所必需的，石墨烯膜电极有望替代传统透明导电电极如 ITO，在透明导电电极材料上发挥应用。

6.4.4 光电响应电子器件

Liu 等[91]通过 LB 技术组装的超细 Te 纳米线（Te NWs）膜，将膜侵入硝酸银的溶液中，原位将 TeNWs 转换为杂化的 Te-Ag_2Te 纳米线单层膜。研究杂化膜的电导性质 I-V 曲线，显示其呈对称的、非线性的响应，说明阻抗记忆现象的存在，且随着 Ag_2Te 比例增加，膜的阻抗记忆增强。当持续施加电压脉冲（2000 循环），高阻抗区和低阻抗区不存在重叠，不存在干扰。另外，对于 Ag_2Te 纳米线膜，随着膜层数的增加，膜的内存循环变得越来越明显。Te 纳米线膜上序列性地化学转换形成多成分杂化的膜：Te-Ag_2Te 杂化膜，Cu_2Te-Te-Ag_2Te 杂化膜，最后是 Cu_2Te-Te-Ag_2Te-PbTe 杂化膜，如图 6-33 所示。研究发现所形成的 Ag_2Te 膜、Cu_2Te 膜和 PbTe 膜展示了光响应的阻抗变化现象，在光照下形成高电流低电阻，关灯后形成低电流高电阻，说明其能在光电转换器中的应用。

Liu 等[91]随后通过 LB 技术共组装 Ag 纳米线和 Te 纳米线，并转移到聚对苯二甲酸（PET）基底上来编织灵活电极材料，然后腐蚀掉 Te 纳米线，剩下线间距可控的 Ag 纳米线网格。通过这一共组织过程，可以精确地裁制和平衡所制备的灵活透明电极的光透过率和电导性。得到的 Ag 纳米线电极光透过率达到 97.3%，而阻抗则低至 $2.7\Omega/m^2$。此外，膜具有良好的力学性能和稳定性，经 3000 次的弯曲后导电性能变化很小（图 6-34），侵入液体中稳定性和导电没有变化。制成的 Ag 纳米线电极还能应用于带触屏设备中。

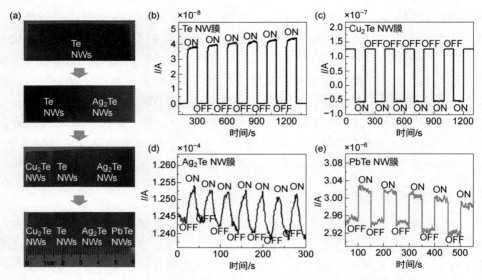

图 6-33　（a）TeNWs 膜上序列性地化学转换形成多成分杂化的膜；
（b）～（e）Te NWs 膜、Ag$_2$Te 膜、Cu$_2$Te 膜和 PbTe 膜光响应的电导状态

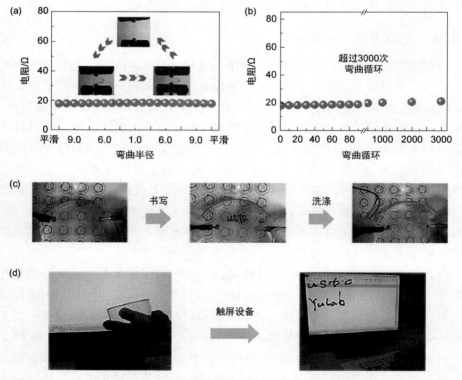

图 6-34　（a），（b）膜弯曲到最大弯曲半径（2mm）的弯曲循环和电阻的关系；（c）膜电极
写字后侵入液体洗掉字迹的过程，展示膜的力学性能和电性能；（d）电极膜用于触屏设备

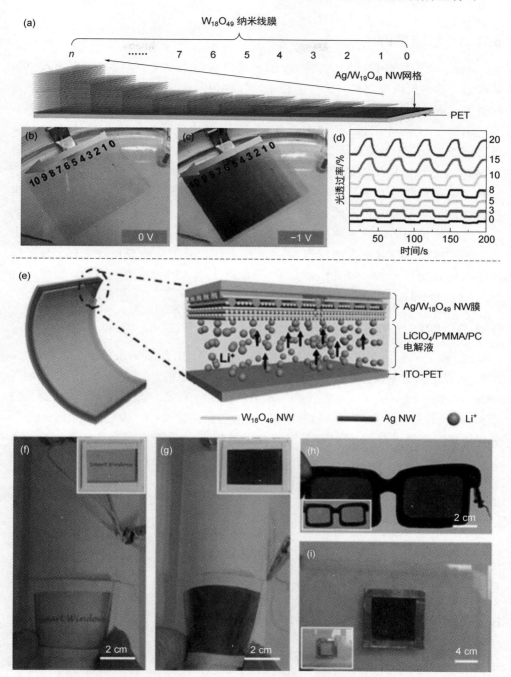

图6-35 虚线上：（a）两层 Ag/W$_{18}$O$_{49}$ 纳米线膜上转移 W$_{18}$O$_{49}$ 纳米线膜的层数；
（b），（c）电致变色程度及（d）其光透过率。下：（e）固态电致变色设备组装
示意图及构建的固态电致变色设备；（f）（g）弯曲状态下变色前后照片，
插图为不弯曲状态；（h）电致变色眼镜模型；（i）电致变色窗口模型

6.4.5　智能窗口

Wang 等[92]利用 LB 技术组装 Ag 纳米线和 $W_{18}O_{49}$ 纳米线，以垂直角度在 PET 基底上转移两层纳米线膜，膜中两种纳米线均匀分布。当增加混合膜中 Ag 纳米线质量比例（由 4：14 到 4：42），膜在 550nm 处光透过率降低（从 86% 到 60%），膜电阻降低（从 $40\Omega/m^2$ 到 $7\Omega/m^2$）。为进一步控制膜的电致变色性质，不同层数的 $W_{18}O_{49}$ 纳米线膜通过 LB 转移到混合的两层 $Ag/W_{18}O_{49}$ 纳米线膜上。随着 $W_{18}O_{49}$ 纳米线膜层数的增加，膜上加负压（$-1V$）后膜颜色加深，透光率下降。同时，膜具有强的力学性能，经 1000 次循环压缩至最大弯曲半径 1.2cm 后，电导变化甚小（电阻变化率约为 8.3%），电致变色保留 90%。此外该膜能用于编制电致变色像和固态设备中用作智能窗口。通过在两层 $Ag/W_{18}O_{49}$ 纳米线膜上加上刻图掩膜，位置选择性沉淀 $W_{18}O_{49}$ 纳米线，获得电致变色像素膜。将膜编入固态电致变色装置（如图 6-35 所示），或对电响应的智能变色窗口，面积可达到 18cm × 15cm。

6.4.6　智能加热器

Hu 等[93]（采用油/水/气三相界面组装 Ag 纳米线，然后用水替换亚相氯仿后，在气/液界面通过等离子焊接后，形成纳米线的接触点的结合。研究发现形成的焊接膜中，纳米线中间存在垂直连接和水平连接两种形式，当入射光偏振与纳米线垂直时，能有效地激发等离子加热效应。增加照射光密度（从 $5W/cm^2$ 到 $15W/cm^2$）分别照射时长为 5min，电阻从大约 1100Ω 降到约 4Ω，比其他透明银电导膜的电阻低多了。在照射光密度为 $5W/cm^2$，随照射时间的延长，膜电阻下降。焊接增加了膜机械拉伸性能，将形成的膜转移到 PDMS 基底上，当拉伸至两倍长度时，膜上没缺陷发生，电阻增加；释放后，膜电阻回至最初的水平。这一低、稳定和可恢复的电阻使得焊接膜能作为可拉伸加热器。施加 2V 电压后，膜中心温度从 15℃快速上升到 60℃；施加 5V 电压后，最高升温超过 100℃（图 6-36）。当施加应力后，在 50 次的循环中膜展示了稳定的升温现象。此外，弯曲后的膜同样展示稳定的加热性质，浸入水中时也展示了很好的工作性能。

6.4.7　光响应和湿度响应的电导

Saruwatari 等[94]通过 LB 技术将氧化钛片层沉淀到梳形电极上，发现其对光照和湿度有响应性。氧化钛片层均匀地沉淀在电极上，将电极放在如图 6-37 所示的设备图中。通入干燥的氧气时，黑暗条件下，得到的阻抗图呈线性曲线，表明此时膜为绝缘体。当用氙灯照射时，出现电导现象，这一过程叫做正光响应。

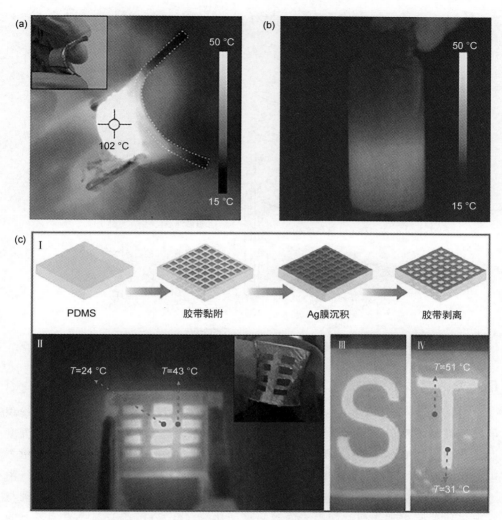

图 6-36　界面等离子焊接银纳米线膜转移到 PDMS 基底上形成可弯曲的加热器

（a）施加 5V 电压后，弯曲膜温度升至 102℃；（b）浸入水中加热器施加 2V 电压后的 IR 照片；
（c）图案化银纳米线膜排布形成选择性加热器：Ⅰ—胶带的黏附和剥离过程，
Ⅱ—周期性的图案，Ⅲ—S 形，Ⅳ—T 形

光照停止后，由于光诱导的电导衰退非常弱以致几天后才回归绝缘体的状态。当通入氧气中饱和水蒸气时，即使在黑暗的条件下，膜表现出了导电的性质。加入光照后电导增强，且好的电能在黑暗中可以持续几个小时。研究电导与气体湿度的关系，发现随着湿度增加，膜的导电增强。膜电极电导的光致导电、湿度响应导电及光照下导电增强和黑暗中能持续几小时的导电现象，说明其并不单纯的是光照导致电子或空穴产生，相反，阻抗的增加和减少更多的与表面修饰导致的离子电导有关。作为认为湿度增加导致膜表面水分子吸附增加，表面羟基的形成导

致氢离子的产生，因而具有导电且能持续几小时直到可移动的氢离子随着表面去羟基化而逐渐消失。

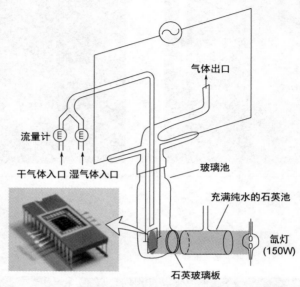

图 6-37　氧化钛膜梳形电极对光和湿氧气的光电响应装置示意图

6.4.8　气体传感

Choudhary 等[95]采用 LB 技术在气/液界面排布 TiO_2 纳米颗粒，形成紧密堆积的颗粒膜。研究膜的 *I-V* 曲线发现电流随电压的增加展示非线性的行为，且温度升高，曲线斜率增大，发现颗粒间电荷运输表达了 Arrhenius 行为，即经典单个电荷在邻近颗粒间的跳跃现象。作者发现形成的颗粒膜能用于乙醇气体传感，由于膜表面缺陷密度随着膜覆盖的增加而增加，因而膜活性高。其气体传感机理与经典气体传感机理类似，即膜表面吸附离子化氧（O^-、O^{2-} 等）与吸附到表面的还原性气体乙醇发生反应，乙醇被氧化或去氢，形成乙醛或最终形成二氧化碳和水。随着表面温度升高这些产物被释放，这一氧化反应释放自由电子到表面，能有效地降低传感器的电阻，使电流增加。当 TiO_2 纳米颗粒膜暴露于乙醇空气中（体积分数 0.05%），在 300℃，展示了电阻响应（$\Delta R/R_g$），值为 18.52%，而 TiO_2 纳米颗粒自旋膜（约 4000nm）在 200～350℃没有传感效应。研究发现 LB 膜响应程度随着乙醇浓度的增加而增加，到 0.1%（体积分数）达到饱和，温度高于 300℃，信号不变。多次的循环展示较好的重复性（图 6-38）。

6.4.9　催化性质

Chen 等[96]在气/液界面组装离子液体稳定的 Pt 纳米颗粒形成二维结构，将膜

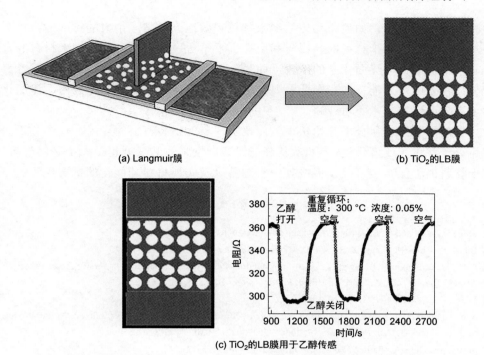

(a) Langmuir膜

(b) TiO₂的LB膜

(c) TiO₂的LB膜用于乙醇传感

图 6-38　LB 技术制备 TiO_2 纳米颗粒膜用于乙醇气体传感

转移到 ITO 表面，修饰后的电极放入空气饱和的 $0.1mol/L H_2SO_4$ 中，对氧气进行电催化还原，展示了较高催化活性。这是由于 Pt 纳米颗粒二维结构具有较高的比表面积。Zhang 等[97]通过一步法合成单分散性、多边形（三角、五角和六角）共存的 Rh 纳米晶，这些纳米晶均将其具有催化活性的（111）面暴露，颗粒尺寸为三角>五角>六角。将合成的 Rh 纳米晶采用 LB 技术进行 2D 排布，转移到硅基底上，置于流体反应器中，用于催化乙烯加氢反应。研究颗粒的尺寸、性状和表面结构对催化效率的影响，发现六角催化活性高于其他结构，小尺寸催化活性高，结果显示周转频率（TOF）约为 0.5mol 乙烷/(mol Rh_s•s)，处于 Rh 簇和单晶催化效率水平。

6.5　结论

　　纳米材料的研究已经成为当前一个重要的前沿。但是纳米材料离真正的应用还有很长距离。这其中一个重要的问题就是纳米材料的精准合成与分散问题。我们都知道，分子的合成是可以重复而且可以大量制备的，只要有一个分子少了一个氢原子，那么这个分子就不对了。而纳米粒子等的合成远远没有达到这个程度。一方面，尺寸的控制还有待加强；另一方面，表面的电荷、缺陷、有机物的修饰等的控制还需进一步研究。同时纳米颗粒容易团聚，而纳米材料只有在那个尺寸的时候才更加有效，如何将均匀的纳米颗粒有效地分散是一个大的挑战。

　　界面组装为纳米材料的合成与利用提供了平台。一方面，很多纳米材料的合成必须依靠胶体与界面化学的手段，而另一方面纳米颗粒只能在界面膜上或者液液分散体系中等才能存在。因此，要使纳米材料获得真正的规模化应用，界面化学或者界面组装技术不可或缺。

　　界面组装源于从分子开始认识，而要实现界面组装材料的应用，也依赖于向超越分子和更大尺度迈进，因此，从分子组装向纳米组装发展也是一个必然趋势。纳米材料的界面组装已经发展成为一个制备以及实现材料功能化的重要手段。

参 考 文 献

[1] Shipway, A. N.; Katz, E.; Willner, I. *Chemphyschem,* **2000**, *1*, 18-52.

[2] Hu, L. F.; Chen, M.; Fang, X. S.; Wu, L. M. *Chem. Soc. Rev.,* **2012**, *41*, 1350-1362.

[3] Petty, M. C. Langmuir-Blodgett Films: An Introduction. Cambridge: Cambridge University Press, **1996**.

[4] Ariga, K.; Yamauchi, Y.; Mori, T.; Hill, J. P. *Adv. Mater.,* **2013**, *25*, 6477-6512.

[5] Wang, Z. L. *Adv. Mater.,* **1998**, *10*, 13.

[6] Sun, Y.; Frenkel, A. I.; White, H.; Zhang, L.; Zhu, Y.; Xu, H.; Yang, J. C.; Koga, T.; Zaitsev, V.; Rafailovich, M. H.; Sokolov, J. C. *J. Phys. Chem. B,* **2006**, *110*, 23022-23030.

[7] Sastry, M.; Gole, A.; Patil, V. *Thin Solid Films,* **2001**, *384*, 125-131.

[8] Mai, L.; Gu, Y.; Han, C.; Hu, B.; Chen, W.; Zhang, P.; Xu, L.; Guo, W.; Dai, Y. *Nano Lett.,* **2009**, *9*, 826-830.

[9] Fujimori, A.; Ohmura, K.; Honda, N.; Kakizaki, K. *Langmuir,* **2015**, *31*, 3254-3261.

[10] Krstic, V.; Duesberg, G. S.; Muster, J.; Burghard, M.; Roth, S. *Chem. Mater.,* **1998**, *10*, 2338-2340.

[11] Kim, Y.; Minami, N.; Zhu, W. H.; Kazaoui, S.; Azumi, R.; Matsumoto, M. *Jpn. J. Appl. Physics Part 1-Regular Papers Short Notes & Review Papers,* **2003**, *42*, 7629-7634.

[12] Serrano-Montes, A. B.; de Aberasturi, D. J.; Langer, J.; Giner-Casares, J. J.; Scarabelli, L.; Herrero, A.; Liz-Marzan, L. M. *Langmuir,* **2015**, *31*, 9205-9213.

[13] Collier, C. P.; Saykally, R. J.; Shiang, J. J.; Henrichs, S. E.; Heath, J. R. *Science,* **1997**, *277*, 1978-1981.

[14] Huang, J.; Kim, F.; Tao, A. R.; Connor, S.; Yang, P. *Nat. Mater.,* **2005**, *4*, 896.

[15] Collier, C. P.; Saykally, R. J.; Shiang, J. J.; Henrichs, S. E.; Heath, J. R. *Science,* **1978**, *277*.

[16] Tao, A.; Kim, F.; Hess, C.; Goldberger, J.; He, R. R.; Sun, Y. G.; Xia, Y. N.; Yang, P. D. *Nano Lett.,* **2003**, *3*, 1229-1233.

[17] Yang, P.; Kim, F. *Chem. Phys. Chem.,* **2002**, *3*, 503-506.

[18] Lee, Y. H.; Lee, C. K.; Tan, B. R.; Tan, J. M. R.; Phang, I. Y.; Ling, X. Y. *Nanoscale,* **2013**, *5*, 6404-6412.

[19] Li, X.; Zhang, L.; Wang, X.; Shimoyama, I.; Sun, X.; Seo, W.-S.; Dai, H. *J. Am. Chem. Soc.,* **2007**, *129*, 4890-4891.

[20] Genson, K. L.; Holzmueller, J.; Jiang, C. Y.; Xu, J.; Gibson, J. D.; Zubarev, E. R.; Tsukruk, V. V. *Langmuir,* **2006**, *22*, 7011-7015.

[21] Mahmoud, M. A. *Phys. Chem. Chem. Phys.,* **2014**, *16*, 26153-26162.

[22] Dupont, J.; de Souza, R.; Suarez, P. A. Z. *Chem. Rev.,* **2002**, *102*, 3667.

[23] Chen, H. J.; Dong, S. J. *Langmuir,* **2007**, *23*, 12503-12507.

[24] Bradford, S. M.; Fisher, E. A.; Meli, M. V. *Langmuir,* **2016**, *32*, 9790-9796.

[25] Thomas, P. J.; Kulkarni, G. U.; Rao, C. N. R. *J. Physc. Chem. B,* **2000**, *104*, 8138-8144.

[26] Norgaard, K.; Weygand, M. J.; Kjaer, K.; Brust, M.; Bjornholm, T. *Faraday Discuss,* **2004**, *125*, 221-233.

[27] Badia, A.; Lennox, R. B.; Reven, L. *Acc. Chem. Res.*, **2000**, *33*, 475-481.

[28] Comeau, K. D.; Meli, M. V. *Langmuir,* **2012**, *28*, 377-381.

[29] Mahmoud, M. A. *Phys. Chem. Chem. Phys.,* **2014**, *16*, 26153-26162.

[30] Guo, Q.; Teng, X.; Rahman, S.; Yang, H. *J. Am. Chem. Soc.,* **2003**, *125*, 630-631.

[31] Huang, S.; Minami, K.; Sakaue, H.; Shingubara, S.; Takahagi, T. *Langmuir,* **2004**, *20*, 2274-2276.

[32] Tao, A.; Sinsermsuksakul, P.; Yang, P. *Nature Nanotechnol.,* **2007**, *2*, 435.

[33] Schultz, D. G.; Lin, X.-M.; Li, D.; Gebhardt, J.; Meron, M.; Viccaro, J.; Lin, B. *J. Phys. Chem. B,* **2006**, *110*, 24522-24529.

[34] Kim, K.; Leahy, B. D.; Dai, Y. L.; Shpyrko, O.; Soltau, J. S.; Pelton, M.; Meron, M.; Lin, B. H. *J. Appl. Phys.*, **2011**, 110.

[35] Dai, Y. L.; Lin, B. H.; Meron, M.; Kim, K.; Leahy, B.; Witten, T. A.; Shpyrko, O. G. *Langmuir,* **2013**, *29*, 14050-14056.

[36] Onsager, L. *Ann. N.Y. Acad. Sci.,* **51**, *627*, 1949.

[37] Bates, M. A.; Frenkel, D. *J. Chem. Phys.*, **2000**, *112*, 10034.

[38] Whang, D.; Jin, S.; Wu, Y.; Lieber, C. M. *Nano Lett.,* **2003**, *3*, 1255-1259.

[39] Liu, J. W.; Zhu, J. H.; Zhang, C. L.; Liang, H. W.; Yu, S. H. *J. Am. Chem. Soc.,* **2010**, *132*, 8945-8952.

[40] Zhou, X.; Cao, H.; Yang, D.; Zhang, L.; Jiang, L.; Liu, M. *Langmuir,* **2016**, *32*, 13065-13072.

[41] Kim, J.; Cote, L. J.; Kim, F.; Yuan, W.; Shull, K. R.; Huang, J. *J. Am. Chem. Soc.,* **2010**, *132*, 8180-8186.

[42] Cote, L. J.; Kim, F.; Huang, J. *J. Am. Chem. Soc.,* **2009**, *131*, 1043-1049.

[43] Mai, L.; Gu, Y.; Han, C.; Hu, B.; Chen, W.; Zhang, P.; Xu, L.; Guo, W.; Dai, Y. *Nano Lett.,* **2009**, *9*, 826-830.

[44] Li, X.; Zhang, L.; Wang, X.; Shimoyama, I.; Sun, X.; Seo, W.-S.; Dai, H. *J. Am. Chem. Soc.,* **2007**, *129*, 4890-4891.

[45] Guo, Y. D.; Tang, D. Y.; Du, Y. C.; Liu, B. B. *Langmuir,* **2013**, *29*, 2849-2858.

[46] Parchine, M.; McGrath, J.; Bardosova, M.; Pemble, M. E. *Langmuir,* **2016**, *32*, 5862-5869.

[47] Song, H.; Kim, F.; Connor, S.; Somorjai, G. A.; Yang, P. *J. Phys. Chem. B,* **2005**, *109*, 188-193.

[48] Serrano-Montes, A. B.; de Aberasturi, D. J.; Langer, J.; Giner-Casares, J. J.; Scarabelli, L.; Herrero, A.; Liz-Marzan, L. M. *Langmuir,* **2015**, *31*, 9205-9213.

[49] Bates, M. A.; Frenkel, D. *J. Chem. Phys.*, **2000**, *112*, 10034.

[50] Muramatsu, M.; Akatsuka, K.; Ebina, Y.; Wang, K.; Sasaki, T.; Ishida, T.; Miyake, K.; Haga, M.-A. *Langmuir,* **2005**, *21*, 6590-6595.

[51] Sasaki, T.; Nakano, S.; Yamauchi, S.; Watanabe, M. *Chem. Mater.,* **1997**, *9*, 602-608.

[52] Kaur, H.; Yadav, S.; Srivastava, A. K.; Singh, N.; Schneider, J. J.; Sinha, O. P.; Agrawal, V. V.; Srivastava, R. *Scientific Reports,* **2016**, 6.

[53] Huang, J.; Tao, A. R.; Connor, S.; He, R.; Yang, P. *Nano Lett.,* **2006**, *6*, 524-529.

[54] Tkacz, R.; Oldenbourg, R.; Fulcher, A.; Miansari, M.; Majumder, M. *J. Phys. Chem. C,* **2014**, *118*, 259-267.

[55] Ng, K. C.; Udagedara, I. B.; Rukhlenko, I. D.; Chen, Y.; Tang, Y.; Premaratne, M.; Cheng, W. L. *Acs Nano,* **2012**, *6*, 925-934.

[56] Tirado, M. M.; Martnez, C. L.; de la Torre, J. G. *J. Chem. Phys.,* **1984**, *81*, 2047–2052.

[57] Chokprasombat, K.; Sirisathitkul, C.; Ratphonsan, P. *Surface Sci.,* **2014**, *621*, 162-167.

[58] Parchine, M.; McGrath, J.; Bardosova, M.; Pemble, M. E. *Langmuir,* **2016**, *32*, 5862-5869.

[59] Zhu, R.; Lai, Y.; Vu, N.; Yang, R. *Nanoscale,* **2014**, *6*, 11976-11980.

[60] Kim, M. S.; Ma, L.; houdhury, S.; Moganty, S. S.; Wei, S.; Archer, L. A. *J. Mater. Chem. A*, **2016**, *4*, 14709-14719.

[61] Khoshkhoo, M. S.; Maiti, S.; Schreiber, F.; Chasse, T.; Scheele, M. *ACS Appl. Mater. Inter.*, **2017**, *9*, 14197-14206.

[62] Bigioni, T. P.; Lin, X.-M.; Nguyen, T. T.; Corwin, E. I.; Witten, T. A.; Jaeger, H. M. *Nat. Mater.*, **2006**, *5*, 265.

[63] Xiong, S. S.; Dunphy, D. R.; Wilkinson, D. C.; Jiang, Z.; Strzalka, J.; Wang, J.; Su, Y. R.; de Pablo, J. J.; Brinker, C. J. *Nano Lett.*, **2013**, *13*, 1041-1046.

[64] Li, P. H.; Li, Y.; Zhou, Z. K.; Tang, S. Y.; Yu, X. F.; Xiao, S.; Wu, Z. Z.; Xiao, Q. L.; Zhao, Y. T.; Wang, H. Y.; Chu, P. K. *Adv. Mater.*, **2016**, *28*, 2511-2517.

[65] Shi, H. Y.; Hu, B.; Yu, X. C.; Zhao, R. L.; Ren, X. F.; Liu, S. L.; Liu, J. W.; Feng, M.; Xu, A. W.; Yu, S. H. *Adv. Funct. Mater.*, **2010**, *20*, 958-964.

[66] Shao, J. J.; Lv, W.; Yang, Q. H. *Adv. Mater.*, **2014**, *26*, 5586-5612.

[67] Chen, C.; Yang, Q. H.; Yang, Y.; Lv, W.; Wen, Y.; Hou, P. X.; Wang, M.; Cheng, H. M. *Adv. Mater.*, **2009**, *21*, 3007-3011.

[68] Shim, J.; Yun, J. M.; Yun, T.; Kim, P.; Lee, K. E.; Lee, W. J.; Ryoo, R.; Pine, D. J.; Yi, G. R.; Kim, S. O. *Nano Lett.*, **2014**, *14*, 1388-1393.

[69] Shih, C.-J.; Lin, S.; Strano, M. S.; Blankschtein, D. J. *Am. Chem. Soc.*, **2010**, *132*, 14638-14648.

[70] Doumenc, F.; Boeck, T.; Guerrier, B.; Rossi, M. *J. Fluid Mech.*, **2010**, *648*, 521-539.

[71] Chandrasekhar, S. Hydrodynamic and Hydromagnetic Stability;International Series of Monographs on Physics. New York: Oxford University Press, **1961**: 212-217.

[72] Shekhah, O.; Wang, H.; Kowarik, S.; Schreiber, F.; Paulus, M.; Tolan, M.; Sternemann, C.; Evers, F.; Zacher, D.; Fischer, R. A.; Wöll, C. *J. Am. Chem. Soc.*, **2007**, *129*, 15118.

[73] Nan, J.; Dong, X.; Wang, W.; Jin, W.; Xu, N. *Langmuir*, **2011**, *27*, 4309.

[74] Hu, M.; Belik, A. A.; Imura, M.; Yamauchi, Y., *J. Am. Chem.Soc.*, **2013**, *135*, 384.

[75] Gunjakar, J. L.; Kim, T. W.; Kim, H. N.; Kim, I. Y.; Hwang, S.-J. *J. Am. Chem. Soc.*, **2011**, *133*, 14998.

[76] Tao, J.; Sun, Y.; Ge, M.; Chen, X.; Dai, N. *ACS Appl. Mater. Interfaces*, **2010**, *2*, 265.

[77] Kinge, S.; Crego-Calama, M.; Reinhoudt D. N. *Chemphyschem*, **2008**, *9*, 20-42.

[78] Jain, P. K.; Lee, K. S.; El-Sayed, I. H.; El-Sayed, M. A. *J. Phys. Chem. B*, **2006**, *110*, 7238-7248.

[79] Kelly, K. L.; Coronado, E.; Zhao, L. L.; Schatz, G. C. *J. Phys.Chem. B*, **2003**, *107*, 668-677.

[80] Kreibig, U.; Vollmer, M. Optical Properties of Metal Clusters. Berlin: Springer, **1995**, Vol. 25.

[81] Link, S.; El-Sayed, M. A. Optical Properties and Ultrafast Dynamics of Metallic Nanocrystals. *Annu. Rev. Phys. Chem.*, **2003**, *54*, 331-366.

[82] Jain, P. K.; Huang, X.; El-Sayed, I. H.; El-Sayed, M. A. *Plasmonics*, **2007**, *2*, 107-118.

[83] Patla, I.; Acharya, S.; Zeiri, L.; Israelachvili, J.; Efrima, S.; Golan, Y, *Nano Lett.*, **2007**, *7*, 1459-1462.

[84] Bourgoin, J.-P.; Kergueris, C.; Lefèvre, E.; Palacin, S. *Thin Solid Films*, **1998**, *327-329*, 515-519.

[85] Chen, S. W. *Anal. Chim. Acta*, **2003**, *496*, 29-37.

[86] Pradhan, S.; Ghosh, D.; Xu, L. P.; Chen, S. W. *J. Am. Chem. Soc.*, **2007**, *129*, 10622-10623.

[87] Kim, J.; Lee, D. *J. Am. Chem. Soc.*, **2006**, *128*, 4518-4519.

[88] Khoshkhoo, M. S.; Maiti, S.; Schreiber, F.; Chasse, T.; Scheele, M. *ACS Appl. Mater. Inter.*, **2017**, *9*, 14197-14206.

[89] Kim, F.; Cote, L. J.; Huang, J. *Adv. Mater.*, **2010**, *22*, 1954-1958.

[90] Liu, J. W.; Xu, J.; Liang, H. W.; Wang, K.; Yu, S. H. *Angew. Chem.*, *Int. Ed.*, **2012**, *51*, 7420-7425.

[91] Wang, J.-L.; Lu, Y.-R.; Li, H.-H.; Liu, J.-W.; Yu, S.-H. *J. Am. Chem, Soc.,* **2017**, *139*, 9921-9926.

[92] Hu, H.; Wang, Z. Y.; Ye, Q. X.; He, J. Q.; Nie, X.; He, G. F.; Song, C. Y.; Shang, W.; Wu, J. B.; Tao, P.; Deng, T. *Acs Appl. Mater. Inter.,* **2016**, *8*, 20483-20490.

[93] Saruwatari, K.; Sato, H.; Kogure, T.; Wakayama, T.; Iitake, M.; Akatsuka, K.; Haga, M.; Sasaki, T.; Yamagishi, A. *Langmuir,* **2006**, *22*, 10066-10071.

[94] Choudhary, K.; Manjuladevi, V.; Gupta, R. K.; Bhattacharyya, P.; Hazra, A.; Kumar, S. *Langmuir,* **2015**, *31*, 1385-1392.

[95] Chen, H. J.; Dong, S. J. *Langmuir,* **2007**, *23*, 12503-12507.

[96] Zhang, Y.; Grass, M. E.; Habas, S. E.; Tao, F.; Zhang, T.; Yang, P.; Somorjai, G. A. *J. Physic. Chem. C,* **2007**, *111*, 12243-12253.

索 引